Die Prüfung

der

chemischen Reagentien auf Reinheit

von

Dr. C. Krauch,

Chemiker in der chemischen Fabrik von E. Merck in Darmstadt.

Dritte, umgearbeitete und sehr vermehrte Auflage.

Berlin.

Verlag von Julius Springer.

1896.

ISBN-13:978-3-642-89980-5   e-ISBN-13:978-3-642-91837-7
DOI: 10.1007/978-3-642-91837-7

Softcover reprint of the hardcover 3rd edition 1896

Vorrede zur ersten Auflage.

Bei einer auf der Hauptversammlung der „Deutschen Gesellschaft für angewandte Chemie" im Mai 1888 in Hannover stattgehabten Besprechung über einheitliche Untersuchungsmethoden hat der Verfasser, nachdem er schon in früherer Zeit, besonders durch seine Thätigkeit bei Herrn Prof. Dr. J. König-Münster, die Bedeutung der Reinheit chemischer Reagentien oftmals erkannte, im Auftrage der Firma E. Merck einheitliche Methoden für die Untersuchung käuflicher Reagentien vorgeschlagen. Es wurde auf genannter Versammlung insbesondere betont, dass die im Handel üblichen Begriffe „purissimum, purum und depuratum" nicht dazu angethan seien, den Reinheitsgrad der Reagentien genügend zu bezeichnen; bei dem Einkauf böte ferner die Bedingung, festgesetzten Anforderungen zu entsprechen, eine bessere Garantie der Reinheit, als die relativ unsicheren Bezeichnungen „purissimum etc."; man sollte also bestimmte Methoden aufstellen, nach denen die Reagentien zu prüfen wären. Dieser Vorschlag fand allgemeinen Anklang und es wurde empfohlen, zu dessen Bearbeitung Material zu sammeln*).

Schon bevor der Verfasser obigen Antrag in Hannover einbrachte, hatte er sich bestrebt, für die gebräuchlichsten Reagentien Untersuchungsvorschriften zu bearbeiten, nach welchen man bei guter und sorgfältiger Herstellung der Präparate deren Reinheit garantiren kann**), und es ist der Zweck der vorliegenden Schrift, diese Untersuchungsmethoden der Oeffentlichkeit zu übergeben.

Bei der Art und Weise, in welcher die einzelnen Vorschriften abgefasst sind, dürften sie dem Analytiker besonders auch als Anleitung zur Prüfung der Reagentien willkommen sein und werden ferner bei späterer Ausarbeitung einheitlicher Methoden als ein Beitrag dienen können.

---

*) Zeitschrift für angewandte Chemie 1888, Heft 13, S. 373.

**) Die Firma E. Merck wird von jetzt ab die Reinheit der Reagentien, welche sie in den Handel bringt, nach den von mir aufgestellten Methoden garantiren und so einen Anfang mit der Beschaffung von Reagentien nach bestimmter Garantie machen.

Was die Bearbeitung der Schrift betrifft, so ist Folgendes zu bemerken:

Die Reagentien wurden vom Verfasser in der Reinheit beschrieben, in welcher sie zu den hauptsächlich gebräuchlichsten Methoden der qualitativen und quantitativen Analyse erforderlich sind, und es wurden bei der Prüfung zunächst die Anforderungen berücksichtigt, die Fresenius in seinen bekannten diesbezüglichen Werken stellt. Letzterer hat jedoch Prüfungsvorschriften vorwiegend für nach bestimmter Darstellungsweise erhaltene Reagentien angegeben. Die Vorschriften, welche zur Prüfung der oft nach unbekannten Methoden gewonnenen Handelspräparate vorgeschlagen werden, mussten also ausführlicher gefasst werden. Vom Verfasser waren zu diesem Zwecke zunächst noch die thatsächlichen Verunreinigungen der Handelsreagentien zu berücksichtigen, welch erstere durch Untersuchung einer grossen Anzahl Präparate der verschiedensten Bezugsquellen ermittelt werden konnten; ferner wurden durch eigene und sorgfältige Fabrikation Präparate nach verschiedenen Methoden hergestellt, um an solchen Proben sehen zu können, wie hoch man mit den Anforderungen in den Prüfungsvorschriften gehen kann.

Vermittelst eines solchen Materials, zu dessen Beschaffung in einer chem. Fabrik durch tägliche praktische Arbeit reichlich Gelegenheit geboten ist, wurde der grösste Theil der Vorschriften bearbeitet; eine kleinere Anzahl letzterer ist der Pharm. Germ. II. entnommen, in welchen Fällen immer die Bemerkung „Vorschrift der Pharm. Germ. II." beigefügt wurde.

Ueberall ist auch bei den eigenen Vorschriften angegeben, welches Concentrationsverhältniss bei der Prüfung einzuhalten ist, welche Mengen zur Untersuchung zu nehmen sind und nach welcher Zeitdauer man das Eintreten eines Niederschlags oder einer Trübung zu beobachten hat.

Die spec. Gewichte beziehen sich auf $+ 15^0$ Cels.

In Anmerkungen ist auf häufig vorkommende Verunreinigungen aufmerksam gemacht und wurden nothwendige Erklärungen beigefügt.

Nach dieser ausführlichen Behandlung hofft der Verfasser, dass seine Schrift im Laboratorium des Analytikers von Nutzen sein und zur Beseitigung mangelhafter Handelsreagentien beitragen wird.

Darmstadt, November 1888.

Der Verfasser.

Vorrede zur dritten Auflage.

Die neue Auflage unterscheidet sich von der vorhergehenden zunächst dadurch, dass die Reagentien nicht nach lateinischen, sondern nach deutschen Bezeichnungen alphabetisch angeordnet sind. Durch diese Aenderung in der Anordnung des Stoffes wird das Buch für viele Fachgenossen übersichtlicher sein als früher.

Auch der Inhalt des Buches ist einer durchgreifenden Revision unterzogen und erweitert worden. Wiederum wurden eine Anzahl neuer Reagentien wie Goldchlorid, Gallussäure, Milchsäure, Wasser, Indicatoren u. s. w. eingeschaltet. Viele Präparate, welche in der zweiten Auflage nur kurz und oft ohne Prüfungsvorschriften beschrieben waren, sind jetzt ausführlich behandelt. Beispiele in letzterer Hinsicht sind: Carmin, Hämatoxylin, Phloroglucin, Thierkohle, verschiedene Lackmoid- und Lackmuspräparate, Phenolphtaleïn, Normallösungen, Kaliumsulfhydrat, Kaliumtetraoxalat, Metaphosphorsäure, Phosphorsäure, Calciumphosphate, Fuchsin, Methylorange, Hautpulver, Kaliumbijodat und Zinksulfat.

Bemerkungen über Aufbewahrung wurden bei Präparaten wie Aether, Natrium, Jod etc. hinzugefügt.

Ueberall war ich bemüht, das Buch den Anforderungen der Zeit entsprechend zu vervollständigen.

Es mag hier noch erwähnt sein, dass die vorige Auflage der Prüfung der chemischen Reagentien von Professor Mascareñas in Barcelona in's Spanische und von J. Delaite in Lüttich in's Französische übertragen worden ist.

Darmstadt, im April 1896.

Der Verfasser.

Ueber Reagentien und Reactionen im Allgemeinen.

Chemische Reagentien nennt man diejenigen chemischen Präparate, die zu den verschiedenen chemischen und mikroskopischen Untersuchungen gebraucht werden und die als Erkennungsmittel der einzelnen Elemente und chemischen Verbindungen oder der pflanzlichen und thierischen Gewebe, ferner zur Erforschung der chemischen Constitution der Körper und der chemischen Vorgänge dienen. Nach der Bedeutung, welche das Wort Reaction (siehe unten) im chemischen Sinne hat, wäre streng genommen jeder Körper, welcher eine chemische Zersetzung herbeiführt, als Reagens zu bezeichnen, indessen wird das Wort „chemisches Reagens“ hauptsächlich im Sinne eines Erkennungsmittels gebraucht. Bei chemischen Zersetzungen im Grossen, so bei der Herstellung von Präparaten, findet das Wort Reagentien für die Stoffe, welche in Reaction Gegenwirkung) treten, keine Anwendung.

Je nach ihrer Anwendung und Wirkungsweise werden die Reagentien in verschiedene Gruppen eingetheilt. Zunächst hat man die Reagentien für qualitative Analyse. Diese zerfallen in Reagentien auf nassem Wege und in Reagentien auf trockenem Wege. Letztere sind diejenigen, bei denen der zur Gegenwirkung erforderliche flüssige Zustand durch Schmelzen erreicht wird; erstere sind Reagentien, welche in flüssigen Lösungsmitteln wirken. Reagentien auf trockenem Wege sind die Aufschliessungs- und Schmelzmittel und die Löthrohrreagentien. Reagentien auf nassem Wege sind die verschiedenen Säuren und Halogene, Basen und Metalle, Salze, Farbstoffe und indifferente Pflanzenstoffe, auch rechnet man hierher die einfachen Lösungsmittel. Ausser den Reagentien für die qualitative Analyse, sind diejenigen für die quantitative Analyse, besonders für Elementaranalyse und Maassanalyse zu nennen, ferner die Reagentien für gerichtlich-chemische Untersuchungen, also Alkaloidreagentien u. s. w. Eine weitere Abtheilung bilden die Reagentien für mikroskopische Untersuchungen. Da ein und dasselbe Reagens häufig sowohl bei der qualitativen als auch bei der quantitativen Analyse und bei wissenschaftlichen organischen Arbeiten oder in der gerichtlich-chemischen Analyse gebraucht wird, so sind, um Wiederholungen zu vermeiden, in nachstehender Schrift die Reagentien nicht gruppenweise, sondern in alphabetischer Reihenfolge aufgeführt.

Vermittelst der Reagentien werden Reactionen bewirkt.

Man versteht unter einer chemischen Reaction einen chemischen Zersetzungsvorgang, also den Zerfall eines Körpers, wobei sich neue Moleküle und daher Körper mit neuen Eigenschaften bilden. Da die chemischen Zersetzungen durch Rückwirkungen bedingt sind, erst in Folge einer vorhergehenden Einwirkung von Wärme, Licht, Elektricität oder in Folge der Gegenwirkung zweier chemischer Verbindungen eintreten, so ist die Bezeichnung „Reaction", Gegenwirkung, Rückwirkung für solche Vorgänge richtig.

Man unterscheidet in der Analyse Reactionen für das Auge, für den Geruch, für das Gehör u. s. w., je nachdem die Zersetzungsproducte, welche bei der Rückwirkung zweier Körper auftreten und welche uns eben die gesuchten Körper anzeigen, durch ihre Farbe, durch Geruch, Gehör u. s. w. zu erkennen sind.

Bei Ausführung der Reactionen müssen oft bestimmte Vorsichtsmaassregeln auf das Genaueste beobachtet werden, wenn die Reaction gelingen soll. Der Verfasser hat in dieser Schrift in Anmerkungen häufig auf solche Vorsichtsmaassregeln aufmerksam gemacht, oder er hat die Concentrationsverhältnisse etc., bei welchen die Reactionen auszuführen sind, angegeben.

Die Erklärung dafür, dass ein und dieselbe Reaction je nach den äusseren Verhältnissen eintreten und ausbleiben kann, liegt bekanntlich zunächst darin, dass die chemischen Zersetzungen und Neubildungen durch die Verwandtschaftskräfte der Elemente erfolgen und dass diese Verwandtschaftskräfte schon von äusseren Umständen, von der Wärme, dem Lichte, der Concentration der Lösung, in welcher zwei in chemische Reaction tretende Substanzen zusammenkommen u. s. w., abhängig sind. Dazu kommt bei der Analyse, dass bei unrichtiger Concentration Spuren eines Niederschlages, durch welche die Abwesenheit eines bestimmten Körpers nachgewiesen werden solle, in Folge der Löslichkeit des betr. Niederschlages, sich unter Umständen gar nicht zeigen. Man hat daher allen Grund, auf Temperatur, Zeitdauer und richtiges Concentrationsverhältniss in den Prüfungsvorschriften Rücksicht zu nehmen.

Aceton.

Acetonum puriss. ($C_3 H_6 O$.   Molecular-Gew. $= 57,87$).

Klare, farblose, leicht bewegliche, pfeffermünzartig riechende Flüssigkeit, welche ein spec. Gew. von 0,800 zeigt.

Siedepunkt $56,3^0$.

Prüfung auf Verunreinigungen.

Flüchtig: 30 g hinterlassen beim Verdunsten keinen Rückstand.

Löslichkeit und Aussehen: Das reine Aceton ist völlig klar und farblos und lässt sich in allen Verhältnissen mit Wasser mischen, ohne dass eine Trübung entsteht.

Einwirkung von Permanganat: Wird das Aceton mit 0,1 procentiger Lösung von Kaliumpermanganat behandelt, so soll die Farbe mindestens mehrere Minuten lang bestehen bleiben.

Wasser: Schweitzer und Lungwitz (Chem.-Ztg. 1895, S. 1384) weisen Spuren von Wasser im Aceton in der Weise nach, dass sie zu 50 ccm des zu prüfenden Acetons 50 ccm Petroläther, Siedepunkt 40 bis 60^0 geben. Falls Wasser vorhanden ist, bilden sich zwei Schichten, was nicht geschieht, wenn man chemisch reines Aceton derselben Behandlung unterwirft. Es ist dabei bemerkenswerth, dass, wenn man zu 50 ccm chemisch reinem Aceton 2 ccm Wasser setzt, man nicht etwa eine 2 ccm einnehmende untere Schicht bei der obigen Behandlung beobachtet, sondern dass die untere Schicht ca. 5 bis 7 ccm beträgt. Es soll daher reines Aceton beim Schütteln mit Petroleumäther keine Veränderung erleiden.

Siedepunkt: Das Aceton soll constant bei 56,2 bis $56,4^0$ sieden.

Anmerkung. Es ist bekannt, dass Siedepunktsbestimmungen je nach Material und Beschaffenheit des Siedegefässes verschieden ausfallen können. Um einheitliche Resultate zu erhalten, verwende ich stets eine kleine Destillirblase von Kupfer in der Weise, wie dieses von Bannow „zum Berichte der Commission für Analysen-Methoden der fractionirten Destillation“ in Chemische Industrie 1886, S. 328 vorgeschlagen wurde.

Säure: Blaues Lackmuspapier darf durch Aceton nicht geröthet werden.

Quantitative Bestimmung.

Man prüft durch Krämer's jodometrische Probe (Verwandlung in Jodoform durch einen Ueberschuss von Jodlösung bei Gegenwart von Sodalösung). Ueber quantitative Bestimmung von Aceton siehe auch bei Methylalkohol in diesem Buche.

Ein neues Verfahren zur *Bestimmung des Acetons* unter Anwendung von *Phenylhydrazin nach Strache*, welches zweckmässiger als das Jodoformverfahren sein soll, siehe Zeitschr. f. analyt. Chemie 1892, S. 573 ff.

Anmerkung. Die vorstehenden Prüfungsmethoden sind zum Theil von Guttmann (in Dingler's Polytechn. Journal 1894, S. 96—111) als diejenigen angegeben, welche besonders auch in der Technik (Herstellung von rauchlosem Pulver, wobei an die Reinheit des Acetons hohe Anforderungen gestellt werden) Verwendung finden.

Anwendung und Aufbewahrung.

Aceton findet bei chemischen Untersuchungen zuweilen als Lösungsmittel Verwendung. Es wird in gut verschlossenen Flaschen an einem kühlen Orte aufbewahrt. Es ist leicht entzündlich.

Handelssorten.

Neben dem reinen Aceton gelangt dasjenige für technische Zwecke (zur Herstellung von rauchlosem Pulver) ebenfalls in sehr reiner Form in den Handel. Guttmann (l. c.) fand bei demselben das spec. Gew. zu 0,7965; 98 Proc. destillirten über bei einer Temperatur zwischen 56,2 und 56,4⁰ C. Auch die Permanganatprobe halten die guten technischen Präparate mehrere Minuten lang aus und der Säuregehalt war bei dem von Guttmann untersuchten, völlig klaren und klar löslichen Präparate nicht höher als 0,00225.

Aethyläther.

Aether puriss. ($C_4 H_{10} O$. Molecular-Gew. = 73,84).

Klare, farblose, leicht bewegliche Flüssigkeit von neutraler Reaction. Siedepunkt 34—36⁰ C. Spec. Gew. 0,720.

Anmerkung. Es kann vorkommen, dass ein Aether, der von Anfang 0,720 wog, nach mehrmaligem Umfüllen 0,721 wiegt. Es ist dies dadurch erklärlich, dass bei dem öfteren Umgiessen auf der Oberfläche des fliessenden Aethers und in dessen nächster Umgebung durch die entstandene Verdunstungskälte Wasser condensirt wird, wodurch die Veränderung des spec. Gew. bedingt ist. Versuche über diesen Gegenstand siehe Pharm. Ztg. 1892, S. 56.

Prüfung auf Verunreinigungen.

Fremde Riechstoffe (Weinöl, Fuselöl): Filtrirpapier, welches mit Aether getränkt wurde, darf nach dem Verdunsten des letzteren keinen Geruch mehr abgeben.

Anmerkung. In der Zeitschrift f. analyt. Chemie (1886) ist über eine Verfälschung des Aethers mit Petroleumäther berichtet.

Rückstand: 20 ccm Aether lässt man in einer Glasschale freiwillig verdunsten, wobei der sich zeigende feuchte Beschlag geruchlos sein muss und blaues Lackmuspapier weder röthen noch bleichen darf. Der feuchte Beschlag sei auf dem Wasserbade völlig flüchtig.

Säure: Werden ca. 10 ccm Aether mit ca. 3 ccm Wasser geschüttelt, so darf das Wasser keine saure Reaction annehmen.

Anmerkung. Sehr empfindlich ist nach Vulpius (Pharm. Zeitschr. f. Russland 1894, S. 38) die Reaction mit Phenolphtaleïn. Nach dem Schütteln von 20 ccm Aether mit 10 ccm Wasser, welchem 2 Tropfen Phenolphtaleïnlösung zugesetzt waren, verbrauchten von drei zur Verfügung stehenden Aethersorten die eine 0,1, die andere 0,2, die dritte 5,2 mehr $^1/_{100}$-Normalkalilösung bis zur bleibenden gleichschwachen Röthung, als wenn nur Wasser allein ohne Aether genommen wurde. Die 3. Sorte war schlechter Aether, die beiden ersten Sorten dagegen guter Aether. Es ist also bei der Untersuchung auf Säure auch nach dieser Methode zu prüfen. Bemerkt sei hier noch, dass nach Beobachtungen, welche im Schering'schen Laboratorium gemacht wurden, der reinste Aether feuchtes rothes Lackmuspapier bläut. (Pharm. Centralhalle 1895, S. 41.) Der Verf. hatte häufig Aether zu beanstanden, welcher schwefelsäurehaltig war. Wasser, welches mit solchem Aether geschüttelt wurde, zeigte nicht nur stark saure Reaction, sondern gab auch mit Chlorbarium einen starken Niederschlag.

Wasserstoffsuperoxyd, Ozon und Aldehyd: a) 10 ccm Aether mit 1 ccm Kaliumjodidlösung in einem vollen, geschlossenen Glasstöpselglase häufig geschüttelt, dürfen im zerstreuten Tageslichte innerhalb einer Stunde keinerlei Färbung erkennen lassen.

b) 30 ccm Aether werden mit ca. 5 g festem Kali einen Tag unter zeitweiligem Umschütteln in's Dunkle gestellt; es zeigt sich hierbei keine braune Abscheidung.

Anmerkung. Zu vorstehenden Prüfungen ist noch zu bemerken, dass die Prüfung mit Kali neben Aldehyd auch etwa vorhandenen

Vinylalkohol anzeigt. Der Nachweis des Aldehyds kann auch mit Fuchsin-Schwefligsäure ausgeführt werden (Pharm. Centralhalle 1894, 369). Die schärfste Probe auf Aldehyd (und Alkohol) ist Nessler's Reagens, doch ist es nicht möglich, einen Aether zu erhalten, der diese Probe aushält (Lassar-Cohn, Reg. d. Chem.-Ztg. 1895, S. 58 und Liebig's Ann. Chem. 1895, *284*, 226).

Der Nachweis von Wasserstoffsuperoxyd gelingt auch leicht durch Zugabe von Jodkalium und Stärkekleister; ist dasselbe vorhanden, so macht es Jod frei, welches sich durch blaue Färbung anzeigt. Eine andere scharfe Methode beruht auf der Thatsache, dass Wasserstoff-superoxyd Chromsäure zu Perchromsäure oxydirt, welche sich im Aether mit blauer Farbe löst. Man fügt zu dem Aether etwas gelbes chrom-saures Kali und einige Tropfen verdünnter Schwefelsäure und schüttelt kräftig um. Tritt Blaufärbung ein, so ist Wasserstoffsuperoxyd nach-gewiesen.

Die Anwesenheit von Vinylalkohol lässt sich nach W. Bertsch (Apoth. und Drogist 1893, No. 12) in der Weise feststellen, dass man den Aether mit Quecksilberoxychlorid schüttelt. Entsteht nach 10 bis 20 Minuten eine Trübung oder scheidet sich ein weisser, amorpher Niederschlag (Vinylquecksilberoxychlorid) ab, welcher durch Behandeln mit Kaliumhydroxyd in schwarzes, explosives Pulver übergeht, so kann man mit Sicherheit auf das Vorhandensein von Vinylalkohol schliessen.

Ueber die Bildung vorstehend benannter Verunreinigungen des Aethers beim Aufbewahren desselben siehe die Anmerkung bei „An-wendung".

Schwefelverbindungen: ca. 10 ccm Aether werden in einem Glas-fläschchen mit 1 Tropfen reinen Quecksilbers geschüttelt, wobei das Quecksilber seine blanke Oberfläche behalten muss und keine Ab-scheidung eines schwarzen Pulvers stattfinden darf.

Anmerkung. Vorstehende Prüfung wurde von Prof. L. Koninck vorgeschlagen. Nach Pharm. Ztg. 1889, S. 222 zeigt sich die schwarze Färbung nicht nur bei Gegenwart von Schwefel, sondern auch bei Gegenwart von Wasserstoffsuperoxyd.

Wasser: Entwässertes Kupfervitriol darf beim Schütteln mit Aether nicht grün oder blau werden.

Anmerkung. Ueber Untersuchung auf Wassergehalt siehe auch Anmerkung unter „Aether puriss. über Natrium destillirt". Der Aether soll besonders für Fettbestimmungen möglichst wasserfrei sein. (Hugo Schulze, Pharm. Ztg. 1888, S. 158.)

Alkohol: Als empfindlichste Probe auf Alkohol und Wasser darf die Färbung durch eingeworfene, zuvor bei 100⁰ getrocknete Krystalle von Rosanilinacetat gelten. Eine grosse Schärfe bezüglich des Alkoholgehaltes besitzt die Jodoformprobe. Gewöhnlich genügt die Bestimmung des spec. Gew. (siehe unter Quantitative Bestimmung).

Quantitative Bestimmung.

Ermittelung des Siedepunktes und besonders des spec. Gew., sowie die oben genannten Prüfungen genügen zur Feststellung der Reinheit des Aethers. Erheblich wasser- und alkoholhaltige Aether, wie sie auch im Handel vorkommen, zeigen ein hohes spec. Gew. und färben entwässerten Kupfervitriol sofort blau. Soll die Siedepunktsbestimmung bei Aether ausgeführt werden, so darf dies nur im Wasserbade und niemals mit directer Flamme geschehen, da gerade bei geringerem, wasserstoffsuperoxyd- oder äthylperoxydhaltigem Aether gegen Ende der Destillation heftige Explosionen erfolgen können.

Eine Tabelle des spec. Gew. von Mischungen von Aether und Alkohol siehe Zeitschr. f. analyt. Chemie 1887, S. 97.

Den Weingeistgehalt des Aethers bestimmt Hager (vergl. Hager's Handbuch der Pharm. Praxis, Berlin 1876, Bd. 1, S. 167) annähernd durch die grössere oder geringere Löslichkeit des Aethers in Wasser oder nach der Methode von Lieben durch Ausschütteln des Aethers mit Wasser und Erwärmen mit Jod und Kalilauge (Jodoformbildung).

Vielfach wird der Aether auch qualitativ auf Alkohol durch Schütteln mit einem gleichen Volumen Wasser geprüft. Ein guter Aether darf bei dieser Prüfung nicht mehr als 10 Proc. an Wasser abgeben. Die Prüfung ist überflüssig, wenn der Aether das richtige spec. Gew. zeigt. Hält man nicht genau die Temperatur ein, so können zudem beim Schütteln mit Wasser unrichtige Resultate erhalten werden.

Man kann annehmen, dass der Aether von 0,720 spec. Gew. (Pharm. Germ.) 0,1 Proc. Wasser und 0,8 Proc. Aethylalkohol enthalte.

Eine Analyse (Pharm. Centralhalle 1894, S. 118) eines Aethers von 0,724 spec. Gew. ergab 95,9 Proc. absoluten Aether, 3,72 Proc. absoluten Alkohol und 0,38 Proc. Wasser, also rund 96 Proc. Aether und 4 Proc. 90 procentigen Alkohol. Nach Squibb (l. c.) enthält ein Aether von 0,720 spec. Gew. ca. 1 Proc. Weingeist.

Anwendung und Aufbewahrung.

Als Extractionsmittel, besonders bei Fettbestimmung, spielt der Aether in der Analyse eine wichtige Rolle. (Ueber die Anforderungen, welche an einen für diese Zwecke brauchbaren Aether zu stellen sind, vergl. oben.) Er dient ferner zum Ausschütteln der Alkaloide und findet bei verschiedenen Trennungen in der anorganischen Analyse Anwendung.

Beim Arbeiten mit Aether darf keine Flamme in der Nähe sein; man destillirt Aether stets nur aus dem Wasserbade, welches jedoch nicht direct erwärmt wird. Beim Aufbewahren des Aethers können eine Reihe von Zersetzungen (siehe unten die Anmerkung) eintreten. Es sind daher Vorsichtsmaassregeln zu beobachten. Am besten nimmt man zum Aufbewahren kleine, braune Flaschen, welche dem Verbrauch so angepasst sind, dass sie nicht häufig geöffnet zu werden brauchen, um sie ihres Inhaltes zu entleeren. Die Flaschen stellt man in's Dunkle an einen kühlen Ort und hält sie stets gut verschlossen.

Anmerkung. Der Aether bildet schon bei der Aufbewahrung Oxydationsproducte und zwar: Acetaldehyd, Wasserstoffsuperoxyd, Aethylperoxyd, Essigsäure und Vinylverbindungen (vergl. Thoms, Pharm. Ztg. 1894, 777 und Berichte der Pharm. Ges. Berlin 1894, Heft 10 und 11).

Diese Producte entstehen unter Einwirkung der Luft sowohl im Lichte als im Dunkeln.

Vollständig reiner Aether kann bei längerem Stehen (nach Berthelot) unter Einwirkung atmosphärischer Luft Spuren von Aethylperoxyd oder von Salpetersäure bilden (Pharm. Ztg. 1891, S. 263). Ferner ist durch A. Richardson (Chem. Soc. 1891, I., 51—58) nachgewiesen, dass bei der Einwirkung des Sonnenlichtes auf reinen Aether in Gegenwart von wasserhaltigem Sauerstoff Wasserstoffsuperoxyd gebildet wird.

Zu demselben Resultat sind Dunstern und Dymond gekommen. Richardson fand ferner, dass Wasserstoffsuperoxyd auch dann entsteht, wenn reiner Aether mit wasserhaltigem Sauerstoff in geschlossenen Gefässen unter Lichtabschluss mehrere Tage lang einer Temperatur von 60—88° ausgesetzt wird (Bericht d. D. chem. Gesellschaft, Berlin 1891, Referat S. 628). Es zeigen viele Beobachtungen, dass die Entstehung von Wasserstoffsuperoxyd im Aether nicht von einer Verunreinigung desselben abhängig ist (Pharm. Ztg. 1892, S. 45).

Mangelhaft verschlossener Aether verflüchtigt sich sehr rasch (vergl. Pharm. Ztg. 1889, S. 92) und bildet oft bedeutende Mengen Wasserstoffsuperoxyd. Solcher Aether, welcher die genannten Körper enthält, hat schon Veranlassung zu sehr gefährlichen Explosionen ge-

gegeben (vergl. in letzterer Hinsicht besonders die Arbeit von Schär im Archiv der Pharm. 1887, S. 623 ff.). Verfasser dieser Schrift stellte bei Aether, der zu einer Explosion gelegentlich einer Fettbestimmung Veranlassung gab, stark saure Reaction fest. Dieser Aether war der Rest einer Partie Aether, welche sich, seit 3 Monaten in Anbruch, in einer Korkflasche befand. Ursprünglich war derselbe neutral und gut. P. H. Cleve beschreibt (vergl. Chm. Ztg. 1891, S. 281) eine eigenthümliche, durch Verunreinigungen in käuflichem Aether verursachte Explosion. Bei Destillation von ca. 250 ccm des Aethers hinterblieb ein zäher Rückstand, der nach dem Trocknen auf dem Wasserbade eine durchsichtige amorphe Masse von etwa 0,75 g Gewicht bildete. Als Cleve ein wenig Wasser zufügte und mit einem abgerundeten Glasstabe leicht rührte, erfolgte eine heftige Explosion. Die explosive Substanz war wahrscheinlich Aethylperoxyd, da sie die bekannte Perchromfärbung gab; auch machte sie Jod frei und schied aus Silberoxyd Sauerstoff ab. Durch reducirende Substanzen wurde sie plötzlich zersetzt; sie explodirte ebenso heftig als Chlorstickstoff.

An dieser Stelle sollen noch die Vorschläge erwähnt werden, welche zur Reinigung eines schlecht gewordenen Aethers gemacht wurden.

Ueber die Reinigung des Aethers von Wasserstoffsuperoxyd durch Schütteln mit Mangansuperoxyd und über die Untersuchung auf Wasserstoffsuperoxyd vergleiche Rep. d. Chm.-Ztg. 1889, S. 46. Reinigung durch Aetzkali vergl. Archiv. Pharm. (3), Bd. 23, S. 532 ff. Aether, welcher nicht absolut säurefrei ist, soll vor dem Gebrauch mit festem Aetzkali behandelt werden. (Vergl. „Nachweis freier Säuren im Mageninhalte", Arch. d. Pharm. 1888, S. 34.) Ueber das Vorkommen von „Vinylalkohol", im Aether vergl. eine Abhandlung von Poleck und Thümmel (Ber. d. deutsch. chem. Gesellschaft in Berlin 1889, S. 2863).

Wasserstoffsuperoxyd kann auch durch Schütteln mit Kaliumpermanganat oder durch Behandeln des Aethers mit Chromsäure entfernt werden. Einen absolut aldehydfreien Aether erhält man nach Crismer durch Fällen des Aldehyds mit Nessler's Reagens, Trennung der Flüssigkeiten durch den Scheidetrichter, Trocknen mittelst Kaliumcarbonat und nachherige Destillation.

Nach M. Ekenberg (Chem.-Ztg. 1894, S. 1240) erhält man einen für Laboratoriumszwecke genügend reinen Aether, wenn man gewöhnlichen Wasser, Alkohol- und Oxydationsproducte enthaltenden Aether mit 5—10 Vol.-Proc. Paraffin. liquid. mischt und nachher bei 40 bis 50° C. destillirt.

Handelssorten.

Die verschiedenen Handelssorten sind gewöhnlich mit bestimmter Garantie für das spec. Gew. in den Preislisten aufgeführt. Für analytische Zwecke dürfte jetzt nur noch der reine Aether, wie er oben beschrieben wurde, und der über Natrium destillirte Aether Verwendung finden. Früher wurde zur Fettbestimmung häufig geringerer Aether mit 0,730 und noch höherem spec. Gew. verwendet.

Ueber die Zusammensetzung der Handelssorten siehe auch unter „Quantitative Bestimmung".

Aethyläther, wasserfrei, über Natrium destillirt.

Aether puriss., wasserfrei, über Natrium destillirt
$$(C_4H_{10}O. \quad \text{Molecular-Gew.} = 73,84).$$

Spec. Gew. 0,718—0,720.   Siedepunkt 34—36° C.

Prüfung auf Verunreinigungen.

Die Untersuchung wird wie unter „Aether puriss. 0,720 spec. Gew." angegeben, ausgeführt. Mit dem Aether geschütteltes Wasser darf weder saure, noch alkalische Reaction zeigen.

Wasserfrei: 15 ccm Aether werden in ein vollständig trockenes Reagensglas gegeben und ein erbsengrosses Stück reines metallisches Natrium zugefügt; es darf höchstens sehr schwache Gasentwickelung eintreten und das Natrium muss auch nach 6 stündigem Stehen deutlichen Metallglanz behalten.

In einem nicht vorher mit Natrium behandelten Aether umgiebt sich das Natrium bei dieser Probe mit einem deutlichen, gelblich weissen Beleg von Natriumhydroxyd.

Anmerkung. In der Literatur sind zu der Untersuchung des Aethers auf Wassergehalt auch folgende Proben vorgeschlagen: a) Vermischen mit gleichen Theilen Schwefelkohlenstoff, wobei keine Trübung eintreten soll (Beilstein, Organische Chemie); b) Schütteln mit trockenem (vollständig getrocknet oder lufttrocken? der Verf.) Tannin, welches pulverförmig bleiben und sich nicht verflüssigen soll (Hager); c) Zugeben eines mit Cobaltrichlorid gebläuten Papiers, das seine Farbe nicht verändern darf (Napier).

Vom Verfasser wurde ferner: d) eine Prüfung mit entwässertem Kupfervitriol ausgeführt, welcher bekanntlich bei Gegenwart von Wasser grün oder blau wird.

Der Verfasser hat nach Methoden a, b, d und der oben vorgeschlagenen Prüfung mit Natrium verschiedene Aether mit nebenstehendem Resultat untersucht:

1. Aether 0,725 spec. Gew. hielt keine der Prüfungen aus;
2. Aether puriss. 0,722—0,720 spec. Gew. hielt alle Prüfungen mit

Ausnahme der Natriumprobe aus; 3. Aether über Natrium destillirt hielt alle Prüfungen aus.

Der Aether puriss. 0,720 spec. Gew. ist also in Wassergehalt schon sehr gut und für die meisten analytischen Zwecke durchaus geeignet; noch vollständiger von Wasser (und Alkohol) befreit, ist das über Natrium destillirte Präparat.

Dieser, sowie der oben beschriebene Aether puriss. 0,720 spec. Gew. müssen unter Lichtabschluss aufbewahrt werden.

Quantitative Bestimmung.

Siehe unter Aether puriss. S. 7.

Anwendung.

Der reinste Aether findet u. A. bei der Untersuchung auf Alkaloide Verwendung. Für diese Zwecke muss der Aether völlig rein und frei von Weingeist und Weinöl sein. Weiteres siehe auch unter Aether puriss. im vorhergehenden Abschnitte.

Handelssorten.

Siehe unter Aether puriss. S. 9.

Aethylalkohol.

Alcohol absolut. pur. (C_2H_6O.   Molecular-Gew. $= 45,90$).

Klare, farblose Flüssigkeit. Das spec. Gew. beträgt 0,796 bei 15,5⁰ C., einem Alkoholgehalte von 99,6 Gewichtstheilen in 100 Theilen entsprechend. Der Alkohol mischt sich mit Wasser ohne Trübung und verändert Lackmuspapier nicht, er muss frei von fremdartigem Geruche sein.

Siedepunkt des 100 proc. Alkohols 78,4⁰ C.

Anmerkung. Ueber das spec. Gew. des reinen Alkohols und seiner Mischungen mit Wasser siehe auch Zeitschr. f. analyt. Chemie 1887, S. 94 eine Abhandlung von Squibb, wonach die bisherigen Zahlen für das spec. Gew. des Alkohols etwas zu hoch sein sollen. Die letzten Antheile von Wasser sind nach Squibb aus dem Alkohol sehr schwer zu entfernen. Der Alkohol ist äusserst hygroskopisch.

Der durch Krystallisation gereinigte Alcohol puriss. Pictet soll absolut rein und 100 procentig sein.

Prüfung auf Verunreinigungen.

Rückstand: 50 g hinterlassen bei langsamem Verdunsten keinen Rückstand.

Geruch und Färbung etc. (*Fuselöl*): 10 ccm Alkohol werden in einem nach oben sich verengenden Glas mit 30 ccm Wasser (am besten gutes Quellwasser) vermischt und diese Mischung sofort auf Geruch und Geschmack, Farbe und Klarheit geprüft. Es darf keine Färbung und keinen anderen als den dem Aethylalkohol eigenthümlichen (reinen) Geruch und schwach brennenden (neutralen) Geschmack zeigen (siehe auch Anmerkung).

Anmerkung. Ein wichtiger Anhalt zur Beurtheilung der Reinheit eines Alkohols ist die Geruchsprobe. In vorstehend angegebener Weise prüft man (vergl. Mittheilungen aus der Jahresversammlung des Vereins schweiz. analyt. Chemiker in Chem.-Ztg. 1893, No. 84) sehr zweckmässig. Es ist dem einigermaassen Geübten leicht möglich, auf diese Weise geringe Handelssorten von guter Waare zu unterscheiden. Viele Techniker prüfen auf Fuselöl durch Zerreiben einiger Tropfen des Spiritus auf der Handfläche.

Es sei hier bemerkt, dass die Stärke des sogenannten Fuselölgeruches nicht von der Menge des vorhandenen Fuselöls abhängig ist, sondern nur von der Anwesenheit gewisser riechender Bestandtheile desselben.

Zu quantitativen Fuselölbestimmungen ist die Röse'sche Methode, welche u. A. in „Böckmann, Chemisch-technische Untersuchungsmethoden" (Berlin bei Springer 1893) beschrieben ist, die beste und die allgemein gebräuchliche. Sie wird mit verschiedenen Abänderungen angewendet.

Bei der **quantitativen Bestimmung minimaler Mengen von Fuselöl in Feinspriten** und im absoluten Alkohol nach dem Röse'schen Ausschüttelungsverfahren kann sehr zweckmässig nach dem von Glasenapp angegebenen Verfahren gearbeitet werden. Die Methode ist in der Zeitschrift für angewandte Chemie 1895, Heft 22, S. 657 ff. ausführlich beschrieben und dort nachzusehen.

Ein starker Fuselölgehalt im Handelsspiritus ist schon beim Verdünnen mit Wasser zu erkennen, wenn sich hierbei eine Trübung zeigt. Scheiden sich beim Verdünnen mit viel Wasser sogar Tropfen ab, so beobachtet man nach Bornträger (Rep. d. Chem.-Ztg. 1889, S. 27), ob nach Hinzufügen einer gleichen Menge concentrirter Schwefelsäure und dann concentrirter Kalilauge Acroleïngeruch auftritt (Acetal), und ob durch 3 Tropfen concentrirter Salzsäure und 10 Tropfen farbloses Anilinöl schön himbeerrothe Färbung erzeugt wird (Amylalkohol).

Aldehyd etc.: a) 10 ccm Alkohol giebt man in **ein Reagensgläschen**, fügt 0,5 ccm Wasser und 1 ccm frischbereitete 10procentige wässerige Lösung von salzsaurem m-Phenylendiamin hinzu. Nach einstündigem Stehen darf höchstens eine kaum merkbare Färbung eingetreten sein (siehe auch die Anmerkung).

b) 10 ccm absoluter Alkohol werden mit 1 ccm Wasser verdünnt und 5 Tropfen Silberlösung zugegeben; diese Flüssigkeit darf sich beim Erwärmen weder trüben noch färben.

Anmerkung. Die Prüfung mit salzsaurem m-Phenylendiamin ist von Windisch vorgeschlagen und wird auch im eidgenössischen Alkoholamt (Mittheilung a. d. Jahresversammlung des Vereins schweiz. analyt. Chemiker in Chemiker-Ztg. 1893, No. 84) als eine wichtige Probe auf die dem Vorbrand eigenthümlichen Verunreinigungen und Acetylaldehyd ausgeführt. Die Prüfung basirt darauf, dass salzsaures m-Phenylendiamin eine aldehydhaltige alkoholische Flüssigkeit sofort gelb bis gelbroth färbt, sodann tritt eine schön grüne Fluorescenz ein, die allmählich nachdunkelt. Vergleicht man die entstandene Farbenreaction mit der Reaction von Lösungen mit bekanntem Gehalt an Aldehyd, so kann man die Bestimmung annähernd quantitativ ausführen. Die zu untersuchenden Sprite werden bei dem genannten Alkoholamte immer auf 95 Vol.-Proc. gestellt und es wird z. B. verlangt, dass Feinsprit im Maximum nur einen Gehalt von 0,1 Vol. pro Mille Aldehyd aufweisen darf. Bei längerem Stehen giebt auch absolut reiner Alkohol eine Gelbfärbung in Folge Aldehydbildung durch Oxydation an der Luft. Das m-Phenylendiamin, welches zur Untersuchung dient, muss rein sein (siehe m-Phenylendiamin).

Die Prüfung mit Silberlösung hat die Pharm. Germ. vorgeschrieben. Man kann auch mit ammoniakalischer Silberlösung oder mit ammoniakalischer Kaliumpermanganatlösung auf Aldehyd prüfen (vergl. Zeitschr. f. analytische Chemie 1891, S. 208 und Deutsche Medicinische Wochenschrift 1893, S. 941), ferner durch die Fuchsinreaction von Gayon (Compt. rend. Bd. 105, p. 1182) oder mit Nessler's Reagens. Auch mit Aetzkali wird auf Aldehyd geprüft, indem sich aldehydhaltiger Spiritus mit Aetzkali gelb färbt. Es muss indessen bemerkt werden, dass Spiritus, der eine Lagerung in Fässern aus gerbstoffhaltigem Holz erlitten hat, sich mit Aetzkali ebenfalls färbt.

Fremde organische Verunreinigungen im Allgemeinen: Wenn man 10 ccm absoluten Alkohol mit 1 ccm Wasser und 1 ccm Kaliumpermanganatlösung vermischt, so darf die rothe Flüssigkeit ihre Farbe nicht vor Ablauf von 20 Minuten in Gelb verändern.

Anmerkung. Bezüglich der Probe ist zu bemerken:
Eine theilweise Reduction des Kaliumpermanganats tritt nach 20 Minuten auch beim reinsten Alkohol ein.
Cazeneuve (Rep. d. Chemiker-Ztg. 1889, S. 198) beobachtete schon nach 5 Minuten eine etwas gelbliche Rosafärbung. Derselbe benutzt seit 1882 zum Vergleich chemisch reinen Alkohol von 93°

und eine Kaliumpermanganatlösung 1 : 1000. 10 ccm des reinen Alkohols erfordern nach Cazeneuve bei mittlerer Temperatur 5 Minuten, um mit 1 ccm der Permanganatlösung eine etwas gelbliche Rosafärbung zu geben, welche anzeigt, dass die Reduction nicht vollständig ist. Uebt ein zu prüfender Alkohol von 93^0 eine schnellere Reduction aus, so werden hierdurch unzweifelhaft Verunreinigungen angezeigt. Die Pharm. Ztg. 1889, S. 481 bemerkt, dass die Probe mit Permanganat nicht nur Fuselöle, sondern jede Spur von organischer Substanz anzeige, die aus den Lagerfässern und Korkstopfen stammt und unvermeidlich in jedem Alkohol vorkommt; schwache Reduction bietet daher keine Veranlassung zu einer Beanstandung.

Lang (Jahresversammlung des Vereins schweizer. analyt. Chemiker, Chem.-Ztg. 1893, No. 84) hat folgende Resultate bei der Permanganatprobe erhalten: Die Wirkung der Kaliumpermanganatreaction ist abhängig von der Temperatur und Gradstärke der Sprite, von der mehr oder weniger guten Abtrennung seiner Vorbrandbestandtheile (diese Vorlaufproducte wirken am stärksten auf Permanganat), von der Dauer der Lagerung, vom Material des Lagergefässes (Spritproben, die längere Zeit in Holzfässern gelagert haben, sollen vor der Permanganatprobe erst destillirt werden), von der Einwirkung des Sonnenlichtes und noch anderen Factoren. Vorsicht ist geboten und es darf höchstens folgender allgemeine Schluss gezogen werden: Geringe Sprite zeigen in der Oxydationsprobe mit Kaliumpermanganat eine kürzere, gute eine lange Oxydationsdauer.

Neben der Permanganatprobe kommt auch vielfach noch die Schwefelsäureprobe — Vermischen mit gleichen Theilen Schwefelsäure, wobei keine Gelbfärbung eintreten darf — zur Anwendung, um Fuselöle, Aldehyde und andere organische Verbindungen nachzuweisen. Diese ist aber nach Glasenapp (Ztschr. f. Spiritusind. 1894, 17, 344, Ref. in Chem.-Ztg. 1894, S. 294) für Qualitätsbestimmung von Spiritus unbrauchbar. Ein Sprit, der durch Schwefelsäure nicht gebräunt wird, kann unter Umständen mehr Fusel enthalten als ein solcher, der gebräunt wird. Die beste quantitative Probe auf Fusel ist, wie oben schon betont, die Röse'sche Chloroformausschüttelungsmethode in der von Glasenapp angegebenen Ausführungsweise (siehe oben S. 12). Sie gestattet den Nachweis selbst ganz minimaler Mengen Fuselbestandtheile in den bestraffinirten Spriten.

Freie Säure: Der Alkohol darf Lackmuspapier nicht verändern.

Anmerkung. Schweissinger (Rep. der Chemiker-Zeitung 1887, S. 174) macht darauf aufmerksam, dass Spuren freier Säure im Alkohol vorkommen. Ein guter Spiritus verbrauchte nach Schweissinger zur Sättigung der freien Säure in 100 ccm 0,4 ccm $1/10$ Normalnatronlauge. Immerhin darf guter Alkohol Lackmuspapier nicht verändern. Zur Bestimmung der freien Säure wurden vom eidgenössischen Alkoholamt (Chem.-Ztg. 1893, No. 84) 50 ccm mit $\frac{n}{20}$-Natronlauge und Phenolphtalein als Indciator titrirt. Bei 1070 Analysen ergab sich, dass zur Neutralisation der in 100 ccm Sprit enthaltenen Säuren an $\frac{n}{20}$-Natronlauge verbraucht wurde: im Maximum 3,2 ccm, im Minimum 0,5 ccm.

Furfurol: 10 ccm Alkohol werden mit 10 Tropfen Anilinöl und 2 bis 3 Tropfen Salzsäure versetzt; bei Gegenwart von Furfurol tritt mehr oder weniger rosarothe Färbung auf.

Wasser: Für die meisten Fälle genügt es, den Wassergehalt des Alkohols aus dem spec. Gewicht zu ermitteln. Handelt es sich um den Nachweis höchst minimaler Mengen Wasser, so soll man diese nach Léon Crismer (Zeitschr. f. analyt. Chemie 1886, S. 549) durch eine gesättigte alkoholische Lösung von Paraffin. liquid. erkennen. Bringt man zu letzterer eine kleine Quantität wasserhaltigen Alkohols, so tritt sofort Trübung ein.

Quantitative Bestimmung.

Die quantitative Bestimmung des Alkohols geschieht mit dem Alkoholometer nach der „Anleitung zur steueramtlichen Ermittelung des Alkoholgehaltes" (Berlin bei Springer 1889) oder durch Bestimmung des specifischen Gewichtes mit der Mohr'schen Wage und Feststellung des dem gefundenen specifischen Gewichte entsprechenden Alkoholgehaltes nach umstehender Tabelle.

Handelt es sich um genaue Gehaltsermittelung aus dem spec. Gew., so dass noch $^1/_{10}$ Proc. zu berücksichtigen sind, so vergleiche auch die Tabelle von Hehner, welche u. A. in Muspratt's Handbuch der technischen Chemie, 4. Auflage, Bd. 1, S. 642 aufgeführt ist. Zu bemerken ist, dass nach der Abhandlung von Squibb (siehe oben) die bisherigen Zahlen für das spec. Gew. des Alkohols nicht absolut richtig sind. Als Beweis hierfür führt Squibb an, dass bei der Darstellung des Alkohols im Grossen unter Anwendung einer sehr langsamen Filtration durch gebrannten Kalk in der Kälte durchgängig ein Produkt von niedrigem specifischen Gewichte erhalten werde, als die niedrigsten Literaturangaben sind.

Volumgewicht und Gehalt in **Volumprocenten** eines **wässerigen Alkohols** bei 15,56°. Wasser = 0,9991 (Tralles).

Vol.-Proc. Alkohol	Vol.- Gew.	Vol.-Proc. Alkohol	Vol.- Gew.	Vol.-Proc. Alkohol	Vol.- Gew.	Vol.-Proc. Alkohol	Vol.- Gew.
1	0,9971	26	0,9689	51	0,9315	76	0,8739
2	0,9961	27	0,9679	52	0,9295	77	0,8712
3	0,9947	28	0,9668	53	0,9275	78	0,8685
4	0,9933	29	0,9657	54	0,9254	79	0,8658
5	0,9919	30	0,9646	55	0,9234	80	0,8631
6	0,9906	31	0,9634	56	0,9213	81	0,8603
7	0,9893	32	0,9622	57	0,9192	82	0,8575
8	0,9881	33	0,9609	58	0,9170	83	0,8547
9	0,9869	34	0,9596	59	0,9148	84	0,8518
10	0,9857	35	0,9583	60	0,9126	85	0,8488
11	0,9845	36	0,9570	61	0,9104	86	0,8458
12	0,9834	37	0,9559	62	0,9082	87	0,8428
13	0,9823	38	0,9541	63	0,9059	88	0,8397
14	0,9812	39	0,9526	64	0,9036	89	0,8365
15	0,9802	40	0,9510	65	0,9013	90	0,8332
16	0,9791	41	0,9494	66	0,8989	91	0,8299
17	0,9781	42	0,9478	67	0,8965	92	0,8265
18	0,9771	43	0,9461	68	0,8941	93	0,8230
19	0,9761	44	0,9444	69	0,8917	94	0,8194
20	0,9751	45	0,9427	70	0,8892	95	0,8157
21	0,9741	46	0,9409	71	0,8867	96	0,8118
22	0,9731	47	0,9391	72	0,8842	97	0,8077
23	0,9720	48	0,9373	73	0,8817	98	0,8034
24	0,9710	49	0,9354	74	0,8791	99	0,7988
25	0,9700	50	0,9335	75	0,8765	100	0,7939

Aus den gefundenen Volumprocenten lassen sich die Gewichtsprocente finden, indem man das Volumgewicht des absoluten Alkohols, nach Gay-Lussac 0,7949, nach Tralles 0,7939, durch das Volumgewicht des vorliegenden Spiritus dividirt und den Quotienten mit dem Volumprocent-Gehalt dieses Spiritus multiplicirt.

Anwendung und Aufbewahrung.

Alkohol dient als Extractionsmittel und für die verschiedensten Zwecke in der chemischen Analyse. Für manche Zwecke soll der Alkohol vollständig wasserfrei sein, so z. B. für die Borsäure-Bestimmungen nach Morse und Burton. Dieselben benutzen einen absoluten Alkohol, der aus frisch über gebranntem Kalk destillirtem Alkohol durch zwei- bis dreitägiges Digeriren desselben mit entwässertem Kupfervitriol gewonnen ist. (Vergl. Zeitschr. f. analyt. Chemie, 1889, S. 241.) In Bezug auf Alkohol für die gerichtlich-chemische Analyse weist Otto (Anleitung zur Ausmittelung der Gifte, Braunschweig, 1884, S. 105) darauf hin, dass der gewöhnliche, durch Destillation über Kalk gereinigte Aethylalkohol des Handels fast stets kleine Mengen von alkaloidischen Substanzen enthalte und dass er daher vor dem Gebrauch für die Untersuchung auf Alkaloide vorher 1 oder 2 Mal unter Zusatz von etwas Weinsäure, welche die Basen zurückhalte, zu rectificiren sei.

Nach Walter kann unreiner Alkohol für Laboratoriumszwecke wie folgt gereinigt werden:

Der Alkohol wird mit so viel Kaliumpermanganatlösung versetzt, als genügt, um eine beständige Rothfärbung herzustellen. Man lässt einige Stunden in Ruhe stehen, damit sich das eventuell gebildete Manganoxyd absetzen kann, und filtrirt dann die überstehende Flüssigkeit ab. Das Filtrat wird mit wenig kohlensaurem Kalk versetzt, so langsam destillirt, dass innerhalb 20 Minuten nicht mehr als ca. 50 ccm übergehen. Das Destillat muss öfter geprüft werden. Sobald 10 ccm desselben nach dem Kochen mit alkoholischer Kalilauge und halbstündigem Stehen keine Gelbfärbung mehr zeigt, ist das folgende Destillat als reiner Alkohol zu betrachten.

Man bewahrt den Alkohol an einem kühlen Ort in gut verschlossener Flasche auf.

Handelssorten.

In den Preislisten werden gewöhnlich zwei verschiedene Sorten Alcohol absolut. aufgeführt, von welchen die I. Sorte ca. 99 procentig sein soll, während die II. Sorte ca. 97—98 procentig ist. Ueber vorkommende Verunreinigungen siehe oben die Anmerkungen.

Der ca. 93 procentige **Feinsprit** des Handels wird wie der Alcohol absolut. geprüft und vom Rohsprit unterschieden.

Dieser Feinsprit, ein verhältnissmässig recht reiner Spiritus, wird in grossen Raffinerien aus dem in den Brennereien gewonnenen Rohsprit hergestellt, wobei als Nebenproducte Aldehyde, Ketone und Fuselöle erhalten werden. Man unterscheidet in der Technik auch Primasprit und Secundasprit und unter diesen Sorten wieder sehr gute, gute, mittelgute etc. Waare. Die reinen Sorten halten die oben vorgeschriebenen Sinnes- und sonstigen Prüfungen aus, die weniger reinen dagegen weichen je nach dem Grade der Reinheit mehr oder weniger ab; besonders zeigen sie die Färbung mit salzsaurem m-Phenylendiamin sehr bald und haben einen unangenehmen Fuselgeruch. Vergleichende Untersuchungen führen hier zum Ziele.

Feinsprit soll im Maximum nur einen Gehalt von 0,1 Vol. pro Mille Aldehyd aufweisen (siehe oben die Anmerkungen unter Prüfung auf Aldehyd).

Auch die quantitative Fuselölbestimmung nach Glasenapp (siehe Anmerkung S. 12) ist für die Beurtheilung des Feinsprits wichtig.

Der **Rohsprit***) des Handels ist sehr verschieden an Fuselgehalt, je nach dem Material, aus dem er gewonnen ist und je nachdem die Alkoholgährung mehr oder weniger rein war. Verschiedene Proben Rohsprit, welche der Verf. untersuchte, reducirten Permanganatlösung schon nach wenigen Minuten und gaben mit salzsaurem m-Phenylendiamin sofort die unter „Prüfung auf Aldehyd" beschriebene Reaction, auch färbten sich dieselben beim Vermischen mit gleichen Theilen Schwefelsäure gelb.

Schliesslich sei noch der **denaturirte Spiritus** des Handels erwähnt. Derselbe kommt nach Reinhardt (Zeitschr. f. angewandte Chemie 1891) bisweilen sehr sauer (mit einem Zusatz von Holzessig) in den Handel. Solcher schlechter Spiritus zerstört die Messinglampen und ruinirt die Platintiegel; er ist daher für Laboratoriumszwecke zu verwerfen.

Aluminium.

Aluminium (Al. Atom-Gew. = 27,04).

Silberglänzendes Metall, welches mit verdünnter Natronlauge und auch mit verdünnter Salzsäure reichlich Wasserstoff entwickelt.

Das Al-Pulver ist von hellgrauer Farbe.

Anmerkung. Auch durch verdünnte oder concentrirte Schwefelsäure und Salpetersäure wird das reine ca. 99 procentige Aluminium des Handels nach Untersuchungen von G. A. Le Roy (Bull. Soc. ind. de Rouen 1891, *19*, 232) schnell angegriffen und gelöst.

Prüfung auf Verunreinigungen

siehe quantitative Bestimmung. Das Aluminium muss ca. 99 Proc. Al enthalten.

---

*) Ueber die Untersuchung von Spiritus des Handels und die Erzeugnisse der Spiritusfabrication vergleiche auch J. König, die Untersuchung landwirthschaftlich und gewerblich wichtiger Stoffe (Berlin bei Parey 1891).

Anmerkung. Prüfung auf Arsen, Schwefel, Phosphor: Der mit verdünnter reiner Natronlauge aus Aluminium entwickelte Wasserstoff soll auf Silbernitratpapier keinen gelben und keinen schwarzen Fleck erzeugen, ebenso soll sich der mit Hülfe von Salzsäure aus dem Aluminium entwickelte Wasserstoff verhalten. (Flückiger, Arch. d. Pharm. 1889, S. 17.)

Ueber die Ausführung dieser Prüfung auf Arsen etc. nach Gutzeit und Flückiger siehe in dieser Schrift im Abschnitte über Acid. hydrochloric. pur. die Anmerkung zur Prüfung auf Arsen, ferner die Abhandlung von Flückiger (l. c.).

Für den Nachweis des Arsens wäre ein Aluminium nothwendig, welches vorstehende Prüfung aushält. Es muss jedoch bemerkt werden, dass Flückiger (Arch. d. Pharm. 1889, S. 17) bis jetzt kein einziges Präparat im Handel erhalten konnte, welches absolut frei von Arsen, Schwefel und Phosphor war.

Quantitative Bestimmung.

Im analytischen Laboratorium wird das Aluminium hauptsächlich als Aluminiumfeile zu Salpetersäurebestimmungen gebraucht und es kommt darauf an, die Gewichtsmenge Wasserstoff festzustellen, welche eine gewogene Quantität dieses Aluminiumpulvers beim Auflösen in Kalilauge liefert. Die Menge des entwickelten Wasserstoffs entspricht der Menge des gelösten Aluminiums. Letzteres kann zur Controle in der alkalischen Lösung (wo es als Thonerdekali enthalten ist) bestimmt werden. Wird diese Lösung mit Essigsäure angesäuert, so lässt sich in der essigsauren Lösung vorhandenes Zink leicht mit Schwefelwasserstoff nachweisen. Etwaige Eisentheilchen lassen sich aus dem Aluminiumpulver mittelst eines Magneten entfernen.

Die früher von Klemp zur Untersuchung des Aluminiums vorgeschlagene Methode ist nach Hampe (Chem.-Ztg. 1890, No. 97) und nach Regensburger (Zeitschr. f. angewandte Chemie 1891, S. 360) nicht genau.

In seiner Abhandlung über die Werthbestimmung des Aluminiums (l. c.) betont letzterer, dass sich ein unreines Aluminium schon an verschiedenen äusseren Merkmalen erkennen lasse. Je reiner das Metall ist, desto zäher ist es und desto weiter lässt es sich durchhauen, ohne zu brechen. Der künstlich erzeugte Bruch ist bei der reinsten Qualität sehnig seidenglänzend und wird mit zunehmendem Gehalt an Silicium und Eisen körnig bis grobkrystallinisch. Die häufigsten wesentlichen Nebenbestandtheile des Aluminiums sind nach R. Silicium und Eisen (siehe auch weiter unten und unter Handelssorten). R. giebt für die Analyse folgende Vorschrift: 1. Silicium. Je nach Qualität des Metalls werden 2 bis 4 g Schnitzel in geräumiger Platinschale mit 13 bis 25 g reinem Aetzkali und etwa 25 ccm warmem Wasser überdeckt und mit aufgelegtem Platindeckel sich selbst überlassen, bis die Anfangs stürmische Reaction gemässigt ist. Zur völligen Lösung erwärmt man noch etwas, spritzt den Deckel mit Salzsäure ab, neutralisirt die Lösung mit Salzsäure unter Umrühren und dampft dann — ebenfalls unter fleissigem Umrühren — auf dem Asbestbad zur Trockene ein. Der geglühte und gewogene Niederschlag ist mit Flusssäure zu prüfen.

2. Eisen. 3 g Metallschnitzel werden im Kolben (0,5 l) mit 50 ccm 40 proc. Kalilauge übergossen, die Lösung schliesslich durch Erwärmung beschleunigt; dann werden unter starkem Umschütteln 200 ccm reine verdünnte Schwefelsäure von etwa 1,16 spec. Gew. zugegeben und bis zur Klärung gekocht. Nach kurzem Abkühlen lässt sich der Kolbeninhalt ohne Weiteres mit Permanganat titriren, da sämmtliches Eisen im Oxydulzustand vorhanden ist. 3. Aluminium. 2 g Metallschnitzel werden in Kalilauge (= 12 g Kali, aber weniger concentrirt wie bei I) gelöst, zu 200 ccm aufgefüllt, 50 ccm klare Lösung mit etwa 20 Ammonnitrat gekocht, abfiltrirt, gut ausgewaschen, dann geglüht und gewogen. Der Niederschlag wird dann fein gepulvert und nach nochmaligem Glühen und Erkalten ein bestimmter Theil zur etwaigen Bestimmung von mitgefälltem Alkali mit Wasser ausgekocht, ein anderer Theil im geräumigen Platintiegel mit entwässertem Kaliumbisulfat geschmolzen. Im letzteren Falle bleibt die mitgefällte Kieselsäure bei der Aufnahme der Schmelze in Wasser ungelöst zurück, so dass man ihre Menge bestimmen und beim Gesammtniederschlag in Rechnung ziehen kann.

4. Qualitative Prüfung auf andere Metalle gestattet das saure Filtrat aus der Kieselsäure in I oder auch die alkalische Lösung aus III.

Ueber die Bestimmung des Siliciums im Aluminium, überhaupt über Werthbestimmung des Aluminiums und seiner Legirungen findet sich von F. Regensburger auch in Zeitschr. f. angewandte Chemie 1891, S. 442 eine ausführliche Abhandlung.

Neuere werthvolle Mittheilungen betreffend die analytische Bestimmung des technischen Aluminiums siehe in einer Abhandlung von Moissan, Chem.-Ztg. 1896, S. 6.

Anwendung.

Das Aluminium dient zu Salpetersäurebestimmungen; auch wird es zur Wasserstoffentwicklung behufs Nachweisens des Arsens vorgeschlagen.

Ueber die Bestimmung des Nitratstickstoffs mittelst Aluminium vergl. Stutzer, Zeitschr. f. angewandte Chemie 1890, S. 690. Besonders gut für Reductionszwecke in alkalischer oder salzsaurer Lösung eignen sich die Aluminium-Spähne, welche jetzt billig im Handel zu haben sind. Dieselben enthalten ca. 99 Proc. Al.

Die Anwendung von metallischem Aluminium zu den Synthesen aromatischer Kohlenwasserstoffe siehe Radziewanowski, Ber. dtsch. chem. Ges. *28*, 1135—40.

Ueber **amalgamirtes Aluminium** mit Wasser als neutrales Reductionsmittel siehe Ber. dtsch. chem. Ges. *28*, 1323—27, 10/6, [22/5] Abhandlung von Wislicenus und Kaufmann. Daselbst die Darstellung des Aluminiumamalgams angegeben.

Handelssorten.

Das Aluminium kommt als Pulver, in Barren, in Drahtform und in Blechform in den Handel. Manches Aluminium des Handels zeigt sich so widerstandsfähig gegen Natronlauge, dass es zu analytischen Zwecken nicht zu gebrauchen ist (vergl. auch A. Stutzer, Zeitschr. f. analytische Chemie 1890, S. 697).

Reines durch Elektrolyse dargestelltes Metall soll viel widerstandsfähiger sein, als ein nach der alten Methode erhaltenes, oft stark alkali- oder kieselsäurehaltiges Metall.

Muspratt's technische Chemie führt Analysen auf, welche den Gehalt des käuflichen Aluminiums an reinem Aluminium von 88 bis zu 97 Proc. zeigen (das zu 100 Proc. Fehlende besteht nach diesen Analysen hauptsächlich aus Eisen und aus Silicium). Das Aluminium für analytische Zwecke muss mit Natron- oder Kalilauge lebhafte Wasserstoffentwicklung zeigen und soll möglichst frei von As, S und P sein.

Man findet im Handel

I. das Rein-Aluminium (98 bis 99,75 procentig),

II. Aluminium (92 bis 98 procentig).

G. A. Le Roy (Bull. Soc. ind. de Rouen 1891, *19*, 232) fand bei neueren Untersuchungen von 4 Proben Aluminium folgende Zusammensetzung:

	Al	Fe	Si
A	98,28	1,60	0,12
B	98,45	1,30	0,25
C	99,60	0,30	0,10
D	99,47	0,40	0,13

Nach Moissan (Compt. rend. 1894, *119*, 12) enthält technisches Aluminium: Eisen, Silicium, Spuren von Kohlenstoff und Stickstoff und Aluminiumoxyd, ferner bisweilen Borocarbidkrystalle und Kupfer.

Derselbe (Rep. d. Chem.-Ztg. 1895, S. 414 und Chem.-Ztg. 1896, S. 6) hat gefunden, dass das käufliche Aluminium häufig auch 0,1 bis 0,3 Proc. Natrium enthält, welches beim Kochen und Stehen der Aluminiumspäne mit Wasser von letzterem gelöst wird. Sehr wesentlich ist die Haltbarkeit der käuflichen Aluminiumgegenstände durch den Gehalt von Natrium beeinträchtigt und besonders auch durch seine Homogenität, die oft durch eingesprengte fremde Partikelchen, wie Kohle etc., gestört wird. Bei der Analyse eines Aluminiums aus Pittsburg fand Moissan:

Aluminium	98,82 Proc.		Kohlenstoff	0,41 Proc.
Eisen	0,27	-	Stickstoff	Spuren.
Silicium	0,15	-	Titan	Spuren.
Kupfer	0,30	-	Schwefel	—
Natrium	0,15	-		

Ammoniak.

Liquor Ammon. caustic. pur. $(NH_3 + aq.$
Molecular-Gew. $= 17,01)$.

Farblose, klare Flüssigkeit. Spec. Gew. 0,925.
Enthält 20 Proc. NH_3.

Prüfung auf Verunreinigungen.

Chlorid (*und Pyridin*): 10 ccm mit ca. 30 ccm Wasser verdünnt, bleiben beim Uebersättigen mit Salpetersäure farblos, und diese Flüssigkeit zeigt nach Zusatz von salpetersaurem Silber keine Veränderung.

Empyreuma (*Theerproducte, Pyridin*): Werden 10 ccm Ammoniakflüssigkeit mit 30 ccm Wasser verdünnt und mit verdünnter Schwefelsäure neutralisirt, so muss die Flüssigkeit geruchlos sein.

Anmerkung. Nach Ost werden behufs des Nachweises von Empyreuma 20 ccm des Salmiakgeistes in einem kleinen Becherglase mit der zwei- bis dreifachen Menge Wasser verdünnt, ein Tropfen Methylorange zugesetzt; alsdann lässt man aus einer Bürette verdünnte Schwefelsäure (1 : 5) zufliessen. Mit Hülfe des Indikators lässt sich leicht der Punkt erkennen, wo das Ammoniak nahezu gesättigt ist und bei diesem ist der Geruch der Verunreinigungen am schärfsten wahrnehmbar (Pharm. Ztg. 1895, S. 589). Diese Methode ist sehr empfindlich. Zum Nachweis von Theerproducten im käuflichen Ammoniak soll man ferner nach Bernbeck (Zeitschr. f. analyt. Chemie 1891, S. 104) das Ammoniak über rohe Salpetersäure schichten. Bei Gegenwart von Theerproducten entsteht an den Berührungsflächen ein rother Ring. Die Probe ist nicht so scharf wie diejenige von Ost.

Zur quantitativen Bestimmung der Pyridinbasen in Ammoniak hat Kinzel ein Verfahren ausgearbeitet, welches in Zeitschr. f. analytische Chemie 1891, S. 330 beschrieben ist. Bemerkungen über vorstehende Methoden zum Nachweis und zur Bestimmung des Empyreumas finden sich in Pharm. Ztg. 1895, S. 589.

In der Literatur ist mehrfach auf einen Gehalt des käuflichen, reinen Salmiakgeistes an Pyridin und Pyrrol hingewiesen; ich selbst habe in Mustern verschiedener Bezugsquellen diese Verunreinigungen, welche entschieden zu beanstanden sind, häufig gefunden.

Flüchtig: 10 g Salmiakgeist hinterlassen beim Verdunsten auf dem Wasserbade keinen wägbaren Rückstand.

Anmerkung. Spuren von Rückstand habe ich fast immer beim Verdunsten von conc. reinen Salmiakgeist gefunden; dieselben kommen wahrscheinlich aus den Aufbewahrungsgefässen.

Metalle: 5 ccm werden mit 20 ccm Wasser und einigen Tropfen Schwefelammon versetzt, wodurch keine Veränderung eintritt.

Anmerkung. Es ist mir Liquor Ammon. caustic. pur. zu Händen gekommen, der stark zinkhaltig war. Stieren berichtet in seinem Buch über einen kupferhaltigen Salmiakgeist. Auch trüber Salmiakgeist kommt bisweilen im Handel vor.

In Rep. d. Chem.-Ztg. 1892, S. 124 wird über einen Bleigehalt des käuflichen reinen Ammoniaks berichtet. Solches Ammoniak gab beim Einleiten von Schwefelwasserstoff eine Braunfärbung.

Schwefelsäure: 10 ccm werden mit verdünnter Essigsäure übersättigt und Chlorbarium zugegeben; es zeigt sich nach längerem Stehen keine Veränderung.

Kohlensäure: 10 ccm werden mit 10 ccm Wasser und 20 ccm Kalkwasser vermischt und die Mischung aufgekocht; es darf nur eine sehr schwache Trübung entstehen.

Anmerkung. Nach J. Hertkorn (Chem.-Ztg. 1891, S. 1493) findet, wenn das Ammoniak Kohlensäure aufnimmt, zunächst Bildung von carbaminsaurem Ammon statt, welches erst beim Kochen seiner wässerigen Lösung in Ammon und Kohlensäure zerfällt; man soll daher bei Prüfung des Ammoniaks auf event. aus der Luft aufgenommene Kohlensäure die mit Kalkwasser versetzte Flüssigkeit erhitzen. Hertkorn hält die Prüfung der Pharm. Germ. III, welche den Salmiakgeist nur mit Kalkwasser vermischen lässt und kein Aufkochen vorschreibt, aus genannten Gründen für mangelhaft.

Quantitative Bestimmung.

Man ermittelt den Gehalt an NH_3 aus dem spec. Gew. nach folgenden neueren Angaben, welche der Pharm. Ztg. 1889, S. 314 entnommen sind.

Für die genaueste Tabelle, welche den Gehalt einer Ammoniaklösung aus dem specifischen Gewicht ermitteln lässt, galt bisher die Tabelle von Carius. Indessen erklärte sie schon Messel 1882 für ungenau und nach neueren Untersuchungen von H. Grüneberg, sowie von Lunge und Wiesnick (Ztschr. f. ang. Chemie, Heft 7) kann über die Ungenauigkeit der Carius'schen Zahlen kein Zweifel mehr sein, da jetzt übereinstimmende Angaben von Wachsmuth, Grüneberg und Lunge-Wiesnick vorliegen. Die letzteren geben nachfolgende Tabelle, deren Genauigkeit bei den höheren Concentrationen $\pm\,0{,}12\,\%$, bei den niederen $\pm\,0{,}25\,\%$ geschätzt wird.

Tabelle der specifischen Gewichte von Ammoniaklösungen bei 15° nach Lunge und Wiesnick.

Spec. Gew. bei 15°	Proc. NH_3	1 l enthält NH_3 bei 15° g	Korrektion des spec. Gew. für ±1°	Spec. Gew. bei 15°	Proc. NH_3	1 l enthält NH_3 bei 15° g	Korrektion des spec. Gew. für ±1°
1,000	0,00	0,0	0,00018	0,972	6,80	66,1	0,00025
0,998	0,45	4,5	0,00018	0,970	7,31	70,9	0,00025
0,996	0,91	9,1	0,00019	0,968	7,82	75,7	0,00026
0,994	1,37	13,6	0,00019	0,966	8,33	80,5	0,00026
0,992	1,84	18,2	0,00020	0,964	8,84	85,2	0,00027
0,990	2,31	22,9	0,00020	0,962	9,35	89,9	0,00028
0,988	2,80	27,7	0,00021	0,960	9,91	95,1	0,00029
0,986	3,30	32,5	0,00021	0,958	10,47	100,3	0,00030
0,984	3,80	37,4	0,00022	0,956	11,03	105,4	0,00031
0,982	4,30	42,2	0,00022	0,954	11,60	110,7	0,00032
0,980	4,80	47,0	0,00023	0,952	12,17	115,9	0,00033
0,978	5,30	51,8	0,00023	0,950	12,74	121,0	0,00034
0,976	5,80	56,6	0,00024	0,948	13,31	126,2	0,00035
0,974	6,30	61,4	0,00024	0,946	13,88	131,3	0,00036

Spec. Gew. bei 15^0	Proc. NH_3	$1\,l$ enthält NH_3 bei 15^0 g	Korrektion des spec. Gew. für $\pm 1^0$	Spec. Gew. bei 15^0	Proc. NH_3	$1\,l$ enthält NH_3 bei 15^0 g	Korrektion des spec Gew. für $\pm 1^0$
0,944	14,46	136,5	0,00037	0,912	24,33	221,9	0,00051
0,942	15,04	141,7	0,00038	0,910	24,99	227,4	0,00052
0,940	15,63	146,9	0,00039	0,908	25,65	232,9	0,00053
0,938	16,22	152,1	0,00040	0,906	26,31	238,3	0,00054
0,936	16,82	157,4	0,00041	0,904	26,98	243,9	0,00055
0,934	17,42	162,7	0,00041	0,902	27,65	249,4	0,00056
0,932	18,03	168,1	0,00042	0,900	28,33	255,0	0,00057
0,930	18,64	173,4	0,00042	0,898	29,01	260,5	0,00058
0,928	19,25	178,6	0,00043	0,896	29,69	266,0	0,00059
0,926	19,87	184,2	0,00044	0,894	30,37	271,5	0,00060
0,924	20,49	189,3	0,00045	0,892	31,05	277,0	0,00060
0,922	21,12	194,7	0,00046	0,890	31,75	282,6	0,00061
0,920	21,75	200,1	0,00047	0,888	32,50	288,6	0,00062
0,918	22,39	205,6	0,00048	0,886	33,25	294,6	0,00063
0,916	23,03	210,9	0,00049	0,884	34,10	301,4	0,00064
0,914	23,68	216,3	0,00050	0,882	34,95	308,3	0,00065

Zum Gebrauche dieser Tabelle muss man die mit einem genauen Thermometer gefundenen Temperaturen durch die in der letzten Spalte stehenden Correctionsziffern, welche die hinzuzufügende oder abzuziehende Zahl direct angeben, auf 15^0 bringen. Doch darf die Beobachtungstemperatur nicht erheblich unter oder über 15^0 sein, weil sonst die Ausdehnungscoefficienten vermuthlich andere sein werden.

Beispiel: Hat man bei 13^0 das specifische Gewicht $-0,900$ gefunden, so muss man für 15^0 dasselbe um $2 \times 0,00057$, also um $0,001$ niedriger, d. h. als $0,899$ ansetzen, wodurch der Ammoniakgehalt sich um $1/3$ Proc. höher berechnet.

Anwendung und Aufbewahrung.

Das Ammoniak (Salmiakgeist) findet als Fällungs-, Trennungs- und Sättigungsmittel sowohl in der quantitativen, als auch in der qualitativen Analyse vielfache Anwendung. Es muss in jeder Hinsicht den oben beschriebenen Anforderungen entsprechen.

Die Ammoniakflüssigkeit wird in mit Glasstöpsel verschlossener Flasche an einem kühlen Raume aufbewahrt.

Handelssorten.

Neben dem reinen Salmiakgeist findet sich im Handel der Salmiakgeist für technische Zwecke. Beide Qualitäten sind zu den verschiedensten Stärken mit bestimmter Garantie für das spec. Gew. käuflich. Ueber die Verunreinigungen des Salmiakgeistes siehe oben die Anmerkungen. Auch wasserfreies Ammoniak (NH_3) kommt in den Handel, dasselbe ist in eisernen Cylindern verschiedener Grösse, welche mit Ventil zum Ablassen des Gases versehen sind, käuflich. Nach H. v. Strombeck (Chem. Centralblatt 1892, S. 733) enthalten die Handelssorten dieses sogenannten wasserfreien Ammoniaks nur ca. 97 bis 99,8 Proc. NH_3; der Rest besteht aus carbaminsaurem Ammoniak, Wasser, Schmieröl etc. Strombeck gewinnt ein vollständig reines NH_3 durch Ueberleiten des Gases über geschmolzenes metallisches Natrium und über Palladiumschwamm. Näheres siehe l. c.

Ammoniumcarbonat.

Ammonium carbonicum puriss., Kohlensaures Ammonium ($CO_3(NH_4)_2 + 2(CO_3HNH_4)$ Molecular-Gew. $= 253,59$).

Weisse, harte, krystallinische Stücke.

Prüfung auf Verunreinigungen.

Flüchtig: 5 g hinterlassen beim Glühen im Platintiegel keinen wägbaren Rückstand.

Schwefelsäure: 5 g werden in 200 ccm Wasser gelöst, Salzsäure in geringem Ueberschuss zugegeben, die Flüssigkeit zum Kochen erhitzt und Chlorbarium zugefügt; nach mehreren Stunden zeigt sich keine Veränderung.

Halogene: 2 g werden in 50 ccm Wasser gelöst, mit Salpetersäure übersättigt und salpetersaures Silber zugegeben; es zeigt sich keine Veränderung.

Schwere Metalle: Die essigsaure Lösung 1 : 20 wird durch Schwefelwasserstoffwasser nicht verändert.

Anmerkung. Das Präparat kommt zuweilen jod- und hyposulfithaltig vor (weisse oder schwärzliche Trübung mit salpetersaurem Silber). Die Ph. G. II. lässt auf Jod durch Ansäuern und Schütteln mit Chloroform nach vorherigem Zusatz von etwas Chlorwasser untersuchen.

Auf *Anilin und verwandte Stoffe* prüft man durch Verdampfen von 1 g Ammoniumcarbonat mit Salpetersäure auf dem Wasserbade, wobei ein weisser, nicht aber ein gelber Rückstand verbleiben muss.

Quantitative Bestimmung.

Untersuchung auf Rückstand, sowie die aufgeführten Prüfungen genügen zur Feststellung der Reinheit.

Um das Ammon. carbonic. auf seine Zusammensetzung zu untersuchen, bestimmt man den Gehalt an Ammoniak mit Normalsäure, die Kohlensäure bestimmt man durch Fällen mit Chlorbarium und Ammoniak, indem man das ausgewaschene kohlensaure Barium alkalimetrisch mit Normalsalzsäure und Normalkalilauge bestimmt. Vergl. bezügl. der näheren Ausführung der Methode: Mohr, Lehrbuch der Titrirmethode, 6. Aufl., S. 117 ff.

Anwendung und Aufbewahrung.

Das kohlensaure Ammon dient in dem Gange der Analyse zur Abscheidung des Bariums, Strontiums und Calciums und zur Trennung derselben von Magnesium, ferner zur Trennung des Schwefelarsens von dem Schwefelantimon.

Man bewahrt das Ammoniumcarbonat in dicht verschlossenen Gläsern auf.

Handelssorten.

Bisweilen kommt ein röthliches Ammonium carbonic. in den Handel, welches Präparat für analytische Zwecke keine Verwendung finden soll. Das Präparat des deutschen Handels ist nach Hager im Allgemeinen rein, wogegen das in englischen Fabriken bereitete Ammoncarbonat nicht selten Jod enthält. Das Salz des Handels besteht hauptsächlich aus anderthalbfach kohlensaurem Ammon. An der Luft dunstet es rasch einfach kohlensaures Ammon aus und wird zu zweifach kohlensaurem Ammon, einer weissen, pulverigen Substanz.

Man muss das Ammonium carbonic. aus diesem Grunde sorgfältig verschlossen, in Glasgefässen aufbewahren. Gefässe aus Steingut oder Thon sind nach Hager zur Aufbewahrung nicht brauchbar.

Ueber Zusammensetzung des käuflichen Ammoniumcarbonats berichtet L. L. de Koninck (Monit. scient. 1894, 4. Sér. 8, 420, Ref. in Repertor. d. Chem. Ztg. 1894, S. 175); derselbe löste verschiedene

Proben in Salzsäure auf und titrirte den Ueberschuss der letzteren mit Kalilauge unter Anwendung von Diazoresorcin als Indicator zurück, wobei sich Resultate ergaben, die auf das Vorkommen von zwei verschiedenen Producten des Handels schliessen lassen mussten. Siehe auch Zeitschr. f. analyt. Chemie 1895, S. 598.

Ammoniumchlorid.

Ammonium chloratum puriss., Chlorammonium
(NH_4Cl.   Molecular-Gew. $= 53{,}38$).

Weisse, harte Stücke oder weisses, farb- und geruchloses Krystallpulver, welches in Wasser leicht löslich ist.   Die wässerige Lösung $1:20$ ist klar und neutral.

Prüfung auf Verunreinigungen.

Rückstand: 3 g hinterlassen nach langsamer Verflüchtigung in einem Porzellantiegel keinen wägbaren Rückstand.

Phosphorsäure (auch Arsensäure): 5 g des Salzes werden in ca. 30 ccm Wasser gelöst, die klare Lösung wird mit mehreren ccm Magnesiamischung (siehe unter Magnesiumchlorid) und Ammoniak vermischt; auch nach mehrstündigem Stehen darf sich keine Abscheidung zeigen.

Schwere Metalle und Erden: Die wässerige Lösung $1:20$ darf weder durch Schwefelwasserstoff, noch durch Ammoniak, Schwefelammonium und oxalsaures Ammonium verändert werden.

Schwefelsäure: Die Lösung $1:20$ wird durch Chlorbarium nicht verändert, auch nicht nach mehrstündigem Stehen.

Rhodan: 1 g wird in 10 ccm Wasser gelöst und etwas Salzsäure und Eisenchlorid zugegeben, wodurch keine Röthung entsteht.

Anilinartige Stoffe: 1 g des Salzes, mit wenig Salpetersäure im Wasserbade zur Trockne verdampft, muss einen weissen und keinen gelblichen oder röthlichen Rückstand geben.

Quantitative Bestimmung.

Die Bestimmung des Ammoniaks kann bei allen Ammonsalzen durch Austreiben des Ammoniaks mittelst Kalilauge, Auffangen in überschüssiger titrirter Säure und Zurücktitriren der Säure geschehen.

Bezüglich der näheren Ausführung der Methode verweise ich

auf die Werke über analytische Chemie, so u. A.: Fresenius, Quantitative Analyse, 6. Aufl., I. Bd., S. 224 oder Mohr, Titrir-methode, 6. Aufl., S. 124.

Die Säure in den Ammonsalzen wird ebenfalls nach den allgemein bekannten Methoden bestimmt.

Anwendung.

Das Ammoniumchlorid findet zur Fällung des Platins Anwendung. Im Gange der Analyse dient es hauptsächlich dazu, gewisse Oxyde, z. B. Manganoxydul, Magnesia oder Salze, z. B. weinsauren Kalk, in Auflösung zu erhalten, wenn andere Oxyde oder Salze durch Ammon oder ein anderes Reagens niedergeschlagen werden. Es wird ferner zur Herstellung der Magnesiamischung für die Phosphorsäurebestimmung gebraucht (siehe Chlormagnesium).

Auch als Urmaass für die Säure-, Alkali- und Chlormessung wird das Ammoniumchlorid von Reinitzer sehr empfohlen (Zeitschr. f. angew. Chem. 1894, S. 573). Für diese Zwecke kann man nach Reinitzer ein sehr reines Präparat durch Neutralisation von reiner Salzsäure mit einem wässerigen Ammoniak erhalten (siehe l. c.).

Handelssorten.

Ammoniumchlorid gelangt in Form von Stücken und als Krystall-pulver in den Handel. Beide Sorten kommen in sehr verschiedener Reinheit und von sehr verschiedenem Aussehen vor. Das Aussehen der geringen Sorten ist grau oder gelblichgrau, und es zeigen diese Sorten gewöhnlich einen starken Gehalt an schwefelsauren Salzen, an Alkalien, Erden und Eisen. Auch Rhodan kommt bisweilen im Ammoniumchlorid vor. Im technischen Chlorammonium wurde ferner eine Verunreinigung mit Chlorblei beobachtet. Für analytische Zwecke soll nur die reinste Sorte Verwendung finden.

Ammoniumfluorid.

Ammonium fluoratum puriss., Fluorammonium ($NH_4Fl.$
Molecular-Gew. $= 36{,}95$).

Weisse, in Wasser leicht lösliche Krystalle, welche in Folge eines Gehaltes an $NH_4Fl + FlH$ gewöhnlich saure Reaction zeigen.

Prüfung auf Verunreinigungen.

Siehe bei Fluorwasserstoffsäure.

Anmerkung. In einem als „puriss." bezogenen Präparat habe ich nahezu $1/_2$ Procent Blei gefunden. Spuren von Rückstand (2 bis 3 mg) beim Verflüchtigen von 10 g zeigen sich fast immer und sind kaum zu vermeiden. Jedenfalls kann aber ein bleifreies Präparat verlangt werden.

Quantitative Bestimmung.

Das Ammoniak wird, wie unter „Ammoniumchlorid" angegeben ist, bestimmt. Zur Bestimmung der H Fl im Ammoniumfluorid löst man das Salz in Wasser, fügt kohlensaures Natrium im Ueberschusse zu, erhitzt in der Platinschale, bis das Ammon ausgetrieben ist und giebt zu der kochenden klaren Flüssigkeit eine Auflösung von Chlorcalcium, so lange noch eine weitere Fällung bewirkt wird, lässt absitzen, wäscht den aus Fluorcalcium und kohlensaurem Calcium bestehenden Niederschlag aus, trocknet und glüht ihn in einem Platintiegel. Dieser Niederschlag wird mit Wasser übergossen, man setzt Essigsäure in geringem Ueberschusse zu, verdampft im Wasserbade zur Trockne und erhitzt darin, bis aller Geruch nach Essigsäure verschwunden ist. Den aus Fluorcalcium und essigsaurem Calcium bestehenden Rückstand erhitzt man mit Wasser, filtrirt das Fluorcalcium ab, wäscht es aus, trocknet es, glüht und wägt.

War das Ammoniumfluorid schwefelsäurehaltig, so muss das bei der Analyse erhaltene Fluorcalcium noch auf Schwefelsäure quantitativ untersucht werden. Man löst es in Salzsäure, fällt aus der mit Wasser verdünnten Lösung mit Chlorbarium die Schwefelsäure, filtrirt ab, wägt und glüht das schwefelsaure Barium. Aus dem Gewicht des letzteren wird die im Fluorcalciumniederschlage enthaltene Menge schwefelsaures Calcium berechnet und die gefundene Menge vom Gewichte des Fluorcalciumniederschlages abgezogen. Die Anwesenheit von Salpetersäure oder Salzsäure in der wässerigen Lösung des Ammoniumfluorids beeinträchtigt diese Bestimmung nicht.

Ueber die quantitative Bestimmung von Kieselsäure, Fluor, Schwefelsäure, Chlor, Wasser etc. siehe auch den Abschnitt über Natriumfluorid in diesem Buche.

Anwendung und Aufbewahrung.

Dieselbe ist wie bei der Fluorwasserstoffsäure (siehe diese). Man bewahrt das Ammoniumfluorid in Hartgummiflaschen auf.

Handelssorten.

Es findet sich im Handel Ammon. fluorat. für technische Zwecke, welches gewöhnlich schwefelsäurehaltig ist. Das reine Präparat wird, wie bereits oben bemerkt, von verschiedenen Fabriken recht mangelhaft geliefert.

Ammoniummolybdat.

Ammonium molybdaenicum puriss., Molybdänsaures Ammonium $((NH_4)_6 Mo_7O_{24} + 4 H_2O.$ Molecular-Gew. $= 1234{,}24)$.

Grosse farblose Krystalle.

Prüfung auf Verunreinigungen.

Phosphorsäure: 10 g geben mit 25 ccm Wasser und 15 ccm Liq. ammon. caust. 0,910 eine klare Lösung. Dieselbe wird mit 150 g Salpetersäure von 1,20 spec. Gew. vermischt und zeigt diese Flüssigkeit auch nach 2 stündigem Stehen in gelinder Wärme keine gelbe Abscheidung.

Anmerkung. Vorstehende Prüfung ist sehr genau. 100 g Ammon. molybd. puriss. wurden mit nur 1 mg Phosphorsäure (H_3PO_4) versetzt und zeigten in obiger Weise untersucht deutlichen gelben Niederschlag. In den meisten Werken über analytische Chemie sind die Anforderungen an Molybdänpräparate nicht so ausführlich wie hier und in den Abschnitten „Molybdänsäure" beschrieben; es wird in Bezug auf Phosphorsäure gewöhnlich nur darauf aufmerksam gemacht, dass die für die Analyse fertige saure Molybdänflüssigkeit vor dem Gebrauche einige Tage bei 35° bei Seite gestellt werden soll, eine Vorsichtsmaassregel, die für alle Fälle noch beobachtet werden kann. (Bei wochenlangem Stehen der Molybdänsäurelösung zeigen sich bisweilen gelbe Abscheidungen, welche nach Zeitschr. f. analyt. Chemie 1876, S. 290, 1877, S. 52 und 1883, S. 78 aus einer gelben Modification der Molybdänsäure bestehen.)

Schwere Metalle etc.: Die ammoniakalische Lösung des molybdänsauren Ammons zeigt nach Zusatz von Schwefelammon keine Veränderung, ebenso zeigen sich in der mit Salpetersäure angesäuerten Lösung keine erheblichen Schwefelsäure- und Chlor-Reactionen.

Quantitative Bestimmung.

Die Reinheit des Präparates ist schon äusserlich an der schönen Form der Krystalle ersichtlich. Ungefähr lässt sich der Molybdänsäuregehalt durch schwaches Glühen bis zum Verschwinden des Ammongeruches und Wägen des rückständigen MoO_3 bestimmen; er beträgt ca. 81 Proc. MoO_3. Ueber die genaue Bestimmung siehe bei Molybdänsäureanhydrid in diesem Buche.

Anwendung

wie bei Molybdänsäure (siehe diese).

Handelssorten.

Dieselben sind meist schön krystallisirt und rein weiss. Bisweilen gelangen auch grünliche, ebenfalls gut ausgebildete Krystalle in den Handel.

Ammoniumnitrat.

Ammonium nitricum puriss., Salpetersaures Ammonium
($NH_4 NO_3$.   Molecular-Gew. $=$ 79,90).

Farblose, leicht in Wasser lösliche Krystalle.

Prüfung auf Verunreinigungen

wie bei Ammoniumchlorid, S. 28.

Quantitative Bestimmung

wie bei Ammoniumchlorid, S. 28.

Anwendung.

Das Salz wird zur Beschleunigung der Verbrennung von Filtern oder bei der Verbrennung von organischen Substanzen, welche schwer verbrennlich sind, in der Analyse verwendet bezw. den noch nicht vollständig verkohlten Aschen zugesetzt. Auch die für die Phosphorsäurebestimmungen erforderliche Magnisiamixtur wird bisweilen unter Anwendung von Ammon. nitr. hergestellt. Das Präparat dient ferner zu Kältemischungen. Bei der Bestimmung des Schwefels im Coaks nach Eschka dient das vollständig schwefelfreie salpetersaure Ammon zur Ueberführung von schwefligsauren Salzen in schwefelsaure Salze.

Handelssorten.

Neben dem reinen Präparat kommt das für Kältemischungen genügend reine technische Präparat in den Handel, welches gewöhnlich stark schwefelsäurehaltig ist.

Ammoniumoxalat.

Ammonium oxalicum puriss., Oxalsaures Ammonium
$(C_2O_4(NH_4)_2 + H_2O.$ Molecular-Gew. $= 141,76).$

Farblose, klar in Wasser lösliche Krystalle. Die Lösung ist neutral.

Prüfung auf Verunreinigungen.

Lösung: siehe oben.

Rückstand: 3 g hinterlassen beim Glühen im Platintiegel keinen wägbaren Rückstand.

Schwefelsäure: 5 g werden mit 200 ccm Wasser gelöst und die Lösung zum Kochen erhitzt, alsdann wenig Salzsäure und Chlorbarium zugegeben; nach 12 stündigem Stehen zeigt sich in der Flüssigkeit keine Schwefelsäure-Reaction.

Schwere Metalle: Die Lösung (1 : 30) zeigt auf Zusatz von Ammon und Schwefelammon keine Veränderung.

Anmerkung. Das Salz, welches als Ursubstanz bei Titerstellungen gebraucht wird, muss nach dem Zerreiben und Trocknen an der Luft 100 procentig sein.

Quantitative Bestimmung.

Dieselbe wird mit Chamäleon ausgeführt. Die Methode ist bei Oxalsäure in diesem Buche und ausführlich in Mohr, Lehrbuch der Titrirmethode, 6. Aufl., S. 226, oder Fresenius, Quant. Analyse, 6. Aufl., Bd. 1, S. 278 beschrieben. Der Titer der Chamäleonlösung wird mit reinster, richtig getrockneter Oxalsäure (siehe diese) oder mit Kaliumtetraoxalat gestellt.

Anwendung

wie bei Oxalsäure. Das oxalsaure Ammon wird auch als Ursubstanz zur Titerstellung der Chamäleonlösung gebraucht und muss für diese Zwecke 100 procentig sein.

Handelssorten.

Neben den reinen Präparaten kommen häufig solche in den Handel, welche schwefelsäurehaltig und unvollständig flüchtig sind, und auch solche, welche Kalisalze enthalten; ferner wurde vom Verfasser dieses Buches freie Oxalsäure im Ammoniumoxalat des Handels gefunden.

Ammoniumphosphat.

Ammonium phosphoricum puriss., Einfach-saures phosphor-saures Ammonium $(NH_4)_2HPO_4$. Molecular-Gew. $= 131,82$).

Weisses, schwach alkalisch reagirendes Salzpulver, welches an der Luft langsam Ammoniak verliert.

Prüfung auf Verunreinigungen.

Arsen, Salpetersäure und Schwefelsäure etc.: Prüfung wie bei Natriumphosphat angegeben.

Kalium und Natrium: Man fällt aus 2 g des Salzes mit Blei-zuckerlösung die Phosphorsäure, filtrirt, fällt den Bleiüberschuss mit Schwefelwasserstoff, filtrirt, verdampft zur Trockne und glüht. Bleibt ein in Wasser löslicher, alkalisch reagirender Rückstand, so war Kalium oder Natrium zugegen.

Anwendung.

Das Salz findet bei Bestimmung der Magnesia Anwendung.

Handelssorten.

Neben dem reinen Salze findet sich in billiger Qualität, als Ammon. phosphoric. crud., ein Präparat im Handel, welches meistens stark arsen- und schwefelsäurehaltig ist. Es zeigt in Folge eines geringen Ammoniumgehaltes meistens saure Reaction oder es besteht vollständig aus dem sauer reagirenden Salz $(NH_4)H_2PO_4$, Ammonium biphosphoric. technic. des Handels.

Ammoniumrhodanat.

Ammonium rhodanatum puriss. Rhodanammonium
$(CN—S(NH_4)$. Molecular-Gew. $= 75,97$).

Farblose, leicht in Wasser und Alkohol lösliche Krystalle.

Prüfung auf Verunreinigungen.

Flüchtig: 2 g des Salzes hinterlassen beim Erhitzen in der Platinschale keinen wägbaren Rückstand.

Löslichkeit in Alkohol: 1 g löst sich klar in 10 ccm absolutem Alkohol.

Anmerkung. Präparate, welche mit erheblichen Mengen von Chlorid oder Sulfat verunreinigt sind, lösen sich in Alkohol nicht vollständig. Bezüglich des Nachweises von Chlorid siehe auch unter „Quantitative Bestimmung".

Schwefelsaure Salze: Die wässerige Lösung (1 : 20) zeigt auf Zusatz von Chlorbarium innerhalb 5 Minuten keine Veränderung.

Schwere Metalle: Die Lösung (1 : 20) zeigt auf Zusatz von Schwefelammonium weder einen Niederschlag, noch eine braune Färbung.

Quantitative Bestimmung.

Klason und Volhard (Zeitschr. f. analyt. Chemie 1879, S. 271 und 1889, S. 619) haben gezeigt, dass man die löslichen Rhodanide ebenso genau wie die Salzsäure mit Silberlösung und neutralem chromsauren Kalium als Indicator titriren kann. Die Lösung muss neutral und frei von Chlorid sein. Bezüglich einer Methode von Volhard, nach welcher die Bestimmung auch in saurer Lösung mit Silber möglich ist, siehe l. c. Auch eine Methode, um bei Gegenwart von Chlorid die Rhodanwasserstoffsäure zu bestimmen (mit Kaliumpermanganat), ist von Volhard angegeben und von Klason verbessert worden; ich verweise bezüglich der betreffenden Arbeiten auf oben citirte Abhandlungen.

Zur Erkennung des Chlors neben den Schwefelcyanverbindungen löst man nach Volhard 2—3 g der letzteren in 400 ccm Wasser, erhitzt im Wasserbade und setzt in kleinen Antheilen Salpetersäure zu, so lange noch eine Wirkung zu bemerken ist, d. h. bis zum Aufhören der Gasentwickelung. Man lässt die Mischung unter zeitweiligem Ersatz des verdampften Wassers auf dem Wasserbade stehen, bis eine Probe mit einer durch Salpetersäure entfärbten Eisenoxydlösung keine Reaction auf Rhodan mehr giebt. Man macht dann mit Ammoniak alkalisch und dampft in einer Schale auf dem Wasserbade etwa $1/_3$ der Flüssigkeit ab. Die rückständige Flüssigkeit ist dann frei von Rhodan und Cyanverbindungen und kann mit Silberlösung geprüft werden. Volhard hat sich davon überzeugt, dass hierbei keine merkliche Menge von Chlor entweicht.

Anwendung.

Das Rhodanammonium dient zum Nachweis des Eisens und zur Fällung des Kupfers (Rep. d. Chem.-Ztg. 1889, S. 281). In der Maassanalyse dient es zur Bestimmung der Halogene, des Kupfers und des Quecksilbers (Zeitschr. f. analyt. Chemie 1879, S. 271), ferner zur Bestimmung des Silbers. (Mohr, Lehrbuch der Titrirmethode, 6. Aufl., S. 443.)

Handelssorten.

Rhodanammonium ist in verschiedenen Qualitäten im Handel. Auch im reinsten Präparate des Handels fand ich häufig Spuren von Eisen und Blei. Die gewöhnlichen Handelspräparate sind gelblich, empyreumahaltig und häufig stark schwefelsäurehaltig. Für die Analyse muss ein Rhodanammonium verlangt werden, welches schön weiss und frei von genannten Verunreinigungen ist.

Ammoniumsulfat.

Ammonium sulfuric. puriss.   Schwefelsaures Ammonium
$(SO_4(NH_4)_2$.   Molecular-Gew. $= 131,84)$.

Farblose, leicht in Wasser lösliche Krystalle.

Prüfung auf Verunreinigungen.

Rückstand: 3 g hinterlassen beim Glühen keinen wägbaren Rückstand.

Chlorid: 2 g werden in 20 ccm Wasser gelöst; diese Lösung zeigt auf Zusatz von Salpetersäure und salpetersaurem Silber keine Veränderung.

Metalle: 2 g, in 20 ccm Wasser gelöst, werden weder durch Schwefelwasserstoff, noch durch Ammoniak und Schwefelammon verändert.

Rhodan: 1 g wird in 10 ccm Wasser gelöst, etwas Salzsäure uud Eisenchlorid zugegeben, wodurch keine Röthung entsteht.

Phosphorsäure (und Arsensäure): Die Prüfung wird, wie im Abschnitte „Amm. chlorat." vorgeschrieben ist, ausgeführt. (Siehe S. 28.)

Anmerkung. Es kommen oft arsenhaltige Präparate in den Handel und kann das Arsen auch mit dem Marsh'schen Apparat nachgewiesen werden. Auf Salpetersäure wird mit Indigo geprüft.

Quantitative Bestimmung.

Dieselbe wird nach der in dem Abschnitte über „Ammonium-chlorid" vorgeschriebenen Weise ausgeführt. Die quantitative Unter-suchung des Ammoniumsulfats und der anderen Ammonsalze kann auch durch Bestimmung des Stickstoffs mit dem Azotometer, wie dies in den agric.-chem. Laboratorien geschieht, ausgeführt werden.

Anwendung.

Das reine Salz dient hauptsächlich zur Herstellung des Ferro-Ammoniumsulfurets, ferner auch in der Analyse zur Fällung der Albuminosen und zur Trennung derselben nach Kühne und Chit-tenden (Zeitschr. f. analyt. Chemie 1889, S. 195), und zur Controlirung des Stickstoff- bezw. Säure-Titers.

Handelssorten.

Neben dem reinen Präparate, welches für analytische Zwecke gebraucht wird, finden sich im Handel die technischen Präparate, die hauptsächlich für Düngerfabrikation Anwendung finden. Letztere sind oft grünlich gefärbt, auch arsen- und rhodanhaltig.

Ammoniumsulfidlösung (Schwefelammonium).

Liquor Ammon. hydrosulfurat. (sulfurat.)

Schwefelammoniumlösung $((NH_4)_2S.$　Molecular-Gew. $= 68)$.

Farblose oder nur schwach gelblich gefärbte Flüssigkeit.

Prüfung auf Verunreinigungen.

Das Schwefelammonium darf nicht stark gelb gefärbt erscheinen; es entwickele mit Säuren reichlich Schwefelwasserstoff, wobei sich *kein gefärbter Niederschlag* abscheiden soll.

Flüchtig: 10 g hinterlassen nach dem Verdunsten und Erhitzen in der Porzellanschale keinen wägbaren Rückstand.

Kohlensaures und freies Ammon: Durch Zusatz von Kalk und Magnesiasalz tritt auch nach dem Erwämen keine Fällung ein.

Quantitative Bestimmung.

Man bestimmt den Schwefelwasserstoff im Schwefelammonium durch Titration mit Chamäleon. Die Methode ist in den Lehrbüchern der Titrirmethode, u. A. in Mohr's Titrirmethode, 6. Aufl., S. 246 beschrieben. Siehe auch Natriumsulfid.

Anwendung und Aufbewahrung.

Das Schwefelammonium ist ein wichtiges Gruppenreagens. In der gerichtlich-chemischen Analyse wird es beim Nachweis der Blausäure gebraucht. Man bewahrt die Flüssigkeit in kleinen gut verschlossenen Flaschen auf.

Das Reagens muss, wenn es von der Fabrik verlangt wird, vor der Abgabe frisch hergestellt werden. Bei längerem Aufbewahren färbt sich das Schwefelammonium stark gelb, indem sich mehrfach Schwefelammonium und Ammoniumthiosulfat bildet.

Otto (Ausmittelung der Gifte) warnt vor der Anwendung eines zu alten Schwefelammoniums bei Untersuchung auf Blausäure, weil dasselbe oft beträchtliche Mengen von Unterschwefligsäuresalz enthält. Wird gelbes Schwefelammonium gebraucht, so soll es vor dem Versuche durch Auflösen von wenig Schwefel in dem farblosen oder schwach gefärbten Präparate dargestellt werden.

Hergestellt wird die Ammoniumsulfidlösung, indem man in 3 Theile Ammoniakflüssigkeit Schwefelwasserstoffgas bis zur Sättigung leitet, und diese Lösung nun mit 2 Theilen Ammoniakflüssigkeit versetzt. Zunächst bildet sich beim Sättigen der Ammoniakflüssigkeit mit Schwefelwasserstoff die **Ammoniumsulfhydratlösung (NH$_4$SH),**

$$NH_4OH + H_2S = NH_4SH + H_2O.$$

Vermischt man diese Lösung mit ebenso viel Ammoniakflüssigkeit, als man mit Schwefelwasserstoffgas gesättigt hat, so entsteht eine **Lösung des Sulfids,**

$$NH_4SH + NH_4OH = (NH_4)_2S + H_2O.$$

Nimmt man, wie oben vorgeschrieben, etwas weniger Ammoniakflüssigkeit, so enthält die Schwefelammoniumflüssigkeit noch etwas Ammoniumsulfhydrat und stellt so das Reagens dar, wie es gewöhnlich im chemischen Laboratorium Verwendung findet.

Sowohl die Ammoniumsulfhydratlösung als die Ammoniumsulfidlösung sind farblos, sie werden aber an der Luft gelb, indem sich schwefelreicheres Sulfid bildet.

$$2\,(NH_4)_2S + O = (NH_4)_2S_2 + 2NH_3.$$

Gleichzeitig wird auch ein Theil des Schwefels zu unterschwefliger Säure oxydirt. Bei längerem Stehen an der Luft scheidet sich Schwefel ab und die Schwefelammoniumlösung verwandelt sich schliesslich in eine ammoniakalische Lösung von unterschwefligsaurem Ammon, in welcher Schwefel liegt. Man muss daher das Schwefelammon vor Luft geschützt aufbewahren.

Amylalkohol.

Alcohol amylic. pur.   Amylalkohol ($C_5H_{12}O$.
Molecular-Gew. $= 87,81$).

Siedepunkt 131,6. Spec. Gew. 0,814. Klare und farblose Flüssigkeit, ohne Einwirkung auf Lackmuspapier.

Anmerkung. Alcohol amylic. crud. oder Fuselöl ist durch ein sehr abweichendes spec. Gew. und Siedepunkt von reinem Amylalkohol leicht zu unterscheiden.

Prüfung auf Verunreinigungen.

Flüchtig: 10 g werden auf dem Wasserbade verdunstet, wobei kein Rückstand verbleibt.

Furfurol: 5 ccm Amylalkohol werden mit 5 ccm conc. Schwefelsäure vermischt, wobei sich nur eine schwach gelbliche oder schwach röthliche Färbung zeigen darf.

Siedepunkt etc.: siehe oben.

Anmerkung. Die gewöhnlichen Amylalkoholsorten des Handels färben sich mit Schwefelsäure braun bis schwarzbraun. Amylalkohol, welcher beim Vermischen mit Schwefelsäure eine farblose Flüssigkeit giebt, kann nach v. Udránzky (Zeitschr. phys. Ch. XIII, 148; Pharm. Centralhalle 1890, No. 4) nur durch wiederholte und umständliche Behandlung des käuflichen Amylalkohols mit concentrirter Schwefelsäure etc. erhalten werden. Ganz rein lässt sich der Amylalkohol nur durch Zersetzen von reinem amylschwefelsaurem Kalium gewinnen. Man kann sich in den meisten Fällen für analytische Zwecke mit einem sorgfältig rectificirten Präparate von richtigem Siedepunkte und richtigem specifischen Gewichte, und den oben angegebenen Eigenschaften begnügen.

Quantitative Bestimmung.

Dieselbe wird durch die Siedepunktsbestimmung ausgeführt.

Anwendung.

Der Amylalkohol dient in der forensischen Analyse als Extractionsmittel für Alkaloide, auch wird er bei Untersuchung von Nahrungs- und Genussmitteln angewendet. (Rep. d. Chem.-Ztg. 1887, S. 149.)

Handelssorten.

Neben dem Alcohol amylic. pur. kommen Fuselöle der verschiedensten Reinheitsgrade in den Handel. Der Gehalt der gewöhnlichen Handelssorten Fuselöl beträgt häufig nur 30 Proc. an reinem Amylalkohol. Die Chem.-Ztg. 1889, S. 1062 berichtet über einen Pyridingehalt, welcher in einem Handelspräparate gefunden wurde.

Anilin.

Anilin purum ($C_6H_5NH_2$. Molecular-Gew. $= 92,83$).

Das reine Anilin ist eine farblose, aromatisch riechende Flüssigkeit, welche sich rasch braun färbt, wenn sie dem Lichte und der Luft ausgesetzt ist. Starke Base. Löst sich in ca. 35 Th. Wasser zur schwach alkalischen Flüssigkeit. Specifisches Gewicht bei 15º C. $= 1,270$. Siedepunkt 183,7º C.

Prüfung auf Verunreinigungen.

Die Bestimmung des *Siedepunktes* und des specifischen Gewichtes genügt zur Feststellung der Reinheit. Reines Anilinöl geht bei der Destillation vollständig zwischen 183 und 184º C. über.

Quantitative Bestimmung.

Durch Siedepunktsbestimmung wird der Gehalt an reinem Anilin ermittelt.

Anmerkung. Die Verunreinigung des Anilinöls besteht hauptsächlich aus Toluidin, dessen Siedepunkt nahezu bei 200º C. liegt, welches daher durch fractionirte Destillation in hinreichendem Maasse bestimmt werden kann.

Neuere ausführliche Mittheilungen über die Analyse von Anilinölen macht H. Reinhardt in Chemiker-Ztg. 1893, S. 413 ff.

Anwendung und Aufbewahrung.

Durch die Farbenerscheinungen, welche das Anilin unter dem Einfluss oxydirender Agentien zeigt, kann es zur Erkennung der letzteren in der Analyse benutzt werden. So hat man für Nitrate und Chlorate das Anilin als Reagens eingeführt. Auch viele andere oxydirend wirkende Verbindungen geben mit Anilin Reactionen, und verweise ich bezüglich der Anwendung des Anilins (und des Diphenylamins) in der qualitativen Analyse auf die Arbeit von Laar (Ber. d. d. chem. Ges. 1882, S. 2086). Green und Evershed (Rep. d. Chem.-Ztg. 1887, S. 25) benützen eine Normal-Anilinlösung zur volumetrischen Bestimmung der salpetrigen Säure. Anilin wird ferner zur Prüfung auf Furfurol und Aldehyd angewendet (siehe bei Alkohol, S. 15). In Salzsäure gelöstes Anilin färbt Fichtenholz selbst bei 500 000 facher Verdünnung gelb. Ueber die Farbenreactionen ätherischer Oele mit Anilin vergleiche die Abhandlungen von Ihl und Nickel in Chem.-Ztg. 1889, S. 264 und S. 592. Anilin dient zum Nachweis von Chloroform, Chloral, Bromoform und Jodoform mittelst der Isonitrilreaction (A. W. Hofmann). Ueber den Nachweis des Holzstoffes im Papier durch Anilin siehe die Abhandlung von Hanausek und Moeller in: Rep. d. Chem.-Ztg. 1887, S. 219 und S. 260.

In der Mikroskopie findet das Anilinöl als Entwässerungs- und Aufhellungsmaterial Verwendung (vergl. u. A. Zeitschr. f. Mikroskopie 1890, S. 156).

Man bewahrt das Anilinöl in kleinen Flaschen unter Lichtabschluss auf.

Handelssorten.

Man unterscheidet vornehmlich vier Sorten:

1. Blauanilin. Fast chemisch reines Anilin.
2. Rothanilin. Gemisch von nahezu gleichen Theilen Anilin, Ortho- und Paratoluidin.
3. Anilin für Safranin ist ähnlich dem Rothanilin zusammengesetzt, nur enthält es mehr Orthotoluidin.
4. Flüssiges Toluidin. Dasselbe besteht aus einer Mischung von Ortho- und Paratoluidin und enthält nur wenig Anilin.

Näheres über die Untersuchung und die Eigenschaften des Anilins siehe in Schultz, Chemie des Steinkohlentheers, Bd. I, S. 289 ff. (Braunschweig bei Vieweg 1886). Daselbst sind auch die **Anilinsalze,** das **Anilinhydrochlorat** (Schultz, S. 302) und dessen Untersuchung beschrieben.

Arsenigsäure-Anhydrid.

Acid. arsenicosum pur. ($As_2 O_3$. Molecular-Gew. $= 197,68$).

Glasartige oder porzellanartige, weisse Stücke.

Prüfung auf Verunreinigungen.

Rückstand und Schwefelarsen: In ein Porzellanschälchen wird 1 g der Arsenigen Säure gegeben, das Schälchen wird mit einem Porzellandeckel oder zweiten Schälchen bedeckt und nunmehr bis zur beginnenden Sublimation der $As_2 O_3$ erhitzt, wobei der erste Anflug von sublimirter $As_2 O_3$ rein weiss sein muss (frei von Schwefelarsen). Verflüchtigt man den Rest der Säure durch weiteres vorsichtiges Erhitzen (unter einem Abzuge), so darf kein Rückstand hinterbleiben.

Ueber Arsenige Säure als Urmaass siehe unter Anwendung.

Anmerkung. Bei der grossen Giftigkeit der Dämpfe des Präparates ist Vorsicht bei vorstehender Prüfung durchaus nothwendig. Man kann die Prüfung auf Flüchtigkeit auch in einer Glasröhre ausführen, wie dieses in Fresenius, Qualitative Analyse, Bd. I, S. 136 beschrieben ist; oder man kann diese Prüfung ganz umgehen, wenn man mittelst einer genau gestellten Jodlösung die Säure für 100 procentig befunden hat. Auf Schwefelarsen prüft man dann in der Weise, dass man 10 g der Arsenigen Säure in Natronlauge löst und 1 bis 2 Tropfen Bleizuckerlösung hinzufügt, wodurch keine Bräunung entstehen darf. Nach Hager (Handbuch der Pharm. Praxis (Berlin bei J. Springer 1876), Bd. I, S. 470) ist die $As_2 O_3$ mitunter mit Schwefelarsen verunreinigt, welches sich durch gelbe, die Arsenikmasse durchziehende Adern zu erkennen giebt. E. Biltz (Kritische und praktische Notizen zur Pharm. Germ., Erfurt bei Stenger 1878, S. 74) hat die rothen Streifen, welche die Stückchen des weissen Arseniks bisweilen durchsetzen — allerdings nur einmal — auf Schwefelarsen geprüft, aber trotz reichlichen Materials keine Spur Schwefel gefunden, dagegen reichlich Eisenoxyd. Jedenfalls ist die Prüfung auf Schwefelarsen und Rückstand wichtig, da die Haltbarkeit der Maassflüssigkeit von arsenigsaurem Kalium nur möglich ist, wenn keine Spur einer Schwefelverbindung darin enthalten ist. (Mohr's Lehrbuch der Titrirmethode (Braunschweig bei Fr. Vieweg 1886) S. 364.)

Quantitative Bestimmung.

Die Gehaltsbestimmung wird maassanalytisch mit Jodlösung ausgeführt. (Siehe u. A.: Mohr l. c., S. 367.)

Anmerkung. In neuerer Zeit wurde von Baumann (Zeitschr. f. angewandte Chemie 1892, S. 117) eine Methode der Bestimmung der Arsenigen Säure mittelst des Azotometers vorgeschlagen. Man bringt die abgewogene Menge der Arsenigen Säure in eine stark alkalische Lösung von Ferricyankalium, deren Gehalt bekannt ist. Die Arsenige Säure oxydirt sich hierbei zu Arsensäure, während das Ferricyankalium zu Ferrocyankalium reducirt wird. Den Rest des Ferricyankaliums stellt man ohne Weiteres gasvolumetrisch fest. Siehe über diese azotometrischen Bestimmungen auch den Abschnitt über Kaliumeisencyanid in diesem Buche.

Anwendung und Aufbewahrung.

As_2O_3 dient zur Herstellung einer Normallösung für die Jodometrie und wird ferner zum Nachweis der Essigsäure gebraucht. Nach Mohr (Lehrbuch der Titrirmethode, 6. Aufl., S. 364) werden zur Herstellung der Normallösung die besten Stücke der Handelssäure ausgelesen. Das Präparat, welches als **Urmaass** dient, muss das reinste sein, welches im Handel aufzutreiben ist.

Zur Reindarstellung der Arsenigen Säure aus dem käuflichen Präparate geben Friedheim und Michaelis in den Berichten d. d. chem. Gesellschaft *28*, S. 1414 eine sehr brauchbare Vorschrift, auf welche hier verwiesen sei. Dieselben (Zeitschr. f. analytische Chemie 1895, S. 543) betonen, dass die Arsenige Säure beim Stehen oder Erwärmen ihrer ätzalkalischen Lösung in Arsensäure übergeht, wesshalb man bei Herstellung der Normallösung nicht unter Erwärmen in Kalilauge lösen darf. Man löst am besten in saurem kohlensaurem Kali, wobei eine Oxydation beim Erwärmen nicht stattfindet.

Die Arsenige Säure ist sehr vorsichtig aufzubewahren.

Azolithmin.

Azolithmin puriss.

Dunkelrothbraune Blättchen.

Prüfung auf Verunreinigungen.

Man prüft auf die *Empfindlichkeit*, indem man zu 100 ccm destillirten Wassers 0,5 ccm einer wässerigen, unter Zuhilfenahme von wenig Alkali erhaltenen Azolithminlösung 1 : 100 giebt und beobachtet, wie viel von einer $^1/_{100}$-Normal-Salzsäure zur Rothfärbung und einer $^1/_{100}$-KOH-Lauge zur deutlichen Blaufärbung gebraucht wird.

Ueber vergleichende Prüfung verschiedener Indicatoren in dieser Richtung siehe die Tabelle bei „Indicatoren" in diesem Buche. Obige zu der Prüfung nothwendige Azolithminlösung wird hergestellt, indem man 1 g Azolithmin in 100 ccm Wasser bringt und tropfenweise $\frac{1}{100}$-Alkalilauge zugiebt, bis ein violetter Ton eintritt, oder noch besser, indem man einen kleinen Ueberschuss der $\frac{1}{100}$-Normallauge zugiebt, so dass deutliche Blaufärbung vorhanden ist, worauf man dann mit einigen Tropfen $\frac{1}{100}$-Normal-Schwefelsäure ansäuert und wieder mit $\frac{1}{100}$-Normal-Alkali bis zum Eintreten des violetten Tons neutralisirt. Von dieser Lösung sollen 0,5 ccm, mit 100 ccm kohlensäurefreiem Wasser versetzt, möglichst wenig $\frac{1}{100}$-Normal-Säure und $\frac{1}{100}$-Lauge bis zum deutlichen Farbenumschlag gebrauchen.

Wie die genannte Tabelle zeigt, wurde nach vorstehender Prüfung zu einem Azolithmin des Handels bezw. zu 0,5 ccm einer Azolithminlösung 1 : 100 1,2 ccm $\frac{1}{100}$-HCl und 3 ccm $\frac{1}{100}$-KOH gebraucht.

Man kann die Prüfung der Azolithminlösung auch sehr zweckmässig in der bei Lackmustinctur in diesem Buche beschriebenen Weise ausführen. Daselbst siehe auch die Vorsichtsmaassregeln, welche bei der Prüfung zu beobachten sind.

Von einem guten Azolithmin kann man verlangen, dass die Empfindlichkeit eher noch grösser ist, als in der Tabelle bei Indicatoren angegeben, da sonst eine Verwendung als Indicator an Stelle des Lackmus nicht zu empfehlen wäre. Trommsdorff giebt indessen an, dass es ihm nicht möglich gewesen sei, ein Azolithmin herzustellen, das in Bezug auf Empfindlichkeit einer guten Lackmustinctur gleichkommt (vergl. Böckmann, Chem.-techn. Untersuchungsmethoden, 3. Aufl., Bd. I, S. 119 und 120).

Anwendung.

Das Azolithmin ist der eigentlich wirksame Bestandtheil des Lackmus. Mit den Alkalien bildet es leicht lösliche blaue Salze (blaue Farbe des Lackmus). Man verwendet das Azolithmin als Indicator in Lösung (1 : 100, wie oben angegeben hergestellt) und als **Azolithminpapier.** Kretschmer, welcher in Zeitschr. f. analyt. Chemie 1880, S. 341 die Vorschrift zur Herstellung der **Azolithmintinctur** giebt, hat mit dieser Tinctur gute Resultate erhalten, ebenso lobt Dietel das Azolithminpapier. Beide verwendeten zur Herstellung den sogenannten Azolithminsand (siehe Zeitschr. f. analyt.

Chemie 1880, S. 341). Das Azolithminpapier ist ein roth violettes Papier, das durch Eintauchen von reinstem Filtrirpapier in eine verdünnte Azolithminlösung gewonnen wird. Es färbt sich durch Säuren roth, durch Alkalien blau. Man untersucht das Papier auf seine Empfindlichkeit gegenüber Säuren und Alkalien, wie dieses bei Indicatoren und Reagenspapieren (siehe diese) angegeben ist. Die Tinctur wird wie oben für Azolithminlösung 1 : 100 angegeben, oder wie die Lackmustinctur geprüft (siehe diese).

Handelssorten.

Dieselben sind nach Trommsdorff's Untersuchungen (siehe oben) vielfach von wenig guter Beschaffenheit.

Bariumacetat.

Barium acetic. puriss., Essigsaures Barium $(Ba(C_2H_3O_2)_2 + H_2O.$
Molecular-Gew. $= 272{,}58)$.

Weisses, krystallinisches Pulver, leicht löslich in Wasser.

Prüfung auf Verunreinigungen.

Halogene: 1 g in 20 ccm Wasser gelöst, zeigt auf Zusatz von Silberlösung keine Trübung.

Kalk, Alkalien, schwere Metalle etc.: Siehe unter Bariumcarbonat S. 46.

Quantitative Bestimmung.

Das Barium wird quantitativ als Bariumsulfat $(BaSO_4 \times 0{,}656651)$, gefällt aus saurer Lösung, bestimmt. Ueber die Bestimmung von löslichen Bariumsalzen mit Hülfe einer titrirten Lösung von kohlensaurem Natrium und Zurücktitriren des Ueberschusses siehe Mohr's Lehrbuch der Titrirmethode 6. Aufl., S. 128. Die Essigsäure kann hier wie überhaupt in den essigsauren Salzen durch Destillation mit Phosphorsäure und gute Röhrenkühlung abgeschieden und alkalimetrisch gemessen werden. Flüchtige Säuren, wie schweflige Säure, dürfen nicht vorhanden sein. Die genaue Beschreibung eines zweckmässigen Apparates zu einer solchen Bestimmung der Essigsäure (im essigsauren Natrium) von G. Neumann siehe Zeitschr. f. angewandte Chemie 1889, Heft 1, S. 25 oder J. pr. Ch. 38, S. 91.

Anwendung und Aufbewahrung.

Das Salz dient an Stelle des Chlorbariums zur Fällung der Schwefelsäure, wenn man kein Chlormetall in Lösung bringen oder die Basis in ein essigsaures Salz überführen will. Dieses sowie die übrigen Bariumsalze sind wegen ihrer Giftigkeit mit Vorsicht aufzubewahren.

Handelssorten.

Gelbe Färbung des Präparates und Chlorgehalt sind bisweilen anzutreffen; derartige Präparate sollten beanstandet werden.

Bariumcarbonat.

Barium carbonic. puriss., Kohlensaures Barium ($BaCO_3$.
Molecular-Gew. = 196,71).

Rein weisses, in verdünnter Salzsäure unter Aufbrausen klar lösliches Pulver.

Prüfung auf Verunreinigungen.

Kalk, Alkalien etc.: 5 g geben mit einem geringen Ueberschuss von verdünnter Salzsäure eine klare Lösung. Dieselbe wird, nachdem sie mit Wasser verdünnt ist, zum Kochen erhitzt und mit Schwefelsäure ausgefällt. Nach mehrstündigem Stehen filtrirt man das Bariumsulfat ab. Das Filtrat muss, mit Weingeist vermischt, klar bleiben und darf, in einem Platintiegel verdampft, höchstens geringe Spuren eines feuerbeständigen Rückstandes hinterlassen.

Metalle etc.: Die Lösung 1 : 20 in verdünnter Salzsäure und Wasser zeigt, nachdem sie zur Entfernung der Kohlensäure aufgekocht wurde, weder auf Zusatz von Schwefelwasserstoff, noch auf Zusatz von Ammon und Schwefelammonium, dunkle Färbung oder einen Niederschlag.

Bariumchlorid oder -nitrat: Die Lösung (1 : 20) in verdünnter Salpetersäure zeigt nach Zusatz von salpetersaurem Silber höchstens schwache Trübung. 1 g wird in 10 ccm verdünnter Essigsäure gelöst, ein Tropfen Indigolösung und einige ccm conc. Schwefelsäure zugegeben; es tritt keine Entfärbung ein.

Quantitative Bestimmung.

Die Bestimmung des Bariums siehe unter Bariumacetat. Ueber maassanalytische Bestimmung von kohlensaurem Barium siehe Mohr, Lehrbuch der Titrirmethode 6. Aufl., S. 133.

Anwendung.

Das kohlensaure Barium wird in der Analyse zur Trennung des Eisenoxyds und der Thonerde von Manganoxydul, Zinkoxyd, Kalk, Magnesia, zur Darstellung anderer Bariumsalze u. s. w. gebraucht.

Absolut chlorfreies Bariumcarbonat wird bei Bestimmung der freien Salzsäure im Magensafte nach v. Jaksch gebraucht. Es wird für diese Zwecke besonders hergestellt.

Handelssorten.

Das Präparat kommt in sehr verschiedenem Reinheitsgrad in den Handel. Die gewöhnlichen Sorten des Handels sind unvollständig in verdünnter Salzsäure und Wasser löslich, auch sind sie stark chlorid- oder nitrathaltig. Wird das kohlensaure Barium mit kohlensaurem Kalium oder Natrium aus einer Salzlösung gefällt, so enthält es immer noch Alkali. Man soll für analytische Zwecke nur das reinste, mit einer Lösung von kohlensaurem Ammon gefällte kohlensaure Barium des Handels verwenden.

Natürliches Bariumcarbonat, Witherit, kommt in Stücken und zu Pulver gemahlen in den Handel.

Bariumchlorid.

Barium chlorat. puriss. $(BaCl_2 + 2 H_2O$. Molecular-Gew. $= 243{,}52)$.

Wasserhelle, in Wasser leicht lösliche Krystalle. Unlöslich in concentrirter Salzsäure. Die wässerige Lösung ist neutral und klar.

Prüfung auf Verunreinigungen.

Lösung: Siehe vorstehend.

Kalk, Alkalien etc., Metalle und Nitrit: Siehe bei Bariumcarbonat S. 46.

Chlorsaures Salz: 2 g werden zerrieben und im Reagensglase mit 10 ccm starker Salzsäure wenig erwärmt, wobei sich keine gelbe Färbung der Krystalle oder der Lösung zeigt und kein Chlorgeruch auftritt.

Quantitative Bestimmung.

Die Bestimmung des Bariums siehe unter Bariumacetat S. 45.

Anwendung.

Im Gange der Analyse dient das Chlorbarium zur Trennung von Säuren und insbesondere zur Entdeckung und Bestimmung der Schwefelsäure.

Ueber Herstellung von absolut reinem (calcium- und strontiumfreiem) Chlorbarium, wie solches von Richards (Zeitschrift für Anorganische Chemie 1894, Heft 2 und 3) zu seinen Atomgewichtsbestimmungen gebraucht wurde, siehe l. c. Bei diesem Präparate konnte nach sorgfältigster fractionirter Abscheidung des grössten Theils des Bariums vermittelst des Spektroskops auch in bedeutenden Mengen kein Calcium oder Strontium aufgefunden werden.

Handelssorten.

Neben dem reinen, für analytische Zwecke brauchbaren Präparate finden sich im Handel das Barium chlorat. depurat. cryst. und das Barium chlorat. in Mehlform. Letztere Präparate sind oft eisenhaltig und gelblich oder in Folge eines Gehaltes an Chlorcalcium feucht. Auch Chlorkalium ist nicht selten in dem gewöhnlichen Barium chlorat. des Handels enthalten; ich fand in geringeren Qualitäten bis zu 15 Procent dieser Verunreinigung. Es ist dem Verfasser ferner auch Barium chlorat. depurat. zu Händen gekommen, welches viel chlorsaures Salz enthielt. Wittstein fand im käuflichen Chlorbarium unterschwefligsaures Barium. L. Blum (Rep. d. Chem.-Ztg. 1890, S. 153) untersuchte ein als „chem. reines Chlorbarium" bezogenes Präparat, welches Chamäleonlösung stark reducirte und welches nach Blum's Ansicht Bariumsuperoxyd enthielt.

Bariumhydroxyd.

Barium hydric. cryst. puriss., Bariumhydrat $(Ba(OH)_2 + 8\,H_2O.$
Molecular-Gew. $= 314,46)$.

Rein weisse Krystalle, welche sich in Wasser unter Zurücklassung von nur wenig kohlensaurem Barium lösen.

Anmerkung. Statt rein weisser kommen zuweilen gelblich gefärbte Krystalle als „puriss." in den Handel.

Prüfung auf Verunreinigungen.

Chloride: Die salpetersaure Lösung (1 : 30) zeigt auf Zusatz von salpetersaurem Silber keine Veränderung.

Kalk und Strontian, Metalle, Alkalien etc.: Die Untersuchungen werden nach den bei Bariumcarbonat gegebenen Vorschriften ausgeführt (siehe S. 46).

Anmerkung. Die gewöhnlichen Sorten des Handels enthalten häufig schwere Metalle (Blei).

Schwefelbarium: Die Lösung des Präparates darf nach dem Uebersättigen mit Salzsäure keinen Geruch nach Schwefelwasserstoff zeigen, auch darf sie nach Zusatz von Bleiacetatlösung keinen schwarzen Niederschlag geben.

Quantitative Bestimmung.

Bariumhydrat oder Barytwasser werden unter Lackmuszusatz mit Normalsäure auf Roth titrirt, 1 ccm Normalsäure ist gleich $0,15723 \ Ba(OH)_2 + 8 \ H_2O$. Ueber die quantitative Bestimmung der Verunreinigungen siehe unter „Handelssorten".

Anwendung und Aufbewahrung.

Das Bariumhydrat dient in der Analyse zur Fällung der Magnesia, zum Nachweis der Kohlensäure, zur Entfernung der Schwefelsäure, Phosphorsäure, zum Aufschliessen der Silicate, zur Darstellung von titrirter Alkalilauge, zur Verseifung der Fette u. s. w.

Ueber Herstellung von absolut reinem Barythydrat, wie solches von Richards (Zeitschr. f. analytische Chemie 1894, S. 131) bei seinen Atomgewichtsbestimmungen gebraucht wurde, siehe l. c. Für die meisten analytischen Zwecke genügt ein Barythydrat, welches 3 bis 4 mal aus Wasser umkrystallisirt ist.

Man bewahrt unter Luftabschluss auf, da das Präparat rasch Kohlensäure anzieht.

Bariumsalze sind giftig!

Handelssorten.

Siehe oben die Anmerkungen.

Für technische Zwecke kommt Bariumhydroxyd in grossen Mengen theils in krystallisirtem, theils in geschmolzenem Zustande in den Handel. Verfasser fand in solchem Bariumhydroxyd neben

Metallen der Schwefelammoniumgruppe besonders reichlich Chloride. Hintz und Weber (Zeitschr. f. analytische Chemie 1891, S. 29) führen folgendes Resultat einer Analyse von technischem Barythydrat an:

Barythydrat, $Ba(OH)_2 + 8\,H_2O$	94,31	Proc.
Schwefelsaurer Baryt	0,52	-
Schwefligsaurer Baryt	0,07	-
Unterschwefligsaurer Baryt	0,70	-
Kohlensaurer Baryt	1,75	-
Schwefelbarium	0,04	-

Näheres über die Ausführung der Analyse nach Hintz und Weber siehe l. c.

Bariumnitrat.

Barium nitric. puriss., Salpetersaures Barium $(Ba(NO_3)_2$.
Molecular-Gew. $= 260,64$).

Rein weisse, in Wasser klar zu neutraler Flüssigkeit lösliche Krystalle.

Prüfung auf Verunreinigungen.

Löslichkeit: Siehe vorstehend.

Chlorid: Die Lösung (1 : 20) zeigt nach Zusatz von salpetersaurem Silber keine Veränderung.

Kalk und Strontian, Metalle, Alkalien etc.: Die Untersuchungen werden nach den bei Bariumchlorid gegebenen Vorschriften ausgeführt.

Quantitative Bestimmung.

Die Bestimmung des Bariums siehe unter Bariumacetat S. 45.

Anwendung.

Wie bei Bariumchlorid S. 48.

Zur Ausführung von Atomgewichtsbestimmungen stellte Richards (Zeitschr. f. analyt. Chemie 1894, S. 125) absolut reines, vollständig von Calcium, Strontium, Kalium und Natrium befreites Bariumnitrat durch 7 maliges Umkrystallisiren des käuflichen Präparates her.

Handelssorten.

Die zumeist für technische Zwecke in Anwendung kommenden gewöhnlichen Handelspräparate sind trübe löslich und oft bleihaltig.

Bariumoxalat.

Barium oxalicum ($C_2O_4Ba + H_2O$. Molecular-Gew. $= 242{,}64$).

Weisses Pulver.

Prüfung auf Verunreinigungen.

Man prüft auf *Löslichkeit, Kalk, Alkalien etc.*, ferner auf *Chlorid und Nitrat* wie bei Bariumcarbonat S. 46 angegeben.

Bei der unter Bariumcarbonat aufgeführten Prüfung auf *Metalle* darf in salzsaurer Lösung auf Zusatz von Schwefelwasserstoff keine dunkle Färbung entstehen; der durch Zusatz von Ammoniak und Schwefelammonium hervorgerufene Niederschlag darf nicht dunkel gefärbt sein.

Anwendung.

H. Schweitzer und F. Lungwitz, welche nachstehende Vorschrift zur Herstellung geben, benutzen das Präparat bei Kalibestimmungen. Das käufliche oxalsaure Barium ist nach den Genannten häufig kohlensäurehaltig (Chem.-Ztg. 1894, S. 1320).

Behufs Herstellung eines reinen Präparates wird eine kochende Chlorbariumlösung mit einer siedenden Lösung von oxalsaurem Ammon gefällt. Der Niederschlag wird abfiltrirt, gewaschen und bei 100° C. getrocknet. Dieses Salz enthält $\frac{1}{2}$ Mol. Krystallwasser.

Bariumsulfid.

Schwefelbarium, Barium sulfuratum (Ba S.
Molecular-Gew. $= 168{,}84$).

Harte, gesinterte Stücke, welche durch Glühen eines Gemenges von Schwerspath, Steinkohlenpulver und Kochsalz hergestellt werden.

Prüfung.

Das Präparat muss in Berührung mit verdünnter Salzsäure einen gleichmässigen Strom von reinem Schwefelwasserstoff entwickeln.

Quantitative Bestimmung.

In den Fabriken wird im technischen Schwefelbarium der Gehalt an Schwefelbarium wie folgt bestimmt: Man löst 5 g der

Schmelze in Wasser von 60 bis 70⁰ C. und setzt, ohne erst zu filtriren, Salzsäure in mässigem Ueberschuss zu. Man filtrirt das Ganze in einen 500 ccm-Kolben und wäscht den Rückstand gut mit heissem Wasser aus. Nach dem Erkalten füllt man bis zur Marke und fällt in 100 ccm dieser Lösung das Barium in bekannter Weise. Schliesslich wird das erhaltene Bariumsulfat auf Schwefelbarium umgerechnet (Chem.-Ztg. 1894, S. 67). Soll das oben beschriebene zur Schwefelwasserstoffentwickelung dienende Präparat quantitativ untersucht werden, so wird man am besten die Bestimmung des sich durch Säure entwickelnden Schwefelwasserstoffes vornehmen, wie dieses bei Eisensulfid in diesem Buche beschrieben ist.

Anwendung und Aufbewahrung.

Das Präparat ist ein sehr geeignetes Material zur Entwickelung von reinem Schwefelwasserstoff (Zeitschr. f. analyt. Chemie 1888, S. 26). Es zieht an feuchter Luft rasch Feuchtigkeit an und überzieht sich unter Bildung von $Ba(OH)_2$ und $Ba(HS)_2$ mit einer weissen Schicht, wesshalb es in gut verschlossenen Flaschen aufbewahrt wird.

Handelssorten.

Neben dem obigen Präparat für analytische Zwecke befindet sich im Handel das Barium sulfurat. techn. in Brocken, welches ca. 60- bis 70 procentig sein soll.

Benzin (Petroleumäther).

Benzin Petrolei (Aether Petrolei).

Farblose, nicht fluorescirende Antheile des Petroleums, welche bei einer Wärme von 40—75⁰ C. fast vollständig überdestilliren.

Prüfung auf Verunreinigungen.

Geruch: Dieser darf weder an Theer (Steinkohlenöl), noch an Senf (Lignitbenzin) erinnern, er muss schwach und nicht unangenehm sein.

Siedepunkt: Siehe oben.

Anmerkung. Bei auszuführenden Proben ist zu berücksichtigen, dass in jeder Einzelfraction immer auch noch bemerkenswerthe Mengen leichter und schwerer siedender Theile enthalten sind, dass also die

Oele innerhalb weiterer Temperaturgrenzen sieden, als den Temperaturen entspricht, bei welchen sie aufgefangen wurden (siehe Post, Chem.-techn. Analyse, Bd. 1, S. 308).

Quantitative Bestimmung.

Dieselbe wird durch die Siedepunktsbestimmung ausgeführt.

Anwendung.

Der Petroleumäther dient als Lösungsmittel für Alkaloide und viele andere Stoffe. Ueber **Petroleumäther für forensische Zwecke** siehe im Abschnitt über „Benzol".

Handelssorten.

Die im Siedepunkte sehr verschiedenen Sorten des Handels befinden sich in Hager's Commentar zur Pharm. Germ. II., S. 448 ff. ausführlich beschrieben. Ein Verfälschungs- oder Unterschiebungsmaterial ist nach Hager (l. c.) das Lignitbenzin. Auch sogenanntes Steinkohlenöl kann in Frage kommen. Hager beschreibt zur Prüfung der Handelssorten eine Probe durch Tröpfelung auf eine Glasscheibe. (Siehe Hager's Handbuch d. Pharm. Praxis.)

Nach F. Evers (Pharm. Ztg. 1891, S. 246) kommen bisweilen „Petroleumäther" in den Handel, welche zwischen 32 und 110⁰ sieden und mit Salpeterschwefelsäure (Probe der Pharm. Germ.) einen deutlichen Bittermandelölgeruch (Benzol) zeigen. Bei einem solchen sogenannten Petroleumäther zeigte die Destillation von 100 ccm folgendes Resultat:

$$
\begin{array}{llll}
\text{bei } 32^0 & \text{ging über} & 1 & \text{Tropfen} \\
-\ 33^0 & - & -\ 5 & \text{ccm} \\
-\ 36^0 & - & -\ 10 & - \\
-\ 40^0 & - & -\ 20 & - \\
-\ 43^0 & - & -\ 30 & - \\
-\ 47^0 & - & -\ 40 & - \\
-\ 51^0 & - & -\ 50 & - \\
-\ 57^0 & - & -\ 60 & - \\
-\ 65^0 & - & -\ 70 & - \\
-\ 78^0 & - & -\ 80 & - \\
-\ 94^0 & - & -\ 90 & - \\
-\ 105^0 & - & -\ 95 & - \\
-\ 110^0 & - & -\ 98 & - \\
\end{array}
$$

Nach dem abnormen Siedepunktsverhältniss und der Gegenwart von Benzol glaubt Evers, dass der betr. Petroleumäther mit Hydrocarbon, oder mit Abfallstoffen welche bei der Gewinnung von Benzol aus Hydrocarbon erhalten werden, verfälscht ist. Hydrocarbon wird jetzt in reichlichen Mengen als Nebenproduct in den Gasanstalten der Eisenbahnen gewonnen; dasselbe kann leicht so gereinigt werden, dass es ein farbloses, nach Benzin riechendes Destillat darstellt; es enthält bis zu 50 Proc. Benzol und Toluol, ferner Kohlenwasserstoffe der Olefinreihe.

Es muss zu diesen Beobachtungen von Evers bemerkt werden, dass nach Engler jedes rohe Erdöl — sowohl das kaukasische als das amerikanische — aromatische Kohlenwasserstoffe: Benzol, Toluol und Xylol enthält. Bei der Herstellung von Petroleumäther werden die leichtsiedenden Theile des rohen Erdöls zum Zwecke der Entfernung von Benzol etc. mit Schwefelsäure behandelt. Ist diese Behandlung nicht sehr vollständig, so enthält auch ein unverfälschter Petroleumäther wenig Benzol; er zeigt alsdann (Nitrobenzolprobe der Pharm. Germ.) Bittermandelölgeruch. Nach L. Reuter und Anderen war es selbst hervorragenden Handlungshäusern nicht möglich, einen Petroleumäther zu liefern, welcher die Nitrobenzolprobe der Pharm. Germ. aushält (Pharm. Ztg. 1891, S. 270). Der Verfasser hat die Nitrophenolprobe daher nicht in seine Prüfungsvorschrift aufgenommen.

Benzol.

Benzol puriss. (C_6H_6. Molecular-Gew. = 77,82).

Wasserhelle, bei 80,5° siedende Flüssigkeit. Erstarrt bei 0°. Specifisches Gewicht bei 15° gleich 0,885.

Prüfung auf Verunreinigungen.

Der *Siedepunkt* und *Erstarrungspunkt* darf von den oben beschriebenen Angaben nicht abweichen.

Thiophen: Das Benzol soll beim Schütteln mit concentrirter Schwefelsäure diese nicht färben.

Das reine Benzol des Handels muss ganz constant innerhalb eines Thermometergrades überdestilliren.

Die Prüfung des Benzols auf CS_2 kann nach Liebermann und Seyewetz (siehe unter Handelssorten) leicht, auch quantitativ, erfolgen,

indem man etwa 10 ccm des Benzols mit 4—5 Tropfen Phenylhydrazin versetzt und unter öfterem Schütteln etwa 1—1$^{1}/_{2}$ Stunden
stehen lässt. Bei einem Gehalt von 0,2 Proc. CS_2 im Benzol erscheint der Niederschlag noch ganz dick die Flüssigkeit erfüllend,
bei 0,03 Proc. ist er noch sehr deutlich.

Quantitative Bestimmung.

Dieselbe geschieht durch fractionirte Destillation.

Anwendung.

Das Benzol dient als Lösungsmittel für Harze, Fette, Jod u. s. w.
Bei der gerichtlich-chemischen Analyse wird es wie der **Petroleumäther und der Amylalkohol zur Trennung der Alkaloide** gebraucht.
Otto (Anleitung zur Ausmittelung der Gifte, Braunschweig bei
Vieweg 1884, S. 110) giebt zur Reinigung der genannten Lösungsmittel folgende Vorschrift: „Petroleumäther. Man benutze den am
niedrigsten (etwa unter 50° C.) siedenden Antheil des käuflichen Petro-
leumäthers (siehe den vorhergehenden Abschnitt), den man sich aus
einer grösseren Menge des letzteren, nachdem man ihn, wie den Weingeist, durch kräftiges Schütteln mit weinsäure- oder schwefelsäure-
haltigem Wasser, dann mit reinem Wasser, von etwa vorhandenen
Basen befreit hat, nach dem Entwässern mit Chlorcalcium, durch
fractionirte Destillation — zweckmässig unter Zusatz von etwas
Provenceröl — (um etwaige Riechstoffe zurückzuhalten) darstellt.
Der so gereinigte Petroleumäther verdunstet, ohne Geruch zu hinterlassen. Ebenso hat man das Benzol und auch den Amylalkohol
für forensische Zwecke zu behandeln, um sie von etwa vorhandenen
basischen Stoffen zu befreien, deren Vorkommen in jenen Flüssigkeiten, wie im Alkohol, in neuerer Zeit wiederholt beobachtet
worden ist.“

Es befinden sich im Handel das „Benzol ex acid. benzoic.“ und
das Benzol aus Steinkohlentheeröl. Das letztere ist das hier besprochene, in der Analyse gebräuchliche Benzol. Es wird im Grossen
durch mehrmalige Rectification des sogenannten 90procent. Benzols
als sogenanntes krystallisirbares Benzol sehr rein gewonnen. Eine
kleine Menge Thiophen, welche noch darin vorhanden ist, kann durch
Schütteln mit Schwefelsäure entfernt werden. Das vollkommen reine
Benzol löst sich ohne Bräunung in Vitriolöl und erzeugt beim Schütteln
mit Isatin und 30 Th. Vitriolöl keine blaue Lösung (Ber. d. d. chem.

Ges. *16*, 1465 und *12*, 1311). Prüfung von Benzol auf Thiophen vergl. Arch. d. Pharm. 1888, S. 175.

Handelssorten.

Die im Handel unter dem Namen „Benzol" oder seltener „Benzin" vorkommende Flüssigkeit ist entweder nahezu reines (krystallisirbares) Benzol (C_6H_6) oder ein Gemenge von Benzol mit Toluol, Xylolen und höher siedenden Kohlenwasserstoffen, auch mit Cyanmethyl und Kohlenwasserstoffen der Sumpfgasreihe. Mit Rücksicht auf den Siedepunkt unterscheidet man besonders 30procentige, 60procentige, 90procentige Handelswaare und das sogenannte krystallisirbare (chemisch reine) Benzol, „Krystallbenzol", welches in diesem Abschnitte beschrieben ist. Häufig enthält das Benzol des Handels etwas Schwefelkohlenstoff. Wirkliches „Krystallbenzol" fanden C. Liebermann und A. Seyewetz (D. chem. Ges. Ber. 1891, *24*, 788) zwar fast immer schwefelkohlenstofffrei. Manches handelsreine Benzol (Siedepunkt 80—82°), welches für rein gehalten wurde, enthielt aber nach den Genannten 0,2 bis 0,3 Proc. Schwefelkohlenstoff. Näheres über die Handelsproducte und deren Werthbestimmung siehe Schultz, Chemie des Steinkohlentheers, Braunschweig 1886, S. 167.

Blei.

Plumbum (Pb. Molecular-Gew. = 206,4).

Weiches, bläulich-graues Metall. Schmelzpunkt 334°. In verdünnter Salpetersäure ist das Blei leicht löslich.

Prüfung auf Verunreinigungen.

Die Analyse des Bleis ist in den bekannten Werken über analytische und technische Chemie ausführlich beschrieben, so dass hier auf diese Werke verwiesen werden kann. Siehe u. A.: Post, Chem.-technische Analyse, 2. Aufl., Bd. I, S. 535 ff. oder Fresenius, Quant. Chem. Analyse, 6. Aufl., Bd. 2, S. 476.

Besonders wichtig ist für gewisse analytische Verwendung (siehe unten) die Bestimmung des *Silbers* im Blei. Diese wird stets durch Cupellation, Abtreiben, also auf dem besten, trockenen Wege ausgeführt. Man verwendet in der Fabrik E. Merck zu einer solchen Probe 160 g Blei, welche zunächst in 4 Scherben vertheilt und angesotten und alsdann in einem Scherben abgetrieben werden. Es wird verlangt, dass nach dieser Probe das Blei absolut silberfrei sein soll oder höchstens 0,001 Proc. Silber enthalten darf, wobei es den Anforderungen der Hütten genügt und als silberfreies Blei zu Probirzwecken Verwendung findet.

Quantitative Bestimmung.

Siehe oben.

Anwendung.

In der Analyse findet das **silberfreie Blei** bei Bestimmung des Silbergehaltes auf trockenem Wege (siehe oben) Verwendung.

Handelssorten.

Neben dem silberfreien Blei für analytische Zwecke findet sich im Handel das gewöhnliche raffinirte Blei (Weichblei), welches nach Fresenius (Quant. Analyse) sehr rein, ca. 99,96- bis 99,99 procentig ist, ferner das Werk- und Hartblei mit 95 bis 99 Proc. Blei.

Bleiacetat.

Plumbum aceticum puriss., Essigsaures Blei
$(Pb(C_2H_3O_2)_2 + 3H_2O.$ Molecular-Gew. $= 378,4).$

Farblose, glänzende, durchscheinende Krystalle, welche in Wasser leicht löslich sind.

Prüfung auf Verunreinigungen.

Erden und Alkalien etc.: Man löst 5 g essigsaures Blei in ca. 100 ccm Wasser und fällt aus dieser Lösung das Blei mit Schwefelwasserstoff. Das Filtrat vom Schwefelwasserstoffniederschlage wird eingedampft und geglüht, wobei höchstens Spuren von Rückstand verbleiben dürfen.

Kupfer und Eisen: Man löst 2 g essigsaures Blei in ca. 40 ccm Wasser, fällt das Blei mit Ammoniak und lässt den Niederschlag absetzen; dieser Niederschlag muss rein weiss (nicht gelblich) sein und die über dem Niederschlag befindliche Flüssigkeit soll sich farblos (nicht bläulich) zeigen.

Chlor: Die Lösung 1 : 30 zeigt nach dem Ansäuern mit Salpetersäure auf Zusatz von Silbernitratlösung keine Veränderung.

Salpetersäure: Die Lösung 1 : 30, welche mit einem Tropfen verdünnter Indigolösung schwach blau gefärbt wurde, darf diese Färbung auf Zusatz von $\frac{1}{2}$ Volumen conc. Schwefelsäure nicht verlieren.

Quantitative Bestimmung.

Man bestimmt das Blei als schwefelsaures Blei (Fällung mit Schwefelsäure) oder als Schwefelblei (Fällung mit Schwefelwasserstoff). Ueber die Untersuchung des essigsauren Bleis siehe auch Fresenius, Anleitung zur quantit. Analyse, 6. Aufl., Bd. 2, S. 485 ff.

Anwendung und Aufbewahrung.

In der Analyse anorganischer Körper wird das essigsaure Blei zum Nachweis und zur Bestimmung der Chromsäure und der Molybdänsäure gebraucht. Bei der Untersuchung von Pflanzensäften dient es zur Fällung der Gerbstoffe und der färbenden Substanzen, ferner zur Fällung gewisser organischer Säuren, z. B. der Aepfelsäure und Oxalsäure.

Bleipapier wird dargestellt durch Tränken von Filtrirpapier mit reiner wässeriger Bleiacetatlösung. Man verwendet es zum Nachweise des Schwefelwasserstoffgases.

In Glasgefässen vorsichtig aufzubewahren.

Handelssorten.

Neben dem reinen Bleiacetat findet sich im Handel das gereinigte und das rohe Salz. Letzteres Präparat unterscheidet sich schon durch das Aussehen vom reinen essigsauren Blei, es ist gelblich oder bläulich gefärbt und enthält Eisen, Kupfer und Alkalien. Das reine Acetat des Handels zeigt oft eine blaue Färbung, welche nach Schneider (Pharm. Ztg. 1895, No. 76) von einer mechanischen Verunreinigung durch Berliner Blau herrührt.

Bleiessig.

Liquor Plumbi subacetici.

Klare, farblose alkalische Flüssigkeit von 1,235 bis 1,24 spec. Gewicht.

Prüfung auf Verunreinigungen und Quantitative Bestimmung wird wie bei Bleiacetat ausgeführt.

Anwendung und Aufbewahrung.

Der Bleiessig wird durch Digeriren einer Lösung von essigsaurem Blei mit Bleioxyd nach Vorschrift der Pharm. Germ. III hergestellt. Man verwendet ihn zu Identitätsreactionen bei Benzoësäure, Ameisensäure etc. und insbesondere dient er in der Analyse von Pflanzenstoffen als Fällungs- und Klärungsmittel.

Man bewahrt den Bleiessig in kleinen Flaschen vor Luftzutritt geschützt auf.

Bleicarbonat, basisches.

Plumbum carbonic. puriss. $(2\,PbCO_3\,Pb\,(OH)_2$.
Molecular-Gew. $=\ 772,9)$.

Rein weisses Pulver. Unlöslich in Wasser.

Prüfung auf Verunreinigungen.

Man prüft auf *Kupfer, Thonerde und metallisches Blei* etc., wie S. 63 bei Bleioxyd angegeben. Auch auf *Salpetersäure* und *Chlor* wird, wie bei Bleioxyd angegeben ist, untersucht.

Essigsäure: Beim Erhitzen in einem Probirgläschen darf keine Schwärzung eintreten.

Quantitative Bestimmung.

Man untersucht wie bei Bleioxyd S. 63 angegeben.

Anwendung.

Man verwendet das Bleicarbonat bisweilen zum Ausfällen der Gerbstoffe aus Pflanzenauszügen.

Handelssorten.

Dieselben sind oft stark kreidehaltig und kupferhaltig.

Bleichromat.

Plumbum chromicum pur., Chromsaures Blei $(CrO_4\,Pb$.
Molecular-Gew. $=\ 322,68{*}))$.

Gelbbraunes, schweres Pulver oder braune kleine Stückchen.

---

*) Ueber die Zusammensetzung des chromsauren Bleis siehe auch unter Handelssorten.

Prüfung auf Verunreinigungen.

Organische Substanzen: Das chromsaure Bleioxyd darf beim Glühen keine Kohlensäure entwickeln.

Wasserlösliche Stoffe: 5 g des Präparates werden mit warmem Wasser geschüttelt; man filtrirt das Wasser ab und dampft ein, wobei kein Rückstand verbleiben darf.

Quantitative Bestimmung.

Nach Mohr (Titrirmethode, 6. Aufl., S. 771) ist zur Bestimmung der Chromsäure im chromsauren Blei folgender Gang zweckmässig: „Das abgewogene chromsaure Blei wird, nachdem es zu feinstem Pulver zerrieben ist, mit einer abgewogenen Menge Eisendoppelsalz und etwas Wasser in eine Kochflasche gebracht und zugleich eine ansehnliche Menge dicke Glasperlen beigegeben. Man schüttelt tüchtig um, damit das Chromgelb zu einem feinen Schlamme vertheilt wird; dann fügt man Salzsäure und Wasser hinzu und verschliesst die Flasche mit einem Kautschukventil. Man bringt dieses Gemenge rasch zum Kochen, um alle Luft zu verdrängen, und stellt das Glas in ein Sandbad, um es nach Bedürfniss lange genug erwärmen zu können. Da die Zersetzung nur langsam vor sich geht, so war der Ausschluss der Luft nothwendig, ohne welchen auch Eisenoxydul sich auf Kosten der Luft oxydirt haben würde. Am Boden des Glases erkennt man, ob noch unzersetztes Chromgelb vorhanden ist. Das ausgeschiedene Chlorblei zeigt in der Eisenchloridlösung auch eine gelbliche Farbe, die aber leicht von der des Chromgelbs zu unterscheiden ist. Wenn Alles aufgeschlossen und zersetzt ist, kühlt man ab, verdünnt die Flüssigkeit in einem Becherglase, in das man zugleich die Glasperlen abspült, und titrirt das übriggebliebene Eisensalz mit Chamäleon oder chromsaurem Kalium zurück. 1 g chromsaures Blei wurde in dieser Art mit 4 g Eisendoppelsalz digerirt, verdünnt und erforderte 7,2 ccm empirischer Chamäleonlösung zu bleibender Röthung. Die 4 g Eisendoppelsalz enthalten $= \frac{4}{7} = 0{,}591$ g Fe; davon gehen ab die 7,2 ccm Chamäleonlösung mit 0,072 g Fe; es bleiben also 0,519 g Fe und diese mit 1,926 multiplicirt geben 0,996 g Chromgelb statt 1 g.“ Vor der Untersuchung wird das chromsaure Blei bei 100° C. getrocknet.

Will man ausser der Chromsäure auch das Blei bestimmen, so zersetzt man das Salz mit conc. Salzsäure und Alkohol, versetzt die erkaltete Flüssigkeit mit mehr Alkohol, sammelt das ausgeschiedene Bleichlorid auf einem bei 120⁰ getrockneten Filter, wäscht mit Alkohol aus und wägt nach dem Trocknen.

> Anmerkung. Ueber ein neues, einfaches Verfahren zur Untersuchung von Chromgelb (Behandeln mit Kalilauge und Titriren) vergleiche eine Abhandlung von Lachaud und G. Lepierre in Bull. Soc. Chim. 1891, 3. Sér., *6*, 235. Referat hierüber siehe Rep. d. Chem.-Ztg. 1891, S. 251.

Anwendung und Aufbewahrung.

Das chromsaure Blei wird in der Elementaranalyse zur Verbrennung von schwer verbrennlichen und von schwefelhaltigen Körpern gebraucht. Bei Verbrennung sehr schwer verbrennlicher Substanzen setzt man dem chromsauren Blei zweckmässig $^1/_{10}$ seines Gewichtes nach dem Schmelzen gepulvertes saures chromsaures Kalium zu. Man bewahrt es in Gläsern mit Glasstöpsel, sorgfältig vor Staub geschützt, auf.

> Anmerkung. An dieser Stelle sei auch der von G. Kassner entdeckten Orthoplumbate der Erdalkalien Erwähnung gethan. Von diesen soll sich besonders das orthobleisaure Calcium ($Ca_2 PbO_4$) zur Veraschung organischer Substanzen eignen. (Vergl. auch Kwasnik, Archiv f. Pharm., Bd. 228, Heft IV, 1890.)

Handelssorten.

Das chromsaure Blei kommt für technische und für analytische Zwecke in den Handel. Für technische Zwecke, als Farbe, benutzt man das neutrale chromsaure Blei, Chromgelb, ferner das basische chromsaure Blei, Chromroth, und ein Gemisch von basischem und neutralem chromsauren Blei, das Chromorange.

Die Farbe ist je nach der Herstellungsweise bei dem basischen Salze dunkel zinnoberroth bis matt mennigroth, bei dem neutralen Salze citronengelb bis rothgelb und nach dem Schmelzen dunkelbraun.

Die Chromfarben des Handels sind bisweilen mit Thon, Schwerspath, Bleisulfat, Gyps und Kreide verfälscht.

Für analytische Zwecke gelangt das Plumb. chromic. pur. fus. und pur. pulv. in den Handel. Man stellt es durch Schmelzen des reinen neutralen Salzes her. Da sich das neutrale Salz, wenn es über den Schmelzpunkt hinaus geglüht wird, in ein Gemisch von Chromoxyd und basischem Salz zersetzt, so enthält das geschmolzene chromsaure Blei fast immer basisches Salz.

Was die Verunreinigungen des zur Elementaranalyse dienenden chromsauren Bleis anbelangt, so wurde von H. Ritthausen und von N. N. Lubavin auf einen Kohlensäuregehalt aufmerksam gemacht (Ztschr. f. analyt. Chemie 1887, S. 629). Nencki giebt an, er habe in dem von einer chemischen Fabrik Norddeutschlands bezogenen Plumb. chromic. eine absichtliche Verfälschung mit Bleioxyd gefunden. (Anzeiger der Akademie der Wissenschaften in Wien 1889, No. 11.) Dazu bemerkt der Verfasser dieser Schrift, dass die Methode, nach welcher Nencki die betr. Verfälschung gefunden haben will, unrichtig ist. Nencki hat nämlich das chromsaure Blei mit verdünnter Essigsäure behandelt und schliesst daraus, dass die Essigsäure aus dem Chromat Blei gelöst hat, auf eine Verfälschung mit Oxyd. Bekanntlich giebt aber auch basisches chromsaures Blei an Essigsäure Blei ab und da basisches Salz sehr leicht im geschmolzenen chromsauren Blei vorkommen kann (siehe oben), so kann man daraus, dass ein Bleichromat Blei an Essigsäure abgiebt, nicht auf eine Verfälschung des Chromats mit Bleioxyd schliessen.

Zu dem sicheren Nachweis einer Verfälschung wird am besten die quantitative Bestimmung des Bleis und der Chromsäure dienen, welche der Verfasser oben angegeben hat. Bezüglich des besonderen Nachweises von Gyps, Schwerspath etc., welche, wie oben schon betont, als Beimengung der Chromfarben des Handels vorkommen können, siehe die Handbücher der tech.-chem. Untersuchungen, u. A. Böckmann, Chem.-techn. Untersuchungsmethoden (bei Springer 1893) Bd. 2, S. 187.

Der Verfasser dieser Schrift hat Plumb. chromic. pur. der verschiedensten Fabriken untersucht, ohne irgend welche Verfälschung zu finden; verschiedene Präparate waren indessen wenig sorgfältig hergestellt und entwickelten beim Glühen Kohlensäure.

Bleioxyd.

Plumbum oxydatum puriss. (und Bleiglätte und Mennige).

Plumb. oxydat. puriss.

Bleioxyd (PbO. Molecular-Gew. = 222,38).

Das reine Bleioxyd ist ein citronengelbes oder röthlich gelbes Pulver.

Prüfung auf Verunreinigungen.

Kohlensäure, Kupfer, Thonerde und metallisches Blei etc.: 2 g werden im Reagensglase mit 5 ccm Wasser übergossen, dann nach und nach Essigsäure im Ueberschuss zugefügt, wobei eine Entwickelung von Kohlensäure nicht stattfindet. Die auf diese Weise erhaltene Lösung ist klar oder nur wenig trübe und zeigt keinen erheblichen Bodensatz. Die essigsaure Lösung wird mit Schwefelsäure ausgefällt. Das Filtrat vom schwefelsauren Blei zeigt nach Zusatz von Ammon im Ueberschuss keine Abscheidung von Thonerdeflocken und keine blaue Färbung. Auf Zusatz von oxalsaurem Ammon zu dieser Flüssigkeit darf keine oder nur eine geringe Trübung entstehen.

Salpetersäure und Chlor: Wird die Lösung des Bleioxydes in verdünnter Essigsäure mit einem Tropfen Indigolösung schwach blau gefärbt und nun conc. Schwefelsäure zugefügt, so darf die blaue Färbung nicht verschwinden. Die mit verdünnter Salpetersäure hergestellte Lösung (1 : 30) des Bleioxydes darf durch Zusatz von Silbernitratlösung nicht verändert werden.

Quantitative Bestimmung.

Man löst das Bleioxyd in verdünnter Essigsäure und fällt das Blei mit Schwefelwasserstoff. Der Niederschlag von Schwefelblei wird ausgewaschen, getrocknet, im Wasserstoffstrom unter Zusatz von Schwefelpulver geglüht und gewogen. Näheres über die Ausführung dieser und sonstiger Methoden zur Bestimmung des Bleis siehe u. A. in Fresenius, Anleitung zur quantit.-chem. Analyse, 6. Aufl., *1*, S. 311 ff. Den Gang der Untersuchung der Bleioxyde des Handels beschreibt Fresenius, l. c. *2*, S. 484.

Anwendung und Aufbewahrung.

Man verwendet das reine Bleioxyd bei der Analyse von Chlor, Brom oder Jod enthaltenden organischen Substanzen (Fresenius, l. c. *2*, S. 89). Es wird ferner zur Verseifung der Fette gebraucht und dient bisweilen zum Aufschliessen von Mineralien.

Aufbewahrung wie bei Bleichromat.

Handelssorten.

Es wurden von mir Muster Plumb. oxydat. puriss. verschiedener Bezugsquellen untersucht und mehrfach ein starker Gehalt von kohlensaurem Blei (10—20 Proc.) gefunden. Auch Thonerde und Kupfer kommen häufig darin vor. Manche Präparate sind in Folge eines erheblichen Gehaltes an Mennige von rother Farbe.

Neben dem reinen Bleioxyd kommt das für technische und pharmaceutische Zwecke Verwendung findende Bleioxyd, **die Bleiglätte,** in den Handel. Als Verunreinigungen dieses Präparates sind besonders metallisches Blei, Mennige, Kupfer, kohlensaures Blei und kohlensaures Calcium zu nennen. Salzer (Rep. d. Chem.-Ztg. 1889, S. 26) fand in einer Bleiglätte basisch salpetrigsaures Blei. Diese Glätte war ohne Zweifel als Nebenproduct bei der Nitritdarstellung erhalten worden. E. Reichardt (Rep. d. Chem.-Ztg. 1889, S. 257) fand in einer käuflichen Bleiglätte 14,55 Proc. Schwerspath. Der Gang zur Untersuchung der Bleiglätte, sowie der ebenfalls für technische Zwecke im Handel befindlichen **Mennige** (Pb_3O_4), findet sich auch in den Handbüchern der Pharm. Chemie ausführlich beschrieben. Bezüglich der Reinheit der käuflichen Mennige mögen an dieser Stelle noch folgende Bemerkungen von R. Frühling (Pharm. Ztg. 1889, S. 148) angeführt werden: „Es gilt als zulässig, dass die für *gröbere Zwecke* (Malfarben, Lacke, Kitte etc.) benutzte Mennige bei der Behandlung mit Salpetersäure und Zucker etwa 10 Proc. unlöslichen Rückstand hinterlassen darf, während die bessere Mennige (für pharmaceutische Zwecke) nur ca. 1 Proc. Rückstand hinterlassen soll. Von 9 untersuchten Mennigeproben hatte eine an unlöslichem Rückstand 2,08 Proc., fünf zwischen 8—10 Proc., eine 17,66 Proc. und zwei zwischen 25 und 27 Proc. Der Rückstand bestand in 6 Fällen aus Thon und feinem Sand, in 3 Fällen aus fein gemahlenem Schwerspath, welcher zweifellos absichtlich zugesetzt worden war. Eine aus einer Apotheke bezogene Probe ergab 1,25 Proc. unlöslichen Rückstand, also etwa die zulässige Grenzzahl."

Siehe über Untersuchung von Mennige und Bleiglätte auch die Pharm. Germ. III.

Minium (Mennige).

Siehe in vorstehendem Abschnitte.

Bleisuperoxyd.

Plumbum peroxydatum puriss. (PbO_2.
Molecular-Gew. $= 238,31$).

Schweres, dunkelbraunes Pulver, welches in Wasser unlöslich ist.

Prüfung auf Verunreinigungen.

Chlorid, *Kalk*, *Natron*, *salpetersaures Blei etc.*: 5 g Bleisuperoxyd werden mit ca. 60 ccm Wasser und wenig verdünnter Salpetersäure gekocht und die Flüssigkeit abfiltrirt; ein Theil des Filtrates darf auf Zusatz von Silbernitratlösung keine Trübung geben; ein anderer Theil soll nach dem Eindampfen nur Spuren Rückstand (Kalk oder Blei) hinterlassen.

Schwefelsäure: Man digerirt ca. 5 g Bleisuperoxyd mehrere Stunden lang mit einer conc. Lösung von reinem doppeltkohlensauren Natrium, filtrirt und prüft das Filtrat nach dem Uebersättigen mit Salzsäure durch Zusatz von Chlorbarium auf Schwefelsäure.

Mangan: Man erwärmt etwas von dem Bleisuperoxyd mit concentrirter Schwefelsäure bis zu vollständiger Zersetzung und behandelt die erkaltete Masse mit Wasser und einer neuen Menge Superoxyd. Bei erneutem Erwärmen erhält man dann eine rothe Lösung von Uebermangansäure, wenn Mangan vorhanden ist.

Anmerkung. L. de Koninck (Zeitschr. f. angew. Chem. 1889, S. 4) macht darauf aufmerksam, dass es zum Nachweis des Mangans, welches als Superoxyd im Bleisuperoxyd vorhanden ist, nicht genügt, die Probe mit verdünnter Salpetersäure zu kochen, sondern dass oben angegebene Prüfung auszuführen ist.

Quantitative Bestimmung.

Dieselbe wird nach Ebell (Chem. Ind. 1886, S. 129) am zweckmässigsten nach der Jodmethode wie folgt ausgeführt: In einem Kölbchen werden 0,5 g Bleisuperoxyd mit Wasser übergossen, gut aufgeschlemmt, dann concentrirte Salzsäure im grösseren Ueberschuss zugefügt, der Kolben mit durchbohrtem Gummipfropfen und vorgelegtem, mit Jodkalium gefülltem Varrentrapp'schen Kugelapparat verschlossen und mässig erwärmt. Das Bleisuperoxyd löst sich zu Tetrachlorblei, $PbCl_4$, nur geringe Spuren Chlor gelangen in die Jodkaliumlösung. In das Kölbchen lässt man rückwärts die Jodkaliumlösung aus der Vorlage, nachdem das erstere in etwas kaltem Wasser gekühlt ist, zurückfliessen. Es scheidet sich das Jod ab und dieses lässt sich, nach der Verdünnung auf etwa 300 ccm im Becherglase, mit Hyposulfid direct titriren.

Ueber andere Methoden zur Bestimmung des PbO_2 siehe Ebell, Repert. analyt. Chemie, Bd. *6*, S. 141—143.

Anwendung und Aufbewahrung.

Man verwendet das Bleisuperoxyd in der qualitativen Analyse zum Nachweis des Mangans. In der Elementar-Analyse wird es bei Verbrennung schwefelhaltiger Substanzen gebraucht. (In dem Blei- hyperoxyd findet sich nach dem Verbrennen der Schwefel der Sub- stanz in Gestalt schwefelsauren Bleioxydes.)

Nach Vortmann (Chem. Ind. 1886, S. 154) ist das Bleisuper- oxyd ferner zur directen Bestimmung des Chlors neben Brom geeignet. Ueber die Farbenreaction, welche gewisse Alkaloide mit Bleisuper- oxyd geben, siehe Ihl, Chem.-Ztg. 1889, S. 95. Vorgeschlagen wurde das Bleisuperoxyd ferner zur Trennung von Nickel und Kobalt (Zeitschr. f. analyt. Chemie 1891, S. 230).

Aufbewahrung wie bei Bleichromat S. 61.

Handelssorten.

Neben dem reinen Bleisuperoxyd findet sich im Handel das rohe, in der Zündwaarenfabrikation in Anwendung kommende Blei- superoxyd. Dieses enthält häufig erhebliche Mengen salpetersaures Blei; man wendet es meist in feuchtem Zustande an, wie es durch Zersetzen von Mennige mit Salpetersäure erhalten wird.

Brom.

Bromum (Br. Atom-Gew. = 79,75).

Dunkelrothe, fast schwarze Flüssigkeit, welche in ungefähr 30 Th. Wasser löslich ist.

Prüfung auf Verunreinigungen.

Rückstand: Einige Gramm Brom, in einem Porzellanschälchen freiwillig verdunstet, dürfen keinen Rückstand hinterlassen.

Schwefel, Jod, Chlor, organische Bromverbindung (Bromoform, Bromkohlenstoff) etc.: Man führt zunächst einige Gramm des zu prü- fenden Broms durch Uebergiessen mit Wasser, Hinzutröpfeln von überschüssigem Ammoniak (wobei eine klare Flüssigkeit erhalten werden muss)*) und Eindampfen dieser Flüssigkeit in Bromammonium

---

*) Organische Bromverbindungen scheiden sich nach dem Eintragen des Broms in Salmiakgeist allmählich in öligen Tropfen ab. (Schmidt, Lehrbuch der Pharm. Chemie.)

über (zu der Herstellung von Bromammonium nimmt man auf ca.
1 Theil Brom ca. 1,5 Theile 20 procentiges Ammoniak).

a) *Prüfung auf Schwefelsäure*: Die Lösung von 2 g des erhaltenen Bromammoniums in 60 g Wasser darf nach Hinzufügen von Bariumchlorid keine Schwefelsäurereaction zeigen.

b) *Prüfung auf Jod*: 1 g des obigen Bromammoniums, in 10 ccm Wasser gelöst, färbe nach Zusatz einiger Tropfen Eisenchloridlösung dazu gegossenes (ca. 1 ccm) Chloroform nicht violett.

Anmerkung. Eine einfache Methode, welche noch $^1/_{50}$ Proc. Jod anzeigt, und welche auch in ihrem Princip bei Untersuchung der Bromwasserstoffsäure angewendet werden kann, giebt Biltz zur Untersuchung von Brom. Man verfährt wie folgt: Man löst das zu prüfende Brom in 40 Th. Wasser auf, giesst dieses Bromwasser, unter Zurücklassung eines kleinen Theils, auf genügende Menge Eisenpulver, schüttelt etwa eine Minute, lässt klar absetzen, giesst die farblose Flüssigkeit vom Eisen ab, vermischt sie in einem Reagenscylinder mit Stärkelösung und lässt nun einige Tropfen Bromwasser vorsichtig obenauf fliessen. Bei Anwesenheit von Jodeisen wird sich dann unterhalb der oberen gelben Flüssigkeit sofort eine blaue Zone von Jodstärke bilden. Diese Probe kann noch zur Controle ausgeführt werden.

c) *Prüfung auf Chlor*: 0,1 g des Bromids, in 10 ccm Wasser gelöst und mit 4 ccm einer Ammoniumcarbonatlösung (aus 1 Th. Ammoniumcarbonat, 1 Th. Aetzammoniak von 0,960 spec. Gew. und 3 Th. Wasser) gemischt, sodann nach Zusatz von 12 ccm Zehntelnormal-Silberlösung kurze Zeit auf 50—60° erwärmt, gebe nach dem Erkalten ein Filtrat, welches beim Ansäuern mit Salpetersäure nur schwach opalisirend getrübt werden darf.

Anmerkung. Vorstehende Prüfung auf Chlor beruht darauf, dass das Chlorsilber in heisser Ammonsesquicarbonatlösung löslich ist, das Bromsilber dagegen nur in sehr geringen Spuren (Jodsilber ist unlöslich). Eine unbedeutende Opalescenz nach dem Ansäuern mit Salpetersäure tritt stets ein, da, wie bemerkt, auch das Bromsilber nicht völlig unlöslich ist. Bei einem Gehalt von 1 Proc. Chlorid entsteht aber im Filtrat beim Ansäuern eine starke, allmählich in Undurchsichtigkeit übergehende Opalescenz (Arch. d. Pharm. 1888, S. 377). Ein Brom, das diese Prüfungen auf Chlor aushält, wird zu den meisten analytischen Arbeiten genügen. Wer eine genaue quantitative Bestimmung wünscht, findet diese in den Lehrbüchern der analytischen Chemie beschrieben; dieselbe dürfte indessen selten nothwendig sein, da das von dem Brom-Verkaufssyndicat von Stassfurt-Leopoldshall in den Handel gebrachte als technisch chlorfrei bezeichnete Brom nach den Verkaufsbedingungen nicht über 0,3 Proc. Chlor enthalten darf und dieser Gehalt bei weitem nicht erreicht wird. Derselbe beträgt vielmehr nur einige hundertstel Procent. Gutes deutsches Brom enthält ca. 0,05 Proc. Chlor und es ist frei von Jod.

Quantitative Bestimmung.

Das Brom wird in einem Glaskügelchen abgewogen und in überschüssiges Jodkalium gebracht, alsdann zerdrückt man das Kügelchen und titrirt das ausgeschiedene Jod mit Natriumthiosulfatlösung. 1 ccm der Normallösung von Natriumthiosulfat ist gleich 0,008 g Brom. Ueber die nähere Ausführung der Bestimmung sowie über die quantitative Untersuchung von chlorhaltigem Brom vergleiche die Handbücher der quantitativen Analyse (u. A. Fresenius, 6. Aufl., 1. Bd., S. 654).

Zur quantitativen Bestimmung von *Chlor im Brom* giebt Topf (Pharm. Ztg. 1892, S. 364) folgende Vorschrift: Es werden 33 ccm Brom in einem ca. 150 ccm fassenden Schüttelcylinder mit etwas Wasser durchgeschüttelt und eine titrirte Bromkaliumlösung zugefügt; das in dem Wasser gelöste Chlor substituirt in der zugefügten Lösung das Brom, welches sich als deutliche Trübung ausscheidet, durch abwechselndes Umschütteln und Zusatz der erwähnten Lösung lässt sich der Punkt sehr genau treffen, wo die Trübung nicht mehr erscheint, also das Chlor verbraucht ist. Die Methode soll bis auf 0,03 Proc. genau sein.

In der Praxis, bei der Controlirung des Betriebs in den Kaliwerken, welche Brom gewinnen, werden die Methoden von Kubierschky oder von Erchenbrecher angewendet. Nach Ersterem werden 25 ccm Brom mit 25 ccm Normalbromkaliumlösung etwa 5 Minuten geschüttelt; nachdem lässt man absetzen, nimmt von der oberen klaren Flüssigkeit 10 ccm in ein tarirtes, gut verschliessbares Gläschen und wiegt. War kein Chlor im Brom, so hat die Normalbromkaliumlösung soviel Brom aufgenommen, dass das spec. Gew. der Lösung 1,227 ist; war Chlor im Brom, so wurde aus dem Bromkalium zum Theil Chlorkalium und die Lösung ist dann entsprechend leichter. Auf einer für diesen Zweck ausgearbeiteten Tabelle liest man dem gefundenen spec. Gew. entsprechend die gesuchte Menge Chlor ab. Siehe Zeitschr. f. angew. Chemie 1894, S. 636.

Anwendung und Aufbewahrung.

Das Brom findet in der Analyse vielfache Anwendung als Oxydationsmittel; es dient besonders zur quantitativen Schwefelbestimmung in organischen und anorganischen Substanzen. Bromwasser kann zur titrimetrischen Bestimmung des Phenols benutzt werden. Die Bromlauge bzw. die Lösung von **unterbromigsaurem Natrium,** welche zu den Stickstoffbestimmungen im Knop'schen Azotometer dient, wird aus Brom und Natronlauge wie folgt hergestellt: Man löst 100 g Natriumhydroxyd in $1\frac{1}{4}$ Liter Wasser auf und versetzt die kalte Lösung nach und nach unter Umschütteln mit 25 ccm Brom.

Ueber die Verwendung von gasförmigem Brom in der Analyse siehe Emmich, Zeitschr. f. analyt. Chemie 1893, S. 152.

Bromwasser, eine gesättigte Lösung von Brom in Wasser, wird erhalten, indem man zu destillirtem Wasser unter zeitweiligem Umschütteln so lange tropfenweise Brom hinzufügt, als dasselbe noch von Wasser gelöst wird, und bis sich am Boden einige Tropfen Brom angesammelt haben. Es findet zu Identitätsreactionen verschiedener Phenole Anwendung.

Eine Lösung von 1 Th. Brom in 20 Th. Chloroform — das **Bromchloroform** — dient nach Dragendorff (Pharm. Ztg. 1891, S. 725) zur Untersuchung der ätherischen Coniferenöle.

Das Brom wird im Keller in Flaschen mit sehr gut schliessenden Glasstopfen aufbewahrt. Es ist giftig.

Handelssorten.

Amerikanisches und englisches Brom stehen nach Hager an Reinheit dem deutschen Brom sehr nach.

Das deutsche Brom ist sehr rein, siehe darüber die Anmerkung unter Prüfung auf Chlor S. 67.

Bromwasserstoffsäure.

Acid. hydrobromic. puriss., (HBr. Molecular-Gew. = 80,75).

Klare und farblose Flüssigkeit von 1,38 spec. Gew. und einem HBr-Gehalte von ca. 40 Proc.

Prüfung auf Verunreinigungen.

Rückstand: 10 g hinterlassen beim Verdunsten keinen wägbaren Rückstand.

Anmerkung. Ueber Rückstandsbestimmung vergl. auch den Abschnitt Chlorwasserstoffsäure S. 93.

Schwefelsäure: 5 g werden mit 50 ccm Wasser verdünnt und Chlorbarium zugegeben; nach 12 Stunden zeigt sich keine Schwefelsäurereaction.

Anmerkung. Die Schwefelsäure kann ferner nach dem Verdunsten der HBr in derselben Weise, wie dies bei Chlorwasserstoffsäure S. 93 beschrieben ist, nachgewiesen werden.

Arsen, schwere Metalle, Thonerde und Kalk: Prüfung, wie bei Chlorwasserstoffsäure S. 94 und S. 98 angegeben ist.

Chlorwasserstoffsäure: 2 Tropfen der Säure werden, nachdem sie mit 4 ccm Wasser verdünnt sind, mit Silbernitratlösung ausgefällt. Nach dem Durchschütteln giebt man ca. 6 ccm Ammoniumcarbonatlösung hinzu, digerirt mehrere Minuten in der Wärme und filtrirt klar ab. Das Filtrat darf nach dem Uebersättigen mit Salpetersäure höchstens eine schwache Trübung zeigen. (Siehe auch die Anmerkung bei Brom S. 67.)

Jodwasserstoffsäure und Jod: Zu 5 Tropfen der Säure giebt man 5 ccm Wasser, 5 ccm Aetzammon (0,960) und einen Tropfen Silbernitratlösung. Nach dem Umschütteln muss die Mischung klar sein oder darf höchstens nur so getrübt erscheinen, dass ihre Durchsichtigkeit nicht total gestört ist.

Man kann auch, wie bei Brom S. 67 angegeben ist, prüfen.

Quantitative Bestimmung.

Der Gehalt einer reinen Bromwasserstoffsäure kann volumetrisch und aus dem spec, Gew. ermittelt werden.

Volumgewicht der Bromwasserstoffsäure bei $+ 15^0$ (Wright).

Vol.-Gew.	Proc. HBr	Vol.-Gew.	Proc. HBr	Vol.-Gew.	Proc. HBr
1,000	0	1,159	20	1,365	40
1,038	5	1,204	25	1,445	45
1,077	10	1,252	30	1,515	50
1,117	15	1,305	35		

Quantitative Untersuchung der Bromide siehe auch bei Kaliumbromid in diesem Buche.

Anwendung und Aufbewahrung.

Bromwasserstoffsäure löst schon bei mässiger Concentration alle künstlichen und natürlichen einfachen Schwefelmetalle auf. Queck-

silber, Kupfer und Blei löst sie unter lebhafter Wasserstoffentwickelung. Sie soll zu Schwefelbestimmungen besonders geeignet sein.
(Zeitschr. f. analyt. Chemie 1883, S. 79.) Gegen organische Verbindungen ist das Verhalten der HBr ähnlich demjenigen der HCl.

Sie wird an einem kühlen Orte vor Licht geschützt aufbewahrt.
HBr ist giftig.

Handelssorten.

Es kommen Qualitäten von verschiedenem spec. Gew. (bis zu
1,49 spec. Gew.) in den Handel. Die sogen. Acid. hydrobromic.
Fothergill dient nur arzneilichen Zwecken; sie enthält oft bedeutende
Mengen Kaliumbitartarat und darf nicht mit der Säure für analytische Zwecke verwechselt werden. (Pharm. Ztg. 1888, S. 25.)

Brucin.

Brucinum cryst. pur. $(C_{23}H_{26}N_2O_4 + 4H_2O.$
Molecular-Gew. $= 465)$.

Kleine weisse Krystalle, welche sich leicht in kaltem Alkohol
lösen und bei 178° (nach dem Entwässern bei 105°) schmelzen.

Prüfung auf Verunreinigungen.

Strychnin: 0,5 g Brucin werden mit 5,0 absolutem Alkohol bei
gewöhnlicher Temperatur unter bisweiligem Umschütteln eine Stunde
behandelt. Es muss vollständige Lösung erfolgen. Von dem etwa
ungelöst gebliebenen Strychnin giesst man die Lösung, bringt etwas
des Ungelösten auf ein Uhrglas, lässt es darauf trocken werden, be-
giesst und löst es mit einigen Tropfen concentrirter Schwefelsäure und
giebt in diese Lösung einige kleine Kryställchen Kaliumbichromat,
die Flüssigkeit sanft bewegend. Eine blaue, durch Violett und Roth
in Grün übergehende Farbenreaction beweist die Gegenwart des
Strychnins, welches nicht oder höchstens in geringen Spuren vorhanden sein darf (Hager).

Anwendung und Aufbewahrung.

Das Brucin ist sehr giftig, es muss vorsichtig aufbewahrt werden.
Man verwendet dasselbe bei der Untersuchung des Trinkwassers auf
Salpetersäure. Ueber die Anwendung von Brucin zur quantitativen

Bestimmung kleinster Mengen von Salpetersäure vergl. Lunge, Zeitschr.
f. angewandte Chemie 1894, S. 345—350. Es können nach Lunge
und Lwoff (l. c.) durch Brucin die kleinsten Spuren von Salpetersäure nachgewiesen werden, während dieses, entgegengesetzt den
früheren Annahmen, auf salpetrige Säure oder Nitrosylschwefel-
säure nicht reagirt.

Cadmium.

Cadmium metallic. puriss. (Cd. Atom-Gew. = 111,70).

Zinnweisses, glänzendes, weiches Metall. Schmelzpunkt 315⁰.

Prüfung auf Verunreinigungen.

Zinn, Blei, Kupfer und Zink und sonstige Metalle: 1 g des Metalles wird in Salpetersäure gelöst (Zinn wird oxydirt und bleibt
zurück) und ein Theil der Lösung mit einem starken Ueberschuss
von Ammoniak versetzt. Die Mischung bleibt klar und farblos. Der
andere Theil der Lösung wird mit Wasser verdünnt und mit Kalilauge im Ueberschuss versetzt und filtrirt. Das Filtrat darf mit
Schwefelwasserstoff keinen Niederschlag geben, auch nicht nach dem
Ansäuern mit Salzsäure.

Quantitative Bestimmung.

Die Methoden zur Trennung und Bestimmung des Cadmiums
sind in den Werken über quantitative Analyse, so in Fresenius,
Quant. Analyse ausführlich beschrieben.

Anwendung.

Das Metall dient nach C. Whitehead zur Prüfung von unge-
münztem Golde (Chem. News 1891, *64*, 243, Referat in Rep. d.
Chem. Ztg. 1891, S. 306).

Handelssorten.

Starke Verunreinigungen mit Blei hat der Verfasser häufig beobachtet. Man kann bei einem guten Cadmium des Handels einen
garantirten Gehalt von wenigstens 99³/₄ Proc. verlangen.

Cadmiumjodid.

Cadmium jodatum, Jodcadmium. (Cd J$_2$.
Molecular-Gew. = 364,8).

Farblose, schön perlmutterglänzende schuppige Krystalle, welche in Wasser und Weingeist leicht löslich sind.

Prüfung auf Verunreinigungen.

Man prüft wie bei Cadmium auf fremde Metalle.

Anwendung und Aufbewahrung.

Das Salz dient zur Herstellung der Kaliumcadmiumjodidlösung (siehe Anhang). Es wird in gut verschlossenem Glasgefäss aufbewahrt.

Cadmiumborowolframat, gelöst.

Schwere, gelbliche Flüssigkeit.

Prüfung auf Verunreinigungen.

Das *spec. Gewicht* der Flüssigkeit muss 3,28 betragen; sie soll strohgelb und klar sein.

Anwendung.

Das Präparat wird bei mineralogischen Untersuchungen zur mechanischen Trennung gemengter Mineralien gebraucht.

Handelssorten.

Die Form, in welcher das Cadmiumborowolframat gewöhnlich in den Handel kommt, ist die obige Lösung. Das Salz lässt sich auch leicht in schönen grossen Krystallen gewinnen.

Calciumcarbonat.

Calcium carbonic. puriss. praec., Kohlensaurer Kalk
(Ca CO$_3$. Molecular-Gew. = 99,76).

Rein weisses, krystallinisches Pulver.

Prüfung auf Verunreinigungen.

Löslichkeit, Metalle und Magnesia: Die mit Hülfe von Salzsäure
bewirkte wässerige Lösung 1 : 50 sei klar; sie darf nach Zusatz von
Schwefelwasserstoffwasser und nach Zusatz von überschüssigem
Ammoniak und Schwefelammonium weder einen Niederschlag noch
eine grüne Färbung zeigen. Uebersättigt man die salzsaure Lösung
mit viel Ammoniak, fällt mit oxalsaurem Ammoniak den Kalk aus,
filtrirt und versetzt das Filtrat mit phosphorsaurem Natrium, so
darf auch nach längerem Stehen keine Trübung entstehen.

Schwefelsäure und Chlor: Die mit Hülfe von wenig Salpetersäure
bereitete wässerige Lösung darf weder durch Bariumnitratlösung
noch durch Silbernitratlösung verändert werden.

Alkalien: 1 Theil Calciumcarbonat, mit 50 Theilen Wasser geschüttelt, gebe ein Filtrat, welches nicht alkalisch reagirt und beim
Verdunsten höchstens Spuren eines Rückstandes hinterlässt.

Quantitative Bestimmung.

Kalk und Kohlensäure werden nach den bekannten Methoden
(vergl. Fresenius, Quantitative Analyse) bestimmt.

Anwendung.

Das reinste, chlorfreie, präcipitirte Calciumcarbonat dient zur
Prüfung organischer Substanzen auf Chlorverbindungen.

Handelssorten.

Das Calciumcarbonat kommt in verschiedener Form in den
Handel, so als präcipitirtes Calciumcarbonat in den verschiedensten
Reinheitsgraden, in Form von Stücken (zur Kohlensäureentwickelung)
als Marmor und als gewöhnlicher kohlensaurer Kalk. Calciumcarbonat von höchster Reinheit ist der **isländische Doppelspath**, welcher
in krystallklaren Stücken mit einem garantirten Gehalte von 99,9
bis 100 Proc. zu erhalten ist. Ein unreines Calciumcarbonat, das indessen für manche Laboratoriumszwecke genügt, ist die sogenannte
Schlemmkreide, welche auf der Insel Rügen und an anderen Orten
gewonnen wird.

Calciumchlorid.

Calcium chloratum crystallisat. puriss., Chlorcalcium
$(CaCl_2 + 6H_2O.$ Molecular-Gew. $= 218,41)$.

Grosse, zerfliessliche, wasserhelle Krystalle.

Prüfung auf Verunreinigungen.

Fremde Metalle und Schwefelsäure: Die Lösung in Wasser
(1 : 5) ist klar und neutral und erweist sich sowohl nach Zusatz
von Schwefelammonium, als auch nach Zusatz von Salzsäure und
Schwefelwasserstoffwasser als vollständig frei von fremden Metallen;
ebenso zeigt die Lösung (1 : 20) nach Zusatz von Chlorbarium und
einigen Tropfen Salzsäure innerhalb mehrerer Stunden keine Veränderung.

Vollständig löslich in absolutem Alkohol (1 : 10).

Ammon: 2 g werden mit Natronlauge gekocht, wobei sich kein
Ammoniak entwickelt. (Letzteres durch feuchtes Curcumapapier zu
erkennen.)

Baryt etc.: Die Lösung (1 : 20) zeigt nach Zusatz von Gyps-
wasser bei längerem Stehen keine Veränderung und wird auch durch
Ammoniak nicht getrübt.

Arsen: 5 g geben im Marsh'schen Apparat (siehe bei Natriumcarbonat) keinen Arsenspiegel.

Quantitative Bestimmung.

Der Kalk wird als oxalsaures Calcium gefällt, dann geglüht und
als Calciumoxyd gewogen. Das Chlor bestimmt man als Chlorsilber.

Anwendung und Aufbewahrung.

Das Salz dient hauptsächlich zum Nachweis und zur Trennung
organischer Säuren. Es wird in gut verschlossenem Glase aufbewahrt.

Handelssorten.

Neben dem **Calcium chlorat. cryst. pur.** finden sich im Handel
das **Calcium chlorat. pur. sicc.**, das **Calcium chlorat. pus. fur.** und
das **Calcium chlorat. crud. sicc.** Die letzteren Präparate werden
zum Trocknen der Gase gebraucht. Das reine getrocknete oder geschmolzene Calciumchlorid ist weiss, das rohe Präparat ist dagegen
von grauer Farbe.

Calciumoxyd aus Marmor.

Calcium oxydatum e marmora, Aetzkalk aus Marmor
(Ca O.   Molecular-Gew. $= 55{,}87$).

Weisse Stücke, welche sich beim Besprengen mit Wasser stark erhitzen.

Prüfung auf Verunreinigungen.

Kohlensäure, Kieselsäure, Schwefelsäure, Thonerde etc.: 5 g geben mit 4 Th. Wasser gelöscht einen dicken Brei, der sich in verdünnter Salzsäure ohne starkes Aufbrausen unter Zurücklassung von nur wenig Sand etc. löst. Ein Theil dieser Lösung giebt beim Uebersättigen mit Ammoniak nur einen geringen Niederschlag von Thonerde und Eisen; der andere Theil der Lösung zeigt auf Zusatz von Chlorbariumlösung nur schwache Trübung.

Quantitative Bestimmung.

Der Kalk wird gelöscht, in Salzsäure gelöst, die Lösung mit Ammoniak im Ueberschusse versetzt, filtrirt, mit oxalsaurem Ammon gefällt und das auf diese Weise erhaltene oxalsaure Calcium in üblicher Weise als CaO bestimmt. Die Magnesia bestimmt man im Filtrat von oxalsaurem Calcium. Etwaigen Gehalt an Kohlensäure bestimmt man nach Gewicht oder Volumen unter Anwendung der Apparate, welche für diese Zwecke in den Lehrbüchern der quantitativen chemischen Analyse beschrieben sind. Siehe in letzter Hinsicht u. A. Mohr's Lehrbuch der Titrirmethode, 6. Aufl., S. 590 bis 605.

Anwendung und Aufbewahrung.

Der Kalk dient als Hydrat zum Austreiben des Ammons, als Kalkwasser wird er zum Nachweis der Kohlensäure und zur Unterscheidung der Weinsäure und der Citronensäure gebraucht.

In der quantitativen Analyse dient der Kalk als **Natronkalk** zur Bestimmung des Stickstoffs nach Will-Varrentrapp. Der Natronkalk ist durch eine blinde Bestimmung (unter Zugabe von chemisch reinem Zucker*)) auf etwaigen *N-Gehalt* zu untersuchen.

---

*) Man nimmt am besten **chem. reinen Traubenzucker**, denn nach Kreusler (Zeitschr. f. analyt. Chemie 12, 362) enthält sogar der rein

Reinster gebrannter Kalk oder reinster Natronkalk (siehe unter „Calciumoxyd aus isländ. Doppelspath") dient zur Bestimmung des Schwefels, Phosphors und Chlors in organischen Substanzen und muss für letztere Zwecke durch blinde Bestimmung auf genannte Stoffe untersucht werden, da selbst die reinsten Sorten Calc. oxydat. hydr. e marmora des Handels, in grösserer Menge untersucht, sich besonders von Schwefel und Chlor selten absolut frei zeigen.

Der gebrannte Kalk wird in gut verschlossenen Töpfen oder Flaschen aufbewahrt.

Handelssorten.

Neben deutlichen Spuren von Kieselsäure, Thonerde und Eisen zeigen alle Handelspräparate, welche ich untersucht habe, deutliche, oft starke Schwefelsäurereaction. Aus isländ. Doppelspath konnte ich ein reineres Präparat in Stücken, von der Form der Doppelspath-Krystalle, erhalten.

Brüggelmann glüht zur Herstellung eines schwefelsäurefreien Präparates für quantitative Schwefelbestimmung reines salpetersaures Calcium. (Fresenius, Zeitschrift Bd. 15, 185.)

Bei dem gewöhnlichen Aetzkalk des Handels unterscheidet man zwischen fettem und magerem Kalk. Letzterer löscht sich nicht so gut wie der fette Kalk. Die Magerkeit kann entweder durch einen Magnesiagehalt oder durch Beimengung von Kieselsäure, frei oder gebunden (Thon, Eisensilicat), herbeigeführt werden.

Calciumoxyd aus isl. Doppelspath.

Aetzkalk aus Doppelspath (CaO. Molecular-Gew. = 55,87).

Stücke von der Form der Doppelspath-Krystalle.

Prüfung auf Verunreinigungen.

Schwefelsäure: 3 g werden in verdünnter Salzsäure gelöst, die Lösung auf 100 ccm verdünnt, zum Kochen erhitzt und mit Chlorbarium versetzt; nach 12 stündigem Stehen zeigen sich keine oder höchstens kaum sichtbare und unwägbare Spuren von schwefelsaurem Barium.

---

weisse käufliche Candiszucker noch 0,012 Proc. Stickstoff. Weisse Raffinade enthält 0,055 N.

Phosphorsäure und Chlor: Man löst 3 g in verdünnter Salpetersäure und prüft mit Silberlösung resp. Molybdänlösung.

Anwendung etc.

Siehe im vorigen Abschnitte.

Calciumphosphat, einfach-saures (secund.).

Zweibasisch phosphorsaures Calcium, Calcium phosphoric. puriss. bibasic. ($CaHPO_4 + 2\,H_2O$.   Molecular-Gew. $= 171{,}63$).

Rein weisses, krystallinisches Pulver, welches in kalter Essigsäure schwer löslich ist.   In Salzsäure ohne Aufbrausen leicht und klar löslich.

Prüfung auf Verunreinigungen.

Arsen: 2 g des Salzes werden in der bei Natriumcarbonat beschriebenen Weise im Marsh'schen Apparat auf Arsen geprüft, wobei sich kein Spiegel zeigen darf.

Chlorid, Schwere Metalle etc.: 2 g werden mit Hülfe von verdünnter Salpetersäure und Wasser zu 40 g gelöst; ein Theil dieser Lösung darf mit Silbernitratlösung höchstens sehr schwach getrübt werden; ein anderer Theil der Lösung gebe mit überschüssigem Ammoniak und Schwefelwasserstoff versetzt einen rein weissen Niederschlag.

Schwefelsäure: Wird Calciumphosphat mit 20 Theilen Wasser geschüttelt, so darf das mit Essigsäure angesäuerte Filtrat durch Bariumnitratlösung nicht verändert werden.

Der *Glühverlust* des Salzes beträgt 25 bis 26 von 100 Theilen.

Anmerkung. Durch die Glühprobe, welche mit 1 g vorsichtig im Platintiegel auszuführen ist, soll festgestellt werden, dass das Präparat die Zusammensetzung $CaHPO_4 + 2\,H_2O$ hat. Es geht beim Glühen in wasserfreies Calciumpyrophosphat, $Ca_2P_2O_7$, über, wobei es theoretisch 26,12 Proc. Wasser verliert. Die Zahl ist auf 25 bis 26 Procent abgerundet.

Quantitative Bestimmung.

Man bestimmt die Phosphorsäure nach der Molybdänmethode (dieselbe siehe u. A. in J. König, Untersuchung landwirthschaftlicher und gewerblich wichtiger Stoffe (Berlin bei Parey 1891) S. 161).

Anwendung.

Es dient zu agriculturchemischen Zwecken. Für dieselben Zwecke wird auch das wasserfreie Salz, $CaHPO_4$ hergestellt, welches sich im Gegensatze zu dem wasserhaltigen Präparate in Essigsäure leichter löst. Obiges Salz, $CaHPO_4 + 2H_2O$, ist das Präparat, welches auch von dem Arzneibuche des deutschen Reiches verlangt wird; nach dessen Vorschrift wird es aus reinsten Materialien hergestellt.

Handelssorten.

Dieselben unterscheiden sich nicht nur in Reinheit, sondern auch im Wassergehalt, welcher sehr von der Art und Weise des Ausfällens der Calciumchloridlösung mit Natriumphosphat abhängig ist.

Calciumphosphat, zweifach-saures (prim.).

Calcium phosphoric. pur. acid., einbasisch-phosphorsaures Calcium $(CaH_4(PO_4)_2 + H_2O$.   Molecular-Gew. $= 251,47)$.

Perlmutterglänzende Blättchen, die an der Luft leicht zerfliessen.

Prüfung auf Verunreinigungen und Quantitative Bestimmung etc.

Man prüft nach den im vorhergehenden Abschnitte gegebenen Vorschriften. Geringe Mengen von Schwefelsäure oder freier Phosphorsäure können hier nicht beanstandet werden, da dieser Gehalt durch die üblichen Herstellungsmethoden bedingt ist. (Das Salz wird durch Eindampfen der Lösung des neutralen oder einfachsauren Salzes in Salzsäure, Schwefelsäure oder Phosphorsäure erhalten.)

Calciumphosphat, neutrales (tert.).

Calcium phosphoric. puriss. tribasic., dreibasisch phosphorsaurer Kalk $(Ca_3(PO_4)_2$.   Molecular-Gew. $= 309,33)$.

Rein weisses, krystallinisches Pulver. In Salzsäure und Essigsäure ohne Aufbrausen leicht löslich.

Prüfung auf Verunreinigungen.

Man prüft auf *Arsen, Chlorid, schwere Metalle* und auf *Schwefelsäure*, wie unter Calciumphosphat (S. 78) angegeben.

Quantitative Bestimmung.

Wie S. 78 bei „Calciumphosphat, einfach-sauer" nach der Molybdänmethode.

Anwendung.

Es dient zu agrikulturchemischen Zwecken. Dieses Salz ist das durch Fällen einer mit Ammoniak versetzten Chlorcalciumlösung mit Na_2HPO_4 erhaltene Präparat. (Das im Abschnitte S. 78 behandelte Calciumphosphat, secund., wird bekanntlich durch Fällen aus schwach saurer Lösung erhalten.) Das neutrale Calciumphosphat wird beim Fällen als ein gelatinöser Niederschlag gewonnen, der selbst nach dem Trocknen im Vacuum noch Wasser zurückhält.

Handelssorten.

Das neutrale Calciumphosphat kommt natürlich als Phosphorit etc. vor. Das gefällte Präparat kommt als Calcium phosphoric. crud., Calc. phosphoric. tribasic. sicc. und als Calc. phosphoric. tribasic. gelatinos. in den verschiedensten Reinheitsgraden in den Handel.

Calciumsulfat.

Calcium sulfuricum pur. praec., Schwefelsaures Calcium
$(CaSO_4 + 2H_2O.$ Molecular-Gew. $= 171,65).$

Weisses Pulver.

Prüfung auf Verunreinigungen.

Fremde Stoffe: 2 g geben beim Erwärmen mit 10 ccm Salzsäure und 100 ccm Wasser eine klare Lösung, welche auf Zusatz von Ammon und Schwefelammon in der Hitze nicht verändert wird. Die Lösung wird mit oxalsaurem Ammon ausgefällt und filtrirt. Dieses Filtrat hinterlässt beim Erhitzen in der Platinschale höchstens minimale Spuren von Rückstand.

Quantitative Bestimmung.

Man digerirt eine gewogene Menge Gyps mit überschüssigem kohlensauren Natrium, filtrirt, wäscht aus und bestimmt das kohlensaure Calcium alkalimetrisch mit Normalsalzsäure und Normalkali. Im Filtrat von kohlensaurem Calcium wird in üblicher Weise mit Chlorbarium die Schwefelsäure bestimmt.

Anwendung.

Das Calc. sulfuric. dient zur Herstellung des Gypswassers, welches zum Nachweis der Oxalsäure und zur Untersuchung auf Barium, Strontium, auch zur Titerstellung einer Seifenlösung für die Härtebestimmung in Wasser gebraucht wird.

Handelssorten.

Statt des präcipitirten schwefelsauren Calciums findet zur Herstellung des Gypswassers zweckmässig das sogenannte **Marienglas** Verwendung, welches ebenfalls in den Handel kommt. Als weiteres Präparat des Handels ist das rohe Calcium sulfuric., der gewöhnliche Gyps, zu nennen.

Calciumsulfid.

Calcium sulfuratum, Schwefelcalcium (CaS. Molecular-Gew. $= 71,89$).

Dasselbe dient in Form von kleinen Kugeln, Cylindern oder Stücken zur Entwickelung von reinem, arsenfreiem Schwefelwasserstoff. Die Herstellung geschieht nach. Otto durch Glühen eines Gemenges von 7 Th. entwässertem Gyps, 3 Th. Kohlenpulver und 1 Th. Roggenmehl. Das Präparat muss in Berührung mit verdünnter Salzsäure einen gleichmässigen Strom von reinem Schwefelwasserstoff entwickeln.

Carmin.

Carmin I (Naccarat).

Schön hellrothes, aus Cochenille dargestelltes Präparat.

Anmerkung. Die Carmindarstellung ist Geheimniss der Fabrikanten. Nach Liebermann's Untersuchungen weiss man, dass dieser schöne Farbstoff ein Thonerdekalklack ist, der ausserdem noch eine Proteïnverbindung enthält.

Prüfung auf Verunreinigungen.

Nach Donath (Dingler's Polyt. Journ. 1894, Bd. 294, S. 188) kommen Verfälschungen des Cochenille-Carmin häufig vor. Nicht nur Falsificationen, wie sie unten S. 84 angeführt sind, sondern auch solche mit Lacken der Thonerde, des Baryts, des Zinnoxyds etc., gewisser Azofarbstoffe, des Biebricher Scharlachs und des Ponceaus sind möglich. Bezüglich des Nachweises betont Donath, dass der *echte Cochenille-Carmin vollständig in Ammoniak löslich ist*, die genannten Theerfarbstoffe aber nicht. Ferner soll man in einem Porzellantiegel eine kleine Quantität zuverlässig echten Carmins und in einem zweiten eine ungefähr gleiche Quantität der zu prüfenden Probe vorsichtig erhitzen. Der *Geruch des sich zersetzenden echten Carmins* ist gleich dem, der bei der Zersetzung von Proteïnsubstanzen durch Hitze wahrnehmbar ist, der Eosinlack zeigt dagegen beim Erhitzen einen deutlichen Bromgeruch, der Päoninlack einen solchen nach Phenol etc. Die Fälschungen hinterlassen ausserdem einen viel *grösseren Aschenrückstand*, in dem dann, wie weiter unten angeführt, behufs näheren Aufschlusses einzelne Bestandtheile bestimmt werden können.

> Anmerkung. Vergleichend kann man auch verschiedene Sorten colorimetrisch bestimmen. Man wendet am einfachsten zwei nebeneinanderstehende Büretten von gleichen Dimensionen an, von welchen die eine die Normalflüssigkeit, die andere die Versuchsflüssigkeit enthält, und verdünnt die stärker gefärbte, bis die Farbenintensität beider gleich ist. Man löst den Carmin unter Zuhülfenahme von wenig Ammoniak (siehe nachstehend bei Carminsaurem Ammon).

Anwendung.

Es dient zur Herstellung von Carmintincturen für mikroskopische Zwecke. Die Herstellung dieser Tincturen ist ausführlich beschrieben in: Behrens, Tabellen zum Gebr. bei mikroskopischen Arbeiten, Braunschweig bei Bruhn 1892. Ueber die Bereitung von Borax-Carmin und von Ammoniak-Lithion-Carmin vergl. auch Zeitschr. f. Mikroskopie 1890, S. 151.

> Anmerkung. Einige häufig gebrauchten **Carmintincturen** sind folgende:
> 1. **Carminsaures Ammon** nach Th. Hartig: Käuflicher, fein geriebener Carmin wird mit Wasser angerührt und dann tropfenweise Ammoniakflüssigkeit zugesetzt, bis vollständige Lösung erfolgt ist. Die Lösung wird darauf filtrirt und zur Trockene eingedampft. Dieses Pulver wird nach Bedarf in Wasser gelöst. Nach Bachmann erhält man eine Carminlösung bequem wie folgt: Man nehme 2 bis 4 dcg gutes Carmin, zerreibe dasselbe fein, bringe etwa 30 g dest. Wasser und einige wenige Tropfen Ammoniak dazu. Ein Theil des Carmins löst sich und nun wird das Ganze abfiltrirt. Riecht das Filtrat merk-

lich nach Ammoniak, so lässt man es bis zum Verschwinden des Geruchs an der Luft stehen. Zu der Lösung fügt man 30 g Glycerin und 8 ccm Alkohol.

2. **Boraxcarmin**: Man löst 4 Th. Borax in 56 Th. Wasser — hierzu fügt man 1 Th. Carmin und vermischt nun je einen Volumtheil des Ganzen mit 2 Volumtheilen Alkohol absolut., worauf man filtrirt.

3. **Alauncarmin** nach Grenacher: Eine Lösung von 5 g Alaun in 100 g Aq. dest. wird im Sandbade bis zum Aufkochen erwärmt, worauf man 1 g Carminpulver zusetzt und 20 Minuten lang kochen lässt. Nach Hinwegnahme der Spirituslampe rührt man mit einem Glasstabe um, bis die Lösung Zimmertemperatur angenommen hat. Hierauf wird mit gutem Filtrirpapier filtrirt und in gut verschlossener Stöpselflasche aufbewahrt.

4. **Lithiumcarmin** nach Orth: In 100 g einer gesättigten wässerigen Lösung von Lithion carbonic. trägt man $2^{1}/_{2}$ g Carminpulver unter stetem Umrühren ein und filtrirt.

5. **Picrocarmin** für histologische Zwecke nach Frey: Man mischt 1 g Carmin, 4 ccm Ammoniakflüssigkeit und 200 ccm Aq. dest. und setzt 5 g Pikrinsäure hinzu. Dann schüttelt man um und decantirt, so dass der nicht gelöste Ueberschuss der Pikrinsäure im Glase zurückbleibt. Die abgegossene Flüssigkeit wird einige Tage stehen gelassen, wobei man selbe öfters umschüttelt. Hierauf bringt man sie in eine flache Schale und setzt sie an der Luft der Verdunstung aus. Es dauert mehrere Wochen, bis die Flüssigkeit verdunstet und ein rothes Pulver zurückgeblieben ist. Dieses wird mit der 50 fachen Gewichtsmenge Wasser angerührt und nach einigen Tagen filtrirt. Die Flüssigkeit muss jetzt gelblichroth sein ohne Geruch nach Ammoniak. Ein Tropfen auf weissem Filtrirpapier muss eingetrocknet einen gelben, rothgeränderten Fleck geben. Man conservirt die Flüssigkeit durch einige Tropfen Carbolsäure.

Auch eine Tinctur, welche nicht aus Carmin, sondern aus der Cochenille selbst bereitet wird, findet Verwendung und zwar als Indicator:

Cochenilletinctur. Man stellt sie nach Luckow durch mehrstündiges Digeriren aus 3 g Cochenille mit $^{1}/_{4}$ Liter eines Gemenges von 3 bis 4 Vol. Wasser und 1 Vol. Weingeist her. Die Cochenilletinctur hat den Vorzug vor Lackmus, dass sie gelöste kohlensaure Erden ganz deutlich anzeigt und zu messen erlaubt, was bei Lackmus nicht der Fall ist. Sie giebt mit Säuren gelbrothe, mit Alkalien violett-carminrothe Färbung.

Die Tinctur wird u. A. bei der Titration des Ammoniaks, bzw. der überschüssigen vorgelegten Schwefelsäure, bei der Kjeldahl'schen N-Bestimmung als sehr geeigneter Indicator verwendet. Bekanntlich ist hier Phenolphtaleïn unbrauchbar. Sie hält sich in verschlossenen Flaschen sehr gut.

Ueber **Cochenillepapier** siehe die Tabelle unter „Indicatoren".

Man prüft sowohl die Tinctur als das Papier auf ihre Empfindlichkeit gegenüber einer sauren und einer ammoniakalischen Lösung. Siehe unter Carminsäure S. 86. Ueber die Untersuchung der Cochenille siehe daselbst.

Rothes Carminpapier findet in der Analyse ebenfalls Verwendung, es wird durch Eintauchen von reinstem Filtrirpapier in eine ammoniakalische Carminlösung erhalten.

Handelssorten.

Ueber die Handelssorten des Carmins siehe S. 81 bei Prüfung. Dazu sei bemerkt, dass bisweilen auch Zusätze von Stärke, Thon und Ziegelmehl vorkommen. Donath (Chem.-Ztg. 1891, S. 522) hat eine grössere Anzahl Carminproben des Handels untersucht und constatirte dabei zwei völlige Falsificationen. Eine als „Carmin ordinär" bezeichnete Probe war von geringem Aussehen, in Ammoniak nicht löslich, und ein wässeriger Auszug zeigte die Fluorescenz verdünnter Eosinlösungen. Die Probe gab einen Veraschungsrückstand von 88,5 Proc., in dessen salzsaurem Auszug Bleioxyd und Thonerde nachgewiesen wurden, während der in Salzsäure unlösliche Theil aus Bleisulfat bestand. Diese Droge war aus den Eosinlacken von Bleioxyd und Thonerde gemischt mit Bleisulfat zusammengesetzt. Die zweite, als „Carmin antik" bezeichnete Droge stellte ein äusserlich von echtem Carmin kaum zu unterscheidendes, brillant aussehendes Präparat dar. In Ammoniak war es zum grössten Theil löslich, es enthielt 74,56 Proc. Asche, welche hauptsächlich aus Bariumcarbonat bestand. Diese Probe bestand wahrscheinlich aus einem Lack des Päonin.

Gute Carminsorten (Cochenillecarmin) zeigten nach Untersuchungen von Feitler (Zeitschr. f. angewandte Chemie 1892, S. 136 ff.) folgende Zusammensetzung:

	Cochenille-Carmin echt (von Liebermann untersucht)	Cochenille Naccarat (von Lafar untersucht)	Carmin feinst Naccarat (von Feitler untersucht)	Carmin feinst echt (von Feitler untersucht)	Carmin feinst echt (von Feitler untersucht)
Wasser	17	15,50	20,48	13,15	15,69
Asche.	7	6,87	7,09	9,18	7,24
Stickstoffhaltige Subst.	20	23,26	27,00	25,19	20,31
Farbstoff a. d. Diff.	56	54,37	45,43	52,48	56,36

Die Asche enthält:

	Cochenille-Carmin echt (von Liebermann untersucht)	Cochenille Naccarat (von Lafar untersucht)	Carmin feinst Naccarat (von Feitler untersucht)	Carmin feinst echt (von Feitler untersucht)	Carmin feinst echt (von Feitler untersucht)
CuO	Spuren	0,35	0,45	0,24	1,15
SnO_2	0,67	0,14	0,62	0,08	1,35
Al_2O_3	43,09	40,48	35,45	25,95	43,18
Fe_2O_3	Spuren	Spuren	Spuren	Spuren	Spuren
CaO	44,85	44,20	44,98	31,29	36,76
MgO	1,02	0,61	0,81	2,76	1,11
Na_2O	3,23	5,40	5,71	16,24	nicht best.
K_2O	3,56	3,20	3,21	1,96	nicht best.
P_2O_5	3,20	2,71	8,31	6,12	1,80
SiO_2	Spuren	0,60	0,51	1,65	nicht best.
CO_2	—	2,31	—	8,11	nicht best.
SO_3	—	—	—	5,14	—
Cl	—	—	—	0,41	—

Die feinste Carminsorte ist das Carmin Naccarat.

Carminsäure.

Acid. carminicum pur. ($C_{17}H_{18}O_{10}$. Molecular-Gew. $= 381,09$).

Rothes Pulver.

Anmerkung. Ueber die Herstellung von krystallisirter Carminsäure siehe Berichte d. d. chem. Gesellschaft 1894, S. 2980, Abhandlung von Schunck und Marchlewski.

Prüfung auf Verunreinigungen.

Löslichkeit: 1 g löst sich in 2 ccm Wasser vollständig. Ein Zusatz von 20 ccm 95 proc. Alkohol bewirkt in vorstehender Lösung keine erhebliche Ausscheidung.

Weiteres siehe nachstehend.

Quantitative Bestimmung.

Die einfachste Bestimmung der Carminsäure des Handels ist die vergleichende colorimetrische, wie diese auf Seite 82 in der Anmerkung beschrieben ist. Für ihre Verwendung als Indicator ist es ferner wichtig, dass sie eine möglichst grosse **Empfindlichkeit** gegenüber sauren und alkalischen Flüssigkeiten zeigt. Man löst 1 g in 100 ccm Wasser, giebt 0,5 dieser Lösung zu 100 ccm Wasser und beobachtet nun, wie viel ccm $^1/_{100}$ norm. NH_3 oder $^1/_{100}$ norm. HCl bis zur eintretenden Reaction verbraucht werden. Je empfindlicher die Carminsäure ist, desto geeigneter ist sie als Indicator; über die Zahlen, welche Trommsdorff in dieser Hinsicht für Carminsäure gefunden hat, siehe die Tabelle bei Indicatoren in diesem Buche.

Nach der Methode von Penny wird die Carminsäure in der Cochenille wie folgt bestimmt:

1 g **Cochenille** wird mit ca. 5 g Aetzkali, gelöst in 20 ccm dest. Wasser, eine Stunde digerirt, dann mit Wasser bis auf 100 ccm verdünnt und davon 10 ccm so lange mit einer Lösung von 1 g Ferridcyankalium in 99 ccm Wasser versetzt, bis die Purpurfarbe verschwunden und in eine gelbbraune übergegangen ist.

Nach Löwenthal (Zeitschr. für analyt. Chemie 1876, S. 179) wird der Farbenwerth der Cochenille durch Titrirung mit übermangansaurem Kalium ermittelt.

Beide Methoden sollen bei vergleichenden Untersuchungen gute Resultate geben; sie sind ausführlich in Böckmann, Chem.-techn. Untersuchungen, 3. Aufl., Bd. 2, S. 201 beschrieben.

Anwendung.

Die Carminsäure findet als Tinctionsmittel bei mikroskopischen Untersuchungen Anwendung; gewöhnlich wird aber hier nicht die Acid. carminic. pur., sondern die unreine Säure, das Carmin des Handels genommen.

Die verschiedensten **Carmintincturen** für mikroskopische Zwecke sowie **Cochenilletinctur** siehe in dem Abschnitt über „Carmin" S. 83.

Handelssorten.

Es kommen unter der Bezeichnung „Acid. carminic." Präparate in den Handel, welche statt fest halbflüssig sind und sich in Wasser und Alkohol vollständig trübe lösen, daher sehr stark verunreinigt sind. Die Färbekraft solcher Präparate des Handels ist sehr verschieden. Der Verf. konnte mit 3 Tropfen einer $^1/_2$procentigen, stark alkalischen, reinen Carminsäurelösung ca. 50 ccm Wasser sehr schön und intensiv purpurroth färben, während dasselbe Quantum einer von auswärts bezogenen Acid. carminic. das Wasser nur schwach färbte. Letzteres Präparat löste sich sehr unvollständig in Wasser.

Chlor (und Chlorwasser).

Chlor.

(Cl. Atomgewicht = 35,37.)

Bei gewöhnlicher Temperatur ein Gas von grünlichgelber Farbe. Durch Abkühlung auf — 40⁰ oder durch einen Druck von vier Atmosphären bei 15⁰ zu einer grünlichgelben Flüssigkeit condensirbar, welche schwerer als Wasser ist. Seit mehreren Jahren kommt das flüssige Chlor in den Handel. Dasselbe befindet sich in stählernen Versandflaschen, sogenannte Bomben, welche schon mit einem Inhalte von 5 Kilo zu beziehen sind.

Chlorwasser.

Wässerige Chlorgaslösung mit ca. 0,4 Proc. Chlor.

Anmerkung. Von Wasser wird das Chlorgas umsomehr absorbirt, je niedriger die Temperatur ist.

Prüfung des Chlorwassers und Quantitative Bestimmung.

Das Chlorwasser muss eine *blass-grünlich-gelbliche* Flüssigkeit von *starkem Chlorgeruch* darstellen. Es muss völlig *flüchtig* sein. Farblos gewordenes, zersetztes Chlorwasser ist zu verwerfen.

Werden 25 g Chlorwasser in eine wässerige Lösung von 1 g Kaliumjodid eingegossen, so müssen zur Bindung des ausgeschiedenen Jods mindestens *28,2 ccm Zehntel-Normal-Natriumthiosulfatlösung* verbraucht werden. (Chlorwasser, mit dem von der Pharm. Germ. verlangten Gehalte = 0,4 Proc. Chlor.)

Aufbewahrung.

Man bewahrt das Chlorwasser im Keller (vor Licht geschützt) auf und zwar möglichst in gefüllten kleinen Flaschen. Die Haltbarkeit ist besonders bei nicht gefüllten oder schlecht verschlossenen

Flaschen sehr gering, so dass das Präparat bald ganz wirkungslos ist.

Da das Chlorwasser sich so schnell zersetzt, so schlägt W. Kinzel (Ber. d. pharm. Ges. 1894, 4, 55) vor, man solle Röhrchen zu 5 g flüssigem Chlor zur Bereitung ex tempore von 1 kg Chlorwasser vorräthig halten.

Chlorkalk.

Calcaria chlorata $(Ca(ClO)_2 + CaCl_2 + 2H_2O$.
Molecular-Gew. $= 289,14)$.

Weisses oder weissliches Pulver von chlorähnlichem Geruche, das in Wasser unter Zurücklassung von Kalkhydrat löslich ist und in 100 Theilen mindestens 25 Theile wirksamen Chlors enthält.

Prüfung auf Verunreinigungen.

Die Ermittelung des *Gehaltes an wirksamem Chlor* macht eine weitere Untersuchung überflüssig.

Quantitative Bestimmung.

Das Wirkungsvermögen des Chlorkalks richtet sich nach seinem Gehalte an wirksamem Chlor. Das letztere bestimmt man quantitativ nach einer der bekannten chlorimetrischen Methoden. Einfach und sehr zuverlässig ist die Analyse mit arseniger Säure, welche in allen Anleitungen und Lehrbüchern der quantitativen Analyse ausführlich beschrieben ist. (Siehe u. A.: Mohr, Lehrbuch der Titrirmethode, 6. Aufl., S. 370.) Von Lunge wird in den Ber. d. d. chem. Ges. Bd. 19, S. 869 auch eine sehr bequem auszuführende Methode der Werthbestimmung von Chlorkalk beschrieben; dieselbe wird mit dem Nitrometer unter Anwendung von Wasserstoffsuperoxyd ausgeführt.

Anwendung und Aufbewahrung.

Der Chlorkalk dient als Oxydationsmittel, unter Anderem zum Nachweis des Anilins nach Runge. Chlorkalk und Wasserstoffsuperoxyd sind von Volhard und von Göhring zur bequemen Darstellung kleinerer Mengen Sauerstoffgas im Kipp'schen Apparat empfohlen worden. (Rep. d. Chem.-Ztg. 1889, S. 253.)

Chlorkalk, welcher **in feste Würfel gepresst ist,** wird jetzt vielfach zur bequemen Entwickelung von Chlor im Kipp'schen Apparate benutzt. (Vergl. Pharm. Ztg. 1889, S. 641 und Liebig's Ann. Chem. 1889, S. 253, 239.)

Man bewahrt den Chlorkalk in dicht verschlossenen Stein- oder Glasgefässen an einem kühlen Orte auf. Er verliert mit der Zeit an seinem Gehalte an wirksamem Chlor.

Handelssorten.

Der Chlorkalk wird im Handel meistens nach Gay-Lussac'-schen Graden verkauft. Der 100procentige Chlorkalk ist nach Gay-Lussac ein solcher von 31,8 Proc. Chlorgehalt. Man kann danach die Procente leicht in Grade umrechnen und umgekehrt die Grade in Procente. Die Gay-Lussac'schen Grade entsprechen den Litern Chlorgas, welche aus 1 Kilo Chlorkalk erhalten werden können. Ein Chlorkalk von 90 Grad enthält daher im Kilogramm 90 Liter wirksames Chlor. Der Chlorkalk verliert beim Aufbewahren Chlor.

Chloroform.

Chloroformium ($CHCl_3$. Molecular-Gew. $= 119,08$).

Klare, farblose, flüchtige Flüssigkeit von eigenthümlichem Geruch, bei 60 bis 62° siedend. Spec. Gew. 1,485 bis 1,489.

Anmerkung. Der Siedepunkt ist für die Ermittelung von Unreinigkeiten im Handelschloroform von nicht sehr grossem Werth. Vergl. hierüber J. Brown, Pharm. Journ. and Transact. 19. März 1892 oder Pharm. Ztg. 1892, S. 201.

Prüfung auf Verunreinigungen.

Säure: Mit 2 Raumtheilen Chloroform geschütteltes Wasser darf blaues Lackmuspapier nicht röthen, auch eine Trübung nicht hervorrufen, wenn es vorsichtig über eine mit gleichviel Wasser verdünnte Silberlösung geschichtet wird.

Chlor: Wird Chloroform mit Jodzinkstärkelösung geschüttelt, so darf keine Bläuung derselben eintreten.

Fremde Chlorverbindungen: 20 ccm Chloroform sollen bei häufigem Schütteln mit 15 ccm Schwefelsäure in einem 3 cm weiten, vorher mit Schwefelsäure gespülten Glase mit Glasstöpsel innerhalb einer Stunde die Schwefelsäure nicht färben.

Anmerkung. Um Chloroform auf seinen Gehalt an Alkohol zu prüfen, benutzt de Koninck eine Lösung von Kaliumpermanganat in gesättigtem Barythydrat. Die Gegenwart des Alkohols zeigt sich dadurch an, dass die rothe Flüssigkeit durch Reduction grün gefärbt wird. Ueber Untersuchung des Chloroforms sind in den letzten Jahren eine Anzahl Arbeiten erschienen; Besprechungen dieser Arbeiten siehe in Pharm. Ztg. 1889, S. 29, sowie in den letzten Jahrgängen dieser Zeitung.

Quantitative Bestimmung.

Man erwärmt nach Baudrimont Chloroform mit Fehling'scher Lösung. $CHCl_3 + 2\,CuO + 5\,KOH = Cu_2O + 3\,KCl + K_2CO_3 + 3\,H_2O$ (Beilstein, organ. Chemie).

Eine Methode zur volumetrischen Bestimmung des Chloroforms ist von L. de Saint-Martin (Compt. rendus *106*, 492 oder Zeitschr. für analyt. Chemie 1891, S. 497) beschrieben.

Anwendung und Aufbewahrung.

Chloroform dient als Lösungsmittel für Alkaloide etc. und zum Nachweis des Anilins (siehe dieses).

Man bewahrt das Chloroform im Dunkeln und in der Kälte (im Keller) in Glasflaschen auf. Stets hat das Chloroform des Handels einen kleinen Zusatz von Alkohol, da es sich sonst zersetzen würde; es genügt aber ein Alkoholzusatz von 0,1 Proc. Um das Chloroform des Handels von seinem Alkohol- und Wassergehalt zu befreien, schüttelt man dasselbe zweimal mit seinem doppelten Volumen reiner Schwefelsäure, entsäuert alsdann mit gekörntem Kaliumcarbonat und rectificirt.

Handelssorten.

Neben dem Chloroform der Pharm. Germ. (die oben beschriebene Sorte) findet sich im Handel das Chloroform e Chloral, ferner das Chloroform „Pictet" und das Chloroform „Anschütz".

Im Allgemeinen ist die Handelswaare gut und ist das Chloroform der Pharm. Germ. meistens dem sehr reinen Chloroform e Chloral. vollständig an Reinheit gleich. Das Chloroform „Pictet", welches durch Ausfrierenlassen bei -70^0 und unter -100^0 C. gewonnen wird, ist ebenfalls sehr rein. Versuche von Schacht (Pharm. Ztg. 1892, S. 97) zeigten, dass das Chloroform „Pictet" ein gutes Präparat ist, dass aber das Chloralchloroform aus reinstem kryst. Chloralhydrat mindestens ebenso gut ist. Beide zersetzen sich, wie überhaupt jedes reine Chloroform, wenn es nicht einen kleinen Zusatz von Alkohol erhält.

Das Chloroform „Anschütz“, Salicylid-Chloroform, kommt seit wenigen Jahren in den Handel. Es wird nach einer von Anschütz gefundenen Methode (vergl. Berichte d. deutsch. chem. Gesellsch. 1892, S. 3512) aus der krystallinischen Verbindung des Salicylids

$$\left(\text{Anhydrid der Salicylsäure} \quad \left[C_6 H_4 \left\{ \begin{matrix} (1) \ CO \\ (2) \ O \end{matrix} \right. \right]_4 \right) \quad \text{mit Chloroform}$$

$$\left(\left[C_6 H_4 \left\{ \begin{matrix} (1) \ CO \\ (2) \ O \end{matrix} \right. \right]_4 2 . CHCl_3 \right) \quad \text{dargestellt.}$$ Das Chloroform spielt in diesem Körper dieselbe Rolle wie das Krystallwasser in vielen Krystallen und kann durch blosses Erwärmen abdestillirt und so in chemisch reinem Zustande erhalten werden (E. Merck, Jahresberichte 1894).

Im Allgemeinen sei noch bemerkt, dass nach Arends (Pharm. Ztg. 1891, S. 263) das deutsche Chloroform besser als das englische ist.

Vor einigen Jahren wurden von verschiedenen Seiten im Chloroform des Handels Spuren von Arsen gefunden.

Chlorsäure.

Acid. chloricum pur. (ClO_3H.   Molecular-Gew. $= 84{,}25$).

Farblose Flüssigkeit von 1,20 spec. Gewicht.

Anmerkung. Concentrirte Acid. chloric. nimmt in Folge einer Chlorabscheidung auf Lager rasch eine schwach gelbliche Färbung an.

Prüfung auf Verunreinigungen.

Arsen: 10 Gramm der Säure werden, nachdem sie mit Wasser verdünnt sind, mit überschüssiger verdünnter Salzsäure auf dem Dampfbade bis zum Verschwinden des Chlorgeruchs erwärmt, alsdann giebt man diese Flüssigkeit nach und nach in kleinen Portionen in den Marsh'schen Apparat, um das etwaige Auftreten eines Arsenspiegels zu beobachten.

Baryt: 5 g, mit 50 ccm Wasser verdünnt, geben auf Zusatz von verdünnter Schwefelsäure innerhalb einiger Minuten nur eine Trübung.

Metalle: 3 ccm werden mit 10 ccm Wasser verdünnt und nach

dem Hinzufügen von überschüssiger Salzsäure bis zum Verschwinden des Chlorgeruchs eingedampft; der Rückstand darf weder mit Schwefelwasserstoffwasser, noch mit Ammon und Schwefelammon einen Niederschlag geben.

Anmerkung. Eine schwache grüne Färbung auf Zusatz von Ammon und Schwefelammon (Spur Eisen) dürfte kaum zu beanstanden sein.

Quantitative Bestimmung.

Die Chlorsäure und die chlorsauren Salze zersetzen sich durch Digestion mit starker Salzsäure und Jodkalium, und kann das dabei ausgeschiedene Jod mit $^1/_{10}$ unterschwefligsaurem Natrium titrirt werden. Die Methode findet sich in den Lehrbüchern der Titrirmethode beschrieben. Siehe u. A.: Mohr, Lehrbuch der Titrirmethode (Braunschweig bei Vieweg 1886), S. 342; ferner den Abschnitt über „Kalium chloric. puriss." in dieser Schrift, oder Fresenius, Anleitung zur quantitativen chemischen Analyse, 6. Aufl., Bd. I, S. 532.

Anwendung.

Die Chlorsäure ist von Jeserich zur Zerstörung der organischen Stoffe an Stelle des chlorsauren Kalis empfohlen.

Handelssorten.

Die Chlorsäure kommt mit verschiedenem Gehalte in den Handel. Bei der Verwendung zur chemischen Analyse muss insbesondere auf Arsen geprüft werden; auch ein zu grosser Barytgehalt darf nicht vorhanden sein. (Pharm. Ztg. 1889, S. 275.)

Chlorwasserstoffsäure.

Acidum hydrochloric. purum conc. (HCl. Molecular-Gew. $= 36{,}37$).

Die Chlorwasserstoffsäure sei eine klare, farblose Flüssigkeit, welche nach dem Verdünnen mit Wasser keinen Geruch zeigen darf. Spec. Gew. $= 1{,}19$. 100 Gewichtstheile dieser Säure entsprechen 37,23 Proc. HCl.

Prüfung auf Verunreinigungen.

Aussehen, Geruch etc. siehe oben.

Schwefelsäure: a) 5 g werden mit 50 ccm Wasser verdünnt und Chlorbarium zugegeben; nach 12 Stunden zeigt sich keine Schwefelsäurereaction.

b) 100 g sind frei von Schwefelsäure oder enthalten höchstens 0,0005 H_2SO_4. Zu dieser Prüfung werden 500 g langsam auf dem Wasserbade auf ca. 1 ccm verdunstet und im Rückstand etwaige Schwefelsäure bestimmt und berechnet.

Anmerkung. Bei Untersuchung verschiedener Proben Acid. hydrochl. puriss. des Handels, welche vor einigen Jahren ausgeführt wurden, habe ich fast kein einziges Muster nach oben angegebener genauer quantitativer Bestimmung vollständig schwefelsäurefrei gefunden. Viele Muster zeigten sogar bei der gewöhnlichen Prüfung nach dem Verdünnen mit Wasser, also ohne vorheriges Verjagen der Säure, schon Schwefelsäurereaction. Jedenfalls kann man verlangen, dass der Schwefelsäuregehalt im reinen Präparate des Handels nur ein höchst minimaler ist, und habe ich, um eine Grenze zu ziehen, obige quantitative Bestimmung in die Prüfungsmethode aufgenommen. Dieser Anforderung entspricht die reine Salzsäure, welche jetzt im Handel zu haben ist, fast durchweg. Man hat sich eben in der Industrie an die strengeren Anforderungen gewöhnt und findet daher solche grobe Verunreinigungen heutzutage viel seltener als früher.

Bezüglich des Nachweises der Schwefelsäure mögen an dieser Stelle die Untersuchungen von Biltz (Archiv der Pharm. 1874, II, S. 149 ff.) erwähnt werden. Nach Biltz verhindern Essigsäure und ihre Salze die Barytreaction am wenigsten, am meisten die Salzsäure, Salpetersäure und die sauren salpetersauren Flüssigkeiten, in der Mitte stehen die Chlormetalle und die neutralen salpetersauren Salze.

Rückstand: 10 g hinterlassen beim Verdunsten in der Platinschale keinen wägbaren Rückstand.

Anmerkung. Wenn man die starke reine Salzsäure in grösseren Mengen verdunstet, so zeigen sich fast immer Spuren von Rückstand. Beim Verdunsten von 50 g in der Porzellanschale erhielt ich gewöhnlich ca. 1 mg Rückstand. (Vgl. auch Anmerkung bei Acid. nitric.)

In guten Handelspräparaten sind die Verunreinigungen sehr minimal, sodass letztere bei der Verwendung der Säuren zur Analyse in den meisten Fällen gar nicht in Betracht gezogen werden. Ich habe es trotzdem für wichtig gehalten, auf diese Spuren von Verunreinigungen aufmerksam zu machen, und habe zugleich bei Feststellung der Flüchtigkeit oder bei Prüfung auf Schwefelsäure die Mengen, welche zur Untersuchung zu nehmen sind, vorgeschrieben, damit geringwerthige und mit weniger Sorgfalt bereitete Handelspräparate, wie sie so oft unter der Bezeichnung „purum“ in den Handel kommen, besser als bislang erkannt werden.

Auch zu vorstehenden Bemerkungen, welche der 2. Auflage dieses Buches entnommen sind, muss wie oben (siehe Anmerkung) hinzugefügt werden, dass seit neuerer Zeit die reinen Mineralsäuren — nicht nur Chlorwasserstoffsäure, sondern auch Salpetersäure und Schwefelsäure — im Allgemeinen in viel reinerem Zustande in den Handel kommen als früher. Ein Rückstand nach dem Verdunsten selbst grösserer Mengen in der Platinschale ist bei den besseren Handelssorten von reiner Chlorwasserstoffsäure kaum zu bemerken.

Sollte sich ein Rückstand bei der Untersuchung zeigen, so könnte dieser auch durch die Aufbewahrung in geringwerthigem Glase bedingt sein. Manche Glassorten werden durch Säuren erheblich angegriffen. Siehe darüber Zeitschr. f. analytische Chemie 1891, S. 247, ferner Mylius, Ber. d. d. chem. Ges. Berlin, *22*, 310.

Arsen, schwere Metalle, Thonerde und Kalk:

a) 10 g werden mit 10 ccm Wasser verdünnt und mit 5 ccm frischem Schwefelwasserstoffwasser im Reagensglase überschichtet; nach 1stündigem Stehen (sowohl in der Kälte als in der Wärme) entsteht zwischen beiden Flüssigkeitsschichten keine Färbung und kein gelber Ring (Arsen).

Die Prüfung mit dem *Marsh'schen Apparate* auf Arsen wird zur Controle ebenfalls ausgeführt und zwar unter Anwendung von 50 g der Säure, welche vorher, wie weiter unten angegeben ist, unter Zusatz einer Spur Kaliumchlorat, eingedampft werden. Man setzt die Wasserstoffentwickelung, wie in den Abschnitten über Schwefelsäure oder Zink in diesem Buche angegeben ist, in Gang und giebt alsdann die zu prüfende Flüssigkeit hinzu; nach ½ stündigem Gange darf höchstens ein minimaler Anflug, aber kein deutlicher Arsenspiegel in der Reductionsröhre vorhanden sein.

Anmerkung. Man kann bei der Prüfung von reiner Schwefelsäure (und reinem Zink) des Handels im Marsh'schen Apparate die Abwesenheit auch des geringsten Anflugs in der Reductionsröhre garantiren; bei der Chlorwasserstoffsäure können sich die Fabrikanten auf eine solche Garantie nicht einlassen. Die Entstehung eines minimalen Anfluges kann hier nicht beanstandet werden. Der Verfasser dieses Buches hat reine Chlorwasserstoffsäure der besten Bezugsquellen in der beschriebenen Weise untersucht, aber fast immer zeigte sich dabei ein minimaler Anflug in der Reductionsröhre des Marsh'schen Apparates. Selbst bei Untersuchung reiner Chlorwasserstoffsäure, die aus reinstem, gross krystallisirtem Natriumchlorid und reiner Schwefelsäure, welche sich im Marsh'schen Apparat als absolut arsenfrei erwies, hergestellt war, erhielt ich den minimalen Anflug im Marsh'schen Apparate, obgleich sich dieselbe Säure (ebenso die oben erwähnten reinen Säuren des Handels) sowohl bei der Untersuchung mit Schwefelwasserstoff als auch bei der Prüfung nach Gutzeit bezw. Lohmann (siehe weiter unten) als völlig arsenfrei erwiesen.

Für die meisten Laboratoriumszwecke ist diese reine Chlorwasserstoffsäure, wie sie jetzt im Handel vorkommt, von durchaus genügender Reinheit.

Zuweilen wird für gerichtlich chemische Untersuchungen eine Chlorwasserstoffsäure verlangt, welche sich selbst bei Prüfung grösserer Mengen (mehrere Liter), nach Eindunsten unter Zusatz von chlorsaurem Kali, im Marsh'schen Apparat als absolut arsenfrei erweisen soll. Eine solche Säure soll nach Otto und nach Beckurts am besten durch genügendes Behandeln von gewöhnlicher Salzsäure mit Schwefelwasserstoff oder mit Eisenchlorid und nachherige Destillation erhalten werden (vergl. Chem. Industrie 1886, S. 277). Auch noch eine Anzahl anderer Methoden (vergl. Kommentar zum Arzneibuch des deutschen Reiches (Berlin bei Springer 1891) Bd. I, S. 92) sind zur Herstellung einer absolut As-freien Salzsäure vorgeschlagen. Ob nach diesen Methoden thatsächlich bei der Fabrikation im Grossen ein Präparat erhalten und mit der bestimmten Garantie in den Handel gebracht werden kann, dass es nicht den geringsten Anflug im Marsh'schen Apparate giebt, darüber müssen erst noch vergleichende Untersuchungen Aufschluss geben. Was die Untersuchung mit dem Marsh'schen Apparate selbst betrifft, so sei noch bemerkt, dass nach Otto (Ausmittelung der Gifte, Braunschweig bei Vieweg 1884, S. 146 ff.) zum Zwecke der Prüfung ein bestimmtes Quantum der Säure nach Zusatz von einigen Körnchen Kaliumchlorat und eventuell von so viel Wasser, dass das spec. Gew. höchstens 1,104 beträgt, in echten Porzellanschalen im Wasserbade eingedampft wird; den Rückstand nimmt man in Wasser auf und bringt die Lösung in den Marsh'schen Apparat. Die Vorsichtsmaassregeln, welche bei der Ausführung der As-Prüfung mit dem Marsh'schen Apparate zu beobachten sind, finden sich u. A. in Otto l. c. S. 167 ff. angegeben. Siehe darüber auch in dieser Schrift den Abschnitt Eisenchlorid, Prüfung auf Arsen.

Was nun die *sonstigen Methoden* zur Auffindung von Spuren Arsen betrifft, so beruhen eine Anzahl derselben ebenfalls auf der Entwickelung von Arsenwasserstoff, welch' letzterer aber nicht durch den Marsh'schen Apparat, sondern durch seine Einwirkung auf Silbernitratlösung oder Quecksilberchloridlösung erkannt werden soll. Umfangreiche vergleichende Untersuchungen sind über diese Methoden im Archiv der Pharm. 1889, S. 1 ff. von Flückiger veröffentlicht. Flückiger kommt nach seinen Untersuchungen zu der Ansicht, dass von diesen Methoden diejenige nach Gutzeit sehr zuverlässig und scharf sei. Sie wird wie folgt ausgeführt.

In ein enghalsiges Kölbchen von 50 ccm Inhalt giebt man 1 g Zinc. metall. puriss. und 4 ccm der vorher auf ca. 7 Proc. verdünnten HCl. In den ca. $1^{1}/_{2}$ cm weiten Hals des Fläschchens werden

2 Filtrirpapierscheibchen gesteckt, um durch die H-Entwickelung mit-
gerissenen Wasserdampf zurückzuhalten, und über die Mündung dreht
man ein Stückchen Filtrirpapier, das zuvor mit einem Tropfen einer
concentrirten, d. h. vollständig gesättigten Silberlösung, welche mit
Salpetersäure wenig angesäuert ist, betupft ist. Die Reaction ist in
einem wenig belichteten Raum vorzunehmen. Nach 1 bis 2 stündigem
Stehen darf sich auf der mit Silbernitrat betupften Stelle des Papiers
kein gelber und auch kein schwarzer Fleck bilden, widrigenfalls Arsen
zugegen wäre. (Bei Gegenwart von Arsen zeigt sich ein gelber Fleck,
der durch Wasseraufnahme schwarz wird. Nach Polleck und Thümmel
verläuft die Einwirkung des Arsenwasserstoffes auf conc. Silbernitratlösung nach folgender Gleichung:

$$AsH_3 + 6\,NO_3\,Ag = 3\,NO_3\,H + As\,Ag_3(NO_3\,Ag)_3.$$

Durch Wasser wird das gelbe Silberarsen-Silbernitrat zersetzt:

$$As\,Ag_3(NO_3\,Ag)_3 + 3\,H_2O = 3\,NO_3\,H + As(OH)_3 + 6\,Ag.)$$

Bei Ausführung dieser Prüfung sind verschiedene Vorsichtsmaassregeln zu beobachten und soll insbesondere die Wasserstoffentwickelung
nur schwach sein.

Da Schwefelwasserstoff, Phosphorwasserstoff und Antimonwasserstoff
das Silbernitratpapier ähnlich dem Arsenwasserstoff verändern, so muss
vollständig reines Zink angewendet werden, und die Salzsäure muss
frei von schwefliger Säure sein event. von dieser vorher befreit werden (durch Brom). Beobachtet man nicht alle Vorsichtsmaassregeln,
so kann man mit der Gutzeit'schen Methode leicht zu falschen Resultaten gelangen. Vergl. darüber auch Pharm. Ztg. 1889, S. 275,
ferner die Abhandlungen von Flückiger l. c. und Otto l. c. S. 147,
an welchen Stellen ferner bewiesen wird, dass die Ausführung der
Gutzeit'schen Probe, wie sie die Pharm. Germ. II vorschreibt, zu
falschen Resultaten führt.

Um bei dieser Prüfung nicht einer Täuschung zu verfallen, ist es
nach Curtman (Newyorker Pharm. Rundschau 1891, S. 33 oder
Pharm. Ztg. 1891, S. 114) nöthig, die Einwirkung des Leuchtgases
auszuschliessen. Auch die zu benutzenden Papierstücke, namentlich die
dickeren, müssen völlig staubfrei sein und dürfen nicht in einem Local
aufbewahrt werden, in welchem sie Leuchtgas aufnehmen können. Gewöhnliche Papiersorten, welche Holzschliff enthalten, sind ganz unzuverlässig.

Lohmann (Pharm. Ztg. 1891, S. 748 ff.), welcher ebenfalls die
Beobachtung gemacht hat, dass die Gutzeit'sche Probe bisweilen unsicher ist, d. h. dass das mit Silbernitrat getränkte Papier manchmal
Veränderungen erleidet, auch wenn kein Arsen zugegen ist, hält es für
sehr zweckmässig, an Stelle des salpetersauren Silbers zum Betupfen
des Papiers Quecksilberchlorid zu nehmen, wie dies früher schon von
Flückiger (l. c.) empfohlen war. Mit Quecksilberchlorid soll nach
Lohmann die Gutzeit'sche Probe sehr sicher, zwar nicht so empfindlich
wie mit Silber, aber immer noch empfindlicher als die Arsenprobe im

Marsh'schen Apparat sein. Licht, Luft und Wasser beeinträchtigen die Probe mit Quecksilberchlorid nicht, was bei Silber der Fall ist. Man verfährt nach demselben bei der Prüfung auf Arsen wie folgt: „Man betupft ein Stückchen Fliesspapier — es empfiehlt sich auch hier, mit Salz- und Flusssäure ausgewaschenes Papier zu nehmen — mit einem Tropfen einer gesättigten alkoholischen Lösung von Quecksilberchlorid; sowie der Alkohol oberflächlich verdunstet ist, wird ein zweiter Tropfen auf dieselbe Stelle gegeben und verdunsten gelassen; schwaches Erwärmen zulässig; das Betupfen und Verdunstenlassen wird 4 bis 5 Mal wiederholt. Das so präparirte Papier wird nun der Einwirkung der Gase ausgesetzt. Für diesen Zweck benutzt man einen Erlenmeyer'schen Kolben von mindestens 400 ccm Rauminhalt. Der Kolben wird mit einem einfach durchbohrten Kautschukstopfen verschlossen und durch die Durchbohrung ein kleiner Trichter gesteckt, welcher mit dem präparirten Papier überspannt ist. Der Kolben wird mit reinem Zink und der zu prüfenden Säure nur soweit beschickt, dass die Flüssigkeit höchstens 2,5 cm hoch ist."

Arsenwasserstoff erzeugt in stark verdünntem Zustande auf dem Sublimatfleck eine deutliche Gelbfärbung, bei sehr geringen Mengen einen schwachen, aber deutlichen gelbrothen Hauch. Antimonwasserstoff erzeugt in stark verdünntem Zustande auf dem Sublimatfleck gar keine Farbenänderung, in weniger verdünntem braune Flecken. Näheres über die Methode siehe Lohmann (l. c.). Bemerkt sei noch, dass das zur Verwendung kommende Zink frei von Schwefel und Phosphor sein muss, da sonst ebenfalls Veränderungen des Sublimatpapiers eintreten. Der Verfasser hat nach der Probe von Lohmann das reine Zink pro analysi, sowie die reine Salzsäure pro analysi von E. Merck geprüft und dabei keine Reaction erhalten; wurden nun der reinen Säure nur wenige Tropfen rohe (arsenhaltige) Salzsäure des Handels zugesetzt, so trat sofort die bekannte Gelbfärbung ein.

Von anderen Arsenprüfungsmethoden, welche etwas weniger scharf sind als die genannten (mit der Gutzeit'schen Probe wird noch $^1/_{1000}$ mg $As_2 O_3$ erkannt), nenne ich diejenige von Schlickum mit Natriumsulfit und Zinnchlorür (Chem. Industrie 1886, S. 92). Man erkennt nach dieser Probe noch $^1/_{20}$ mg arseniger Säure. Ferner die Methode von Bettendorf, nach welcher man in einem Reagircylinder 7—8 ccm der rauchenden Säure mit ca. 1,0 Zinnchlorür bis zum Aufkochen erhitzt; bei Gegenwart von stärkeren Spuren Arsen erfolgt Braunfärbung oder wie z. B. in roher stark arsenhaltiger Salzsäure brauner Niederschlag (metallisches Arsen).

Die Pharm. Germ. III lässt die Salzsäure wie folgt auf Arsen prüfen: Wird 1 ccm Salzsäure mit 3 ccm **Zinnchlorürlösung** (5 Th. krystallisirtes Zinnchlorür werden mit 1 Th. Salzsäure zu einem Brei angerührt und letzterer vollständig mit trockenem Chlorwasserstoff gesättigt und filtrirt) versetzt, so darf im Laufe einer Stunde eine Färbung nicht eintreten. (Ueber Herstellung der Zinnchlorürlösung siehe den Anhang in diesem Buche.)

b) 20 g Salzsäure werden mit Wasser verdünnt, mit Ammon schwach übersättigt, einige Tropfen Schwefelammon und oxalsaures Ammon zugegeben, wodurch auch nach längerem Stehen keine Veränderung, insbesondere keine dunkle Färbung entsteht (schwere Metalle etc.).

c) 5 g, auf 25 ccm verdünnt, zeigen nach Zusatz von einigen Tropfen Kaliumrhodanatlösung keine röthliche Färbung (Eisen).

d) Man verdünnt 20 g Salzsäure mit ca. 200 ccm Wasser, erwärmt die Flüssigkeit und leitet ca. 5 Minuten Schwefelwasserstoff ein; auch nach längerem Stehen darf sich kein Niederschlag von Schwefelmetallen zeigen.

Schweflige Säure: eine durch Jodstärke schwach blaue Flüssigkeit wird auf Zusatz einiger ccm der vorher verdünnten Salzsäure nicht entfärbt.

Chlor: 5 ccm sehr verdünnter frischer Stärkelösung werden mit einigen Tropfen Jodkaliumlösung und alsdann mit einigen Tropfen verdünnter Schwefelsäure und 1 ccm der vorher mit Wasser verdünnten Salzsäure versetzt; es tritt keine blaue Färbung ein.

Bromwasserstoffsäure: siehe unter „Handelssorten“.

Quantitative Bestimmung.

Die reine Salzsäure wird, nach dem Verdünnen mit Wasser (1 : 100), gewichtsanalytisch mit salpetersaurem Silber oder maassanalytisch mit Normalalkalilage bestimmt. Am einfachsten lässt sich der Gehalt aus dem spec. Gew. ermitteln. (Vgl. nachstehende Tabelle S. 100 und S. 101.)

Ueber die quantitative Gehaltsbestimmung der Salzsäure durch Normalalkali siehe auch Lunge und Marchlewski (Zeitschr. f. angewandte Chemie 1891, S. 134). Diese Chemiker titriren ebenfalls mit Normalalkali, welches durch Normalsäure gestellt ist. Die Titerstellung der letzteren geschieht mit Silbernitrat gewichtsanalytisch und mit Natriumcarbonat maassanalytisch.

Anwendung, Aufbewahrung und Normal-Chlorwasserstoffsäure.

Die Salzsäure löst Metalle, Schwefelmetalle, Oxyde, Superoxyde und Salze unter Zersetzung, sie findet daher in der qualitativen und quantitativen Analyse vielfach Anwendung. Sie dient zum Nachweis des Silbers und in der gerichtlich-chemischen Analyse zum Zersetzen der organischen Substanz mit Salzsäure und chlorsaurem Kalium.

Man bewahrt die Salzsäure in mit Glasstopfen versehenen Glasgefässen im Keller auf.

Normal-Chlorwasserstoffsäure. Dieselbe muss 36,37 g*) HCl im Liter enthalten. Man stellt sie durch Vermischen von reiner, concentrirter Salzsäure mit Wasser her. Man verdünnt zunächst reine conc. Salzsäure auf das spec. Gew. von 1,020, so dass man eine Säure erhält, welche etwas über die Normalstärke (36,46) enthält. Die Controle des richtigen Titers wird nun wie bei der Normal-Schwefelsäure (siehe diese) gewichtsanalytisch — bei norm. H Cl durch Fällen mit Silbernitratlösung — (Vorsichtsmaassregeln bei der Analyse siehe J. König, Untersuchung landwirthschaftlich und gewerblich wichtiger Stoffe (Berlin 1891) S. 680, und Fresenius, Quantitative Analyse), oder auch, und zwar sehr zweckmässig, wie ebenfalls bei der Normal-Schwefelsäure in diesem Buche angegeben ist, acidimetrisch, mit wasserfreiem Natriumcarbonat ausgeführt. An Stelle des kohlensauren Natrons kann für diese acidimetrische Bestimmung auch klarer, reinster isländischer Doppelspath genommen werden. Ueber die Vorsichtsmaassregeln, welche bei der Ausführung dieser acidimetrischen Titerstellungen unter Anwendung von Lackmus oder Methylorange als Indicator zu beobachten sind, siehe Reinitzer, Zeitschr. für angewandte Chemie 1894, S. 551 und Böckmann, chem.-techn. Untersuchungsmethoden, 3. Auflage, Bd. 1, S. 156.

Handelssorten.

Bezüglich der Acid. hydrochl. pur. macht Schröder darauf aufmerksam, dass er unangenehmen Geruch und zu starke Einwirkung auf Chamäleon beobachtet habe; eine Säure, welche diese Mängel zeige, sei wahrscheinlich mit organischen Chloriden verunreinigt. (Archiv der Pharm. 85, S. 386.)

Lohmann (Pharm. Ztg. 1889, S. 275) fand viele Proben reiner Salzsäure des Handels zinnhaltig. Hager (Pharm. Ztg. 1887, *32*, 98) lässt Salzsäure auf Bromwasserstoffsäure prüfen und giebt dazu eine scharfe Methode. Ueber eine mit Chlor verunreinigte Salzsäure des Handels vergl. Pharm. Ztg. 1888, S. 25, ferner Repertor. der Chem.-Ztg. 1889, S. 241. Ueber eine mit Theersubstanzen verunreinigte Salzsäure vergl. Archiv der Pharm. 1887, S. 1064.

Siehe ferner die Anmerkungen auf S. 93—95.

---

*) Siehe auch die Anmerkung bei Normalkalilauge.

Volumgewichte von Salzsäuren verschiedener

Volum-Gew. bei $\frac{15^0}{4^0}$ (luftl. R.)	Grad Beaumé	Grad Twad-dell	Proc. H Cl	Proc. 18 grädiger Säure	Proc. 19 grädiger Säure	Proc. 20 grädiger Säure	Proc. 21 grädiger Säure
				100 Gewichtstheile entsprechen bei chemisch reiner Säure			
1,000	0,0	0,0	0,16	0,57	0,53	0,49	0,47
1,005	0,7	1	1,15	4,08	3,84	3,58	3,42
1,010	1,4	2	2,14	7,60	7,14	6,66	6,36
1,015	2,1	3	3,12	11,08	10,41	9,71	9,27
1,020	2,7	4	4,13	14,67	13,79	12,86	12,27
1,025	3,4	5	5,15	18,30	17,19	16,04	15,30
1,030	4,1	6	6,15	21,85	20,53	19,16	18,27
1,035	4,7	7	7,15	25,40	23,87	22,27	21,25
1,040	5,4	8	8,16	28,99	27,24	25,42	24,25
1,045	6,0	9	9,16	32,55	30,58	28,53	27,22
1,050	6,7	10	10,17	36,14	33,95	31,68	30,22
1,055	7,4	11	11,18	39,73	37,33	34,82	33,22
1,060	8,0	12	12,19	43,32	40,70	37,97	36,23
1,065	8,7	13	13,19	46,87	44,04	41,09	39,20
1,070	9,4	14	14,17	50,35	47,31	44,14	42,11
1,075	10,0	15	15,16	53,87	50,62	47,22	45,05
1,080	10,6	16	16,15	57,39	53,92	50,31	47,99
1,085	11,2	17	17,13	60,87	57,19	53,36	50,90
1,090	11,9	18	18,11	64,35	60,47	56,41	53,82
1,095	12,4	19	19,06	67,73	63,64	59,37	56,64
1,100	13,0	20	20,01	71,11	66,81	62,33	59,46
1,105	13,6	21	20,97	74,52	70,01	65,32	62,32
1,110	14,2	22	21,92	77,89	73,19	68,28	65,14
1,115	14,9	23	22,86	81,23	76,32	71,21	67,93
1,120	15,4	24	23,82	84,64	79,53	74,20	70,79
1,125	16,0	25	24,78	88,06	82,74	77,19	73,64
1,130	16,5	26	25,75	91,50	85,97	80,21	76,52
1,135	17,1	27	26,70	94,88	89,15	83,18	79,34
1,140	17,7	28	27,66	98,29	92,35	86,17	82,20
1,1425	18,0		28,14	100,00	93,95	87,66	83,62
1,145	18,3	29	28,61	101,67	95,52	89,13	85,02
1,150	18,8	30	29,57	105,08	98,73	92,11	87,87
1,152	19,0		29,95	106,43	100,00	93,30	89,01
1,155	19,3	31	30,55	108,58	102,00	95,17	90,79
1,160	19,8	32	31,52	112,01	105,24	98,19	93,67
1,163	20,0		32,10	114,07	107,17	100,00	95,39
1,165	20,3	33	32,49	115,46	108,48	101,21	96,55
1,170	20,9	34	33,46	118,91	111,71	104,24	99,43
1,171	21,0		33,65	119,58	112,35	104,82	100,00
1,175	21,4	35	34,42	122,32	114,92	107,22	102,28
1,180	22,0	36	35,39	125,76	118,16	110,24	105,17
1,185	22,5	37	36,31	129,03	121,23	113,11	107,90
1,190	23,0	38	37,23	132,30	124,30	115,98	110,63
1,195	23,5	39	38,16	135,61	127,41	118,87	113,40
1,200	24,0	40	39,11	138,98	130,58	121,84	116,22

Concentration. (Lunge und Marchlewski.)

Proc. 22 grädiger Säure	H Cl	1 Liter enthält Kilogramm				
		Säure von 18° B.	Säure von 19° B.	Säure von 20° B.	Säure von 21° B.	Säure von 22° B.
0,45	0,0016	0,0057	0,0053	0,0049	0,0047	0,0045
3,25	0,012	0,041	0,039	0,036	0,034	0,033
6,04	0,022	0,077	0,072	0,067	0,064	0,061
8,81	0,032	0,113	0,106	0,099	0,094	0,089
11,67	0,042	0,150	0,141	0,131	0,125	0,119
14,55	0,053	0,188	0,176	0,164	0,157	0,149
17,38	0,064	0,225	0,212	0,197	0,188	0,179
20,20	0,074	0,263	0,247	0,231	0,220	0,209
23,06	0,085	0,302	0,283	0,264	0,252	0,240
25,88	0,096	0,340	0,320	0,298	0,284	0,270
28,74	0,107	0,380	0,357	0,333	0,317	0,302
31,59	0,118	0,419	0,394	0,367	0,351	0,333
34,44	0,129	0,459	0,431	0,403	0,384	0,365
37,27	0,141	0,499	0,469	0,438	0,418	0,397
40,04	0,152	0,539	0,506	0,472	0,451	0,428
42,84	0,163	0,579	0,544	0,508	0,484	0,460
45,63	0,174	0,620	0,582	0,543	0,518	0,493
48,40	0,186	0,660	0,621	0,579	0,552	0,523
51,17	0,197	0,701	0,659	0,615	0,587	0,578
53,86	0,209	0,742	0,697	0,650	0,620	0,590
56,54	0,220	0,782	0,735	0,686	0,654	0,622
59,26	0,232	0,823	0,774	0,722	0,689	0,655
61,94	0,243	0,865	0,812	0,758	0,723	0,687
64,60	0,255	0,906	0,851	0,794	0,757	0,719
67,31	0,267	0,948	0,891	0,831	0,793	0,754
70,02	0,278	0,991	0,931	0,868	0,828	0,788
72,76	0,291	1,034	0,972	0,906	0,865	0,822
75,45	0,308	1,077	1,011	0,944	0,901	0,856
78,16	0,315	1,121	1,053	0,982	0,937	0,891
79,51	0,322	1,143	1,073	1,002	0,955	0,908
80,84	0,328	1,164	1,094	1,021	0,973	0,926
83,55	0,340	1,208	1,135	1,059	1,011	0,961
84,63	0,345	1,226	1,152	1,075	1,025	0,975
86,32	0,353	1,254	1,178	1,099	1,049	0,997
89,07	0,366	1,299	1,221	1,139	1,087	1,033
90,70	0,373	1,326	1,246	1,163	1,109	1,054
91,81	0,379	1,345	1,264	1,179	1,125	1,070
94,55	0,392	1,391	1,307	1,220	1,163	1,106
95,09	0,394	1,400	1,316	1,227	1,171	1,113
97,26	0,404	1,437	1,350	1,260	1,202	1,143
100,00	0,418	1,484	1,394	1,301	1,241	1,180
102,60	0,430	1,529	1,437	1,340	1,279	1,216
105,20	0,443	1,574	1,479	1,380	1,317	1,252
107,83	0,456	1,621	1,523	1,421	1,355	1,289
110,51	0,469	1,667	1,567	1,462	1,395	1,326

Chlorwasserstoffsäure, rohe.

Neben Acid. hydrochloric. pur. findet sich im Handel die rohe Salzsäure. Als Verunreinigungen der rohen Salzsäure werden in der Literatur u. a. genannt: Schweflige Säure, Schwefelsäure, Chlor, Brom, Jod, Fluorwasserstoff, Arsen, Eisen, Kalk und Alkalien. Alcock (Pharm. Post 1888, No. 37, S. 587) fand in gewöhnlicher gelber Salzsäure des Handels oft grosse Mengen Schwefelsäure. Ein Muster zeigte 3,34 Proc. H_2SO_4, ein anderes 9,97 Proc. H_2SO_4.

Man kann die *Schwefelsäure* in der rohen Salzsäure gewichtsanalytisch als Bariumsulfat bestimmen.

Eine bequeme Methode zur volumetrischen Schwefelsäure-Bestimmung in der rohen Salzsäure hat Rürup (Chem.-Ztg. 1894, S. 225) vorgeschlagen. Derselbe betont, dass für bestimmte technische Zwecke ein hoher Schwefelsäuregehalt nachtheilig ist, wesshalb die rohe Salzsäure nicht über 1 bis 1,5 Proc. SO_3 enthalten soll.

Auch die quantitative Bestimmung der Verunreinigung mit arseniger Säure ist bisweilen von Wichtigkeit.

Buchner (Chem.-Ztg. 1891, S. 13) fand bei einer Bestimmung der arsenigen Säure in einer Probe roher Salzsäure des Handels pro 100 kg Salzsäure 592 g As_2O_3.

Bei anderen Untersuchungen (Chem.-Ztg. 1891, S. 43) wurden günstigere Zahlen gefunden: 100 kg Salzsäure enthielten 0,7 bis 10,4 g Arsen. Bemerkt sei noch, dass sich im Handel eine rohe **arsenfreie Salzsäure** befindet, deren Arsengehalt höchst minimal ist, so dass sie nur einen schwachen Spiegel im Marsh'schen Apparat giebt.

Die quantitative *Bestimmung* des *Arsens* in der Rohsalzsäure führt Kretschmar (Chem.-Ztg. 1891, S. 299) wie folgt aus: Man neutralisirt die stark verdünnte Lösung annähernd mit kohlensaurem Natrium, versetzt mit etwas Ammoniak, giebt gelbes Schwefelammonium hinzu, übersättigt mit chemisch reiner Salzsäure und leitet unter Erwärmen im Wasserbade zwei Stunden lang einen starken Strom von Schwefelwasserstoff durch die Flüssigkeit, nach welcher Zeit die Fällung, welche sonst 15 bis 24 Stunden dauert, beendet ist.

Das Schwefelarsen wird ausgewaschen, mit Kalilauge und Chlor oder vortheilhafter mit Kalilauge und Brom in Lösung gebracht, aus schwachsaurer Lösung mit Ammoniak und Magnesiamischung gefällt und als Magnesiumpyroarseniat bestimmt. Diese letztere Form der Bestimmung kann Anlass zu Ungenauigkeit geben, da bei zu starkem Glühen die Gefahr des Entweichens von Arsen nicht ausgeschlossen ist, bei zu schwachem leicht ein Theil der Substanz sich der Umsetzung entzieht. Man verfährt daher so, dass man, nachdem man das Absetzen der Magnesiaverbindung mittelst Rührens befördert hat, nach dem Absetzen filtrirt, auswäscht, auf dem Filter mit sehr verdünnter Salpetersäure löst und in eine geräumige Platinschale filtrirt. Man dampft ein, trocknet, erhitzt nur kurze Zeit auf Rothgluth und wägt.

Chromsäure-Anhydrid.

Acid. chromicum puriss. (CrO_3. Molecular-Gew. $= 100{,}33$).

Grosse, trockene, rothe Nadeln.

Prüfung auf Verunreinigungen.

Schwefelsäure: 2 g geben mit 20 ccm Wasser eine klare Lösung, welche auf Zusatz von einigen ccm Salzsäure und einigen Tropfen Chlorbariumlösung nach 10 Minuten keine Veränderung zeigt.

Anmerkung. Die Chromsäure-Sorten des Handels haben meistens einen starken Gehalt an freier Schwefelsäure oder an schwefelsauren Salzen. Näheres über diesen Gegenstand berichtet Vulpius im Archiv der Ph. 1886, S. 965. Obige reine Chromsäure, welche nach bekannten Methoden früher schon im Kleinen für Laboratoriumszwecke hergestellt wurde, ist erst seit einigen Jahren in den Handel eingeführt. Zur Prüfung der Chromsäure auf Schwefelsäure kann man die Chromsäure durch Erwärmen mit Alkohol auch zuerst reduciren und dann mit Chlorbarium prüfen. (Siehe unter Kaliumbichromat.)

Kaliumsalz: 0,1 g Chromsäure werden geglüht, der Rückstand wird mit Wasser ausgezogen und filtrirt; das Filtrat soll kaum merklich gefärbt sein.

Quantitative Bestimmung.

Chromsäure und ihre Verbindungen werden entweder unter Zuhülfenahme von schwefelsaurem Eisenoxydul-Ammonium oder durch Destillation mit Salzsäure bestimmt.

Nach der ersteren Methode fügt man zu der mit Schwefelsäure

versetzten Lösung des Chromats oder der Chromsäure so lange von einer gestellten Eisenoxydulsalzlösung, bis ein Tropfen der Flüssigkeit auf einer weissen Porzellanplatte mit rothem Blutlaugensalz eine Blaufärbung giebt (1 $Cr O_3 = 3 Fe O$), oder man bringt das Eisensalz in fester Form zur Chromsäurelösung und verfährt sonst, wie vorstehend angegeben. Die Beschreibung der Methode befindet sich u. A. in Mohr's Titrirmethode 1886, S. 273.

Nach dem zweiten Verfahren destillirt man die Chromate mit Salzsäure, fängt das freie Chlor in Jodkaliumlösung auf und titrirt das in letzterer entstandene Jod mit $^1/_{10}$-Normalthiosulfatlösung in derselben Weise, wie dies bei Kaliumchlorat in diesem Buche angegeben ist.

1 ccm $^1/_{10}$-Normalthiosulfatlösung ist gleich 0,0049113 Kaliumbichromat oder 0,003339 $Cr O_3$.

Ueber eine genaue Methode zur quantitativen Bestimmung siehe auch bei Kaliumbichromat in diesem Buche.

Die geringeren Sorten Chromsäure des Handels enthalten statt freier Chromsäure oft reichliche Mengen Kaliumbichromat und schwefelsaures Kalium; es ist alsdann zur Ermittelung der Qualität auch eine Schwefelsäurebestimmung und eine Kalibestimmung auszuführen. Behufs der Untersuchung auf Kali etc. glüht man die Chromsäure, zieht mit Wasser aus und verdunstet, wobei nur Spuren Rückstand verbleiben sollen.

Anwendung und Aufbewahrung.

Die Chromsäure wird als Oxydationsmittel bei organischen Zersetzungen im Gemisch mit Essigsäure gebraucht und dient auch in der anorganischen Analyse zu Oxydationen. (Kohlenstoffbestimmung und Schwefelbestimmung mit Chromsäure siehe Zeitschr. f. analyt. Chemie 1888, S. 463, ferner Berl. Berichte 1888, Bd. II, S. 2910. Phosphorbestimmung mit Chromsäure siehe Chem.-Ztg. 1887, I, 98.) Fresenius (Zeitschr. f. analyt. Chemie 1891, S. 19) verwendet die Chromsäure zur Trennung des Baryts von Strontian und Kalk. Lösungen von Chromsäure dienen zu den verschiedensten mikroskopischen Untersuchungen, insbesondere als Erhärtungsmittel; es soll für letztere Zwecke das Präparat möglichst rein und schwefelsäurefrei sein. (Frey, Das Mikroskop, Leipzig bei Engelmann 1877, S. 79.) Man bewahrt die Chromsäure in mit Glasstopfen gut verschlossenen Glasgefässen auf. Sie ist giftig.

Handelssorten.

Neben der oben beschriebenen Acid. chromic. puriss. kommen noch Acid. chromic. pur. und Acid. chromic. techn. in den Handel, welche sich durch einen Gehalt an Schwefelsäure oder schwefelsaurem und doppelchromsaurem Kalium oder Natrium von der reinen Säure unterscheiden. Der Verf. hat in Acid. chromic. technic. über 30 Proc. schwefelsaures Kalium gefunden.

Citronensäure.

Acid. citricum puriss. ($C_6H_8O_7 + H_2O$. Molecular-Gew. $= 209,50$).

Farb- und geruchlose Krystalle, welche in der Wärme verwittern. Löslich in 0,5 Theilen heissem, in 0,75 Theilen kaltem Wasser und in 1 Theil Weingeist.

Prüfung auf Verunreinigungen.

Oxalsäure oder Weinsäure: 1 g der Säure, in 2 g Wasser gelöst, darf auf Zusatz von Kaliumacetat und Weingeist nicht getrübt werden.

Schwefelsäure, Kalk und Metalle: Die wässerige Lösung 1:10 werde weder durch Bariumchloridlösung, noch durch Ammoniumoxalat, noch nach annähernder Neutralisation mit Ammoniak, durch Schwefelwasserstoffwasser getrübt.

Flüchtig: 1 g der Säure darf nach dem Verbrennen keinen wägbaren Rückstand hinterlassen.

Quantitative Bestimmung.

Man titrirt mit Normalkalilauge unter Zuhilfenahme von Phenolphtaleïn. 2 g der krystallisirten Säure (mit 1 Mol. Wasser) erfordern 28,8 ccm Normalkali. (Vergl. Mohr, Titrirmethode, 6. Aufl. S. 176.)

Anwendung und Aufbewahrung.

Man gebraucht die Citronensäure zur Herstellung der Ammoniumcitratlösung für die Bestimmung der citratlöslichen Phosphorsäure in der Thomasschlacke. Die concentrirte Citratlösung wird nach P. Wagner, siehe Chem.-Ztg. 1895, S. 1420, hergestellt. Diese

Lösung soll pro 1 Liter genau enthalten: 150 g krystallisirte reine Citronensäure und 23 g Ammoniakstickstoff (27,93 g NH_3). Die Citronensäure ist genau abzuwiegen und der Ammoniakgehalt durch Analyse genau zu ermittéln.

Ueber die Herstellung anderer Citratlösungen vergleiche J. König, Untersuchung landwirthschaftl. u. gewerbl. Stoffe, S. 688.

Man bewahrt die Citronensäure in gut verschlossenen Glasgefässen auf.

Handelssorten.

Dieselben sind häufig blei- und schwefelsäurehaltig. Citronensäure zeigt bisweilen wenig blaue Färbung, welche nach Pusch durch eine geringe mechanische Verunreinigung mit Berliner Blau bedingt ist. (Vergl. Pharm. Ztg. 1895, No. 76.)

Cochenille (Papier und Tinctur).

Siehe S. 83 und 84.

Congoroth.

Congoroth entsteht durch die Einwirkung von Tetrazodiphenylchlorid auf Naphtionsäure. Dasselbe ist in Wasser und Alkohol löslich; die Lösung wird durch Säuren, selbst in geringer Menge, blau gefärbt. Durch Zusatz von Alkali wird die blaue Farbe wieder in Roth umgewandelt. **Rothes Congopapier** kann durch Tränken von Papier mit der Lösung des Farbstoffes hergestellt werden; blaues wird dadurch erhalten, dass man rothes Congopapier in Säure eintaucht. Ueber den Werth dieses Indicators sind in der Literatur der letzten Jahre eine grössere Reihe von Abhandlungen veröffentlicht und verweise ich u. A. auf die Abhandlungen von Thomson, Vulpius, Julius, Williams, Smith u. A. (Zeitschr. f. analyt. Chemie 1888, S. 40 ff.).

Congoroth ist vorgeschlagen als Reagens auf freie Säure, zum Titriren des Anilins etc.

Dieterich (Pharm. Centralhalle 1887, S. 498) hat mit dem Congopapier keine guten Erfolge gehabt, die Empfindlichkeit zeigte sich als sehr gering. Siehe darüber die Tabelle unter Indicatoren. Auch Böckmann (Chem.-techn. Untersuchungen, 3. Aufl., Bd. 1, S. 139) zählt den Congofarbstoff unter die technisch wenig wichtigen Indicatoren. Man prüft auf Empfindlichkeit als Indicator, wie dieses bei Indicatoren in diesem Buche angegeben ist.

Näheres über Congoroth siehe Böckmann (l. c.).

Curcumapapier.

Gelbes Papier, welches sich durch Säuren lebhaft schwefelgelb, durch Alkalien rothbraun und durch Borsäure braun färbt.

Die Curcumawurzel enthält zwei gelbe Farbstoffe, von denen der eine in Wasser, der andere in Alkohol löslich ist. Der wasserlösliche ist unempfindlich gegen Alkalien, der in Weingeist lösliche aber sehr empfindlich. Das Curcumapapier wird daher viel empfindlicher, wenn man aus der Wurzel den in Wasser löslichen Stoff vorher mit vielem Wasser auszieht und dann erst die zur Bereitung des Papiers erforderliche Tinctur durch Extraction mit Weingeist herstellt.

Das Curcumapapier ist nicht bei kohlensaurem Natrium oder Kalium zu gebrauchen, sondern nur bei ätzendem Alkali oder Erden.

Das Curcumapapier gehört zu den empfindlichsten Reagenspapieren.

Ueber Anwendung etc. siehe Böckmann, Chem.-techn. Untersuchungen, Bd. 1, S. 148 (Berlin bei Springer 1893).

Die **Prüfung** wird (vergl. Dieterich, Pharm. Centralhalle 1887, S. 498) ausgeführt, indem man die Empfindlichkeit gegenüber KOH und NH_3 feststellt; man kann für ein gutes Papier die Empfindlichkeit für $KOH =$ ungefähr 180000, für $NH_3 =$ ungefähr 35000 verlangen (siehe die Tabelle unter „Indicatoren").

Anmerkung. Zur Bestimmung der Empfindlichkeit der Reagenspapiere muss bemerkt werden, dass sich die starken Verdünnungen von Schwefelsäure, Salzsäure, Aetzkali, Ammoniak in wenigen Tagen verändern und deshalb stets frisch bereitet werden müssen. Was die Herstellung der Reagenspapiere anbelangt, so muss man, um eine hohe Empfindlichkeit zu erhalten, das Papier mit einer möglichst verdünnten Pigmentlösung behandeln. Ebenso kann eine Erhöhung der Empfindlichkeit erzielt werden durch vorherige Neutralisation der mehr oder weniger im Papier vorhandenen Säure. Das Papier, welches zur Herstellung der Reagenspapiere Verwendung findet, ist erst besonders zu präpariren (siehe Dieterich l. c.).

Diphenylamin.

Diphenylamin pur. $((C_6H_5)_2NH$. Molecular-Gew. $= 168,65$).

Weisse Krystalle, welche in Alkohol und Aether leicht löslich sind.

Prüfung auf Verunreinigungen.

0,2 g Diphenylamin geben mit 2 ccm verdünnter (1:5) Schwefelsäure und 20 ccm concentrirter reiner Schwefelsäure eine farblose Lösung. Der Schmelzpunkt der Krystalle ist 54° C.

Quantitative Bestimmung.

Die genügende Reinheit ergiebt sich aus der Schmelzpunktsbestimmung und dem Verhalten zu Schwefelsäure.

Anwendung.

Die Diphenylaminlösung als Reagens und Ausführung der Diphenylaminreaction: Man bereitet das Reagens durch Auflösen von 0,5 g Diphenylamin in 100 ccm concentrirter reiner Schwefelsäure mit Zusatz von 20 ccm Wasser. Bei der Prüfung auf Stickstoffsäuren giesst man in ein Probirrohr oder Kelchglas zuerst einige ccm der specifisch schwereren Flüssigkeit, also bei 66 grädiger Schwefelsäure diese, bei schwächerer aber in der Regel zuerst das Reagens; darüber schichtet man die specifisch leichtere Flüssigkeit und wartet einige Minuten, um zu sehen, ob sich an den Berührungsstellen ein kornblumenblauer Ring bildet. Man hält zur genauen Beobachtung das Glas seitlich gegen einen weissen Hintergrund (nach Lunge, Zeitschr. f. angewandte Chemie 1894, S. 345). Die Ausführung der Diphenylaminprobe nach A. Wagner ist, wie Lunge hervorhebt, weniger genau als die oben beschriebene Prüfung, wovon sich auch C. Krauch (l. c.) wiederholt überzeugt hat*).

Bezüglich der Ausführung der Diphenylaminreaction vergl. auch: Pharm. Ztg. 1889, S. 246, die Prüfung der Milch auf Salpetersäure nach der Methode von Soxhlet.

---

*) Die Prüfung nach Wagner ist in der 2. Auflage dieses Buches beschrieben.

Zu der Ausführung der Diphenylaminreaction hat man eine salpetersäurefreie Schwefelsäure nothwendig, welche, mit Diphenylamin — wie vorstehend beschrieben ist — geprüft, nicht die geringste blaue Färbung zeigt. Die reine Schwefelsäure verschiedener Fabriken, besonders auch die reine Schwefelsäure für analytische Zwecke, welche E. Merck in den Handel bringt, entspricht jetzt dieser Anforderung. Früher war vollständig salpetersäurefreie reine Schwefelsäure nur schwer im Handel zu bekommen.

Handelssorten.

Das Diphenylamin des Handels ist häufig unrein und mit stark gelber Farbe in Schwefelsäure löslich.

Eisen.

Ferrum (Fe.   Atom-Gew. = 55,88).

Dasselbe wird verwendet in Form von:

dünnem, blankem Draht (Eisendraht) oder grauem, durch Reduction mit Wasserstoff erhaltenem Eisenpulver (Ferrum hydrogenio reductum), oder gewöhnlichem, grauem, glänzendem Eisenpulver (Ferrum pulveratum).

1. Eisendraht.

Derselbe dient zur Titerstellung der Chamäleonlösung (vergl. Fresenius, Quantitative chem. Analyse, 6. Aufl., Bd. I, S. 275). Man verwendet einen dünnen, weichen Draht (sogenannten Blumendraht), welcher ca. 99,6 Proc. und ca. 0,4 Proc. Kohlenstoff etc. enthält.

Anmerkung. Handelt es sich um die Ausführung sehr genauer Analysen, so muss der Eisendraht erst auf seinen Gehalt untersucht werden. Man kann zu diesem Zwecke den Titer der Chamäleonlösung mit elektrolytisch abgeschiedenem Eisen nach Classen (vergl. u. A. Mohr's Titrirmethode, 6. Aufl., S. 205) feststellen und mittelst einer so gestellten Chamäleonlösung den Gehalt des Blumendrahtes ermitteln, oder man bestimmt im Draht die Verunreinigungen (Phosphor, Silicium, Kohlenstoff und Mangan) und berechnet den Eisengehalt aus der Differenz. In einem solchen Draht, dessen Gehalt genau festgestellt ist, hat man jederzeit ein sehr bequemes, gutes und haltbares Mittel zur Titerstellung der Chamäleonlösung.

2. Durch Reduction mit Wasserstoff erhaltenes Eisenpulver.

Graues, glanzloses*) Pulver, welches nach den Anforderungen des deutschen Arzneibuches wenigstens *90 Procent metallisches* Eisen enthalten muss. Beim Lösen in Säuren darf es nur *0,01 Procent* Rückstand hinterlassen. Ein Präparat, welches in Gehalt und Reinheit den Anforderungen des deutschen Arzneibuches entspricht, genügt für die meisten analytischen Zwecke, so u. A. zur Salpetersäurebestimmung nach der Reductionsmethode, wo das Präparat im Gemisch mit Zinkstaub an Stelle des gewöhnlichen Eisenpulvers bisweilen Verwendung findet.

Anmerkung. Die Untersuchung des *Ferr. hydrog. reduct. auf Arsen* soll nach Sauttermeister (Chem.-Ztg. 1891, S. 1021) im Marsh'schen Apparat ausgeführt werden und zwar unter Zusatz von Zink. Bringt man nur das Eisen und die Säure ohne Zink in den Marsh'schen Apparat, so entzieht sich ein etwaiger Arsengehalt dem Nachweis, indem das Arsen metallisch als schwarzer Niederschlag abgeschieden wird. Das Arsen befindet sich daher nach dem Lösen des Eisens in der Säure im unlöslichen Rückstand. Der unlösliche Rückstand, welcher beim Lösen des metallischen Eisens in Salzsäure erhalten wird, soll besonders auf Arsen geprüft werden.

Das Ferrum reductum ist auch zur quantitativen Bestimmung des Schwefels in unlöslichen Sulfiden vorgeschlagen worden (Treadwell, Zeitschr. f. chem. Industrie 1891, S. 491). Es muss für diese Zwecke absolut frei von Schwefel sein. (*Prüfung auf Schwefel* siehe bei Zink in diesem Buche.)

3. Eisenpulver.

Feines, schweres, metallisch glänzendes Pulver, welches ca. *98 Procent* metallisches Eisen enthalten muss. Es genügt für die meisten analytischen Zwecke, wenn es den Anforderungen des deutschen Arzneibuches entspricht. Man führt bei diesem Präparat

---

*) Die Pharm. Germ. III. verlangt ein glanzloses Pulver. Dazu sei bemerkt, dass nach meinen eigenen Beobachtungen ein Ferrum hydrogen. reduct., welches im Grossen ausschliesslich durch Reduction von reinem Eisenoxyd mit reinem Wasserstoff gewonnen wurde, stets auch mehr oder weniger Partikelchen mit glänzenden Flächen enthält. Es kann also aus einem solchen Gehalte nicht auf eine Verfälschung mit gewöhnlichem Eisenpulver geschlossen werden, wie dieses Glücksmann (vergl. u. A. Zeitschr. des allgem. österreich. Apotheker-Vereins 1895, No. 36) gethan hat.

Der Verf.

und bei dem Ferrum hydrogen. reduct. die *quantitative Bestimmung* des Metallgehaltes wie beim Zinkstaub aus, indem man den durch Säure entwickelten Wasserstoff misst und daraus den Metallgehalt berechnet. Bezüglich der Methode, welche die Pharm. Germ. III zur quantitativen Bestimmung vorschreibt, vergleiche auch Seubert, Archiv d. Pharm. 1892, S. 142, nach welchem die Methode der Pharm. Germ. leicht zu Differenzen führt.

Schliesslich sei noch des **verkupferten Eisenpulvers** Erwähnung gethan, welches als sehr gutes Mittel zur Entwickelung von Wasserstoff bei Salpetersäurebestimmungen vorgeschlagen wurde (siehe Chem. Industrie 1892, S. 90).

Eisenchlorid.

Ferrum sesquichloratum ($Fe_2 Cl_6 + 12 H_2O$.
Molecular-Gew. $= 539{,}50$).

Gelbe, krystallinische Masse, welche nur einen sehr schwachen Geruch nach Salzsäure besitzt und sich in Wasser, Alkohol und in Aetheralkohol löst.

Prüfung auf Verunreinigungen.

Zu den Prüfungen, bei welchen für dieses Präparat die Vorschriften der Pharm. Germ. III. entnommen sind, wird eine Lösung von 1 Th. Eisenchlorid in 1 Th. Wasser benutzt.

Salzsäure und Chlor: Bei Annäherung eines mit Ammoniak benetzten Glasstabes oder eines mit Jodzinkstärkelösung getränkten Papierstreifens dürfen weder Nebel entstehen, noch darf der Papierstreifen blau gefärbt werden.

Arsen: Wird 1 ccm Eisenchloridlösung mit 3 ccm Zinnchlorürlösung versetzt, so darf innerhalb einer Stunde eine Färbung nicht eintreten.

Anmerkung. Der Arsengehalt kann auch nach dem Marsh'-schen Verfahren ermittelt werden, doch dürfte ein nach dieser scharfen Methode absolut arsenfreies Eisenchlorid kaum im Handel vorkommen. Buchner (Chemiker-Ztg. 1887, S. 417) machte darauf aufmerksam, dass die Eisenchloridflüssigkeit des Handels häufig stark arsenhaltig ist. Die Prüfung im Marsh'schen Apparat muss mit Sorgfalt ausgeführt werden.

Buchner sagt über diesen Gegenstand (l. c.): „Wenn es sich um den Nachweis ganz minimaler Spuren von Arsenik handelt, wie es

z. B. bei der Prüfung der reinen Salzsäure zum Zwecke gerichtlicher
Untersuchungen mittelst des Marsh'schen Verfahrens erforderlich ist,
so ist es mir schon vorgekommen, dass zwei Chemiker bei Anwendung
der gleichen Materialien ein verschiedenes Resultat erzielten, so dass
der eine die Salzsäure z. B. für absolut arsenfrei, der andere dieselbe
jedoch für nicht unbedeutend arsenhaltig erklärte. Die Ursache dieser
verschiedenen Resultate war der Grad der Erhitzung der Reductionsröhre. Während der eine Chemiker, da im Locale kein Gas zur Verfügung stand, zum Erhitzen der Reductionsröhre eine Berzelius'sche
Spirituslampe benutzte, gebrauchte der andere einen Bunsen'schen
Gasbrenner. Im ersteren Falle wurde selbst beim stundenlangen Durchleiten des Gases durch die schwach glühende Röhre kein Arsenspiegel
erhalten, indessen in der mittelst Gasbrenner erhitzten Röhre schon
nach kaum einigen Minuten ein deutlicher, wenn auch schwacher Arsenspiegel bemerkbar wurde. Ich führe diese Beobachtung deshalb an,
um aufmerksam zu machen, dass man bei der Untersuchung auf Arsen
mittelst des Marsh'schen Verfahrens auch auf die Art und den Grad
der Erhitzung der Reductionsröhre ein besonderes Augenmerk zu richten
habe." Zu bemerken ist hier, dass auch häufig das **Glas arsenhaltig**
ist. Bei 7 analysirten Laboratoriumsgeräthen aus deutschem Glas und
aus solchem von Philadelphia schwankte der Procentgehalt an arseniger
Säure ($As_2 O_3$) nach Marshall und Potts zwischen 0,095 und
0,306 Proc. (Amer. Chem. Journ. 1888, *10*, S. 425 aus Repert. d.
Chemiker-Ztg. 1889, S. 8, über das Vorkommen von Arsen in Glas
und in den caustlschen Alkalien, sowie über die Wirkung von starken
Säuren, caustischen Alkalien und anderen Reagentien auf arsenhaltiges
Glas). Die Reductionsröhre für den Arsennachweis nach Marsh soll
nach Otto (Ausmittelung der Gifte) aus strengflüssigem, bleifreiem
Glase hergestellt sein. Rothe, häufig Schwefelantimon enthaltende
Kautschukröhren sind nach demselben Forscher bei dem Marsh'schen
Apparat zu verwerfen. Auch arsenhaltige vulkanisirte Kautschuk-
röhren*) sollen vorgekommen sein.

Ein Beschlag in der Marsh'schen Röhre, welcher sich bei Zutritt der Luft fast momentan zu weissem Anfluge oxydirt (sogenannter
Zinkspiegel), kann ebenfalls zu Täuschungen bei Untersuchung von
Eisenchlorid oder Salzsäure im Marsh'schen Apparat führen und darf
nicht mit dem Arsenspiegel, welcher durch sein bekanntes Verhalten
leicht zu erkennen ist, verwechselt werden. (Zeitschr. f. analyt. Chemie
1885, S. 482 ff.) Man ersieht aus dem Gesagten, dass bei den Arsen-
bestimmungen im Marsh'schen Apparat leicht Täuschungen vorkommen
können, wenn nicht alle Vorsichtsmaassregeln auf's strengste beobachtet
werden; für die Prüfung des Eisenchlorids wird man daher die einfache oben angeführte Arsenprüfung der Pharm. Germ. III. der Probe
mit dem Marsh'schen Apparat vorziehen.

---

*) Ueber die Analyse des vulkanisirten **Kautschuks** siehe
Zeitschr. f. analyt. Chemie 1885, S. 167 eine Abhandlung von Unger.

Eisenchlorür: In dem mit 10 Theilen Wasser verdünnten und mit Salzsäure angesäuerten Präparate darf Kaliumferricyanidlösung eine blaue Färbung nicht hervorrufen.

Kupfer, Salpetersäure und sonstige Verunreinigungen: 5 ccm der conc. Eisenchloridlösung, mit 20 ccm Wasser verdünnt und mit überschüssiger Ammoniakflüssigkeit gemischt, müssen ein farbloses Filtrat geben, welches beim Verdampfen und gelinden Glühen einen wägbaren Rückstand nicht hinterlässt.

2 ccm dieses Filtrats mit 2 ccm Schwefelsäure gemischt und mit 1 ccm Ferrosulfatlösung überschichtet, dürfen eine braune Zone nicht geben. Ein anderer Theil des Filtrats darf nach Uebersättigung mit Essigsäure weder durch Bariumnitratlösung, noch durch Kaliumferrocyanidlösung verändert werden.

Quantitative Bestimmung.

Das Eisen wird mit Ammoniak gefällt und als Eisenoxyd gewogen. Die Bestimmung des Eisenchlorids kann auch durch Titration mit Jodkalium und Normalnatriumthiosulfatlösung ausgeführt werden. Die Methode ist in den Werken über Titrirmethoden (u. A. Mohr, 6. Aufl., S. 331) beschrieben.

Anwendung und Aufbewahrung.

Das Eisenchlorid dient zum Nachweis der Rhodanwasserstoffsäure, der Salicylsäure, des Tannins und der Ferrocyanwasserstoffsäure, ferner zur Trennung organischer Säuren und zur Zerlegung phosphorsaurer alkalischer Erden.

Man bewahrt das Eisenchlorid und dessen Lösung im Dunkeln auf.

Handelssorten.

Stark arsenhaltige und stark schwefelsäurehaltige Präparate finden sich nicht selten im Handel. Man unterscheidet ferner im Handel ein salpetersäurefreies und ein salpetersäurehaltiges Eisenchlorid.

Eisenchlorür.

Ferrum chloratum ($FeCl_2 + 4H_2O$. Molecular-Gew. = 198,51).

Blassgrünliches, hygroskopisches Pulver, welches mit gleichviel Wasser unter Zusatz eines Tropfen Salzsäure eine grün gefärbte Lösung giebt.

Prüfung auf Verunreinigungen.

Oxychlorid: Die oben vorgeschriebene Lösung in Wasser und Salzsäure soll blassgrün oder grün sein und darf keine gelbgrüne Farbe zeigen. Mit dem mehrfachen Volum gesättigten Schwefelwasserstoffwassers gemischt, erleide die Lösung nur eine geringe weissliche Trübung in Folge einer Ausscheidung von Schwefel.

> Anmerkung. Geringe Mengen von Eisenoxychlorid enthält jedes Eisenchlorür auch bei vorsichtiger Bereitung. Ein grösserer Gehalt würde sich durch die gelbgrüne Farbe der Lösung und durch eine starke Ausscheidung von Schwefel zu erkennen geben.

Kupfer, Arsen, Schwefelsäure etc.: Die Prüfungen werden, nachdem das Präparat oxydirt ist, in der unter Ferrum sesquichlorat. vorgeschriebenen Weise ausgeführt.

Quantitative Bestimmung.

Dieselbe wird durch Titration mit Normalchamäleonlösung ausgeführt.

Anwendung und Aufbewahrung.

Das Eisenchlorür dient zu den Salpetersäurebestimmungen nach Schlösing. Es wird gut verschlossen in Glasflaschen aufbewahrt.

Handelssorten.

Dieselben sind oft stark oxychloridhaltig und zeigen häufig Verunreinigungen mit Schwefelsäure und Arsen.

Eisenoxydul-Ammoniumsulfat.

Ferro-Ammon. sulfuric. puriss. cryst.,
Schwefelsaures Eisenoxydul-Ammon $((SO_4)_2 Fe(NH_4)_2 + 6H_2O.$
Molecular-Gew. $= 391,30).$

Hellgrünes, krystallinisches Pulver, welches genau $^1/_7$ seines Gewichtes Eisen in Form von Oxydul enthält.

Prüfung auf Verunreinigungen.

Oxyd: Die Lösung des Salzes in ausgekochtem (von Sauerstoff befreitem) Wasser darf durch Rhodankalium nicht roth gefärbt werden.

Man ermittelt ferner die Qualität des Präparates durch die quantitative Untersuchung.

Anmerkung. Das Präparat, welches **für Herstellung** einer **Normallösung** dient, muss vorsichtig getrocknet und 100 procentig sein.

Quantitative Bestimmung.

Man stellt zunächst den Wirkungswerth einer Chamäleonlösung (3,2 g übermangansaures Kali im Liter Wasser) in üblicher Weise (siehe Fresenius, Quantitative Analyse, 6. Auflage, Bd. 1, S. 275) mit rostfreiem Blumendraht fest. Der Blumendraht*) muss unter Luftabschluss mit einer mit Kautschukventil geschlossenen Kochflasche in Schwefelsäure gelöst werden.

Alsdann löst man 0,7 g des Eisendoppelsalzes in 50 ccm Wasser, säuert mit Schwefelsäure an und giebt von der Chamäleonlösung so lange hinzu, bis Rothfärbung eintritt. Da man vorher festgestellt hat, wie viel metallisches Eisen 1 ccm der Chamäleonlösung entspricht, so lässt sich aus der Anzahl der zur Titration des Doppelsalzes verbrauchten ccm Chamäleonlösung leicht berechnen, ob das Eisendoppelsalz die richtige Zusammensetzung hat. 0,7 Eisendoppelsalz müssen 0,1 metallischem Eisen entsprechen.

Man kann auch 1 Theil reines Eisen in Säure lösen und ebenso 7 Theile des Salzes und nun einzeln mit demselben Chamäleon titriren, wobei in beiden Fällen gleichviel Chamäleon entfärbt werden muss, wenn das Doppelsalz die richtige Zusammensetzung hat.

Anwendung und Aufbewahrung.

Das schwefelsaure Eisenoxydul-Ammonium, auch Eisendoppelsalz genannt, wird besonders von Mohr zur Titerstellung der Chamäleonlösung empfohlen. Nicht nur das Salz, sondern auch die daraus hergestellte Normallösung ist nach Pawolleck sehr haltbar (Ber. d. d. chem. Ges. *16*, 3008). Classen (l. c.) betont, dass das Salz leicht hygroskopisches Wasser in den Krystallen einschliesse,

---

*) Es ist zu bemerken, dass der Blumendraht gewöhnlich ca. 0,4 Proc. Verunreinigungen (Kohlenstoff, Mangan, Kupfer) enthält und 1 g Blumendraht also 0,996 g reinem Eisen entspricht. Classen (Handbuch der Qualitativen Analyse 1885, S. 350) nimmt zur Titerstellung statt Blumendraht reines Eisen, welches er durch den galvanischen Strom ausscheidet. Siehe auch den Abschnitt über Eisen, S. 109.

und hält es daher zur Titerstellung für weniger empfehlenswerth. Mohr lässt indessen das Präparat nicht in grossen Krystallen, sondern als Pulver krystallisiren, so dass seine Zusammensetzung weniger durch hygroskopisches Wasser beeinflusst wird. Nach Mohr soll das aus reinen Materialien hergestellte und gestört krystallisirte Salz in der Centrifugalmaschine vollständig von der Lauge befreit und dann auf Filtrirpapier an einem mildwarmen Orte getrocknet werden, bis das krystallinische Pulver sich fast wie feinkörniges Jagdpulver verhält.

Man bewahrt das Salz, nachdem es vorsichtig getrocknet ist, in wohlverschlossenen Glasflaschen auf.

Handelssorten.

Es findet sich im Handel das Salz pro analysi und das Ferro-Ammon. sulfuric. in grossen Krystallen.

Eisenoxydulsulfat.

Ferrum sulfuricum puriss. cryst., Schwefelsaures Eisenoxydul
$$(FeSO_4 + 7 H_2O. \quad \text{Molecular-Gew.} = 277{,}42).$$

Krystallinisches Pulver, welches vollständig klar in Wasser löslich ist.

Prüfung auf Verunreinigungen.

Kupfer und Zink etc.: 2 g werden in Wasser gelöst, durch Kochen mit etwas Salpetersäure und Salzsäure oxydirt, mit Ammon im Ueberschuss gefällt und filtrirt; ein Theil des Filtrats zeigt auf Zusatz von Schwefelammonium keine Veränderung, der andere Theil nach dem Uebersättigen mit Essigsäure und Zusatz von Ferrocyankalium keine Kupferreaction.

Sonstige Verunreinigungen: 5 g werden in Wasser gelöst, mit Salpetersäure und Salzsäure oxydirt, mit Ammon gefällt, filtrirt, das Filtrat eingedampft und geglüht, wobei nur Spuren von Rückstand verbleiben.

Freie Säure und Löslichkeit: Die mit ausgekochtem und abgekühltem Wasser frisch bereitete Lösung (1 : 20) sei klar, von grünlichblauer Farbe und fast ohne Wirkung auf blaues Lackmuspapier. Es muss ca. 99 Proc. $FeSO_4 + 7 H_2O$ enthalten.

Anmerkung. Trotzdem das Präparat keine Verunreinigungen enthält, ist es doch nicht möglich, einen Gehalt von 100 Procent zu garantiren, da beim Trocknen grösserer Mengen leicht ein kleiner Theil des Krystallwassers weggeht; da das Präparat selten zur Herstellung normaler Lösung verwendet wird, so ist die geringe, durch den Krystallwassergehalt bedingte Abweichung auch meistens ohne Interesse. Ein 99 procentiges Präparat kann man nach den Arbeiten von Biltz (Kritische Notizen zur Pharm. Germ. Erfurt bei Stenger 1878) verlangen.

Quantitative Bestimmung.

Zur Bestimmung des Gehaltes an $FeSO_4 + 7H_2O$ löst man 1 g in ausgekochtem Wasser, giebt verdünnte Schwefelsäure hinzu und titrirt mit Normalchamäleonlösung, deren Wirkungswerth gegen Eisen man vorher festgestellt hat, bis eine bleibende blassrosa Färbung eintritt. Aus den verbrauchten ccm Chamäleonlösung wird der Gehalt an $FeSO_4 + 7H_2O$ berechnet. Die Methode ist u. A. in Mohr, Titrirmethode, 6. Aufl., S. 218, genau beschrieben.

Anwendung und Aufbewahrung.

Der reine Eisenvitriol wird beim Nachweis der Salpetersäure, des Cyans, bei der Ermittelung des Goldes etc. und besonders bei der Herstellung des Ferro-Ammoniumsulfates gebraucht.

Der Eisenvitriol wird in gut verschlossenen Glasgefässen aufbewahrt, worin er sich nach Biltz (Kritische Notizen zur Pharm. Germ., Erfurt bei Stenger 1878) jahrelang fast unverändert hält.

Handelssorten.

Der reine Eisenvitriol kommt sowohl in der oben beschriebenen, präcipitirten Form als auch in Form schöner, blaugrüner Krystalle in den Handel. Die letzteren sind nach Biltz (l. c.) etwas weniger gut haltbar als der präcipirte Eisenvitriol. Vorkommende Verunreinigungen sind besonders Oxyd, welches durch das Aussehen des Präparates kenntlich ist.

Die Krystalle des Eisenvitriols sollen nicht grasgrün aussehen, sondern wasserblau, auch sollen die Krystalle nicht mit einer gelben Oxydschicht überzogen sein.

Neben dem reinen Eisenvitriol findet sich im Handel der **rohe Eisenvitriol.** welcher nicht selten mit Mangan, Zink, Kupfer und bisweilen auch mit Arsen verunreinigt ist. Ein guter roher Eisenvitriol muss ziemlich durchsichtig und von bläulichgrüner oder grünlicher Farbe sein.

Eisensulfür.

Ferrum sulfuratum, Schwefeleisen (Fe S.
Molecular-Gew. = 87,86).

Schwere, metallglänzende Massen, welche mit Säure reichlich
Schwefelwasserstoff entwickeln.

Prüfung auf Verunreinigungen.

Arsen: Das Schwefeleisen wird durch reine, verdünnte, arsenfreie Schwefelsäure zersetzt. Das sich dabei entwickelnde Gas leitet
man nach dem Waschen in erwärmte, reine, arsenfreie Salpetersäure
und untersucht die resultirende Salpetersäure mittelst des Marsh'-
schen Apparates auf Arsen.

Anmerkung. Otto (Ausmittelung der Gifte) untersuchte nach
vorstehender Methode verschiedene Muster von Schwefeleisen, bekam
indessen immer mehr oder weniger starke Arsenspiegel. Nach Otto
und anderen Forschern benutzt man daher zweckmässiger Schwefelbarium oder Schwefelcalcium zur Entwickelung eines absolut arsen-
freien Schwefelwasserstoffs. Von verschiedenen Seiten sind übrigens
auch Reinigungsmethoden für den aus Schwefeleisen hergestellten
Schwefelwasserstoff vorgeschlagen worden.

Nach v. d. Pfordten (Archiv der Pharm. 1885, S. 148) soll
auch aus gewöhnlichem Schwefeleisen absolut arsenfreier Schwefelwasserstoff erhalten werden, wenn man das rohe Gas über erhitzte
Schwefelleber leitet. Vergl. auch Berliner Berichte XX, 1999 und
XXI, 2546.

Quantitative Bestimmung.

Zur Bestimmung des Schwefelgehaltes, welcher in Form von
Einfach-Schwefeleisen vorhanden ist, löst man nach Mohr (Titrirmethode) 0,5 g des fein gepulverten Schwefeleisens in überschüssiger
starker Salzsäure und leitet das sich entwickelnde Gas durch 1, oder
besser 2, Vorlagen, in welchen sich ein Gemenge von titrirter Jodlösung mit etwas Stärkelösung befindet. Man bestimmt nach ge-
schehener Zersetzung den Ueberschuss der Jodlösung durch Normal-
unterschwefligsaures Natrium und berechnet nach der verbrauchten
Menge Jod den Schwefelgehalt. Das Eisen befindet sich als Chlorür
in dem Entwickelungsgefässe und kann als solches kalt mit Chamäleon
titrirt werden.

Wenn das Schwefeleisen mehr als 1 Aequivalent Schwefel enthält, also eine gewisse Menge Doppelt-Schwefeleisen, so bleibt dasselbe in der Säure ungelöst zurück.

Anwendung.

Das Schwefeleisen dient zur Entwickelung des Schwefelwasserstoffes.

Handelssorten.

Das Schwefeleisen des Handels enthält gewöhnlich weniger als 1 Aequivalent Schwefel. Mohr (Lehrbuch der Titrirmethode, 6. Aufl., S. 722) untersuchte mehrere Proben Schwefeleisen und fand 25,93 Proc. und 27,16 Proc. statt 36,39 Proc. Schwefel.

Bei unseren Analysen von Präparaten verschiedener Bezugsquellen wurden meistens 26 bis 28 Procent, bisweilen auch nur 22 Procent wirksamer Schwefel gefunden. Auf eine genaue Garantie lassen sich die Fabrikanten bei diesem Artikel nicht gerne ein, weil die Probenahme schwierig und es nicht leicht ist, die einzelnen Schmelzen von gleichem Gehalte zu machen. Immerhin kann man verlangen, dass wenigstens ca. 24 Proc. wirksamer Schwefel vorhanden sind. Producte mit hohem Schwefelgehalte entwickeln meistens langsamer als solche mit niedrigem Gehalte.

Essigsäure.

Acid. acetic. conc. puriss. ($C_2H_4O_2$, Molecular-Gew. $= 59,86$).

Klare, farblose, stechend sauer riechende Flüssigkeit, welche bei ca. 10^0 C. erstarrt und ein spec. Gew. von 1,064 zeigt. 100 Theile enthalten ca. 96 Theile Essigsäure.

Anmerkung. Schwächere, ca. 90procentige Essigsäure zeigt ein spec. Gew. von 1,071.

Prüfung auf Verunreinigungen.

Rückstand: 10 g hinterlassen beim Verdunsten keinen wägbaren Rückstand.

Anmerkung. Beim Verdunsten grösserer Mengen der starken reinen Essigsäure verbleiben häufig Spuren eines theilweise verbrennlichen (organischen) Rückstandes; es dürfen aber 50 g des reinen Präparates höchstens 1 mg Rückstand hinterlassen.

*Schwere Metalle und Erden**): 10 g, auf 100 ccm verdünnt, zeigen weder nach dem Uebersättigen mit Ammon, noch nach Zugabe von Schwefelammon und oxalsaurem Ammon eine Veränderung. Auch bei längerem Stehen in der Wärme bleibt diese Flüssigkeit unverändert. 20 g werden auf 100 ccm verdünnt, dann mit frischem Schwefelwasserstoffwasser versetzt; es zeigt sich hierbei keine braune Färbung.

Schwefelsäure: Man versetzt 10 g mit 150 ccm Wasser, erhitzt zum Kochen, fügt Chlorbarium zu und stellt diese Flüssigkeit mehre..e Stunden bei Seite; es zeigt sich keine Schwefelsäurereaction.

Salzsäure: 5 g werden auf 50 ccm verdünnt; die Flüssigkeit zeigt nach Zusatz von Salpetersäure und Silbernitrat keine Veränderung.

Empyreuma: 5 g, mit 15 ccm Wasser verdünnt, entfärben 3 ccm $^1/_{100}$ Chamäleonlösung nach $^1/_4$ stündigem Stehen nicht.

Quantitative Bestimmung.

Man verdünnt einige g der Säure mit Wasser, fügt Phenolphtaleïn hinzu und titrirt mit kohlensäurefreier Normalkalilauge. 1 ccm Normalkalilauge $= 0{,}05986\ C_2H_4O_2$.

Die Stärke der Essigsäure ist auch aus dem Erstarrungspunkt ersichtlich; je stärker die Säure ist, desto leichter erstarrt sie. Bei 0,5 Proc. Wassergehalt ist der Erstarrungspunkt $+ 15{,}65^0$, bei 2,91 Proc. Wassergehalt $= 11{,}95$ und bei 6,54 Proc. Wassergehalt $= 7{,}1^0$; eine Säure, welche 49,4 Proc. Wasser enthält, erstarrt erst bei $- 19{,}8^0$.

Nach dem spec. Gew. lässt sich der Gehalt der Säure bequem ermitteln.

---

*) Ich habe hier und in Prüfungsvorschriften anderer Reagentien die kurze Bezeichnung „schwere Metalle“ benützt. Welche Gruppen s c h w e r e r M e t a l l e damit im einzelnen Falle gemeint sind, ist dem Analytiker aus der stets genau beschriebenen Prüfungsweise (z. B. Zugabe von Schwefelammon) bekannt, und wurde daher keine weitere Erklärung beigefügt.

Volum-Gewicht der Essigsäure bei + 15° (Oudemans).

Vol.-Gew.	Proc.	Vol.-Gew.	Proc.	Vol.-Gew.	Proc.	Vol.-Gew.	Proc.
0,9992	0	1,0363	26	1,0631	52	1,0748	78
1,0007	1	1,0375	27	1,0638	53	1,0748	79
1,0022	2	1,0388	28	1,0646	54	1,0748	80
1,0037	3	1,0400	29	1,0653	55	1,0747	81
1,0052	4	1,0412	30	1,0660	56	1,0746	82
1,0067	5	1,0424	31	1,0666	57	1,0744	83
1,0083	6	1,0436	32	1,0673	58	1,0742	84
1,0098	7	1,0447	33	1,0679	59	1,0739	85
1,0113	8	1,0459	34	1,0685	60	1,0736	86
1,0127	9	1,0470	35	1,0691	61	1,0731	87
1,0142	10	1,0481	36	1,0697	62	1,0726	88
1,0157	11	1,0492	37	1,0702	63	1,0720	89
1,0171	12	1,0502	38	1,0707	64	1,0713	90
1,0185	13	1,0513	39	1,0712	65	1,0705	91
1,0200	14	1,0523	40	1,0717	66	1,0696	92
1,0214	15	1,0533	41	1,0721	67	1,0686	93
1,0228	16	1,0543	42	1,0725	68	1,0674	94
1,0242	17	1,0552	43	1,0729	69	1,0660	95
1,0256	18	1,0562	44	1,0733	70	1,0644	96
1,0270	19	1,0571	45	1,0737	71	1,0625	97
1,0284	20	1,0580	46	1,0740	72	1,0604	98
1,0298	21	1,0589	47	1,0742	73	1,0580	99
1,0311	22	1,0598	48	1,0744	74	1,0553	100
1,0324	23	1,0607	49	1,0746	75		
1,0337	24	1,0615	50	1,0747	76		
1,0350	25	1,0623	51	1,0748	77		

Anmerkung. Die Vol.-Gew. über 1,0553 entsprechen zwei Lösungen von sehr verschiedenem Gehalt. Um zu wissen, ob man eine Säure vor sich hat, deren Gehalt an $C_2H_4O_2$ das Dichtigkeitsmaximum (78 Proc.) übertrifft, braucht man nur etwas Wasser zuzusetzen. Nimmt das Vol.-Gew. zu, so war die Säure stärker als 78 procentig, im entgegengesetzten Falle war sie schwächer.

Anwendung und Aufbewahrung.

Die Essigsäure dient in der Analyse hauptsächlich als Lösungs- und Sättigungsmittel. Man bereitet das Reagens durch Verdünnen der Acid. acetic. puriss. conc. mit dem 3 fachen Gewichte Wasser. Bisweilen verwendet man die concentrirte Säure, wie letztere z. B. bei der Goldenberg'schen Weinsäurebestimmung (Zeitschr. f. analyt. Chemie 1888, S. 9 und S. 681) vorgeschrieben oder bei der Eiweissreaction von Adamkiewicz (Zeitschr. f. analyt. Chemie 1875, S. 196) nothwendig ist. Auch zur Herstellung der verdünnten

(1½procentigen und noch schwächeren) Essigsäure für mikroskopische Untersuchungen benützt man zweckmässig Acid. acetic. glaciale, deren Gehalt bekannt ist und die dann nach Bedarf mit Wasser verdünnt wird.

Man bewahrt die Essigsäure in gut verschlossenen Glasflaschen auf. Im Winter erstarrt der Eisessig in einem kalten Raume, man muss denselben alsdann, besonders wenn er sich in grösseren Flaschen befindet, sehr vorsichtig und langsam aufthauen, damit durch Zerspringen der Flasche kein Unfall entsteht.

Handelssorten.

Neben der oben beschriebenen Acid. acetic. puriss. conc., welche für analytische Zwecke meistens gebraucht wird, finden sich noch folgende Qualitäten Essigsäure im Handel:

Acid. acetic. glac., Ol. citri in allen Verhältnissen lösend, ein höchst concentrirter, ca. 99 procentiger Eisessig, welcher fast rein ist und nur die Prüfung auf Empyreuma nicht aushält. Das Präparat ist stärker als vorstehend beschriebene Acid. acet. puriss. conc.

Acid. acetic. glac., Nelkenöl lösend, ein weniger concentrirter Eisessig.

Anmerkung. Die Löslichkeit gewisser ätherischer Oele benützt man zur ungefähren Ermittelung der Stärke der Säure. Citronenöl löst sich nur in einem Eisessig, der nicht mehr als 2 Proc. Wasser enthält. Nelkenöl löst sich noch in einer Essigsäure, welche 10 Proc. Wasser enthält.

Acid. acetic. pur. (1,06), Acid. acetic. puriss. (1,06), Acid. acetic. dilut. pur. (1,04) und Acid. acetic. dilut. puriss. (1,04). Dieses sind ca. 50 procentige (1,06) und ca. 30 procentige (1,04) Essigsäuren, von welchen die mit „puriss." bezeichneten Sorten alle oben angeführten Prüfungen aushalten, während die mit „pur." bezeichneten Qualitäten gewöhnlich noch Spuren Empyreuma enthalten.

Essigsäure-Anhydrid.

Acid. acetic. anhydric. $((C_2H_3O)_2O$. Molecular-Gew. $= 101{,}76)$.

Farblose, nach Essigsäure riechende, bei 138⁰ siedende Flüssigkeit. Spec. Gew. $= 1{,}0799$ bei 15,2⁰. Bringt man das Essigsäure-Anhydrid in Wasser, so mischt es sich Anfangs nicht damit, sondern

sinkt darin unter, verbindet sich aber allmählich damit zu Essigsäure. Es wird in gut verschlossenen Flaschen aufbewahrt. Das
Präparat darf in Lösung (1 : 50) nach Zusatz von Salpetersäure und
Silbernitratlösung keinen Niederschlag geben. Der *Gehalt* wird *quantitativ* durch Titration mit Normalkalilauge bestimmt. 1 ccm Normalkalilauge = 0,05088 Essigsäure-Anhydrid. Es findet in der Analyse
selten [u. A. bei Untersuchung des Lanolins (B. Fischer, die neueren
Arzneimittel, 1889, S. 79) oder bei Glycerinbestimmungen (Zeitschr.
f. analyt. Chemie, 1889, S. 256 u. 357) nach dem Acetinverfahren]
Anwendung.

Hirschsohn verwendet ein sogenanntes Essigsäurereagens, d. h.
eine Mischung von 10,0 g Essigsäure-Anhydrid und 5 Tropfen concentrirter reiner Schwefelsäure zur Untersuchung ätherischer Coniferenöle (Pharm. Ztg. 1891, S. 725).

Eugenol.

Nelkensäure ($C_{10}H_{12}O_2$. Molecular-Gew. = 163,62).

Dieser Körper sowie das **Nelkenöl** werden in der Mikroskopie
verwendet.

Das **Eugenol** bildet eine aromatisch riechende Flüssigkeit. Cha-
rakteristische Merkmale reinen Eugenols sind (nach Schimmel): *klare
Löslichkeit in 1 bis 2procentiger Kalilauge, spec. Gew. 1,07* bei 15°,
Siedepunkt 253—254° (Quecksilberfaden ganz in Dampf).

Die Werthbestimmung des **Nelkenöls** gründet sich auf die Bestimmung des Eugenolgehaltes, welcher nach H. Thoms als Benzoyl-
eugenol abgeschieden wird. Die Methode ist u. A. in Zeitschr. f.
analyt. Chemie 1891, S. 738 beschrieben.

Fehling'sche Lösung

(und Kupferkaliumcarbonatlösungen).

Die Fehling'sche Lösung wird wie folgt bereitet: Reinster
Kupfervitriol wird, nachdem er etwas zerrieben ist, 12 Stunden an
der Luft, vor Staub geschützt, liegen gelassen, alsdann löst man
34,630 g zu 500 ccm. Die Seignettesalzlösung bereitet man — thun-
lichst häufig frisch — in der Weise, dass man 173 g weinsaures

Natriumkalium in 400 ccm Wasser löst und dazu 100 ccm Natronlauge hinzufügt, welche 516 g Natriumhydroxyd pro 1 l enthält. Durch Vermischen gleicher Volumen Kupfer- und Seignettesalzlösung, welche getrennt aufbewahrt und erst beim Gebrauch gemischt werden, erhält man die Fehling'sche Lösung. 1 ccm Fehling'scher Lösung ist $= 0{,}005$ g $C_6H_{12}O_6$.

Anmerkung. An Stelle der Fehling'schen Lösung ist von Soldaini u. A. **Kupferkaliumcarbonatlösung** für Zuckerbestimmungen vorgeschlagen worden. Man bereitet eine solche Lösung nach H. Ost (Chem. Industrie 1891, S. 236) zweckmässig durch Lösen von

$$23{,}5 \text{ g } CuSO_4 + 5 H_2O,$$
$$250 \text{ g } K_2CO_3,$$
$$100 \text{ g } KHCO_3 \text{ zum Liter.}$$

Eine eingehende Arbeit von Ost über diese Kupferkaliumcarbonatlösungen siehe in Chem.-Ztg. 1895, No. 80 u. 81.

Controle und Haltbarkeit der Fehling'schen Lösung.

Die Fehling'sche Lösung soll nach A. Bornträger (Zeitschr. f. angew. Chemie 1893, 600) durch eine 0,5 procentige Lösung von Invertzucker controlirt werden, welche wie folgt gewonnen wird: Man löst 19 g reiner Saccharose in Wasser und 10 ccm Salzsäure von 1,188 spec. Gew. bei 15^0 C. oder 20 ccm von 1,10 spec. Gew. bei 15^0 C. zu 100 ccm. Nach dem Stehen über Nacht versetzt man 25 ccm des Products mit etwas Lackmustinctur, neutralisirt mit Alkali und verdünnt zu 1 l. Diese Flüssigkeit enthält nun 0,5 g Invertzucker in 100 ccm. Es ist wesentlich, dass die Inversion vollständig in der Kälte ausgeführt wird. **Reine Saccharose** wird erhalten durch Fällen einer filtrirten Lösung von Hutzucker mit Alkohol in der Kälte, Waschen mit starkem Alkohol und Trocknen.

Ueber die **Haltbarkeit** der Fehling'schen Lösung kann ich nachfolgende Angaben von Bornträger (Zeitschr. f. analyt. Chemie 1895, S. 22) nach eigenen Erfahrungen bestätigen. Bornträger sagt: Bekanntlich hängt die oft wahrgenommene Veränderlichkeit des Gemisches beider Flüssigkeiten, also der eigentlichen Fehling'schen Lösung, beim Aufbewahren von weinsaurem Kalium-Natrium ab. Auch die alkalische Seignettesalzlösung wird nicht selten mit der Zeit unbrauchbar, wesshalb häufige Erneuerung derselben anempfohlen wird. Wenn aber die wässerige Auflösung dieses Salzes vor dem Zusatz des Aetznatrons von den gewöhnlich darin schwimmenden Holzsplitterchen u. s. w. abfiltrirt wird, so hält sich die später alkalisch gemachte Flüssigkeit lange Zeit in dem Sinne unverändert, als das nunmehr bereitete Gemisch derselben mit 1 Vol. Kupferlösung beim Kochen kein Kupferoxydul abscheidet, natürlich sofern keine reducirenden Stoffe zugesetzt werden.

Das Fehling'sche Gemisch muss möglichst frei von Eisen sein, da selbst bei Gegenwart blosser Spuren des letzteren bei der Endreaction bald eine grünliche Färbung eintritt, weil sich das vorhandene Eisenoxydul an der Luft oxydirt und die geringe Menge des dabei entstehenden Oxyds bei Gegenwart von Essigsäure mit dem Ferrocyankalium eine Farbenreaction giebt. Auch das zur Lösung verwendete Aetznatron und Seignettesalz soll eisenfrei sein.

Fluorwasserstoffsäure.

Acid. hydrofluoric. fumans puriss. (HFl. Molecular-Gew. = 19,94).

Die Flusssäure erscheint in einem 1—2 cm weiten Reagensglase farblos, greift sehr stark das Glas an und raucht an der Luft.

Anmerkung. Zuweilen ist die reine Flusssäure nicht ganz farblos (wahrscheinlich durch das längere Stehen in Kautschukflaschen).

Prüfung auf Verunreinigungen.

Rückstand: 10 g hinterlassen nach dem Verdunsten und Glühen im Platintiegel einen höchst minimalen und kaum wägbaren Rückstand.

Anmerkung. Bei einem vorsichtig hergestellten Präparate soll nach dem Verdunsten von 50 g und schwachem Glühen höchstens 1—2 mg Rückstand verbleiben. Solche minimale Spuren von Rückstand zeigen sich auch bei anderen starken Säuren fast allgemein.

Schwefelsäure: 2 g werden mit 50 ccm Wasser verdünnt, alsdann Salzsäure und einige Tropfen Chlorbariumlösung zugesetzt; innerhalb 5 Minuten entsteht kein Niederschlag.

Arsen, schwere Metalle und Erden etc.: 10 g werden auf 40 ccm verdünnt, erwärmt und Schwefelwasserstoff eingeleitet, wodurch kein gelber (Arsen) und auch kein dunkelgefärbter Niederschlag (schwere Metalle) entsteht.

5 g werden mit 50 ccm Wasser verdünnt, mit Ammon übersättigt, Schwefelammon, kohlensaures Ammon und phosphorsaures Ammon zugegeben, wodurch keine Trübung entsteht.

Siliciumfluorwasserstoff und Chlorwasserstoff: siehe unter quantitative Bestimmung.

Ueber die Prüfung mit Chamäleon siehe bei Anwendung S. 127.

Quantitative Bestimmung.

Die reine wässerige Fluorwasserstoffsäure lässt sich durch Titriren mit Normalalkali bestimmen. Hat man Schwefelsäure und Flusssäure frei in wässeriger Lösung, so bestimmt man am besten in einer Portion die Acidität mittelst Normalalkalilauge, in einer anderen die Schwefelsäure gewichtsanalytisch und findet die Fluorwasserstoffsäure aus der Differenz. (Fresenius, Anleitung zur quantitativen Analyse 1875, I. Bd., S. 643.)

Die Bestimmung des Kieselfluorwasserstoffs in der Flusssäure geschieht durch Ausfällen mit einer genügenden Menge eines Kaliumsalzes. Das Kieselfluorkalium ist in kaltem Wasser sehr schwer löslich.

Es kann hier die Methode in Anwendung gebracht werden, welche bei Untersuchung der Kieselfluorwasserstoffsäure gebräuchlich ist. Man setzt der verdünnten Säure Chlorkalium und Weingeist zu, wäscht den entstandenen Niederschlag von Kieselfluorkalium mit verdünntem Weingeist aus, trocknet bei 100^{0} und wägt.

Bei Untersuchung der Fluorwasserstoffsäure muss der Weingeist besonders vorsichtig in nicht zu grosser Menge zugesetzt werden, damit kein Chlorkalium oder Fluorkalium ausfällt.

Zur ungefähren Bestimmung der Kieselfluorwasserstoffsäure in der Flusssäure dürfte das Fällen mit Chlorkalium aus wässeriger Lösung und in der Kälte genügen.

Näheres über die Methode siehe Fresenius, Anleitung zur qualit. chem. Analyse, 6. Aufl., S. 400 und 431.

Eine genaue Bestimmung von Fluor, Kieselsäure, Chlor etc. siehe auch bei Natriumfluorid in diesem Buche.

Anwendung und Aufbewahrung.

Die Fluorwasserstoffsäure dient zum Aufschliessen der Silicate und jetzt in den Gährungsgewerben zur Erzielung einer reineren Gährung und grösseren Ausbeute; Flusssäure oder deren Salze wirken selbst in sehr verdünntem Zustande tödtend auf Milchsäure-Bacterien, nicht aber auf Hefe.

Die Flusssäure ist giftig.

Ueber Verunreinigungen der Flusssäure durch Aufbewahren in Hartgummigefässen macht W. Hampe in der Chem.-Ztg. 1890, S. 105 Mittheilungen. Wird nach Hampe chem. reine Flusssäure in den üblichen Gefässen aus Hartgummi aufbewahrt, so wirkt sie nach einiger Zeit auf Chamäleon entfärbend; sie hat organische Substanz aufgenommen, was bei der Bestimmung des Eisenoxydulgehaltes in Silicaten, wozu die Flusssäure Verwendung findet, berücksichtigt werden muss. Aus manchen Hartgummigefässen nimmt die Flusssäure auch kleine Mengen von Alkalien auf, wodurch sie für die Bestimmung der letzteren in Silicaten unbrauchbar wird. Nach Hampe soll die Flusssäure in Platinflaschen bezogen und aufbewahrt werden.

Flaschen aus reinem Hartgummi sind nach R. Benedikt (Chem.-Ztg. 1891, 881) geeignet zur Aufbewahrung der Flusssäure für analytische Zwecke. Während in den gewöhnlichen Guttaperchaflaschen aufbewahrte Säure nach kurzer Zeit einen reichlichen, zum grossen Theile aus Eisenoxyd bestehenden Glührückstand hinterlässt, hielt sich eine Säure in reinem Hartgummi lange Zeit rein; 25 ccm hinterliessen nach langer Aufbewahrung nur 0,0005 g Rückstand.

Heräus und Friedheim (Zeitschr. f. angewandte Chemie 1895, S. 434) haben auch die Beobachtung gemacht, dass die reine Flusssäure nach längerer Aufbewahrung in Hartgummiflaschen unter Umständen stark verunreinigt und für viele analytische Zwecke unbrauchbar wird. Friedheim hat wiederholt beobachtet, dass Hartgummi des Handels stark mit mineralischen Bestandtheilen versetzt ist.

Nach diesen Erfahrungen muss man zur Aufbewahrung entweder Flaschen aus besonders reinem Hartgummi nach Benedikt oder Platinflaschen nehmen.

Handelssorten.

Neben der reinen Fluorwasserstoffsäure findet sich noch solche für technische Zwecke im Handel. Letztere ist häufig stark arsen-, siliciumfluorwasserstoff- und schwefelsäurehaltig.

Formaldehyd.

Formaldehyd ($HCHO + aq.$ Molecular-Gew. $= 29{,}93$).

Klare, farblose, stechend riechende Flüssigkeit.

Prüfung auf Verunreinigungen.

Säure: Das Formaldehyd sei neutral oder nur sehr schwach
sauer. 1 ccm Formaldehydlösung darf nach Zusatz eines Tropfens
Normalkalilauge eine saure Reaction nicht zeigen.

Schwefelsäure, Chlor, Metalle: Mit 5 Theilen Wasser verdünnt,
werde Formaldehydlösung weder durch Silbernitratlösung, noch durch
Bariumnitratlösung, noch durch Schwefelwasserstoffwasser verändert.

Gehalt: Die Flüssigkeit muss 40 Procent Formaldehyd enthalten.

Quantitative Bestimmung.

Zur quantitativen Bestimmung wird mit einer bestimmten Menge
Normalammoniak versetzt, dann lässt man die Flüssigkeiten mehrere
Stunden stehen und titrirt mit Normalschwefelsäure unter Anwendung von Rosolsäure als Indicator zurück. 4 Mol. Formaldehyd
entsprechen 4 Mol. NH_3. Vergl. auch Pharm. Post 1895, S. 116
und Pharm. Centralhalle 1895, S. 133, worin die genaue Vorschrift
zur Ausführung der Analyse enthalten ist. Es sind ausserdem über
die quantitative Bestimmung des Formaldehydes in letzter Zeit eine
Anzahl von Publicationen erschienen, da sich verschiedene der vorgeschlagenen Methoden als unsicher erwiesen haben. Vergl. hierüber u. A. den Jahrgang 1895 der Pharm. Ztg.

Anwendung und Aufbewahrung.

Formaldehyd ist ein neues, brauchbares Conservirungs- und
Härtungsmittel.

Ueber die Sterilisirung von Kellern etc. mittelst Dämpfen von
Formaldehyd siehe eine Abhandlung von Windisch, Ref. in Chem.
Centralbl. 1895, Bd. I, S. 276.

Handelssorten.

Die Flüssigkeit kommt auch unter dem Namen „Formol“,
„Formalin“ als 35 bis 40procentige Lösung in den Handel.

Fuchsin.

Rosanilinchlorhydrat ($C_{20}H_{19}N_3HCl$. Molecular-Gew. $= 336{,}80$).

(Früher auch Azaleïn, Magenta Rubin etc. genannt.)

Grosse, beständige, kantharidenglänzende Krystalle, welche mit Alkohol eine intensiv carmoisinrothe Lösung geben. Es ist ein werthvolles und in der Bacteriologie viel gebrauchtes Tinctionsmittel. Es färbt Wolle, Seide und Leder direct roth, Baumwolle nach dem Beizen mit Tannin und Brechweinstein.

Prüfung auf Verunreinigungen.

Meistens genügt die *Beurtheilung des Präparates nach seinem Aeusseren*, wie oben beschrieben. Man verwendet als Tinctionsmittel die reinste Sorte des Handels, das sogenannte Diamantfuchsin oder Fuchsin in grossen Krystallen. (Ueber die Herstellung der Fuchsinlösung siehe „Herstellung von Reagentienlösungen" im Anhang.) Soll auf Arsen geprüft werden, so kann man nach der Methode prüfen, welche Fresenius und Hintz in der Zeitschr. f. analyt. Chemie 1888, S. 179 ff., angegeben haben. Spuren von Arsen finden sich nicht selten im Fuchsin des Handels.

Zum Nachweis des *Arsens* kann man auch eine Probe veraschen, den Rückstand auflösen und im Marsh'schen Apparat untersuchen.

Mineralische Beimengungen sind durch Veraschen zu erkennen. Reines Fuchsin wird durch schweflige Säure fast vollständig entfärbt; aus unreineren Producten entstehen gelbe oder braune Lösungen. In der Technik prüft man den Farbstoff durch Probefärben (Schultz, Chemie des Steinkohlentheers). In Salzsäure löst sich das Fuchsin mit gelber Farbe.

Handelssorten.

Ausser dem salzsauren Salz kommt auch zuweilen das essigsaure Rosanilin als Fuchsin im Handel vor und, neben dem reinsten Diamantfuchsin und Fuchsin in grossen Krystallen, Fuchsin in kleinen Krystallen. Unreine Producte, welche amorphe Pulver oder grössere unregelmässige Stücke bilden, heissen Granat, Scharlach etc.

Säurefuchsin.

Das sogenannte Säurefuchsin des Handels, auch **Fuchsin S** oder Rubin S genannt, ist ein anderes Präparat als das gewöhnliche Fuchsin, nämlich das Natrium- oder Ammoniumsalz der Rosanilintrisulfosäure. Die Farbe der wässerigen Lösung ist blauroth, in Alkohol ist es fast unlöslich, mit Salzsäure bleibt es unverändert. Es färbt Wolle und Seide in saurem Bade roth. Das Säurefuchsin hat nur etwa die halbe Färbekraft des Fuchsins und ist zum Färben der Baumwolle nicht brauchbar. Es wird auch zu bestimmten Tinctionszwecken verwendet, so zur Herstellung des Methylgrün-Orange-Säurefuchsin nach Biradi.

Auf der Faser unterscheidet man Fuchsin und Fuchsin S, welche ziemlich dieselbe Nüance haben, durch Erwärmen der gefärbten Faser mit einer Mischung von gleichen Theilen Salzsäure und Wasser. Fuchsin wird dabei entfärbt, Säurefuchsin zeigt keine Farbenveränderung, nur wird ein Theil der Farbe entzogen und dadurch die Flüssigkeit carmoisinroth gefärbt.

Galleïn.

Das Galleïn (Pyrogallol-Phtaleïn) soll nach Dechan ein empfindlicher Indicator sein, welcher neutrale Lösungen blassbraun färbt und durch einen kleinen Alkaliüberschuss rosenrothe Färbung bewirkt.

Näheres über seine Empfindlichkeit siehe in der Tabelle bei Indicatoren in diesem Buche, S. 143.

Seine Anwendung beschreibt Böckmann (Chem.-techn. Untersuchungsmethoden, 3. Aufl., Bd. 1, S. 143). Es gehört unter die selten gebrauchten Indicatoren.

Bezüglich seiner Eigenschaften verweise ich auf Schultz, Chemie des Steinkohlentheers, 2. Aufl., Bd. 2, sowie auf andere Werke über organische Chemie.

Gallussäure.

Acid. gallic. pur. albiss. cryst. $(C_6 H_2 (OH)_3 CO_2 H + H_2O.$
Molecular-Gew. $= 187{,}55).$

Feine, seidenglänzende, farblose oder fast farblose Nadeln; löslich in 100 Th. kaltem Wasser, leicht löslich in Alkohol. Leimlösung erzeugt in der Gallussäure keinen Niederschlag. Mit stark verdünnter Eisenchloridlösung giebt die Säure einen schwarzblauen Niederschlag.

Prüfung auf Verunreinigungen.

Flüchtig: 1 g hinterlässt beim Erhitzen auf dem Platinblech keinen Rückstand.

Löslichkeit: Die Lösung 1 : 20 in heissem Wasser sei klar und farblos oder kaum gelblich gefärbt. Beim Erkalten der Lösung krystallisirt die Gallussäure aus.

Schwefelsäure: Die heisse wässerige Lösung (1 : 50) werde auf Zusatz von Chlorbariumlösung und wenig Salzsäure nicht getrübt.

Anwendung.

Bisweilen wird sie zum Nachweis von Eisensalzen (in Mineralwasser) und zum Nachweis freier Mineralsäuren (nach Flückiger) gebraucht.

Handelssorten.

Die Gallussäure gelangt sehr rein in den Handel.

Goldchlorid.

Aurum chloratum pur., Chlorwasserstoffgoldchlorid
$(AuCl_3 . HCl + 4H_2O.$ Molecular-Gew. $= 411,02)$.

Gelbe, hygroskopische Krystalle, welche leicht in Wasser und in Weingeist löslich sind.

Prüfung auf Verunreinigungen und quantitative Bestimmung.

Man glüht das Goldchlorid, behandelt das rückständige metallische Gold mit verdünnter Salpetersäure und wiegt dasselbe. Etwaige Verunreinigungen lassen sich in dem salpetersauren Auszug nachweisen. Nach Post, Chem.-techn. Untersuchungen, 2. Aufl., Bd. 1, S. 667, verfährt man bei der Analyse der Goldsalze am besten wie folgt: Man bestimmt den Goldgehalt des Goldchlorids wie den des Ammonium-Doppelsalzes, falls keine weiteren Metalle zugegen sind, in der Weise, dass man dieselben in einem gewogenen Porzellantiegel längere Zeit vorsichtig, Anfangs schwach bis zur Austreibung des Wassers bezw. Ammonchlorids, später stärker glüht; es hinter-

bleibt reines Gold. Natriumgoldchlorid wird unter Zusatz von etwas
Oxalsäure geglüht, wodurch metallisches Gold und Natriumchlorid
entstehen; ersteres kann nach dem Auswaschen des Kochsalzes ·ge-
trocknet und gewogen werden. Bei Anwesenheit anderer Metalle
löst man eine gewogene Menge des Salzes in Wasser, fügt etwas
Salzsäure hinzu, und schlägt mittelst einer Lösung von Eisenvitriol,
Eisenchlorür oder Oxalsäure metallisches Gold nieder. Im Filtrat
ist die Bestimmung der übrigen Metalle auszuführen.

Anwendung und Aufbewahrung.

Das Goldchlorid wird bei mikroskopischen Untersuchungen zu
gewissen Zellfärbungen gebraucht. Man bewahrt es in gut verschlossenem Glase auf.

Ozonpapier nach Böttger ist ein mit säurefreiem Goldchlorid
getränktes Filtrirpapier, das durch Ozon violett wird.

Handelssorten.

Zunächst sind das gelbe Chlorgold und das durch weiteres Eindampfen des gelben Chlorids gewonnene, braune Chlorgold zu er-
wähnen.

Das **reine, gelbe $AuCl_3\,HCl + 4\,H_2O$** enthält ca. 48 Proc. Au.
Das Präparat des Handels zeigt in Folge eines zu geringen Wasser-
gehaltes oft einen etwas höheren Gehalt, ca. 50 Proc. reines Gold.

Neben vorstehenden Präparaten befindet sich im Handel das
Natriumgoldchlorid in verschiedenen Qualitäten.

Das **Natriumgoldchlorid** des deutschen Arzneibuches hinterlässt
nach dem Glühen und Auslaugen mit Wasser 30 bis 30,8 Proc.
reines Gold. Es ist ein goldgelbes, trockenes, krystallinisches Pulver.

Guajaktinctur.

Guajaktinctur als Reagens wird nach Schär (Pharm. Ztg. 1894,
S. 675) am besten aus möglichst reinem Harz 1 : 50 oder 1 : 100
hergestellt, da Guajakholz weniger geeignet ist, weil aus diesem
gleichzeitig Gerbstoffe etc. mit gelöst werden.

Die Anwendungsart ist eine dreifache: 1. zum Nachweis von
Ozon und von solchen Körpern, welche die Reactionen des ozoni-
sirten Sauerstoffs zeigen, 2. zum Nachweis von Blut, 3. zum Nachweis von Kupfer- bezw. Cyanverbindungen.

Das Nähere über Herstellung und Anwendung siehe l. c. oder Chem. Ztg. 1894, S. 1516.

Der wirksame Bestandtheil des Harzes ist die Guajakonsäure, diese Säure färbt sich durch Einwirkung von ozonisirtem Sauerstoff intensiv ultramarinblau. Man bewahrt die Tinctur, welche mittelst Alkohol, Aethers oder Chloroform hergestellt wird, im Dunkeln auf, da sie sonst reactionsunfähig wird.

Hämatoxylin.

Haematoxylin pur. cryst. $(C_{16} H_{14} O_6 + 3 H_2O.$
Molecular-Gew. $= 355,16).$

Blassgelbe, glänzende Krystalle, welche in Aether, Alkohol und in heissem Wasser löslich sind. Es schmilzt bei 100 bis 120° unter Wasserverlust.

Prüfung auf Verunreinigungen.

Man prüft auf *Löslichkeit*, ferner darf das Präparat beim Verbrennen einer kleinen Menge auf Platinblech keinen Rückstand hinterlassen. Die Krystalle müssen von schönem *Aussehen* (siehe oben) sein. Es löst sich mit Purpurfarbe in Ammoniak.

Anwendung und Aufbewahrung.

Hämatoxylin-Tinctionsmittel finden bei mikroskopischen Arbeiten eine ausgedehnte Anwendung; erwähnt seien hier nur die verschiedenen **Alaunhämatoxylinlösungen** nach Böhmer, Frey und Anderen; sie werden nach bekannten Vorschriften hergestellt. Hämatoxylin löst sich leicht in einer gesättigten Boraxlösung. Es wird an der Luft durch den Ammoniakgehalt der Luft rasch röthlich. Selbst im Glase kann das Hämatoxylin durch den Alkaligehalt des Glases eine röthliche Färbung annehmen. Auch an der Sonne färbt sich Hämatoxylin röthlich; man muss es daher sehr vorsichtig aufbewahren.

Hämateïn, Hämatoxylintinctur und Hämatoxylinpapier.

Die Hämatoxylinlösungen (siehe oben) müssen erst reifen, bevor sie gebraucht werden können, d. h. es muss sich durch die Einwirkung von Luft und Licht erst Hämateïn bilden.

Häufig nimmt man daher zur Herstellung der Tinctionsflüssig-
keiten statt Hämatoxylin gleich **Hämateïn**, $C_{16}H_{12}O_6$, braunes Pulver,
oder dessen Ammoniakverbindung, dunkelviolette Krystalle. Die
Herstellung vollständig klar löslichen Hämateïns bietet Schwierig-
keiten. Dessen Ammoniakverbindung entsteht, wenn man 1 Theil
Hämatoxylin in 20 Theilen Wasser warm löst, 1 Theil Ammoniak
zusetzt und in grosser, flacher Schale verdunsten lässt.

Näheres über Hämatoxylinlösung siehe Zeitschr. f. Mikroskopie
1891, S. 337. Daselbst 1892, S. 483 siehe über das Reifen des
Hämatoxylins.

Das Hämatoxylin wird auch als Indicator verschiedener Stoffe,
z. B. der Kupfersalze verwendet. Als Indicator in der Acidi- und
Alkalimetrie ist es nicht geeignet. Statt aus reinem Hämatoxylin
kann die als Indicator dienende **Hämatoxylintinctur** auch als Blau-
holz hergestellt werden (vergl. Mohr, Titrirmethode, 6. Aufl., S. 84).
Auch das **Hämatoxylinpapier** findet im chem. Laboratorium Verwendung, es ist weiss oder schwach gelblich weiss, wird aber durch
Spuren Ammoniak an der Luft blau. Wegen seiner Empfindlichkeit
ist es schwierig unverändert aufzubewahren. Das zu seiner Herstellung dienende Papier wird zuvor mit Salzsäure und destillirtem
Wasser von geringen Mengen kohlensauren Kalkes befreit.

Hautpulver.

Ein weisses oder gelblich-weisses, wolliges Pulver, welches aus
bester, mit Kalk enthaarter und gut gewaschener Blösse hergestellt wird.

Prüfung auf Verunreinigungen.

*Geruch, äussere Beschaffenheit vor und nach dem Behandeln mit
Wasser*: Das Aussehen des trockenen Hautpulvers muss den oben
beschriebenen Anforderungen entsprechen.

Der Geruch des Hautpulvers sei schwach; es darf insbesondere
keinen Geruch nach Fäulnissproducten zeigen. Wird wenig Hautpulver mit Wasser angerührt und das Wasser abgepresst, so dürfen
die in kleinen Stückchen zertheilten Ballen in Folge eines zu hohen
Gehaltes an leimartigen Zersetzungsproducten nicht zu fest ver-
kleben, und keine gewissermaassen hornige Beschaffenheit annehmen,
sondern sie müssen mehr porös und zwischen den Fingern zerreib-
lich bleiben. Hautpulver, welches beim Anrühren mit Wasser einen

klebrigen leimartigen Brei giebt, der Fäulnissgeruch zeigt, ist zu verwerfen.

Bestimmung der wasserlöslichen organischen Stoffe: Man führt mit dem zu untersuchenden Hautpulver eine blinde Bestimmung nach dem gewichtsanalytischen Verfahren von v. Schroeder (vergl. Böckmann, Chem.-techn. Untersuchungsmethoden (Berlin 1893) Bd. 2, S. 528) aus: 200 ccm Wasser werden mit 10 g Hautpulver 1 Stunde in einem $1/_2$ Liter fassenden Kolben digerirt, wobei man alle 10 Minuten umschüttelt, alsdann filtrirt man durch ein reines Leinwandfilter in einen gleichen Kolben mit 4 g Hautpulver und lässt mit diesem noch ca. 15 Stunden unter zeitweiligem Umschütteln stehen. Hierauf wird zuerst durch ein kleines Leinwandfilter, sodann durch gutes Filtrirpapier (schwedisches) filtrirt. 100 ccm Filtrat werden eingedampft, bis zur Gewichtsconstanz getrocknet, gewogen, verascht und die Asche vom Gesammtrückstand abgezogen. Das Gewicht der auf diese Weise ermittelten löslichen organischen Bestandtheile beträgt nach Koch und nach Bartel (siehe unten) bei gutem ungewaschenen Hautpulver 0,025 bis 0,06 g.

Anmerkung. Gewaschenes Hautpulver giebt weniger als 0,025 organischen Rückstand. Bartel (Deutsche Gerber-Zeitung) fand in 100 ccm Filtrat eines gewaschenen Pulvers nur 0,0125 bis 0,023 g organisch lösliche Hautbestandtheile. Zu bemerken ist, dass das Hautpulver des Handels den oben gestellten Anforderungen meistens nicht entspricht. So fand Koch (siehe unten) bei Hautpulver des Handels, dass bei Behandlung von 7 g desselben im Hautfilter mit 100 ccm Wasser bis zu 0,129 g organische Substanz in 50 ccm Hautfiltrat in Lösung gingen. Verschiedene Hautpulver waren auch in sonstiger Hinsicht recht mangelhaft. Ein wichtiger Punkt bei Herstellung des Hautpulvers ist der, dass dazu ausschliesslich gut gereinigte Blösse verwendet wird. Billiges Pulver aus Hautabfällen, Därmen etc. darf bei der Analyse keine Verwendung finden. Das Waschen der Blösse muss sehr vorsichtig geschehen, was auch Koch, dessen Abhandlung (Dingler's Polyt. Journ. Bd. 280, S. 141 ff.) die vorstehend an das Hautpulver gestellten Anforderungen zum Theile entnommen sind, besonders verlangt. E. Merck stellt ein Hautpulver aus vorsichtig getrockneter und gut gereinigter Blösse für Gerbstoffbestimmungen her. Dieses Hautpulver ist von schön weissem Aussehen und von gutem Geruche, aber es enthält immer noch eine etwas grössere Menge von wasserlöslichen, leimartigen Stoffen, als in obiger Prüfungsvorschrift nach Bartel und Koch angegeben wurde. Es scheint überhaupt schwierig zu sein, ohne nachträgliches Waschen des Hautpulvers, ein genügend leimfreies Product zu erhalten. Versuche in dieser Richtung sind zur Zeit des Druckes dieses Buches hier noch im Gange.

Anwendung und Aufbewahrung.

Das Hautpulver dient zu Gerbstoffbestimmungen.

Man bewahrt es in einer wohlverschlossenen Flasche trocken auf.

Hydroxylaminhydrochlorat.

Hydroxylamin muriat. pur., Salzsaures Hydroxylamin
(NOH_3HCl.　Molecular-Gew. $= 69{,}34$).

Wasserhelle Krystalle, welche in Wasser und auch in Alkohol leicht löslich sind.

Prüfung auf Verunreinigungen.

Salmiak: Die alkoholische Lösung giebt mit Platinchlorid keinen Niederschlag.

Schwefelsäure: Die wässerige Lösung giebt auf Zusatz von Chlorbarium keinen Niederschlag.

Rückstand: Das Präparat ist beim Erhitzen vollständig flüchtig.

Quantitative Bestimmung.

Neben andern Methoden (Graham - Otto's Lehrbuch der Chemie, 5. Aufl., 2. Bd., S. 128) eignet sich die Methode mit Fehling'scher Lösung zur Bestimmung des Hydroxylamins. Die Lösuug des Salzes wird in siedende Fehling'sche Lösung eingetröpfelt. 2 Moleküle Kupferoxydul entsprechen 1 Mol. Hydroxylamin.

Anwendung.

Das Salz findet in der organischen Synthese Verwendung. In der anorganischen Analyse können die stark reducirenden Eigenschaften des Hydroxylamins zur Abscheidung des Silbers und des Goldes benutzt werden.

Eine Methode von Leiner zur quantitativen Bestimmung von Silber und Gold mittelst salzsaurem Hydroxylamins siehe Rep. d. Chem.-Ztg. 1892, S. 89.

Handelssorten.

Salzsaures Hydroxylamin mit Salmiakgehalt ist dem Verf. schon häufig zu Händen gekommen. In neuerer Zeit gelangt das Präparat recht rein in den Handel.

Indigotin.

Indigotin puriss. cryst., Indigblau ($C_{16}H_{10}N_2O_2$.
Molecular-Gew. $= 261,46$.)

Glänzende, tief kupferfarbene kleine Krystalle oder tief blaues Pulver, welches durch Druck tief kupferroth wird.

Prüfung auf Verunreinigungen.

Rückstand: 1 g verwandelt sich beim Erhitzen auf Platinblech in einen schön purpurrothen Dampf und hinterlässt nur Spuren Glührückstand.

Quantitative Bestimmung.

Siehe Indigo S. 138.

Anwendung.

Es findet bisweilen zur Herstellung einer „Indigolösung aus Indigotin puriss. cryst." Anwendung. Man löst zu dem Zwecke 1 Th. Indigotin unter stetem Umrühren und Vermeiden einer Erwärmung (also unter Abkühlung) langsam und in kleinen Portionen in 6 Theilen rauchende Schwefelsäure. Wenn alles Indigotin eingetragen ist, bedeckt man das Gefäss, lässt es 48 Stunden stehen, giesst seinen Inhalt in die 100 fache Menge Wasser, mischt und filtrirt.

Indigo.

Schön dunkelblaue Stücke, welche beim Reiben *mit dem Fingernagel Kupferglanz annehmen*. Man verwendet für analytische Zwecke (Herstellung der Indigolösung) nur den besten Java-Indigo (siehe auch unter Handelssorten S. 139).

Quantitative Bestimmung.

Eine wirklich zuverlässige und praktische Methode zur Bestimmung des vergleichenden Werthes des Handels-Indigo fehlt bis jetzt. Vorgeschlagen ist unter anderen folgende gewichtsanalytische Methode (vergl. Bolley, Handbuch der chem.-techn. Untersuchungen):

„5 g gepulverter Indigo (oder Indigblau) werden mit ebenso viel Traubenzucker in einer 0,8 Liter haltenden Flasche mit ca. 200 ccm heissem Alkohol übergossen, 7—8 g einer syrupdicken Natronlauge von 1,5 spec. Gew. zugefügt und hierauf die Flasche mit heissem Alkohol vollständig gefüllt und verstopft. Das Ganze bleibt mehrere Stunden unter öfterem Umschütteln stehen, zuletzt so lange, bis sich die Flüssigkeit vollständig abgesetzt hat. Von derselben wird ein bestimmtes Volumen abgehebert und hierauf ein langsamer Luftstrom so lange durchgesaugt, bis aus der Flüssigkeit sämmtliches Indigweiss als Indigblau ausgeschieden ist. Die Krystalle werden abfiltrirt, zuerst mit Alkohol, dann mit verdünnter Salzsäure und schliesslich mit Wasser gewaschen, getrocknet und gewogen."

Beilstein (Handbuch d. organ. Chemie) bemerkt zu dieser Methode, dass die Resultate gewöhnlich zu niedrig ausfallen, indessen sind auch alle übrigen zur Bestimmung des Indigos vorgeschlagenen Methoden (s. Mohr, Titrirmethode, 6. Aufl., S. 800) nicht genau und liefern oft viel zu hohe Resultate. In den Indigocarminfabriken benützt man (vergl. Wöscher, Zeitschr. f. angewandte Chemie 1891, S. 731) die Titration mit $^1/_{10}$-Chamäleonlösung, welche wie folgt ausgeführt wird: Eine gute Durchschnittsprobe wird sehr fein gepulvert und davon 1 g abgewogen. Man giebt den Indigo in ein Becherglas von etwa 50 ccm Inhalt und übergiesst mit 8 ccm Schwefelsäure von 10 Proc. Anhydrid und erwärmt auf dem Sandbad unter öfterem Umrühren auf 50 bis 60°. Nach 2 bis 3 Stunden ist der Indigo gelöst, d. h. in das lösliche Sulfosäuregemisch verwandelt.

Man spült die Lösung in einen Literkolben und füllt zur Marke auf. Man schüttelt gut um und giebt 100 ccm der Lösung in eine Porzellanschale, fügt 400 ccm Wasser und 50 ccm verdünnte Schwefelsäure (1 : 10) hinzu und titrirt alsdann mit Chamäleon. Wenn die Flüssigkeit olivengrün wird, lässt man nur noch tropfenweise zufliessen, bis die Lösung eine mehr oder weniger orangegelbe Nüance angenommen hat. Man liest ab. 1 ccm $^1/_{10}$-Chamäleon entspricht 7,415 mg Indigotin. Die Resultate sind zufriedenstellend, wenn es sich um feine Marken handelt, welche seltener fremde organische Verbindungen enthalten.

Anwendung.

Der Indigo dient zur Herstellung der gewöhnlichen Indigolösung (siehe S. 141), welche zum Nachweis und zur Bestimmung
der Salpetersäure gebraucht wird.

Handelssorten.

Von den verschiedenen Handelssorten bildet besonders der
Java-Indigo die vorzüglichsten Marken. Java enthält zumeist nur
thonartige Verbindungen, selten organische Verunreinigungen. Eine
Probe enthielt nach Wöscher (Zeitschr. f. angewandte Chemie 1891,
S. 731) 74 Proc. Indigotin. Sonstige bisweilen auch recht gute
Qualitäten sind: Bengal-Indigo, Guatemala- und chinesischer Indigo.
Bei der Beurtheilung des Indigos nach dem Aussehen spielt die
Weichheit die Hauptrolle. Je weicher der Indigo ist und je leichter
derselbe bricht, desto höher ist gewöhnlich der Reingehalt. Die
Verunreinigungen bestehen gewöhnlich aus Kalksalzen, ferner aus
Indigleim und anderen organischen Stoffen, ausserdem aus Sand,
Thon, welche zusammen eine äusserst feste Masse bilden. Den
besten Anhalt bietet die oben besprochene Bestimmung des Indigo-
tins oder die Gehaltsbestimmung durch Titration mittelst $^1/_{10}$-Cha-
mäleonlösung.

Indigocarmin.

Indigoschwefelsaures Natrium, auch Indigotine genannt
$$(C_{16}H_8N_2O_2(NaSO_3)_2. \quad \text{Molecular-Gew.} = 465{,}18).$$

Der Indigocarmin wird gewonnen, indem man die gereinigte
Lösung des Indigos in Schwefelsäure durch Kochsalz fällt und abfiltrirt; der **teigförmige** Rückstand ist **Indigocarmin**. Getrockneter,
mehr oder weniger gut gewaschener **Indigocarmin in Pulverform** ist
„**Indigotine**“ des Handels.

Prüfung auf Verunreinigungen.

Um die Güte des Indigocarmins zu erkennen, soll man nach
Mierzinski (vergl. Böckmann, Chem.-techn. Untersuchungsmethoden,
Berlin 1893) eine kleine Menge auf nicht geleimtes Papier (Filtrir-

papier) bringen. Ist das Product unrein, so wird sich bald ein grüngefärbter Ring um die Probe herum bilden. Der Ring entsteht aber nicht, wenn der Carmin gut getrocknet war. Um nun ein gutes Resultat zu erhalten, muss die Probe erst mit kochendem Wasser angerührt werden.

Weitere Anforderungen, welche an den Indigocarmin zu stellen sind, siehe nachfolgend bei Anwendung.

Aufschluss über den Gehalt giebt die

Quantitative Bestimmung.

Dieselbe wird, wie bei Indigo S. 138 angegeben ist, ausgeführt.

Anwendung.

Der Indigocarmin bezw. das Indigotine wird in der Analyse zur Herstellung von **Titrirflüssigkeit** für die Bestimmung des Sauerstoffs und insbesondere für die **Tanninbestimmung** nach Löwenthal-Schröder gebraucht. Zu letzterem Zwecke werden 30 g festes indig-schwefelsaures Natrium lufttrocken in 3 l verdünnte Schwefelsäure (1 : 5 Volum) gebracht, dazu 3 l destillirtes Wasser gegeben und stark geschüttelt, bis die Lösung erfolgt; alsdann wird filtrirt. Es ist streng darauf zu sehen, dass zu dieser Lösung nur das beste Indigotine oder Indigocarmin des Handels verwendet wird.

Neubauer und v. Schröder geben an, dass Indigocarminpräparate vorkommen, die zur Titrirung mit Chamäleon ganz unbrauchbar sind, weil am Ende der Reaction die grünliche Nüance nicht in reines Gelb umschlägt, sondern sich röthliche und bräunliche Töne einstellen, welche eine Erkennung des Endpunktes unmöglich machen. Es muss also der richtige Indigocarmin gewählt werden, dessen Lösung beim Titriren nach Löwenthal-Schröder die eben beschriebene unangenehme Erscheinung nicht zeigt[*]). Auch J. König (Zeitschr. f. angewandte Chemie 1891, S. 108) erhielt unter Anwendung verschiedener Sorten Indigocarmin bei O-Bestimmungen im Wasser verschiedene Resultate.

Man verwendet den Indigocarmin auch zur Herstellung des so-genannten **blauen Carminpapiers.** Dasselbe wird durch Eintauchen

---

[*]) Die Methode von Löwenthal-Schröder ist in Böckmann, Chem.-techn. Untersuchungsmethoden (3. Auflage), Bd. 2, S. 518 beschrieben.

von reinstem Filtrirpapier in eine wässerige Lösung von Indigocarmin erhalten.

Handelssorten.

Dieselben sind sehr verschieden in Bezug auf Reinheit und
Gehalt. Girardin*) theilt die Carmine in 3 Sorten ein. Die durch
Titriren mit übermangansaurem Kalium bestimmten Mengen von
Indigblau ergaben auf die Verbindung $C_{16}H_8(NaSO_3)_2N_2O_2$, Carmin,
berechnet nach demselben folgendes Resultat:

	$C_{16}H_8(NaSO_3)_2N_2O_2$ Proc.	Wasser Proc.	Kochsalz Proc.
Carmin I	5,41	76,66	17,93
Carmin II	8,56	84,80	6,64
Carmin III	10,14	85,17	4,69

Indigolösung.

Solutio Indici.

Eine intensiv blaue Flüssigkeit.

Ueber Indigotinlösung zur Gerbstoffbestimmung nach Löwenthal-
Schröder siehe S. 140.

Indigolösungen aus Indigotin puriss. cryst. siehe S. 137.

Die gewöhnliche Indigolösung (**Solutio Indici**) wird aus Java-
Indigo hergestellt. Man nimmt auf 100 Theile Lösung 2,5 Theile
besten Java-Indigo und löst mit rauchender Schwefelsäure, wie auf
S. 137 angegeben ist. Diese Lösung (Solutio Indici) wird für die
besonderen Zwecke der **quantitativen Salpetersäurebestimmung** noch
so eingestellt, dass jeder ccm einer bestimmten Menge Salpetersäure
entspricht. Gewöhnlich rechnet man dann 1 g Indigo auf 1 l Wasser
und verdünnt so weit mit Wasser, dass 5 ccm der Lösung 5 ccm
Kaliumnitratlösung (0,0962 g KNO_3 pro 1 l), die mit 5 ccm Schwefelsäure versetzt sind, eben blaugrün färben. 5 ccm Indigolösung entsprechen dann 60 mg HNO_3.

---

*) Leçons de chim. élément, 2, 618.

Indicatoren und Reagenspapiere.

Die wichtigsten Indicatoren und Reagenspapiere sind in diesem Buche als besondere Abschnitte beschrieben, so S. 43 Azolithmin, S. 83 Cochenilletinctur, S. 106 Congopapier, S. 107 Curcumapapier, S. 134 Hämatoxilin, und weiter hinten in diesem Buche Lackmus, Lackmoid, Methylorange, Phenolphtaleïn u. s. w.

Im Allgemeinen bemerke ich, dass die Reagenspapiere von gleichmässiger Farbe sein sollen, sie dürfen ferner nicht zu stark gefärbt sein, da mit der Vermehrung des Farbstoffes die Empfindlichkeit nachlässt und umgekehrt mit dem Verringern steigt. Das verwendete Papier muss neutral sein. Bei der Untersuchung auf Empfindlichkeit muss berücksichtigt werden, dass manche Reagenspapiere sehr rasch ihre Haltbarkeit und Empfindlichkeit verlieren (siehe S. 144).

An dieser Stelle führe ich noch einige Tabellen auf, und zwar

1. eine Tabelle, in welcher die Resultate einer vergleichenden Untersuchung über die Empfindlichkeit der gebräuchlichsten Indicatoren zusammengestellt sind.

Empfindlichkeitstabelle der wichtigsten **Indicatoren.**

(Die Tabelle, von H. Trommsdorff zusammengestellt, wurde zuerst in Böckmann, Chem.-techn. Untersuchungsmethoden, 3. Auflage, veröffentlicht.)

Indicator	Lösungs-Verhältniss	Von der Lösung verwendet auf 100 ccm zu titrirender Flüssigkeit ccm	Verbrauchte ccm titrirter Lösungen
Phenolphtaleïn	1 : 100 Alkohol	0,5	Zu deutlicher Rothfärbung verbraucht 0,5 ccm $^1/_{100}$ KOH.
Methylorange	1 : 200 Wasser	0,05 0,10 0,20	Verbraucht 1 ccm $^1/_{100}$ HCl, zurück 0,9 ccm $^1/_{100}$ NH$_3$, wieder sauer 1 ccm $^1/_{100}$ HCl, zurück 1 ccm $^1/_{100}$ KOH; die verwendete Menge Indicator erschien nicht beeinflussend.

Indicator	Lösungs-Verhältniss	Von der Lösung verwendet auf 100 ccm zu titrirender Flüssigkeit ccm	Verbrauchte ccm titrirter Lösungen
Aethylorange	1 : 400 30 proc. Spiritus	0,2	Verbraucht 3 ccm $^1/_{10}$ HCl, ist also anscheinend bedeutend weniger empfindlich.
Tropäolin 00	1 : 400 30 proc. Spiritus	0,2	Verbraucht 2,5 ccm $^1/_{10}$ HCl.
Phenacetolin	1 : 200 Alkohol	{ 0,1 0,2	Verbraucht 0,1 ccm $^1/_{10}$ KOH, bei Verwendung von 0,2 ccm Umschlag deutlicher.
Poirrier's Blau	1 : 200 Wasser	0,1	Heiss titrirt auf Zusatz von 0,7 ccm $^1/_{100}$ KOH farblos, zurück durch 1,2 ccm $^1/_{100}$ HCl violett.
Galleïn	1 Theil des Handelsproductes und 2 Theile Alkohol	0,1	Durch 1,2 ccm $^1/_{100}$ HCl bräunlich entfärbt, durch 1,6 ccm $^1/_{100}$ NH$_3$ violett, hierauf 1,2 ccm $^1/_{100}$ HCl, wieder zurück durch 0,7 ccm $^1/_{100}$ KOH.
Fluoresceïn	1 : 100 Alkohol	0,1	Fluorescenz verschwunden durch 0,5 ccm $^1/_{10}$ HCl.
Lackmus, gereinigt	1 : 10 Wasser	0,2	Durch 0,05 ccm $^1/_{10}$ HCl resp. 0,1 ccm $^1/_{10}$ KOH.
Azolithmin	1 : 100 Wasser	0,5	Durch 1,2 ccm $^1/_{100}$ HCl und 3 ccm $^1/_{100}$ KOH.
Apfelsinentinctur	1 : 5 Wasser	1,0	Verbraucht 0,1 ccm $^1/_{10}$ KOH.
Congoroth	1 : 100 30 proc. Spiritus	0,1	Verbraucht 0,7 ccm $^1/_{100}$ HCl und 0,6 ccm $^1/_{100}$ NH$_3$, dagegen 2,5 ccm $^1/_{100}$ KOH.
Rosolsäure	1 : 100 60 proc. Spiritus	0,5	Verbraucht 0,7 ccm $^1/_{100}$ HCl. - 0,8 - $^1/_{100}$ NH$_3$. - 4,1 - $^1/_{100}$ KOH.
Corallin	1 : 100 Wasser	0,5	Verbraucht 0,6 ccm $^1/_{100}$ HCl. - 0,8 - $^1/_{100}$ NH$_3$. - 2,8 - $^1/_{100}$ NaOH.
Carminsäure	1 : 100 Wasser	0,5	Verbraucht 0,7 ccm $^1/_{100}$ HCl. - 0,8 - $^1/_{100}$ NH$_3$. - 1,2 - $^1/_{100}$ NaOH.
Cochenilletinctur	1 : 80 Wasser	0,5	Verbraucht 3,0 ccm $^1/_{100}$ HCl. - 2,8 - $^1/_{100}$ NaOH.

Verwendet wurden für diese Versuche 100 ccm destillirtes Wasser, diese mit dem Farbstoff tingirt und nun von der Normalflüssigkeit zugesetzt bis zum deutlichen Farbenumschlag. Meist wurde bei der Verwendung von Säure wieder mit Base zurücktitrirt, mit Säure nochmals titrirt und dann eine andere Base verwendet, so dass in der Regel die Empfindlichkeit gegen Säure, gegen fixes Alkali und gegen Ammoniak festgestellt wurde.

2. Tabelle über die Empfindlichkeitsgrenze für **Reagenspapiere** nach Dieterich.

Reagenspapier aus:	x-fache Verdünnungen:			
	SO_3	HCl	KHO	NH_3
Lackmus (blau) . .	40 000	50 000	—	—
Lackmus (roth) . .	—	—	20 000	60 000
Curcuma	—	—	18 000	35 000
Alkanna (roth) . .	—	—	25 000	80 000
Alkanna (blau) . .	60 000	80 000	—	—
Blauholz	—	—	35 000	90 000
Fernambuk . . .	—	—	30 000	80 000
Georginen . . .	8 000	10 000	8 000	20 000
Heidelbeeren . .	—	—	6 000	15 000
Hollunderbeeren .	—	—	5 000	10 000
Kreuzbeeren . . .	—	—	15 000	35 000
Cochenille . . .	8 000	10 000	—	—
Rhabarber . . .	—	—	8 000	20 000
Zwiebelschalen . .	—	—	8 000	20 000
Phenolphtaleïn . .	—	—	20 000	—
Tropäolin	10 000	15 000	—	—
Rosolsäure . . .	—	—	20 000	90 000
Congoroth . . .	2 500	3 000	—	—

(Pharm. Centralhalle 1887, S. 498.)

Als sehr empfindlich darf nach Dieterich das Alkannapapier genannt werden; doch verliert es diese schätzbare Eigenschaft schon nach wenigen Tagen. Auch das sehr empfindliche Blauholzpapier hält sich nicht gut auf Lager. Das Congopapier ist wenig empfindlich. Lackmus und Curcumapapier ist vorläufig noch unübertroffen sowohl in Empfindlichkeit, als auch in Haltbarkeit.

3. Tabelle über die Empfindlichkeit von Stärkepapier, Jodkaliumstärkepapier, sowie mehreren **Reagenspapieren** zum Nachweis von Metallen.

	Fe (Fe_2Cl_6)	Cu $(CuSO_4$ $+5H_2O)$	F $(FeSO_4$ $+7H_2O$	Pb $(PbAc)$	Bi $[Bi(NO_3)_3$ $+5H_2O]$	Ag $(AgNO_3)$	Hg $(HgCl_2)$
Ferrocyankalium- papier							
a) auf Filtrirpapier	2 500	2 000	—	—	—	—	—
b) auf Postpapier	1 000	300	—	—	—	—	—
Ferricyankalium- papier							
a) auf Filtrirpapier	—	—	40 000	—	—	—	—
b) auf Postpapier	—	—	15 000	—	—	—	—
Rhodankalium- papier							
a) auf Filtrirpapier	5 000	—	—	—	—	—	—
b) auf Postpapier	5 000	—	—	—	—	—	—
Jodkaliumpapier							
a) auf Filtrirpapier	—	—	—	500	7 000	1 000	—
b) auf Postpapier	—	—	—	—	100	100	—
Kaliumchromat- papier							
a) auf Filtrirpapier	—	—	—	2 000	—	3 000	—
b) auf Postpapier	—	—	—	50	—	50	—
Schwefelzinkpapier							
a) auf Filtrirpapier	—	15 000	—	15 000	7 000	8 000	1 200
b) auf Postpapier	—	15 000	—	15 000	3 000	8 000	1 200

Die Grenze der Empfindlichkeit des Stärkepapiers bezifferte Dieterich auf eine Lösung von 1 Jod in 25 000 Wasser, die des Jodkaliumstärkepapiers auf eine Lösung von 1 Chlor in 30 000 Wasser.

Zur Herstellung des Ferrocyankaliumpapiers und der übrigen Papiere zum Nachweis der Metalle wurde Filtrirpapier mit der Lösung 1 : 250 der betreffenden Salze getränkt oder Postpapier damit bestrichen. Ueber die Herstellung des Schwefelzinkpapiers siehe l. c. Die Prüfung eines solchen Papiers wird so ausgeführt, dass das mit Filtrirpapier bereitete Reagenspapier 1 bis 2 Secunden lang in die betreffende Salzlösung eingetaucht und sodann die Färbung beobachtet wird. Das mit Postpapier hergestellte Reagenspapier wird mit 1 bis 2 Tropfen der Salzlösung betupft und auch hier nach 1 bis 2 Secunden die Färbung beobachtet.

Jod.

Jodum resublimatum, Jod (J. Atom-Gew. = 126,54).

Schwarzbraune, metallisch glänzende, vollständig trockene Tafeln, welche in Weingeist, Aether und Chloroform löslich sind und sich in der Hitze vollständig verflüchtigen.

Prüfung auf Verunreinigungen.

Aussehen etc.: Die Krystalle müssen gleichmässig schön, gross und trocken sein; in einem trockenen Glase geschüttelt, dürfen sie keine Partikel an der Glaswandung hängen lassen.

Rückstand: 1 g Jod hinterlässt bei vorsichtigem Erhitzen im Porzellanschälchen keinen Rückstand.

Cyan, Chlor und Brom: Werden 0,5 g zerriebenes Jod mit 20 ccm Wasser geschüttelt und filtrirt, ein Theil des Filtrats mit Zehntel-Normal-Natriumthiosulfatlösung bis zur Entfärbung, dann mit 1 Körnchen Ferrosulfat, 1 Tropfen Eisenchloridlösung und etwas Natronlauge versetzt und gelinde erwärmt, so darf sich die Flüssigkeit auf Zusatz von überschüssiger Salzsäure nicht blau färben. Der andere Theil des Filtrates liefere, mit überschüssiger Ammoniakflüssigkeit versetzt und mit überschüssiger Silberlösung ausgefällt, ein Filtrat, das nach dem Uebersättigen mit Salpetersäure nur eine Trübung, aber keinen Niederschlag gebe.

Anmerkung. Zu letzterer Prüfungsvorschrift auf Chlor und Brom, welche der Pharm. Germ. III entnommen ist, bemerkt Salzer (Pharm. Ztg. 1891, S. 472), dass es geboten erscheint, bestimmte Verhältnisse einzuhalten; man soll etwa 10 ccm der wässerigen Lösung mit 1 ccm Ammoniak (0,96 spec. Gew.) und 5 Tropfen Silberlösung (1 : 19) versetzen, filtriren und dann ansäuern. Nimmt man zu wenig Ammoniak, so wird das etwa später gebildete Chlorsilber nicht gelöst und entgeht dem Nachweise. Ueber Prüfung auf Cyan vergl. auch Meineke, Zeitschr. anorgan. Chemie 1892, Bd. 2, S. 165 ff.

Brom: Siehe nachfolgend unter „Quantitative Bestimmung".
Das resublimirte Jod *muss 99- bis 100procentig sein*.

Anmerkung. Das *Wasser* wird nach Meineke (Chem.-Ztg. 1892, S. 1149) durch Ueberschichten des Jods mit ausgeglühtem Silberpulver und Erhitzen bestimmt. Das rückständige Jodsilber wird gewogen.

Quantitative Bestimmung.

Dieselbe wird gewöhnlich durch Lösen eines bestimmten Quantums Jod in Jodkalium und Titriren der Lösung mit Zehntel-Normallösung von Natriumthiosulfat in bekannter Weise ausgeführt. Es entspricht 1 ccm der genannten Normallösung 0,012654 Jod.

Am bequemsten verfährt man bei der quantitativen Untersuchung des resublimirten Jods in der Weise, dass man den Titer einer Lösung von unterschwefligsaurem Natron mit einem nach der Methode von Stas gereinigten und über Schwefelsäure getrockneten oder geschmolzenen Jod feststellt und nun diese Normallösung von unterschwefligsaurem Natron zur Untersuchung des resublimirten Jods verwendet.

Nach Topf (Zeitschr. f. analyt. Chemie 1887, S. 288 ff.) wird der Jodgehalt im käuflichen (chlorhaltigen) Jod dadurch bestimmt, dass man das Jod in Natronlauge löst, Natriumbisulfitlösung und darauf Eisenchloridlösung hinzufügt, die Flüssigkeit mit Salzsäure übersättigt und so lange destillirt, bis alles Jod übergegangen ist. Dasselbe wird in Jodkaliumlösung aufgefangen und nun in üblicher Weise mit Natriumthiosulfatlösung titrirt. Die genaue Beschreibung der Methode siehe in der Abhandlung von Topf (l. c.).

Die Bestimmungsweise von Topf ist eine Modification des ursprünglichen Verfahrens von Duflos, nach welchem Jod neben Brom und Chlor in Jodiden und in Jodwasserstoffsäure indirect mit Eisenchlorid bestimmt wird; dieses Verfahren beruht darauf, dass beim Erhitzen der Lösung eines Jodids oder der Jodwasserstoffsäure mit Eisenchlorid (oder besser mit einer sauren Lösung von schwefelsaurem Eisenoxyd) alles Jod frei wird, indem Eisenoxydulsalz entsteht. Durch Eisenchloridlösung erleidet das Bromkalium selbst bei 100^0 keine Zersetzung (E. Schmidt). Man destillirt nach Duflos so lange, bis keine violetten Dämpfe mehr entweichen, und fängt das Jod in Jodkaliumlösung auf, um es mit Natriumthiosulfatlösung zu bestimmen. Näheres siehe die Abhandlung von Topf (l. c.).

G. Weiss (Repert. analyt. Chemie Bd. 5, S. 202, 238—239 aus Chemische Industrie 1885, S. 398) macht auf einen starken (3 Proc.) Bromgehalt aufmerksam, welchen er in einem käuflichen

Jod beobachtet hat. Derselbe erwärmt zur Trennung von Jod, Brom und Chlor die Substanz unter Durchleiten eines Luftstromes mit einem Ueberschuss von mässig concentrirter Ferrisulfatlösung, fängt das Jod ebenfalls in concentrirter Jodkaliumlösung auf und titrirt es mit unterschwefligsaurem Natrium. Der Rückstand wird gekühlt, mit Kaliumpermanganat versetzt, unter Durchleiten eines Luftstromes auf 50—60⁰ C. erwärmt und das dabei sich entwickelnde Brom in Ammoniak aufgefangen; das Brom kann durch Titration bestimmt werden. Das Chlor wird aus der Gesammtbestimmung von Jod, Brom und Chlor berechnet.

Ueber die Trennungsmethoden von Chlor, Jod und Brom vergleiche auch die Handbücher der analytischen Chemie (u. A. Fresenius, Anleitung zur quantitativen Analyse, 6. Aufl., S. 481 ff.), ferner in dieser Schrift den Abschnitt über „Kalium jodatum".

Hat man die drei Halogene als Salze (Jodide, Chloride, Bromide), so eignet sich zur Trennung auch sehr das gewichtsanalytische Verfahren mit Palladium.

Man fällt aus der mit Salzsäure schwach angesäuerten Lösung das Jod mit Palladiumchlorür als Palladiumjodür und trocknet und wägt es als solches. Will man im Filtrat das Chlor bestimmen, so nimmt man zur Fällung salpetersaures Palladiumoxydul statt Chlorür*), entfernt aus dem Filtrat das Palladium mit Schwefelwasserstoff, zerstört diesen und fällt Chlor und event. Brom mit salpetersaurem Silber. Man darf in letzterem Falle auch nicht mit Salzsäure ansäuern. Der Niederschlag von Palladiumjodür verbleibt in der Flüssigkeit 1 bis 2 Tage, ehe man ihn abfiltrirt.

Man trocknet das Palladiumjodür bei 100⁰ C., bei welcher Temperatur es höchstens eine Spur Jod verliert; es besteht aus 29,58 Proc. Pd und 70,42 Proc. J. Das PdJ_2 löst sich nicht in Wasser und auch nicht in verdünnter Salzsäure. An der Luft ist das PdJ_2 unveränderlich.

Anwendung und Aufbewahrung (Normal-Jodlösung).

Das Jod dient zur Herstellung der Jodlösung, welche besonders als Normal-Jodlösung zu den verschiedensten quantitativen Bestimmungen organischer und anorganischer Stoffe gebraucht wird.

---

*) In Bromkaliumlösung erzeugt nach E. Schmidt salpetersaures Palladium einen Niederschlag, Palladiumchlorürlösung verursacht dagegen keine Fällung.

Bei mikroskopischen Untersuchungen dient das Jod zum Nachweis von Stärke und in Verbindung mit Schwefelsäure zur Erkennung von Amyloid und Cellulose, unter anderm auch zur praktischen mikroskopischen Papierprüfung (Rep. d. chem. Ztg. 1889, S. 155). Auch in der organischen Synthese findet das Jod vielfach Anwendung.

Das Jod muss in einem kalten Raum und unter gutem Verschluss aufbewahrt werden. Nach Topf hat es als Urmaass zur Titerstellung den Nachtheil, dass es sich nicht mit Sicherheit längere Zeit unverändert aufbewahren lässt, nicht weil es, wie behauptet worden ist, hygroskopisch wäre*), sondern weil man es schwer vor Einwirkung von Staubtheilen schützen kann, die zunächst am Glasstopfen mit dem sublimirten Jod zusammentreffen, dort braune Schmieren bilden, die endlich auch die innere Wandung des Glases überziehen.

Auch die **Jodlösung** verändert bei längerem Stehen ihren Gehalt. Aus diesen Gründen schlagen Topf, Thon und auch Meineke vor, an Stelle des Jods als Urmaass für die Jodometrie das neutrale jodsaure oder das saure jodsaure Kali (siehe dieses) zu verwenden.

Fresenius (Quant. Analyse Bd. I, S. 490) bemerkt, dass sich die Normal-Jodlösung auch bei bestem Aufbewahren im Kühlen und im Dunkeln viel mehr verändert, als man früher annahm. Man muss daher den Gehalt der Lösung stets kurz vor dem Gebrauch bestimmen.

Ueber Feststellung des Titers der Jodlösung bezw. Thiosulfatlösung mit absolut reinem Jod (nach Stas) siehe Fresenius (l. c.).

Handelssorten.

Neben dem reinen, resublimirten Jod in dünnen Tafeln gelangt das gewöhnliche Jod in den Handel und zwar als englisches und französisches Jod. Dasselbe kommt bisweilen wasserhaltig und mit Sand verunreinigt vor.

Das Jod. resublimat. ist nicht selten chlor-, brom- und cyanhaltig. Das englische Rohjod soll reiner sein als das französische. Tissandier fand bei Analysen von Rohjod den Gehalt an Jod zwischen 76,21 Proc. und 94,12 Proc.

---

*) Auch nach Meineke (Chem.-Ztg. 1892, S. 1121) zieht das Jod, sogar wenn es längere Zeit feuchter Luft ausgesetzt wird, nur sehr geringe Mengen von Wasser an.

Wittstein fand in einem käuflichen Jod 28,75 Proc. Jodcyan (Graham-Otto). Nach Untersuchungen des Verfassers befindet sich jedoch auch als Jodum anglicum sehr reines, ca. 98—99 proc. und noch besseres Jod im Handel.

Bezüglich der Untersuchung des käuflichen Jods sei hier noch bemerkt, dass man beim Titriren mit Normalnatriumthiosulfatlösung oft zu hohe Werthe erhält, was auf eine Verunreinigung durch Chlor und Brom schliessen lässt.

Meineke erhielt bei einem solchen unreinen Handelsjod einen jodometrischen Werth von 100,5 Proc. Man untersucht daher das Handelsjod nach den Methoden von Topf oder Weiss (siehe S. 147).

Jod, reinstes für die Jodometrie.

Dieses Präparat muss 99,98 bis 100 Procent Jod enthalten. Es soll nur mit genauer Angabe des Gehaltes bezw. der Reinheit in den Handel gelangen. Es wird nach der Methode von Stas oder nach Meineke hergestellt. Näheres über die Darstellung und Prüfung siehe Meineke, Chem.-Ztg. *16*, 1219—20, 1230—33.

Das nach der Stas'schen oder Meineke'schen Methode gereinigte Jod dient als Urmaass für die Jodometrie. Es wird in mit Glasstopfen gut verschlossenen kleinen Flaschen im kalten Raume aufbewahrt (siehe weiteres auch unter Jod).

Jodeosin (Erythrosin), $C_{20}H_8J_4O_5$

wird nach Mylius und Förster (Berichte d. d. chem. Ges. 1891, Bd. 24, S. 1483) bei Bestimmung sehr kleiner Mengen von Alkali (z. B. für die Bestimmung derjenigen Mengen, welche aus Gläsern bei Berührung mit Wasser in Lösung gehen) als Indicator verwendet.

Zur Reinigung wird das käufliche Product in wässerigem Aether gelöst und aus der filtrirten Lösung mit verdünnter Natronlauge ausgeschüttelt. Aus der alkalischen Lösung fällt man das Natronsalz mittelst stärkerer Natronlauge aus. Der ziegelrothe Niederschlag wird mit Spiritus ausgewaschen und aus heissem Alkohol umkrystallisirt. Die wässerige Lösung des Natronsalzes wird nun mit Salzsäure gefällt und der Niederschlag gründlich ausgewaschen.

Das bei 120° getrocknete Präparat hat dann die obige Zusammensetzung.

Nur für die Bestimmung geringster Mengen Alkali, z. B. wenn es sich, wie im oben genannten Falle, um Titeration mit $^1/_{1000}$-Normallösung handelt, wird das Jodeosin angewendet.

Die Titeration führt man zweckmässig in einem Stöpselfläschchen aus, in dem man 50 bis 100 ccm der zu prüfenden Lösung mit 10 bis 20 ccm einer ätherischen Lösung des Jodeosins versetzt, welch letztere nicht mehr als 2 mg des Farbstoffs im Liter enthält. Ist freies Alkali vorhanden, so erscheint nach dem Umschütteln die untere Schicht rosa gefärbt. Das Nähere über die Ausführung der Analyse siehe l. c.

Jodsäure.

Acid. jodicum pur. (JO$_3$H. Molecular-Gew. = 174,43).

Farblose, in Wasser leicht lösliche Kryśtalle.

Unlöslich in Aether und Alkohol. Reducirende Substanzen, nicht aber Chlorwasser, spalten aus Jodsäure energisch Jod ab.

Prüfung auf Verunreinigungen.

Rückstand: 2 g hinterlassen beim Erhitzen keinen wägbaren Rückstand.

Löslichkeit: Das Präparat löst sich klar in Wasser.

Quantitative Bestimmung.

0,1 g Jodsäure oder jodsaures Kalium werden in ca. 100 ccm Wasser gelöst, überschüssiges Jodkalium und verdünnte Schwefelsäure oder Salzsäure zugegeben, alsdann die Menge des frei gewordenen Jods durch $^1/_{10}$ unterschwefligsaures Natrium unter Zuhülfenahme von Stärkelösung als Indicator bestimmt. (Vergl. Fresenius, Quantit. Analyse, 6. Aufl., 1. Bd., S. 389; oder Mohr, Titrirmethode, 6. Aufl., S. 343.)

Anwendung.

Die wässerige Lösung der Jodsäure ist ein kräftiges Oxydationsmittel; sie wird in der organischen Synthese gebraucht. Sie ist ein charakteristisches Reagens für Morphium.

Handelssorten.

Neben der Jodsäure, HJO_3, kommt das **Anhydrid** ($J_2 O_5$) in den Handel.

Jodwasserstoffsäure.

Acid. hydrojodicum pur.　(HJ.　Molecular-Gew. $= 127,54$).

Farblose Flüssigkeit, welche durch Sauerstoffaufnahme an der Luft bald gelb wird.　Spec. Gew. 1,50.

Prüfung auf Verunreinigungen.

Rückstand:　5 g hinterlassen beim Erhitzen höchstens Spuren von Rückstand.

Metalle und Erden:　10 g werden mit 100 ccm Wasser verdünnt; nach dem Einleiten von überschüssigem Schwefelwasserstoff in diese Flüssigkeit darf sich kein gefärbter Niederschlag zeigen; ebenso zeigt sich nach Zugabe von Ammon, Schwefelammon und oxalsaurem Ammon zu der verdünnten Jodwasserstoffsäure kein Niederschlag.

Chlorwasserstoffsäure und Bromwasserstoffsäure: Um auf einfache Weise zu untersuchen, ob grössere Mengen der genannten Stoffe zugegen sind, neutralisirt man die Jodwasserstoffsäure mit reinem Kalihydroxyd, verdampft zur Trockne und behandelt das auf diese Weise erhaltene Jodkalium, nachdem es zerrieben und getrocknet ist, mit 12 Th. 92procentigem Spiritus, worin es sich lösen muss. Bromkalium und besonders Chlorkalium sind bekanntlich in Spiritus schwer löslich und würden daher bei dieser Behandlung zum grössten Theile zurückbleiben.

Anmerkung. Die Thatsache, dass Chlorsilber in Ammon leicht löslich ist, Bromsilber dagegen viel weniger leicht, während Jodsilber sich in Ammon fast gar nicht löst, kann ebenfalls zum Nachweis der Chlorwasserstoffsäure benutzt werden. Man fällt die verdünnte Jodwasserstoffsäure mit salpetersaurem Silber, giebt überschüssiges Ammon zu, schüttelt durch und filtrirt. Lässt die ablaufende Flüssigkeit beim Uebersättigen mit Salpetersäure einen Niederschlag entstehen, so war in der Jodwasserstoffsäure Chlorwasserstoffsäure zugegen. Eine Trübung muss gestattet werden.

Ueber den Nachweis von Chlor und Brom in Jod und Jodverbindungen siehe auch unter „Jod“ und unter „Kaliumjodat“ in dieser Schrift. Ueber die quantitative Bestimmung einer etwaigen Verunreinigung der Jodwasserstoffsäure mit HCl oder HBr siehe ferner: Fresenius, Handbuch der quantitativen Analyse, 6. Aufl., Bd. 1, S. 481 ff. und 661 ff.

Schwefelsäure: Prüfung wie bei Bromwasserstoffsäure S. 70.

Quantitative Bestimmung.

Der Gehalt wird durch das spec. Gew. oder alkalimetrisch bestimmt.

Volumgewicht der Jodwasserstoffsäure bei $+ 15^0$ (Wright).

Vol.-Gew.	Proc. HJ	Vol.-Gew.	Proc. HJ	Vol.-Gew.	Proc. HJ
1,000	0	1,187	20	1,438	40
1,045	5	1,239	25	1,533	45
1,091	10	1,296	30	1,650	50
1,138	15	1,361	35	1,700	52

Weitere Methoden zur quantitativen Bestimmung der Jodwasserstoffsäure sind in Fresenius, Quantit. Analyse, Bd. 1, S. 481 ff. und S. 661 ff. angegeben. Siehe ferner in dieser Schrift den Abschnitt „Kalium jodatum".

Anwendung und Aufbewahrung.

Die Jodwasserstoffsäure ist ein kräftiges Reductionsmittel und wird bei vielen organischen Synthesen angewendet. Zur Bestimmung und zum Nachweis der salpetrigen Säure ist von Kuhlmann Jodwasserstoffsäure vorgeschlagen. (Repertor. der Chem.-Ztg. 1888, S. 269.) R. Benedikt (Chem.-Ztg. 1892, S. 43) verwendet eine Jodwasserstoffsäure von 1,70 spec. Gew. bei der Analyse des Bleisulfats.

Man bewahrt die Säure vor Licht geschützt in gut verschlossenen Flaschen auf.

Handelssorten.

Dieselben zeigen ein spec. Gew. von 1,50 und 1,70. Sie sind durch O-Aufnahme meistens gelb gefärbt. Diese Zersetzung der HJ durch den O der Luft erfolgt in verdünnter und concentrirter Lösung leicht; das dabei frei werdende Jod bleibt anfangs in Lösung und krystallisirt, nachdem die Lösung gesättigt ist, heraus. Verfälschungen der Handelssorten hat Verf. noch nicht beobachtet.

Kaliumacetat.

Kalium aceticum puriss. ($CH_3 CO_2 K.$
Molecular-Gew. $= 97,89$).

Weisses, an der Luft zerfliessliches, in Wasser und Alkohol leicht lösliches krystallinisches Pulver.

Prüfung auf Verunreinigungen.

Neutral und klar löslich: Die wässerige Lösung muss klar sein, sie darf Phenolphtaleïn nicht röthen.

Erden, Metalle, Schwefelsäure und Chlorid: Die wässerige Lösung (1 : 20) werde weder durch Natriumcarbonat noch durch Ammoniumoxalat, noch durch Bariumchlorid verändert. Schwefelwasserstoff darf die Lösung weder färben noch fällen. Silbernitratlösung darf in der wässerigen, mit Salpetersäure angesäuerten Lösung (1 : 20) höchstens eine sehr geringe Trübung hervorbringen.

Das Salz färbt die Flamme violett.

Quantitative Bestimmung.

Ueber die quantitative Prüfung der Acetate siehe unter Natriumacetat in diesem Buche.

Anwendung und Aufbewahrung.

Man verwendet das Salz zum Nachweis der Weinsäure. Es wird in einem gut verschlossenen Glase aufbewahrt.

Kaliumbicarbonat.

Kalium bicarbonic. puriss. cryst., doppelt kohlensaures Kalium ($KHCO_3$. Molecular-Gew. $= 99,88$).

An der Luft unveränderliche Krystalle, welche sich in 4 Theilen Wasser lösen.

Prüfung auf Verunreinigungen und Quantitative Bestimmung.

Die Prüfung auf Reinheit siehe S. 164 und 179 bei Kaliumcarbonat und bei Kaliumhydroxyd (Kalium hydric. puriss.), daselbst siehe auch die quantitative Bestimmung.

Anwendung.

Da das Kaliumbicarbonat in Folge seiner Eigenschaft leicht zu krystallisiren in sehr reiner Form gewonnen werden kann, so verwendet man es häufig an Stelle des Kaliumcarbonats in der Analyse. So nimmt Mohr bei Herstellung der Normallösung von arsenigsaurem Kalium statt Kaliumcarbonat das Bicarbonat (siehe auch Arsenige Säure S. 42).

Handelssorten.

Neben dem sehr reinen Kalium bicarbonic. puriss. finden sich die geringen, meist chlorid- und sulfalthaltigen Sorten im Handel.

Kaliumbichromat.

Kalium bichromicum puriss., saures chromsaures Kalium
$$(K_2Cr_2O_7. \quad \text{Molecular-Gew.} = 294,68).$$

Anmerkung. Ueber das Atomgewicht des Chroms vergleiche auch die Arbeit von Meineke (Liebig's Annalen 1891, S. 339 ff.).

Grosse, rothe Krystalle, welche klar in Wasser löslich sind.

Prüfung auf Verunreinigungen.

Man ermittelt den Gehalt an Chrom nach der unten (siehe Anwendung) benannten Methode.

Schwefelsäure: 3 g werden in 100 ccm Wasser gelöst; die Lösung zeigt nach Zusatz von Salzsäure und Chlorbarium nach 12 stündigem Stehen keine Veränderung.

Anmerkung. Man darf zu vorstehender Prüfung nicht zu wenig Salzsäure nehmen, da sonst durch Abscheidung von chromsaurem Baryt Täuschungen vorkommen können.

Es ist für die Verwendung des Kaliumbichromats zur Oxydation organischer Körper behufs der Bestimmung ihres Schwefelsäuregehaltes durchaus nothwendig, dass das Salz vollständig schwefelsäurefrei ist. Man führt bisweilen die Prüfung auf Schwefelsäure auch noch so aus, dass man das Salz mit Salzsäure und Alkohol vollständig reducirt, nun erst Chlorbarium zusetzt und nach 12 stündigem Stehen beobachtet, ob sich ein Niederschlag zeigt. In dieser Weise lässt Fresenius das Gemenge von chromsaurem Kali, chromsaurem Natron und kohlensaurem Natron prüfen, das zu S-Bestimmungen in der Elementaranalyse dient.

Auch Mohr (Lehrbuch der Titrirmethode, 6. Aufl., S. 265) lässt die Chromsäure vor der Prüfung reduciren, da sie mit Barium das in verdünnten Säuren schwer lösliche $BaCrO_4$ bildet.

Nach Post, Chem.-techn. Analyse, verfährt man behufs genauer quantitativer Bestimmung in der Weise, dass man das Salz in Wasser löst, durch Bariumchlorid Bariumsulfat und -Chromat gemeinschaftlich fällt und alsdann durch Erhitzen mit Salzsäure und Alkohol reducirt. Das Bariumchromat geht hierbei unter Reduction der Chromsäure zu Chromchlorid über. Das zurückbleibende Bariumsulfat muss mehrmals mit Salzsäure ausgekocht und gut gewaschen werden. Eine Reduction der Chromsäure vor der Fällung mit Bariumchlorid hält Post nicht für zulässig, weil sich ein Theil der Schwefelsäure in Form von Aethylschwefelsäure der Abscheidung entziehen könnte.

Man kann zur Prüfung auf Schwefelsäure das Kaliumbichromat auch in Wasser lösen und mit Chlorbarium versetzen; der entstandene Niederschlag muss sich in reiner Salzsäure vollkommen klar lösen.

Chlor: Die verdünnte, mit Salpetersäure versetzte und erwärmte Lösung darf durch Zusatz einiger Tropfen Silbernitratlösung nicht verändert werden.

Klare Löslichkeit und alkalische Erden: 2 g lösen sich klar in ca. 30 ccm Wasser; diese Lösung zeigt auf Zusatz von Ammoniak und oxalsaurem Ammoniak auch nach längerem Stehen keine Trübung.

Quantitative Bestimmung.

Siehe unter Natriumbichromat in diesem Buche, ferner unter Anwendung nachstehend.

Anwendung.

Das Kaliumbichromat wird in der Elementaranalyse sowohl für Kohlenstoff-, Wasserstoff- und Stickstoffbestimmungen als auch für Bestimmung des Schwefels verwendet. Für letztere Zwecke muss das Präparat absolut frei von Schwefelsäure sein (siehe oben). Auch sonst wird das Salz im Laboratorium häufig als Reagens, besonders als Oxydationsmittel, ähnlich wie die Chromsäure (siehe diese) gebraucht. Chloride werden bisweilen durch Destillation der Substanz mit Kaliumbichromat und conc. Schwefelsäure nachgewiesen. Das hierbei in Anwendung kommende Kaliumbichromat muss chlorfrei sein.

Das Kaliumbichromat dient auch zur Herstellung einer Normallösung für Eisen-, Chrom-, Uran-Bestimmung etc. Es dient ferner zum Nachweis des Bleies und zur Bestimmung von Blei, Wismuth etc. nach der gasometrischen Methode von Baumann, endlich findet das Salz bei der Identitätsreaction des Strychnins Verwendung.

Ein reines Präparat stellte Meineke her, indem er eine bestimmte Menge schwefelsäurefreie Chromsäure mit reinstem Kaliumhydroxyd genau neutralisirte, der Lösung die gleiche Menge Chromsäure hinzufügte, 6 Mal umkrystallisirte und schliesslich in einem Bade von Kaliumdichromat schmolz (Liebig's Annalen 1891, S. 357). Die Reinheit dieses Präparates wurde durch jodometrische Bestimmung nach der auf der Umsetzung zwischen Chromsäure und Jodkalium beruhenden Methode von Zulkowski festgestellt.

Die Resultate der Analysen von Meineke siehe l. c. Zur Herstellung von **Normallösungen** soll ein Präparat verwendet werden, dessen Chromgehalt mit dem von Meineke untersuchten Salze übereinstimmt. Man prüft dieses Bichromat auf die Richtigkeit seiner Zusammensetzung durch Bestimmung des Chromgehaltes nach Zulkowski (siehe Liebig's Annalen 1891, l. c.).

Handelssorten.

Die gewöhnlichen Sorten des käuflichen sauren chromsauren Kaliums enthalten oft erhebliche Mengen von Schwefelsäure. Sie sind 98 bis 99 procentig und kommen mit einem garantirten CrO_3-Gehalt von ca. 68 Proc. in den Handel.

Kaliumbijodat.

Kalium bijodicum puriss., saures jodsaures Kalium
($KJO_3 + HJO_3$. Molecular-Gew. $= 388,87$).

Weisse Krystalle, welche sich in 18,66 Theilen Wasser bei 17° C. klar lösen.

Prüfung auf Verunreinigungen.

Das Salz muss 100 procentig sein.
Es muss klar in Wasser löslich sein.

Quantitative Bestimmung und Anwendung.

Nach C. Meineke (Liebig's Annalen 1891, S. 363) kann das Kaliumbijodat als Urmaass auch für die subtilsten Untersuchungen an Stelle des Jodes treten. Das Salz hat, wie oben bemerkt, die Zusammensetzung KHJ_2O_6. Auf seine richtige Zusammensetzung prüft man durch Bestimmung der Acidität unter Anwendung von Phenolphtaleïn durch zehntelnormale Kalilauge. Ferner wird der Gehalt an Jodsäureanhydrid nach der Umsetzungsformel:

$$KHJ_2O_6 + 10\,KJ + 11\,HCl = 11\,KCl + 6\,H_2O + 12\,J$$

aus der Menge des durch Salzsäure aus Jodkalium abscheidbaren Jodes berechnet. Beispiele für die Analyse siehe Meineke l. c.

Zur Controle bestimmt man nach Meineke auch die Menge des durch Jodkalium ohne Salzsäure aus dem Bijodat abscheidbaren Jods, welche genau $1/_{12}$ der mit Salzsäure gefundenen Menge Jod betragen muss.

Eine Kaliumbestimmung im Bijodat wird durch Zersetzen des letzteren mit Salzsäure und Wägen des gewonnenen Chlorkaliums ausgeführt.

Handelssorten.

Das Präparat wird nach Meineke (l. c.) besonders von der Firma E. Merck in absolut reinem Zustande in den Handel gebracht. Meineke fand im Kaliumbijodat Merck einen Gehalt von 100,001—100,010 Proc. Bijodat.

Kaliumbisulfat.

Kalium bisulfuric. puriss., saures schwefelsaures Kalium
(SO_4HK. Molecular-Gew. $= 135,85$).

Farblose Krystalle, welche sich klar in Wasser lösen.

Prüfung auf Verunreinigungen.

Schwere Metalle etc.: Die Lösung (1 : 20) ist klar und wird weder durch Schwefelwasserstoffwasser, noch durch Ammon und Schwefelammon verändert.

Chlorid: Die Lösung (1 : 30) in Wasser zeigt auf Zusatz von salpetersaurem Silber keine Trübung.

Arsen: Man prüft, wie bei Natriumcarbonat angegeben ist, im Marsh'schen Apparat unter Anwendung von 2 g Kaliumbisulfat.

Quantitative Bestimmung.

Die Schwefelsäure bestimmt man gewichtsanalytisch durch Ausfällen der wässerigen Lösung mit Chlorbarium oder maassanalytisch mit Normalalkalilauge. 1 ccm Normalalkali $= 0,13585$ $KHSO_4$.

Zur Bestimmung des Kaliums giebt man zu der wässerigen Lösung vorsichtig Chlorbarium, bis nur noch Spuren Schwefelsäure vorhanden sind, filtrirt, dampft das Filtrat ein und fällt in üblicher Weise mit Platinchlorid das Kalium.

Anwendung und Aufbewahrung.

Man verwendet das Kaliumbisulfat zum Aufschliessen von Mineralien. Es wird in gut verschlossenen Glasflaschen aufbewahrt.

Handelssorten.

Neben dem reinen Salze befindet sich im Handel das rohe Kaliumbisulfat, welches als Nebenproduct bei verschiedenen Fabrikationszweigen gewonnen wird.

Kaliumbitartarat.

Cremor Tartari pur., Weinstein $(C_4H_5KO_6.$
Molecular-Gew. $= 187,67)$.

Geruchloses, weisses, krystallinisches Pulver, in 20 Theilen siedendem und in ca. 200 Theilen kaltem Wasser löslich. Unlöslich in Alkohol.

Prüfung auf Verunreinigungen.

Sulfat und Chlorid: Die wässerige Lösung $(1:20)$ erzeuge nach Zusatz von verdünnter Salpetersäure und Filtration mit Bariumchlorid keine Veränderung und mit Silbernitrat höchstens eine minimale Trübung.

Metalle: Die Lösung in verdünntem Ammoniak werde durch Schwefelwasserstoffwasser nicht gefärbt oder gefällt.

Kalk: Wird 1 g Weinstein mit 5 ccm verdünnter Essigsäure unter wiederholtem Umschütteln eine halbe Stunde hingestellt, dann mit 25 ccm Wasser gemischt, und nach dem Absetzen der Flüssigkeit klar abgegossen, so darf dieselbe, auf Zusatz von wenig Ammoniumoxalatlösung, innerhalb einer Minute keine Veränderung zeigen.

Ammoniak: Beim Erwärmen mit Natronlauge darf der Weinstein kein Ammoniak entwickeln.

Quantitative Bestimmung.

Einfache Methoden sind u. A. in Mohr's Lehrbuch der Titrirmethode, 6. Aufl., angegeben. Siehe auch bei Kaliumbitartarat unten.

Anwendung und Aufbewahrung.

Der reine Weinstein, welcher den Anforderungen des deutschen Arzneibuches entspricht, wird zur Herstellung des chemisch reinen Präparates verwendet (siehe nachfolgend). Man bewahrt ihn in verschlossenen Glasflaschen auf.

Handelssorten.

Neben dem reinen Weinstein, Cremor Tartari pur., kommt der gereinigte venedische Weinstein und der französische Weinstein in den Handel. Beide Sorten enthalten noch mehr oder weniger Calciumtartarat.

Kaliumbitartarat
zur Titerstellung von Normallösungen.

Das Kaliumbitartarat, $KC_4H_5O_6$, 187,67, der chem. reine Weinstein ist von Bornträger zur Titerstellung vorgeschlagen. Bornträger empfiehlt denselben zur endgültigen Titerstellung sowohl der Laugen als der Säuren. Zu seiner Darstellung erhitzt man weissen Cremor tartari mehrere Stunden mit 1 Theil Wasser und $^1/_{10}$ Theil Salzsäure vom specifischen Gewicht 1,13, lässt unter Umrühren erkalten, wäscht den Niederschlag vollkommen, krystallisirt ihn aus reinem Wasser um und trocknet ihn bei 100^0. Als rein wird das Product angesehen, wenn es direct eben so viel Normallauge wie nach dem vorsichtigen Calciniren Normalsäure sättigt und überdies der Versuch an beiden Flüssigkeiten der Theorie entspricht. Zu letzterer Untersuchung verwendete Bornträger eine Normalsalzsäure, welche auf wasserhellen isländischen Doppelspath eingestellt worden war und stellte nach dieser Normalsäure die nothwendige Normallauge ein. Um, wie oben angegeben, den chem. reinen Weinstein auch zur Prüfung der Stärke der sämmtlichen Normalsäuren anzuwenden, wird eine abgewogene Menge desselben in gelinder Hitze verkohlt, der Platintiegel sammt Inhalt in einem bedeckten Becherglase mit Wasser ausgelaugt und allmählich die betreffende Normalsäure hinzugegeben, bis die Reaction nach dem Kochen schwach, aber deutlich sauer ist, um dann mit Normallauge zurückzutitriren, bis empfindliches (violettes) Lackmuspapier genau den Eintritt der neutralen Reaction zeigt. Beiläufig bemerkt, sättigen 3,7626 g Kaliumbitartarat, resp. die daraus entstehende Menge von kohlensaurem Kalium, 20 ccm Normallauge resp. Normalsäure.

Kaliumbromat.

Kalium bromicum puriss., Bromsaures Kalium ($KBrO_3$. Molecular-Gew. $= 166,67$).

Farblose, in Wasser schwer lösliche Krystalle.

Prüfung auf Verunreinigungen.

Die Reinheit des Präparates wird durch die quantitative Untersuchung festgestellt. Es soll 100procentig sein.

Quantitative Bestimmung.

Man löst 0,1 g des getrockneten Präparates in Wasser, giebt einige g Jodkalium sowie ca. 15 ccm Salzsäure hinzu und titrirt das ausgeschiedene Jod mit $^1/_{10}$-Normalthiosulfatlösung. 1 ccm $^1/_{10}$-Normalthiosulfatlösung $= 0,0027778$ bromsaures Kalium.

Anwendung.

Das Salz dient zur quantitativen Bestimmung der Carbolsäure.

Nach Feit und Kubierschky (Chem.-Ztg. 1891, S. 351) ist die Bromsäure ein besonders energisches Oxydationsmittel; sie kann daher sehr zweckmässig bei der quantitativen Bestimmung des Schwefelwasserstoffs, der schwefligen Säure, der Oxalsäure etc. benutzt werden. Man verwendet zu solchen Bestimmungen das Kaliumbromat. (Näheres siehe l. c.)

Handelssorten.

Stark bromkaliumhaltige Präparate sind schon vielfach im Handel angetroffen worden.

Kaliumbromid.

Kalium bromatum puriss., Bromkalium (Ka Br.
Molecular-Gew. $= 118,79$).

Luftbeständige, farblose, glänzende Würfel oder farbloses Krystallpulver. Leicht löslich in Wasser. Die wässerige Lösung sei neutral.

Prüfung auf Verunreinigungen.

Bromsaures Kalium und kohlensaures Kalium: Zerriebenes Kaliumbromid, auf weissem Porzellan ausgebreitet, darf sich auf Zusatz weniger Tropfen verdünnter Schwefelsäure nicht sofort gelb färben und darf, auf befeuchtetes rothes Lackmuspapier gebracht, das letztere nicht sofort violettblau färben.

Anmerkung. Mittelst der vorstehenden Reaction, welche nach der Formel:

$$2 \, K \, Br \, O_3 + H_2 \, SO_4 = K_2 \, SO_4 + 2 \, H \, Br \, O_3,$$

ferner

$$5 \, H \, Br + Br \, O_3 \, H = 3 \, H_2 \, O + 3 \, Br_2$$

von statten geht, lassen sich noch 0,02 Proc. Kaliumbromat erkennen. Zur Prüfung auf die geringsten Spuren Bromat löse man das Salz in Wasser, füge einige Tropfen Stärkelösung und verdünnte Schwefelsäure hinzu, wodurch bei Gegenwart von Bromat blaue Färbung eintritt.

Schwefelsaures Kalium, Metalle und Barium: Die wässerige Lösung (1 : 20) darf weder durch Schwefelwasserstoffwasser, noch durch Bariumnitratlösung, noch durch verdünnte Schwefelsäure verändert werden.

Jodid: 5 ccm der Lösung (1 : 20), mit einigen Tropfen Eisenchloridlösung vermischt und alsdann mit wenig Chloroform versetzt, dürfen letzteres nach dem Umschütteln nicht violett färben.

Anmerkung. Ueber die Prüfung auf Jodide siehe auch unter Acid. hydrobromic. puriss.

Chlorid: Siehe bei Bromwasserstoffsäure S. 70, ferner nachfolgend bei Quantitative Bestimmung.

Natrium: Am Platindraht erhitzt, muss das Salz die Flamme von Beginn an violett färben.

Quantitative Bestimmung.

Die quantitative Untersuchung des Bromkaliums wird maass-analytisch mittelst $^1/_{10}$-Normalsilberlösung (17 g $AgNO_3$ im Liter) ausgeführt und hat besonders den Zweck, die Menge des fast in jedem Bromkalium des Handels vorhandenen Chlorkaliums festzustellen. Die Pharm. Germ. III. giebt folgende Vorschrift: „10 ccm einer wässerigen Lösung (3 g = 100 ccm) des bei 100^0 getrockneten Kaliumbromids dürfen nach Zusatz einiger Tropfen Kaliumchromat-lösung nicht mehr als 25,4 ccm $^1/_{10}$-Normalsilbernitratlösung bis zur bleibenden Röthung verbrauchen.“

Je mehr Chlorkalium vorhanden ist, desto grösser ist der Verbrauch an salpetersaurem Silber. Ganz reines Bromkalium gebraucht, auf obige Weise untersucht, 25,21 ccm der $^1/_{10}$-Silberlösung, Bromkalium mit 1 Proc. Chlorkalium gebraucht 25,36 ccm Silberlösung, Bromkalium mit 6 Proc. Chlorkalium gebraucht 26,11 ccm Silberlösung.

(Für die Untersuchung von Bromnatrium und Bromammonium ist die vorstehende Methode unter Umständen unbrauchbar (siehe Vulpius, Arch. d. Pharm. 1887, S. 404).)

Abgeschieden wird das Brom aus anorganischen Salzen durch Destillation der Salze mit Schwefelsäure und Braunstein. Man leitet das Brom in überschüssiges Ammoniak, neutralisirt genau mit Salpetersäure und titrirt die auf diese Weise erhaltene Bromammonium-lösung mit $^1/_{10}$-Silberlösung.

Anwendung.

Lösungen von Bromkalium und von bromsaurem Kalium (siehe nächsten Abschnitt) werden zur quantitativen Untersuchung der Acid. carbolic. nach der Pharm. Germ. II. verwendet.

Handelssorten.

Dieselben enthalten häufig mehrere Procente Chlorkalium. Im Archiv der Pharm. 1888, S. 388 ist über eine Verunreinigung des käuflichen Bromkaliums mit chlorsaurem Kalium berichtet. Bisweilen kommen sehr feuchte Präparate in den Handel.

H. Helbing und W. Passmore (Pharm. Ztg. 1892, S. 318) erhielten bei einer vergleichenden Untersuchung von 6 Proben englischen und amerikanischen Bromkaliums folgende Resultate:

a) Feuchtigkeit

1.	englisch	0,95 Proc.
2.		1,22 -
3.		0,56 -
4.	amerikanisch	0,36 -
5.		0,35 -
6.		1,29 -

b) Chloride (durch Titration mit Silbernitrat festgestellt).

1.	englisch	0,13 Proc. K Cl
2.		0,13 - -
3.		4,96 - -
4.	amerikanisch	5,91 - -
5.		4,52 - -
6.		5,92 - -

Nach diesen Resultaten wäre das amerikanische Bromkalium von ziemlich geringer Qualität.

Kaliumcadmiumjodid, Kaliumquecksilberjodid, Kaliumwismuthjodid und Kaliumzinkjodid.

Die Herstellung der Lösungen dieser Präparate, welche mit den Alkaloiden Niederschläge geben und daher beim Alkaloidnachweise gebraucht werden, siehe im Anhang. Auch die krystallisirten, oben benannten Salze gelangen in den Handel. Man prüft wie bei den betreffenden einfachen Metallsalzen (siehe z. B. Cadmiumjodid S. 73), ferner müssen die Lösungen die bekannten Niederschläge mit den Alkaloiden geben.

Kaliumcarbonat.

Kalium carbonic. puriss., kohlensaures Kalium (K_2CO_3. Molecular-Gew. $= 137,91$).

Weisses, in gleichviel Wasser klar lösliches Pulver, welches wenigstens 99,5 Proc. kohlensaures Kalium enthält.

Prüfung auf Verunreinigungen.

Die Untersuchung auf *Thonerde, Metalle, Kieselsäure, Schwefelsäure, Chlor, Salpetersäure und Phosphorsäure* wird wie bei Kaliumhydroxyd (Kalium hydric. puriss. S. 179) ausgeführt.

Auf *Cyankalium* prüft man durch Versetzen der Lösung mit wenig Ferrosulfat und Eisenchlorid und Uebersättigen mit Salzsäure, wobei keine blaue Färbung eintreten darf.

Schwefelkalium etc.: Ein Raumtheil der Lösung (1 = 20), in 10 Raumtheile Zehntel-Normal-Silbernitratlösung gegossen, muss einen gelblichweissen Niederschlag geben, welcher bei gelindem Erwärmen nicht dunkler gefärbt werden darf (Ph. Germ. III). (Ueber die Prüfungsmethode mit Silbernitrat siehe im Arch. d. Pharm. 1888, S. 541 eine Abhandlung von Bohling.)

Wird das Salz in einem Probirrohre mit verdünnter Salzsäure übergossen, so darf darüber gehaltenes, mit *Bleiacetat getränktes Filtrirpapier* sich nicht bräunen.

Ueber den Nachweis und die Bestimmung von *kaustischem Alkali* in Gegenwart von Alkalicarbonaten siehe eine Methode von Dobbin in Rep. d. Chem.-Ztg. 1889, S. 26. Siehe ferner unter Kalium hydric. puriss., Quantitative Bestimmung S. 181.

Natrium: Das Salz soll, am Platindrahte erhitzt, der Flamme eine violette, dagegen nicht eine gelbe Färbung geben.

Quantitative Bestimmung.

Meistens genügt für die Untersuchung der reinen Pottasche die maassanalytische Bestimmung des Gehaltes an K_2CO_3. Dieselbe wird durch Titration mit titrirter Salzsäure nach der in den Lehrbüchern der Titrirmethode ausführlich beschriebenen Art und Weise ausgeführt. Siehe auch bei Natriumcarbonat unter Quantitative Bestimmung. 1 ccm Normalsäure ist gleich 0,068955 K_2CO_3. Den Gehalt der Pottasche an Kalium bestimmt man wie folgt: Man löst die Pottasche in Wasser, säuert mit Salzsäure an, fällt etwaige Schwefelsäure mit Chlorbarium, wobei ein Ueberschuss zu vermeiden ist, und bestimmt im Filtrat von schwefelsaurem Barium den Kaliumgehalt mit Platinchlorid.

Bei den geringeren Pottaschesorten ist die Bestimmung des Kaliums von Wichtigkeit, da man durch einfache Titration viel zu hohe Werthe erhalten würde. So hat der Verf. bei 80 procentiger

Pottasche durch Titration 96 Procent gefunden, da die Pottasche sodahaltig war. Ueber die genaue Natrium- und Kaliumbestimmung siehe auch S. 182 bei Kaliumhydroxyd.

Schwefelsäure und Salzsäure werden in der Pottasche nach dem Uebersättigen mit Salzsäure bzw. Salpetersäure, mit Chlorbarium bzw. salpetersaurem Silber quantitativ bestimmt. Die Bestimmung der Salpetersäure erfolgt quantitativ nach der Reductionsmethode mit Zink, Eisen und Kaliumhydrat. (Siehe unter Kalium hydric. puriss. Prüfung auf Salpetersäure, Anmerkung.) Ueber die Werthbestimmung der Pottasche siehe auch: Böckmann, Chem.-techn. Untersuchungsmethoden, 3. Auflage, Bd. 1, S. 506.

Anwendung.

Das kohlensaure Kalium wird in der Analyse hauptsächlich zum Aufschliessen der unlöslichen kieselsauren und schwefelsauren Verbindungen gebraucht. Man verwendet zu diesem Zwecke ein Gemisch von reinem kohlensauren Kalium und reinem kohlensauren Natrium. Abwesenheit von Kieselsäure und Schwefelsäure ist für das zu genanntem Zwecke gebrauchte K_2CO_3 in erster Linie erforderlich. Zur Herstellung der Normallösung von arsenigsaurem Kalium wird Kalium carbonic. gebraucht, welches absolut frei von Schwefelverbindungen ist. **Mohr** verwendet für letzteren Zweck das Kalium bicarbonic., welches sehr rein im Handel vorkommt (siehe dieses).

Handelssorten.

Neben dem reinsten Kalium carbonic. finden sich im Handel noch Pottaschesorten von verschiedensten Reinheitsgraden, deren Gehalt zwischen 50 bis 98 Proc. beträgt. Die **rohe Pottasche** ist oft nur 50 procentig; sie enthält neben Feuchtigkeit grössere Mengen von Chlorkalium, Kaliumsulfat, Natriumcarbonat und andere Salze (Cyankalium, Schwefelkalium), auch ist sie in Folge eines Gehaltes an Mangan- und Eisensalz gewöhnlich bläulich oder röthlich gefärbt. Ich habe in 84 procentiger Pottasche des Handels 82 Procent Kaliumcarbonat und 12 Procent Natriumcarbonat gefunden. Bessere Sorten (ca. 90 procentige Pottasche) enthielten ca. 2 Procent Natriumcarbonat. Die besseren **(gereinigten) technischen Pottaschesorten** sind 90 bis 98 procentig und enthalten nur wenige Procente Sulfat, Chlorid etc. Das **Kalium carbonic. puriss.** ist frei von Sulfat und

Silicat und enthält höchstens minimale Spuren Chlorid und Bicarbonat.

Letztere Verunreinigung kann in grösserer Menge vorkommen, so dass die Pottasche stellenweise mit durchsichtigen, grossen Bicarbonatkrystallen gemischt erscheint.

Nachstehende Tabelle von A. W. Hofmann (aus E. Schmidt's Pharm. Chemie) zeigt den Gehalt verschiedener Sorten gewöhnlicher Pottasche des Handels.

Ursprung der Pottasche	Qualität	Kaliumcarbonat + Kaliumhydroxyd berechnet als Kaliumcarbonat	Natriumcarbonat	Kaliumsulfat	Chlorkalium	Analytiker
Amerikanische Pottasche	1	104,4	1,4	4,0	2,0	F. Mayer.
- -	2	71,2	8,2	16,1	3,6	Derselbe.
- Perlasche	—	71,3	2,3	14,3	3,6	Payen.
Toskanische Pottasche	—	74,1	3,0	13,4	0,9	Derselbe.
Illyrische -	—	89,3	0,0	1,2	9,5	H. Grüneberg.
Russische -	—	69,6	3,0	14,1	2,0	Payen.
Siebenbürger -	—	81,2	6,8	6,4	0,6	H. Grüneberg.
Ungarische Hausasche	—	44,6	18,1	30,0	7,3	Derselbe.
Galizische Pottasche	—	46,9	3,6	29,9	11,1	-
Raff. Schafschweissasche	—	72,5	4,1	5,9	6,3	-
Französische Rübenasche	1	90,3	2,5	2,8	3,4	-
- -	2	80,1	12,6	2,5	3,4	Dénimal.
Deutsche Pottasche	1	92,2	2,4	1,4	2,9	H. Grüneberg.
- -	2	84,9	8,2	2,8	3,5	Derselbe.

Kaliumchlorat.

Kalium chloricum puriss., chlorsaures Kalium (ClO_3K.
Molecular-Gew. = 122,28).

Farblose, glänzende Krystalle; die Lösung in Wasser ist klar und von neutraler Reaction.

Prüfung auf Verunreinigungen.

Erden und Chlorid: Die wässerige Lösung (1 : 20) darf weder durch Ammoniumoxalat-, noch durch Silbernitratlösung verändert werden. Die Lösung sei von neutraler Reaction.

Metalle (*Blei*): 3 g Kaliumchlorat werden in 30 ccm warmem Wasser gelöst; diese Lösung muss klar sein und darf sich nach Zusatz von Schwefelwasserstoffwasser nicht färben.

Nitrat: Erwärmt man 1 g des Salzes mit 5 ccm Natronlauge, sowie mit je 0,5 g Zinkfeile und Eisenpulver, so darf sich ein Geruch nach Ammoniak nicht entwickeln.

Anmerkung. Ueber andere Prüfungsmethoden auf Nitrat siehe Pharm. Ztg. 1888, S. 20.

Arsen: Prüfung wie bei Chlorsäure S. 91. Man nimmt zur Prüfung auf Arsen 20 g Kaliumchlorat.

Sulfat: Die Lösung (1 : 20) des Salzes zeigt auf Zusatz von Chlorbarium auch nach längerem Stehen keine Schwefelsäure-Reaction.

Natrium: Siehe bei Kaliumcarbonat S. 165.

Quantitative Bestimmung.

Man destillirt das chlorsaure Kalium mit überschüssiger Salzsäure und leitet das Chlor in eine Lösung von Jodkalium. Das freiwerdende Cl macht aus dem Jodkalium eine äquivalente Menge Jod frei, welches mit $^1/_{10}$-Normalthiosulfatlösung titrirt wird. 1 ccm $^1/_{10}$-Normalthiosulfat ist = 0,0020416 g Kaliumchlorat. Hat man 0,1 g Kaliumchlorat zur Untersuchung genommen, so muss man 48,9 ccm $^1/_{10}$-Normalthiosulfatlösung verbrauchen, wenn die Verbindung chemisch rein ist. Siehe auch Acid. chloric. in dieser Schrift. Vergleiche über diese Methode auch die Abhandlung von Topf in Zeitschr. f. analyt. Chem. 1887, S. 295.

In der Zeitschr. f. analyt. Chem. 1889, S. 621 findet sich eine Abhandlung von Thorpe und Herbert „Ueber die quantitative Bestimmung der Chlorsäure in Chloraten mittelst des Kupfer-Zinkelementes".

Anwendung und Aufbewahrung.

Das chlorsaure Kalium wird in chemischen Laboratorien als kräftiges Oxydationsmittel vielfach gebraucht. Es dient u. A. in der gerichtlich-chemischen Analyse zur Zerstörung der organischen Substanz; in der Elementaranalyse organischer Körper wird chlorsaures Kalium zur Bestimmung des Kohlenstoffs und auch zur Untersuchung schwefelhaltiger Substanzen verwendet.

Das chlorsaure Kalium zersetzt sich beim Zusammenreiben mit leicht oxydirbaren Körpern. Durch unvorsichtige Handhabung desselben sind schon oft Unglücksfälle vorgekommen. So berichtet u. A. die Pharm. Ztg. 1892, S. 161, dass ein Apotheker chlorsaures Kalium mit Schwefel zusammengerieben habe, wobei dem Unglücklichen beide Hände weggerissen und die Augen total zerstört wurden. Er musste seine Unvorsichtigkeit mit dem Leben büssen. Die Behandlung und Aufbewahrung des Präparates muss also mit Vorsicht geschehen.

Handelssorten.

Das Präparat kommt jetzt im Allgemeinen rein in den Handel. Ueber Verunreinigungen finden sich folgende Mittheilungen in der Literatur: Hilger macht mit Rücksicht auf die Verwendung des chlorsauren Kaliums bei der Untersuchung auf Gifte darauf aufmerksam, dass er einmal im Handel ein bleihaltiges Präparat gefunden habe.

R. Otto verlangt besonders bei Verwendung des Präparates für die gerichtlich-chemische Analyse eine vorherige Prüfung auf Arsen. Derselbe Forscher hat im Kalium chloric. Blei gefunden (R. Otto, Ausmittelung der Gifte, 1884).

In der Pharm. Ztg. 1889, S. 246 ist über ein Kalium chloric. des Handels berichtet, welches beim Erwärmen im Wasserbade deutliche Chlorentwicklung zeigte; dasselbe war mit Weinsteinsäure verunreinigt. In geringeren Sorten Kalium chloric. kömmt Chlorkalium vor. Böckmann bemerkt, dass das Kalium chloric. bisweilen unterchlorigsaure Salze enthalte. Die Gegenwart derselben in chlorsaurem Kalium erklärt den deutlichen Chlorgeruch, welchen der in Gasometern aufgefangene Sauerstoff mitunter zu zeigen pflegt.

Kaliumchlorid.

Kalium chloratum puriss., Chlorkalium
(KCl. Molecular-Gew. = 74,40).

Farblose Krystalle, welche mit Wasser eine klare und neutrale Lösung geben.

Prüfung auf Verunreinigungen.

Löslichkeit, Schwefelsäure, Erden, Metalle etc.: Man prüft nach der bei Natriumchlorid in diesem Buche angegebenen Vorschrift.

Natrium: Die Reaction siehe bei Kaliumcarbonat S. 165.

Quantitative Bestimmung.

Das Chlor wird durch Titriren der wässerigen Lösung mit Normal-Silbernitratlösung bestimmt. Das Kalium bestimmt man als Kaliumplatinchlorid. Ueber die genaue Untersuchung des für technische Zwecke gebrauchten Chlorkaliums siehe die Werke über technisch-chemische Untersuchungen, u. A.: Böckmann, Chem.-techn. Untersuchungen, 3. Auflage, S. 525, oder J. König, Untersuchung landwirthsch. und gewerbl. wichtiger Stoffe, Berlin 1891, S. 193.

Anwendung.

Das Chlorkalium dient in der Analyse u. A. zur Bestimmung der Kieselfluorwasserstoffsäure.

Handelssorten.

Neben dem reinen Chlorkalium gelangt das Chlorkalium für technische und landwirthschaftliche Zwecke in den Handel. Dasselbe wird mit garantirtem Gehalt verkauft, und zwar in verschiedenem Reinheitsgrade mit 70, 80, 90 und 99 Proc. Gehalt an KCl. Es wird von den Kaliwerken bei bestimmten Sorten auch ein Höchstgehalt von $\frac{1}{2}$ Proc. Kochsalz verbürgt.

Das Chlorkalium enthält meistens minimale Spuren Chlorrubidium und Chlorcäsium (Chem.-Ztg. 1892, S. 335), auch Chlormagnesium und Chlorcalcium ist in den technischen Sorten vorhanden.

Kaliumchromat.

Kalium chromicum flav. puriss., neutrales chromsaures Kalium
$$(Cr O_4 K_2. \quad \text{Molecular-Gew.} = 194{,}35).$$

Gelbe Krystalle, welche sich klar in Wasser lösen und nur sehr schwache alkalische Reaction zeigen.

Anmerkung. Die Lösung des reinen Salzes zeigt gegen Lackmus und Curcuma schwache alkalische Reaction. Nach de Vrij (Arch. d. Pharm. 1887, S. 753) soll das neutrale Kalium chromic. auf Phenolphtaleïn wirklich neutral reagiren.

Prüfung auf Verunreinigungen.

Das Salz darf keine rothen Kryställchen von Bichromat enthalten.

Lösung: Siehe oben.

Freies Alkali: 0,1 g werden in 25 ccm Wasser gelöst, diese Lösung wird mit einigen Tropfen Phenolphtaleïnlösung versetzt, wodurch sie nicht roth gefärbt werden darf.

Schwefelsäure und Chlorid: Prüfungen wie bei Kaliumbichromat S. 155.

Thonerde und alkalische Erden: Die Lösung (1 : 20) zeigt auf Zusatz von Ammoniak und oxalsaurem Ammoniak keine Veränderung.

Quantitative Bestimmung.

Siehe S. 156 bei Kaliumbichromat.

Anwendung.

Das Salz wird beim Titriren der Chloride mit Silberlösung als Indicator benutzt und dient zur Herstellung verschiedener Normallösungen (so einer Normallösung zur Bestimmung des Baryts). Es wird ferner zur Chininbestimmung verwendet (Arch. d. Pharm. 1887, S. 68 und S. 753 und Pharm. Ztg. 1889, S. 238).

Handelssorten.

Stark sulfathaltige Präparate finden sich häufig im Handel, ebenso Präparate mit stark alkalischer Reaction und von trüber Löslichkeit.

Kaliumcyanid.

Kalium cyanat. puriss., Cyankalium (KCN.
Molecular-Gew. = 65,01).

Weisses Pulver, welches in Wasser leicht löslich ist und ca. 99 Proc. KCN enthält.

Prüfung auf Verunreinigungen.

Schwefelkalium: Die Lösung wird durch essigsaures Blei rein weiss gefällt.

Kieselsäure: Siehe Kalium hydric. puriss., S. 179. (Beim Eindampfen entweicht Blausäure!)

Kohlensäure, Chlorid etc.: Siehe nachstehende Anmerkung.

Natrium: Siehe bei Handelssorten.

Anmerkung. Pauly giebt in der „Real-Encyklopädie der Ge-
sammten Pharmacie" zur Prüfung des Cyankaliums folgende Vorschrift:
„Reines Kaliumcyanid ist in heissem, etwas Wasser enthaltendem
Weingeist völlig löslich; ein unlöslicher, mit Säuren aufbrausender
Rückstand deutet auf Kaliumcarbonat; entwickelt die weingeistige
Lösung mit Salzsäure Kohlensäure, so ist auch Cyanat darin enthalten.
Die mit Salzsäure übersättigte wässerige Lösung darf durch Eisen-
chlorid weder blau gefällt (Kaliumferrocyanid), noch roth gefärbt
(Kaliumsulfocyanid), noch durch Bariumchlorid weiss getrübt werden
(Kaliumsulfat). Zur Prüfung auf Kaliumchlorid glüht man eine Probe
mit 2 Th. Kaliumnitrat und 10 Th. Kaliumcarbonat zur Zerstörung
des Cyans, löst in Wasser, übersättigt mit Salpetersäure und setzt
Silbernitrat hinzu; es darf kein Niederschlag von Silberchlorid entstehen."

Quantitative Bestimmung.

Man ermittelt die Qualität des Cyankaliums am Besten durch
eine quantitative Untersuchung nach der bekannten Methode von
Liebig durch Titration mit Silberlösung. Man wägt 5 g des Salzes
ab, löst zu 500 ccm auf, verdünnt 25 ccm dieser Lösung mit Wasser,
giebt einige Tropfen verdünnter Aetzkalilösung, dann etwas Chlornatrium zu, und fügt $\frac{1}{10}$-Normalsilberlösung hinzu, bis sich beim
Umrühren eine nicht verschwindende Trübung der Flüssigkeit zeigt.
Bezüglich der ausführlichen Beschreibung der Methode verweise ich
auf die Lehrbücher der Titrirmethode, u. A. auf Mohr's bekanntes
Werk. Da sich eine Lösung von Cyankalium in Wasser bald zersetzt, so muss die Titration mit frisch hergestellter Lösung ausgeführt werden. 1 ccm $\frac{1}{10}$-Normalsilberlösung ist = 0,013002 Cyankalium.

Anwendung und Aufbewahrung.

Das Cyankalium ist auf trockenem Wege ein kräftiges Reductionsmittel; es dient in der Analyse besonders zur Reduction von
Zinnoxyd, von Antimonsäure und von Schwefelarsen. Es ist ferner
ein wichtiges Löthrohrreagens. In der quantitativen Analyse wird
das Cyankalium bei verschiedenen Trennungen, so bei der Trennung
des Nickels vom Zink nach Wöhler und bei der Trennung von
Nickel und Kobalt gebraucht.

In der Maassanalyse dient es u. A. zur Bestimmung des Kupfers.
Man bewahrt dieses höchst giftige Salz in wohl verschlossenen Glasflaschen vorsichtig auf.

Handelssorten.

Neben dem reinsten Cyankalium finden sich im Handel noch die besonders für **technische Zwecke** Verwendung findenden **Cyankaliumsorten** von sehr verschiedener Reinheit. Auch die Sorten für technische Zwecke werden mit bestimmter Gehaltsgarantie verkauft; sie enthalten neben dem Cyankalium cyansaures Kalium (Cyankalium nach der Methode von Liebig) und bisweilen auch Cyannatrium (Methode von Wagner).

R. Kayser (Chem.-Ztg. 1892, S. 1148) betont, dass die zur Zeit im Handel vorkommenden Sorten Cyankalium häufig aus Gemengen von Cyankalium und Cyannatrium bestehen. Dieser Umstand soll bei der Untersuchung berücksichtigt werden, da man bei einfacher Bestimmung des Gehaltes an Cyan und Rechnung auf Cyankalium bei einem erheblichen Gehalte an Cyannatrium sehr leicht ein Handelscyankalium mit 15 Proc. Verunreinigungen als 100 procentiges Cyankalium begutachten kann. Ein von Stillmann (Chem. Centralblatt 1892, S. 822) untersuchtes Cyankalium des Handels ergab 105,87 Proc. Cyankalium; es enthielt 17 Proc. Cyannatrium und 83 Proc. Cyankalium.

Kaliumeisencyanid.

Ferri-Kalium cyanatum puriss., Ferricyankalium $(K_6 Fe_2 Cy_{12}.$
Molecular-Gew. $= 657,70$).

Rothe Krystalle, welche sich klar in Wasser lösen.

Prüfung auf Verunreinigungen.

Lösung: Siehe vorstehend.

Schwefelsäure und Ferrosalz: Die Lösung (1 : 30) färbt Eisenchloridlösung nicht blau, und das Präparat ist ebenso wie das Kalium ferro-cyanatum, S. 176, schwefelsäurefrei.

Chlorid und Natriumsalz: Prüfung wie S. 177 bei Kaliumeisencyanür.

Man controlirt die Reinheit des Präparates ferner durch die quantitative Bestimmung; es muss 99,6 bis 100 procentig sein.

Quantitative Bestimmung.

Man soll nach W. Gint (Mohr, Titrirmethode, 6. Auflage, S. 237) das rothe Blutlaugensalz mit Natriumamalgam reduciren und alsdann das Kaliumeisencyanür nach der auf S. 177 bei Kaliumeisencyanür beschriebenen Methode bestimmen.

$$Fe \times 11{,}769 = Kaliumeisencyanid.$$

Besser lässt sich das Salz gasvolumetrisch bestimmen (siehe Quincke, Zeitschr. f. analytische Chemie 1892, S. 1 ff.; daselbst S. 436 ff., siehe Ref. über ähnliche Arbeiten von Baumann; ferner Baumann, Zeitschr. f. angewandte Chemie 1892, S. 113). Man zersetzt bei dieser Methode in alkalischer Lösung mit Wasserstoffsuperoxyd nach der Formel

$$K_6 Fe_2 Cy_{12} + 2\,KOH + H_2 O_2 = 2\,K_4 Fe\,Cy_6 + 2\,H_2 O + 2\,O.$$

Der Sauerstoff wird gemessen. 1 ccm O bei 0 Grad und 760 Druck = 0,029447 Ferricyankalium.

Baumann (l. c.) bringt das Ferricyankalium in den äusseren Raum des Entwickelungsgefässes eines Azotometers, löst in wenig Wasser und setzt ca. 5 ccm Kalilauge (1 : 2) zu. In den eingeschmolzenen Glascylinder kommt das Wasserstoffsuperoxyd. Will man bis zu 50 ccm Gas entwickeln, so wendet man 5 ccm etwa 2 procentiges $H_2 O_2$ an, bei Entwickelung von 50 bis 100 ccm Sauerstoff aber 10 ccm. Man stellt das Entwickelungsgefäss nach Aufsetzen des Stopfens in das Kühlwasser, wartet bis die Temperatur ausgeglichen ist und verfährt wie üblich. Es werden nur zuverlässige Resultate erhalten, wenn Gasentwickelungsgefäss und Maassrohr während des Versuches unter Wasser von derselben Temperatur sich befinden. Hat man die beiden im Entwickelungsfläschchen befindlichen Flüssigkeiten gemischt, das Gas ausgeschüttelt und nach Temperaturausgleich dessen Volumen abgelesen, so reducirt man das letztere zunächst auf 0° bei 760 mm. Das reducirte Volumen mit 29,447 multiplicirt, ergiebt das Gewicht an Ferricyankalium, denn 657,724 G.-Th. Ferricyankalium entwickeln 31,92 G.-Th. Sauerstoff und es zeigt 1,42908 mg Sauerstoff, d. h. 1 ccm bei 0° und 760 mm 29,447 mg Ferricyankalium an.

Mit reinem (umkrystallisirtem), trockenem Ferricyankalium wurden von Baumann nach dieser Methode im Azotometer folgende Resultate erhalten:

a) Angewendet 1,0015 g Ferricyankalium, Barometer auf 0⁰
reducirt 709 mm, Temperatur 17,0⁰, Gasvolumen abgelesen 39,5,
reducirt 33,99 cc = 1,0008 g Ferricyankalium = 99,93 Proc.

Wer sich häufiger mit der Untersuchung von Ferricyankalium
oder solcher Präparate, die sich auch gasvolumetrisch bequem bestimmen lassen, zu beschäftigen hat, dem können Versuche, sei es
mit Lunge's Nitrometer oder mit dem Azotometer nur empfohlen
werden. Es ist aber bei diesen Analysen viel Uebung erforderlich.
Neben den bereits citirten einschlägigen Arbeiten von Quincke und
Baumann über derartige Bestimmungen erwähne ich noch die früheren Arbeiten von Baumann und die Kritiken zu Baumann's Arbeiten von Lunge und Marchlewski sowie die Entgegnungen von
Baumann, welche sämmtlich in der Zeitschr. f. angewandte Chemie,
Jahrgang 1891, veröffentlicht sind.

Die gasvolumetrische Methode ist besonders beachtenswerth,
weil die Titration nach Gintl keine genauen Resultate giebt.

Manche Fabrikanten führen die Untersuchung des Ferricyankaliums auch durch die Bestimmung des Stickstoffes nach Kjeldahl
aus oder sie bestimmen die Verunreinigungen.

Die Resultate, welche durch die N-Bestimmung erhalten werden,
sollen sehr genau und mit den Bestimmungen der Verunreinigungen
übereinstimmen. Wer also nicht auf die gasvolumetrische Methoden
eingeübt ist, wird zweckmässig die letzteren Methoden zur Controle
verwenden.

Anwendung und Aufbewahrung (Normallösung).

Vorzugsweise dient das rothe Blutlaugensalz als Reagens auf
Eisenoxydul. Plugge (Arch. d. Pharm. 1887, S. 343) gebraucht das
Salz zur Trennung der Alkaloide.

Quincke (Zeitschr. f. analyt. Chemie 1892, S. 1 ff.) benutzt das
Ferricyankalium bei der gasvolumetrischen Bestimmung von Wasserstoffsuperoxyd, Alkalien, Erdalkalien etc.

Nach Luckow und Anderen sind Ferrocyankalium und Ferricyankalium sehr geeignet zu verschiedenen maassanalytischen Be-
stimmungs- und Trennungsmethoden der Metalle (Chem.-Ztg. 1891,
S. 1491).

Man bewahrt das Ferrisalz in braunen Flaschen auf, da es
gegen den Einfluss des Lichtes empfindlich ist. Auch die Normallösungen von Ferri- und Ferrocyankalium sollen in braunen Flaschen

aufbewahrt werden. Luckow verwendet selbst beim Titriren Büretten von braunem Glase. Gegen den Einfluss der Temperatur ist Ferricyankalium ebenfalls empfindlich, weshalb beim Eindampfen behufs Umkrystallisiren nur eine Temperatur von 50 bis 60° angewendet werden soll. Für verschiedene maassanalytische Bestimmungsmethoden ist ein Ferricyankalium nothwendig, das vollständig frei ist von Verunreinigungen, also von Natriumsalz, Sulfat, Chlorid und Ferrosalz.

Man bereitet als Reagens auch ein **Ferricyankaliumpapier**, siehe S. 145. Eine Vorschrift zur Herstellung eines besonders empfindlichen solchen Papiers findet sich in Pharm. Ztg. 1895, S. 767.

Handelssorten.

Die Präparate des Handels sind häufig nicht klar in Wasser löslich und enthalten, wie das Ferrocyankalium, wenig Sulfat. Da das rothe Salz aus dem gelben durch Einleiten von Chlor gewonnen wird, so ist auch bei dem technischen Präparate (wie bei Ferrocyankalium angegeben) auf einen Chloridgehalt zu prüfen. Der Verfasser hat bestes technisches Ferricyankalium guter Bezugsquellen bisweilen sehr rein, ca. 99 procentig im Handel angetroffen.

Kaliumeisencyanür.

Ferro-Kalium cyanatum puriss., Ferrocyankalium
$(K_4 Fe Cy_6 + 3 H_2 O.$ Molecular-Gew. $= 421{,}76)$.

Schöne, citronengelbe Krystalle, welche sich leicht und klar in Wasser lösen.

Prüfung auf Verunreinigungen.

Lösung: Siehe oben.

Schwefelsäure: Die Lösung (1 : 20) darf sich nach Zusatz von wenig Salzsäure und Chlorbarium auch nach längerem Stehen nicht verändern.

Anmerkung. Nach Mittheilung einer Ferrocyankaliumfabrik bestimmt man genauer die Schwefelsäure quantitativ wie folgt. 5 g des gepulverten Durchschnittsmusters, in Wasser gelöst, werden in eine heisse, mit Salzsäure angesäuerte, schwefelsäurefreie Lösung von 7 bis 8 g Eisenchlorid gegossen, ein aliquoter Theil des Filtrates mit Chlorbarium gefällt und wie gewöhnlich behandelt, nur dass der Niederschlag zur Entfernung von Spuren von Ferrocyanverbindungen auf dem Filter nacheinander mit Wasser, ganz verdünnter Natronlauge, Wasser, ganz verdünnter Salzsäure, Wasser ausgewaschen wird.

Chlorid: Einen Gehalt von Kaliumchlorid findet man, wenn man 0,5 g Blutlaugensalz und 1 g reinen Salpeter im Porzellantiegel verpufft, die Schmelze mit Wasser auszieht, mit Salpetersäure ansäuert und mit Silberlösung versetzt; es darf keine Trübung entstehen.

Man kann auch nach C. Luckow (Chem.-Ztg. 1892, S. 164) einen Chlorgehalt nach Ausfällen des Ferrocyan mit einem passenden salpetersauren Metallsalze nachweisen, in dem Filtrat darf mit Silberlösung keine Trübung entstehen.

Auf *Natrium* prüft man wie folgt: Die mit wenig Salzsäure angesäuerte Lösung des Ferrocyankaliums wird mit Eisenchlorid im Ueberschuss versetzt, in einem Theil des Filtrates mit Ammoniak das überschüssige Eisen ausgefällt, filtrirt und das Filtrat nach bekannter Weise für die Auffindung des Natriums mit metaantimonsaurem Kalium behandelt.

Man verwendet zur Prüfung 1 g Ferrocyankalium, welches sich als frei von Natriumsalz erweisen muss.

Man controlirt ferner das Präparat durch die quantitative Bestimmung, welche einen Gehalt von 99,6 bis 100 Proc. ergeben muss.

Quantitative Bestimmung.

Die quantitative Bestimmung des Blutlaugensalzes gründet sich auf das Verhalten einer verdünnten, mit Salzsäure angesäuerten Lösung von Blutlaugensalz gegen eine Lösung von übermangansaurem Kalium. Man stellt nach de Haen und Fresenius (Graham-Otto's Lehrbuch der Chemie) zunächst den Titer der Lösung des übermangansauren Kalis durch eine Lösung von chemisch reinem Blutlaugensalz fest, welche im Liter 10 g Salz enthält. Von dieser Lösung giebt man 10 ccm in eine weisse Porzellanschale, verdünnt mit 250 ccm Wasser, fügt Salzsäure und dann so lange von der Lösung des übermangansauren Kaliums hinzu, bis die Flüssigkeit die eigenthümliche rothe Farbe des Chamäleons zeigt. Gesetzt, man hätte 50 ccm Lösung nöthig, so entsprechen diese 0,1 g Blutlaugensalz oder 1 ccm Chamäleonlösung 0,002 g. Um nun den Gehalt eines Kalium-Ferrocyanat des Handels zu bestimmen, löst man ebenfalls 10 g in Wasser zu 1000 ccm auf und titrirt wie oben mit Chamäleon. Statt mit reinem Blutlaugensalz kann der Titer der Chamäleonlösung nach Mohr auch mit Eisen gestellt werden und ergiebt dann Fe ✕ 7,546 den Gehalt an Blutlaugensalz.

Ueber die chemische Untersuchung des Blutlaugensalzes in der Technik vergl. auch Böckmann, Chem.-techn. Untersuchungen 3. Aufl., Bd. 1, S. 510 ff.

Eine zweckmässige quantitative Bestimmung ist auch folgende: Man dampft eine gewogene Menge des Kaliumeisencyanürs in der Platinschale mit verdünnter Schwefelsäure ein, die überschüssige Säure wird abgeraucht, der Rückstand schwach geglüht, mit verdünnter Schwefelsäure aufgenommen, event. mit Zink (unter Zusatz einiger Tropfen Kupfervitriol) reducirt und mit Kaliumpermanganat titrirt. Zugleich wird eine Bestimmung der anhängenden Feuchtigkeit ausgeführt; das gepulverte Durchschnittsmuster wird bei 110° bis zur Gewichtsconstanz getrocknet und von dem gefundenen Gewichtsverluste die auf den Reingehalt berechnete Krystallwassermenge abgezogen.

Anwendung und Aufbewahrung.

Das Ferrocyankalium dient hauptsächlich als Reagens auf Kupfer, Eisen und sonstige Metalle. Das Salz dient auch zur Bestimmung des Strychnins (Pharm. Ztg. 1888, S. 64).

Man bewahrt das Salz in braunen Glasflaschen auf.

Handelssorten.

Die grossen Krystalle des Blutlaugensalzes enthalten bisweilen viel Schwefelsäure; Otto fand in einem dem Aeusseren nach ausgezeichneten Präparate bis 14 Proc.

Nach L. Blum (Zeitschr. f. analytische Chemie 1891, S. 284) ist das käufliche gelbe Blutlaugensalz bisweilen stark natriumhaltig. Der Verfasser dieses Buches fand bessere technische Präparate oft sehr rein und ca. 99 procentig; Sulfate und Chloride waren nur einige $\frac{1}{10}$ Proc. vorhanden.

Kaliumhydroxyd.

Kalium hydricum (KOH. Molecular-Gew. = 55,99).

Das Kaliumhydrat kommt in den analytischen Laboratorien in drei verschiedenen Sorten zur Verwendung und zwar:

a) Das reinste Präparat, das „**Kalium hydric. puriss.**" oder auch „**Kalium hydric. e Kalio sulfuric. et Baryta hydric. parat.**" genannt.

b) Die zweite Sorte, das „**Kalium hydric. pur.**" oder auch „**Kalium hydric. alcohol. depurat.**" genannt.

c) Die dritte Qualität, das „**Kalium hydric. depurat.**".

Ich habe mich bemüht, bei diesen Präparaten die Prüfungsvorschriften besonders ausführlich zu geben, um Verwechselungen vorzubeugen, welche zwischen den drei auch im Preise verschiedenen Qualitäten vorkommen könnten.

a) **Kalium hydric. puriss.** [KOH + aq.].

Weisse, krystallinische Stücke.

Prüfung auf Verunreinigungen.

Löslichkeit und Thonerde: 5 g geben mit 10 ccm Wasser eine farblose und klare Lösung; diese Lösung wird mit Essigsäure übersättigt, alsdann ein kleiner Ueberschuss von Ammon zugegeben, die Flüssigkeit auf ca. 100 ccm gebracht, $\frac{1}{2}$ Stunde im Becherglase auf dem Dampfbade erwärmt, so dass sie nur noch schwachen Geruch nach Ammon zeigt, bzw., wenn kein überschüssiges Ammon mehr vorhanden sein sollte, nach dem Erwärmen noch 1 oder 2 Tropfen zugegeben und nun mehrere Stunden bei gewöhnlicher Temperatur bei Seite gestellt; es zeigt sich keine Abscheidung von Flocken oder eines sonstigen Niederschlags.

Calcium und schwere Metalle: Die bei der Prüfung auf Thonerde erhaltene schwach alkalische Lösung zeigt nach Zusatz von oxalsaurem Ammon und Schwefelammon keine Veränderung.

Kieselsäure: 5 g werden mit verdünnter Salzsäure zur Trockene verdampft, der Rückstand $\frac{1}{2}$ Stunde bei 100° C. getrocknet und mit wenig Salzsäure und 250 ccm Wasser gelöst; diese Lösung ist klar.

Schwefelsäure: 3 g werden mit circa 50 ccm Wasser gelöst, mit Salzsäure wenig übersättigt, erwärmt, Chlorbarium zugegeben, alsdann mehrere Stunden bei Seite gestellt, wobei sich keine Veränderung zeigt.

Chlorid: Die mit Salpetersäure angesäuerte Lösung 1 : 20 opalisirt auf Zusatz von salpetersaurem Silber nur schwach.

Salpetersäure: a) 2 g werden mit 10 ccm Wasser gelöst, die

Lösung mit verdünnter Schwefelsäure übersättigt, ein Tropfen einer mit dem doppelten Volumen Wasser verdünnten gewöhnlichen Indigolösung (siehe S. 141) und ca. 10 ccm conc. Schwefelsäure zugegeben; auch nach längerem Stehen erscheint die Flüssigkeit noch blau.

b) 50 g Kalihydrat werden in 200 ccm Wasser gelöst und zu dieser Lösung je 5 g arsenfreies Zinkpulver und Ferrum hydrogen. reduct. gegeben; nachdem der ca. 500 ccm fassende Kolben mit einer Vorlage von ca. 10 ccm verdünnter Schwefelsäure (1 Theil Schwefelsäure mit 100 Theilen Wasser verdünnt) verbunden ist, lässt man einige Stunden stehen und destillirt bei kleiner Flamme, so dass in $^{3}/_{4}$ Stunden ca. 15 ccm Destillat erhalten werden. Die in der Vorlage befindliche Flüssigkeit wird mit wenig reinstem Kaliumhydrat alkalisch gemacht und ca. 2 ccm Nessler's Reagens zugegeben, wodurch nur eine deutliche gelbe Opalisirung, aber kein starker braunrother Niederschlag, welcher die Flüssigkeit in dickeren (ca. 5 cm dicken) Schichten vollständig trübe und undurchsichtig macht, entstehen darf.

> Anmerkung. Es wurde bei Kalium hydric. zunächst als eine Methode, nach der man zu garantiren vermag, die Indigomethode angeführt. Der Indigomethode wurde zur Controle noch eine zweite, einfache und genaue Prüfungsweise auf Salpetersäure, die bekannte Reductionsmethode mit Zink und Eisen, in möglichst einfacher Form hinzugefügt. In der vorgeschriebenen Weise ausgeführt, ist diese Probe so genau, dass 1 mg und noch weniger HNO_3 in 25 g Aetzkali oder Aetznatron mit Sicherheit erkannt wird. Zur Controle wurden von mir je 50 g verschiedener, selbst hergestellter und reiner Kali- und Natronprob. 1 mit 2 mg HNO_3 versetzt und nach vorstehender Vorschrift untersucht; es traten dabei auf Zusatz von Nessler's Reagens sofort starke braunrothe Niederschläge und Trübungen der Flüssigkeit bis zur vollständigen Undurchsichtigkeit ein. Die Prüfung ist daher in der vorgeschriebenen Weise zuverlässig. Gelbe Färbung oder Opalisirung muss nach Zusatz von Nessler's Reagens gestattet werden, denn diese Färbung wird häufig schon erhalten, wenn man eine blinde Bestimmung ohne Alkali ausführt, also nur das Wasser mit Zink und Eisen kocht. Es ist überhaupt zweckmässig, zur Prüfung des destillirten Wassers und von Zink und Eisen eine solche blinde Bestimmung stets neben der eigentlichen Analyse auszuführen, denn die Empfindlichkeit von Nessler's Reagens ist bekanntlich ungemein gross. Ich nehme für die Ausführung der Analyse das mit Wasserstoff reducirte Eisen- und Zinkpulver, welches für diese Zwecke besonders hergestellt wird; denn beim Zinkstaub des Handels habe ich häufig beobachtet, dass das damit geschüttelte Wasser auf Zusatz von Nessler's Reagens eine braune Färbung zeigt.

Es kommen oft ätzende Alkalien mit sehr erheblichem und bis zu mehreren Procenten starkem Nitrit- oder Nitratgehalt in dem Handel vor. Man bedient sich zur etwaigen quantitativen Bestimmung ebenfalls der Reductionsmethode, destillirt aber mit Alkohol, giebt in die Vorlage titrirte Schwefelsäure und titrirt nach der Destillation mit Barythydrat zurück. Bei einer grossen Anzahl quantitativer Salpetersäurebestimmungen habe ich an der Versuchsstation Münster dieses Verfahren benutzt. (Vergl. J. König und C. Krauch, Landwirthsch. Jahrbücher 1882, S. 159 und J. König, Chem. d. Nahrungsmittel, II. Bd., 1883, S. 669.)

Kohlensäure, Kalium und andere Salze: Das Präparat giebt beim Erwärmen mit 90procentigem Alkohol (5 g Kali und 25 g Alkohol spec. Gew. 0,83) eine klare und farblose Lösung.

Auf Kohlensäure kann zur Controle auch nach der bei Kalium hydric. alcohol. depurat. S. 184 angegebenen Vorschrift geprüft werden.

Phosphorsäure: 5 g werden in 50 ccm Wasser gelöst, die Lösung mit Salpetersäure in starkem Ueberschuss versetzt und eine salpetersaure Lösung von molybdänsaurem Ammon zugegeben. Man stellt die Flüssigkeit bei gelinder Wärme 2 Stunden bei Seite, wobei sich kein Niederschlag zeigen darf.

Natrium und *Schwefelkalium* siehe S. 165 bei Kaliumcarbonat. Natrium siehe auch nachstehend.

Quantitative Bestimmung.

Die kaustischen Alkalien werden mit Lackmustinctur versetzt und mit titrirter Säure roth titrirt. 1 ccm Normalsäure ist gleich 0,05599 KOH.

Wenn Alkalihydrate und kohlensaure Alkalien gemischt vorkommen, wie bei vielen Sorten Pottasche und Soda und bei weniger reinem Aetzkali, muss man eine besondere Bestimmung für beide vornehmen. Man bestimmt 1. die Alkalität im Ganzen und 2. das Alkalihydrat; letzteres dadurch, dass man zu der Lösung des zu untersuchenden Aetzkalis Chlorbarium giebt (welches sich mit dem kohlensauren Alkali in kohlensaures Barium und Chlorkalium umsetzt), filtrirt und im Filtrat das Alkalihydrat mit Normalsäure titrirt. Der Gehalt an kohlensaurem Kali ergiebt sich alsdann aus der Differenz beider Bestimmungen. Die ausführliche Vorschrift zu dieser Methode findet sich in den Lehrbüchern der Maassanalyse beschrieben; siehe u. A. Mohr's Titrirmethode, 6. Aufl., S. 113; ebendaselbst (S. 89) siehe auch eine Methode zur directen Bestimmung von Alkalihydraten neben kohlensauren Alkalien mit Hülfe von Phenolphtaleïn als Indicator.

Zur quantitativen Bestimmung von Natriumhydroxyd im Kaliumhydroxyd übersättigt man eine gewogene Menge des zu untersuchenden Kaliumhydroxyds mit Salzsäure, trocknet, wägt die Chloride, löst dieselben, bestimmt in üblicher Weise mit Platinchlorid das Kalium und berechnet aus der gefundenen Menge Kalium-Platinchlorid das Chlorkalium. Aus der Differenz des gefundenen Chlorkaliums und der Gesammtchloride ergiebt sich die Menge des Chlornatriums. Siehe auch S. 166 bei Kaliumcarbonat. Diese Methode giebt genaue Resultate.

Anwendung, Aufbewahrung und Normalkalilauge.

Das Aetzkali findet als Fällungs- und Trennungsmittel vielfach in der chemischen Analyse Anwendung. Es dient u. A. zur Fällung des Kupferoxyds, zur Trennung von Eisen und Thonerde, zum Aufschliessen der Mineralien und zur Herstellung der Normalkalilauge. Es wird bei Bestimmungen der Salpetersäure nach der Reductionsmethode (s. S. 180) und bei Schwefelbestimmungen in organischen und in anorganischen Stoffen verwendet.

Kalihydrat und Natronhydrat mit Kohle sind wirksame Aufschlussmittel für Silicate und Erze (Zeitschr. f. analyt. Chemie 1891, S. 226).

Auch bei der organischen Synthese wird das Aetzkali häufig gebraucht. In der Elementaranalyse und in der Gasanalyse dient es zur Absorption der Kohlensäure.

Je nach dem Zwecke der chemischen Untersuchung muss das Kalium hydric. puriss., das Kalium hydric. alcoh. depurat. oder das Kalium hydric. depurat. als Reagens angewendet werden.

Man bewahrt das Kaliumhydroxyd in gut verschlossenen Glasflaschen auf.

Normalkalilauge. Dieselbe muss 55,99 g KOH im Liter enthalten. Darstellung etc. wie bei Normalnatronlauge in diesem Buche angegeben ist. Die Controle des richtigen Titers wird mit Normalsäure (Normalchlorwasserstoffsäure siehe S. 99, Normalschwefelsäure siehe weiter hinten in diesem Buche) oder mit Kaliumtetraoxalat (siehe dieses) ausgeführt. Siehe auch nachstehende Anmerkung.

Anmerkung. Normallaugen. Dieselben müssen, in Grammen ausgedrückt, in 1000 ccm genau das Molecül einer einsäurigen oder

$^1/_2$ Molecül einer zweisäurigen Base enthalten. Ein Liter Normallauge muss daher, in Grammen ausgedrückt, genau ein Molecül einer einbasischen Säure oder $^1/_2$ Molecül einer zweibasischen Säure neutralisiren. So enthält 1 Liter Normalkalilauge, *wenn man die alten, häufig gebrauchten Atomgewichte zu Grunde legt*[*]), 56 g KOH, 1 Liter Normalnatronlauge 40 g NaOH, 1 Liter Normal-Ammon 35 g NH_4OH. Ein Liter dieser Normallaugen neutralisirt 36,5 g Salzsäure (HCl), 63 g Salpetersäure (HNO_3), 60 g $C_2H_4O_2$ (Essigsäure), 49 g Schwefelsäure (H_2SO_4), 45 g Oxalsäure ($C_2H_2O_4$), bzw. 63 g kryst. Oxalsäure ($C_2H_2O_4 + 2H_2O$), 75 g $C_4H_6O_6$ (Weinsäure); es neutralisirt $^1/_3$ Molecül einer dreibasischen Säure, also 32,67 g Phosphorsäure (H_3PO_4), 64 g $C_6H_8O_7$ (Citronensäure), bzw. 70 g $C_6H_8O_7 + H_2O$ (krystallisirte Citronensäure). Die Normalsäuren enthalten, ebenfalls in Grammen ausgedrückt, in einem Liter ein Molecül einer einbasischen, $^1/_2$ Molecül einer zweibasischen oder $^1/_3$ Molecül einer dreibasischen Säure.

Handelssorten.

Im krystallinischen reinen Kalium hydric. des Handels fand Gerlach (Chem. Ind. 1886, S. 245) 74,4 Proc. Kaliumhydroxyd. Dieses Aetzkali hatte die Zusammensetzung nach der Formel KOH $+ H_2O$.

Wasserfreies, vollständig reines Kaliumhydroxyd, also ein Präparat nach der Formel KOH, lässt sich bekanntlich nicht herstellen, da das geschmolzene wasserfreie Kaliumhydroxyd und selbst Kaliumhydroxyd, das noch mehr wie 10 Procent Wasser enthält, erheblich auf die Silbergefässe, in denen es hergestellt werden muss, einwirkt, wodurch es mit Metall verunreinigt wird und grau gefärbt erscheint. Das reine, für analytische Zwecke brauchbare Kaliumhydroxyd wird daher immer so hergestellt, dass es noch 20 Proc. H_2O enthält. Die Angabe mancher Lehrbücher, dass das Kaliumhydroxyd ohne H_2O, also der Körper von der Formel KOH von vollständig weissem Aussehen ist, trifft daher, wie auch W. Dittmar (Chem.-Ztg. 1891, S. 1581) bemerkt, nicht zu.

Was die Verunreinigungen der Handelspräparate betrifft, so fand ich in verschiedenen Mustern, welche mit „Kali hydric. e Kalio sulfuric. et Baryta hydric. parat." bezeichnet waren, starken Thonerdegehalt, ferner Schwefelsäure oder Baryt und Salpetersäure. Es ist die Verwendung solch unreiner Präparate bei der Analyse, be-

---

[*]) Den Moleculargewichtsberechnungen in diesem Buche sind die neueren Atomgewichte nach L. Meyer, Theoretische Chemie, Leipzig 1890, zu Grunde gelegt.

sonders bei der Trennung von Eisen und Thonerde, selbstverständlich unmöglich und man hat Grund, auf derartige Uebelstände zu achten, umsomehr als man es mit der reinsten Aetzkalisorte zu thun hat, welche im Preise am höchsten steht.

Nach Messinger (Zeitschr. f. angew. Chem. 1889, S. 26) enthält das käufliche Kalihydrat fast stets Nitrite. (Messinger verwendet eine Normalkalilauge (56 g im Liter) zu seiner Acetonbestimmungsmethode und prüft diese Lauge zuvor wie folgt: 20 ccm der Kalilauge werden mit 1 bis 2 dg Jodkalium versetzt, nach dem Ansäuern mit Salzsäure wird das freigewordene Jod unter Zugabe von Stärkelösung mit $^1/_{10}$-Normal-Natriumthiosulfat titrirt.) Ueber das Vorkommen von Borsäure im Kalihydrat siehe unter Natrium hydric. in diesem Buche.

b) Kalium hydric. alcoh. depurat. ($KOH + aq.$).

Weisse, krystallinische Stücke oder Stängelchen.

Prüfung auf Verunreinigungen.

Löslichkeit, Thonerde, Kalk etc.: 10 g geben mit 40 ccm Wasser eine farblose und klare Lösung. Dieselbe wird auf ca. 100 ccm verdünnt, mit Essigsäure übersättigt, darauf Ammon in geringem Ueberschuss zugegeben; es darf innerhalb 5 Minuten höchstens eine schwache Trübung, aber keine Abscheidung von Thonerdeflocken stattfinden und auf Zusatz von oxalsaurem Ammon und Schwefelammonium keine Trübung entstehen. Erst nach längerem Stehen der Flüssigkeit zeigt sich ein geringer Thonerdeniederschlag.

Salpetersäure und Schwefelsäure: Die Untersuchung wird wie bei Kalium caust. puriss. S. 179 ausgeführt.

Chloride: Es wird wie bei Kalium caust. puriss. geprüft; auf Zusatz von salpetersaurem Silber darf die Lösung 1:20 ebenfalls nur opalisiren und keinen Niederschlag zeigen.

Kieselsäure: 5 g werden mit verdünnter Salzsäure eingedampft, der Rückstand bei 100° getrocknet und mit 150 ccm Wasser aufgenommen, wobei eine nur wenig trübe Lösung entsteht.

Kohlensäure: 2 g werden in 10 ccm Wasser gelöst und diese Lösung in eine Mischung von je 8 ccm Salzsäure (1,12) und 8 ccm Wasser gegossen; es darf in der Flüssigkeit kein Aufbrausen eintreten.

Quantitative Bestimmung und Anwendung.

Siehe Kalium hydric. puriss. S. 181.

Handelssorten.

Das im Handel vorkommende Kalium hydric. alcoh. depurat. ist in Reinheit sehr verschieden. Graue Färbung dieses Aetzkalis, Thonerdegehalt, wie er bei der gewöhnlichen Sorte zu gestatten ist, zu starker Chlorgehalt und insbesondere Salpetersäure zeigen sich sehr oft in ungehöriger Weise.

c) Kalium hydric. depurat. $(KOH + aq.)$.

Weisse, krystallinische Stücke oder Stängelchen.
Die Lösung in Wasser ist klar und farblos.

Prüfung auf Verunreinigungen.

Salpetersäure: 2 g werden in 10 ccm Wasser gelöst, die Lösung mit Schwefelsäure übersättigt, 1 Tropfen mit dem doppelten Volumen Wasser verdünnter Indigolösung (Solutio Indici, S. 141) und 10 ccm conc. Schwefelsäure zugegeben; es tritt innerhalb einiger Minuten keine Entfärbung ein.

Kohlensäure: Prüfung wie bei Kalium hydric. alcohol. depurat. S. 184.

Quantitative Bestimmung und Anwendung.

Siehe Kalium hydric. puriss.

Handelssorten.

Das Präparat enthält als Verunreinigungen im Gegensatze zu dem reinen Kalihydrat ca. 1 Proc. Chlorid, ferner etwas Kieselsäure und Thonerde. 5 g, in 100 ccm Wasser gelöst, zeigen nach dem Uebersättigen mit Salzsäure und Zugabe von Ammon im Ueberschuss sogleich Thonerdeflocken. (Vergl. in letzterer Hinsicht: Prüfung auf Thonerde bei Kalium hydric. alcoh. depurat. S. 184.) Der Gehalt des gewöhnlichen Aetzkalis an kaustischem Kali beträgt 75 bis 85 Procent.

W. Dunstan (Arch. f. Pharm. 1886, S. 603) fand im gewöhnlichen Kalium caust. fus., welches als Reagens gebraucht wurde, 0,34; 0,47; 0,56; 0,74; 1,0 Proc. salpetrige Säure; daneben war auch Nitrat und gegen 4,5 Proc. Chlorid etc. vorhanden. Derartige Präparate sind zu verwerfen.

Manche Präparate sind noch stärker nitrathaltig, da bisweilen bei der Fabrikation zur Erzeugung eines rein weissen Präparates Salpeter zugesetzt wird. Auch chlorsaures Kalium kann im Kaliumhydroxyd vorkommen.

Der Natrongehalt ist im gewöhnlichen guten Aetzkali gering; er beträgt ca. 0,5 Proc. Na_2CO_3.

Von schwefelsaurem Kali wurde in 2 Handelssorten gefunden: 0,47 Proc. und 1,9 Proc.

Gewöhnliches Kali wird nach den Procenten seiner Alkalität verkauft. Als Beispiel führe ich nachstehende Analysen einer chemischen Fabrik auf:

1. ca. 100 Proc. Alkalität   77/80 Proc. Kalihydrat enthaltend.
2. - 115/120 Proc. Alkalität 86/88 -   -   -

Durchschnittsanalysen:

Alkalität	ca. 100,00 Proc.	115/120 Proc.
	100,37 -	115,74 -
Kalihydrat	78,12 Proc.	86,67 Proc.
kohlensaures Kali	3,70 -	8,34 -
kohlensaures Natron	0,35 -	0,49 -
schwefelsaures Kali	0,44 -	2,82 -
Chlorkalium	1,08 -	1,08 -
Unlösliches	0,02 -	0,02 -
Wasser	16,29 -	0,58 -
	100,00 Proc.	100,00 Proc.

Kalilauge.

Liquor Kali caustici pur., Reine Kalilauge ($KOH + aq.$).

Wasserhelle, klare Flüssigkeit. Spec. Gew. 1,30. Enthält ca. 33 Proc. KOH.

Die Prüfung ist wie bei Kalium hydric. alcohol. dep. S. 184 auszuführen.

Volumgewicht von **Kalilaugen** bei 15⁰ (Lunge ber.).

Spec. Gewicht	Baumé	Twaddell	100 Gew.-Th. enthalten		1 cbm enthält kg	
			K_2O	KOH	K_2O	KOH
1,007	1	1,4	0,7	0,9	7	9
1,014	2	2,8	1,4	1,7	14	17
1,022	3	4,4	2,2	2,6	22	26
1,029	4	5,8	2,9	3,5	30	36
1,037	5	7,4	3,8	4,5	39	46
1,045	6	9,0	4,7	5,6	49	58
1,052	7	10,4	5,4	6,4	57	67
1,060	8	12,0	6,2	7,4	66	78
1,067	9	13,4	6,9	8,2	74	88
1,075	10	15,0	7,7	9,2	92	99
1,083	11	16,6	8,5	10,1	92	109
1,091	12	18,2	9,2	10,9	100	119
1,100	13	20,0	10,1	12,0	111	132
1,108	14	21,6	10,8	12,9	119	143
1,116	15	23,2	11,6	13,8	129	153
1,125	16	25,0	12,4	14,8	140	167
1,134	17	26,8	13,2	15,7	150	178
1,142	18	28,4	13,9	16,5	159	188
1,152	19	30,4	14,8	17,6	170	203
1,162	20	32,4	15,6	18,6	181	216
1,171	21	34,2	16,4	19,5	192	228
1,180	22	36,0	17,2	20,5	203	242
1,190	23	38,0	18,0	21,4	214	255
1,200	24	40,0	18,8	22,4	226	269
1,210	25	42,0	19,6	23,3	237	282
1,220	26	44,0	20,3	24,2	248	295
1,231	27	46,2	21,1	25,1	260	309
1,241	28	48,2	21,9	26,1	272	324
1,252	29	50,4	22,7	27,0	284	338
1,263	30	52,6	23,5	28,0	297	353
1,274	31	54,8	24,2	28,9	308	368
1,285	32	57,0	25,0	29,8	321	385
1,297	33	59,4	25,8	30,7	335	398
1,308	34	61,6	26,7	31,8	349	416
1,320	35	64,0	27,5	32,7	363	432
1,332	36	66,4	28,3	33,7	377	449
1,345	37	69,0	29,3	34,9	394	469
1,357	38	71,4	30,2	35,9	410	487
1,370	39	74,0	31,0	36,9	425	506
1,383	40	76,6	31,8	37,8	440	522
1,397	41	79,4	32,7	38,9	457	543
1,410	42	82,0	33,5	39,9	472	563
1,424	43	84,8	34,4	40,9	490	582
1,438	44	87,6	35,4	42,1	509	605
1,453	45	90,6	36,5	43,4	530	631

Spec. Gewicht	Baumé	Twaddell	100 Gew.-Th. enthalten		1 cbm enthält kg	
			K_2O	KOH	K_2O	KOH
1,468	46	93,6	37,5	44,6	549	655
1,483	47	96,6	38,5	45,8	571	679
1,498	48	99,6	39,6	47,1	593	706
1,514	49	102,8	40,6	48,3	615	731
1,530	50	106,0	41,5	49,4	635	756
1,546	51	109,2	42,5	50,6	655	779
1,563	52	112,6	43,6	51,9	681	811
1,580	53	116,0	44,7	53,2	706	840
1,597	54	119,4	45,8	54,5	731	870
1,615	55	123,0	47,0	55,9	754	902
1,634	56	126,8	48,3	57,5	789	940

Kaliumjodat.

Kalium jodicum puriss., neutrales jodsaures Kalium
(KJO_3.   Molecular-Gew. $= 213,45$).

Weisse Krystalle.

Prüfung auf Verunreinigungen.

Das Salz muss *100procentig* sein. *Es muss klar in Wasser löslich sein und darf keine saure Reaction zeigen*, bzw. auf Zusatz von Jodkalium kein freies Jod abscheiden.

Man löst ca. 0,5 g Kalium jodicum in ca. 20 ccm frisch ausgekochtem Wasser, fügt einen kleinen Krystall Jodkalium und einige Tropfen frisch bereiteter Stärkelösung hinzu, wodurch sich die Flüssigkeit nicht sofort blau färben darf.

Anmerkung. Eine blaue Färbung nach kurzem Stehen tritt bei dieser Prüfung in Folge der Einwirkung der Luft stets ein; siehe darüber auch die Anmerkung unter Kaliumjodid S. 189.

Quantitative Bestimmung.

Die Bestimmung gründet sich wie beim Kaliumbijodat S. 157 darauf, dass man mit Salzsäure und Jodkalium versetzt und aus der Menge des abgeschiedenen Jods den Gehalt an Jodsäure-Anhydrid berechnet.

Anwendung.

Dieses Salz ist ebenso wie das Kaliumbijodat zum Einstellen
der Normal-Natriumthiosulfatlösung vorgeschlagen worden (Zeitschr.
f. analyt. Chemie 1887, S. 139).

Handelssorten.

Dieselben sind oft unrein und jodkaliumhaltig.

Kaliumjodid.

Kalium jodatum puriss., Jodkalium
(KJ.   Molecular-Gew. = 165,57).

Weisse, würfelförmige, an der Luft nicht feucht werdende
Krystalle, welche in Wasser und in Weingeist löslich sind.

Anmerkung. Bei längerer Aufbewahrung bleibt das Jodkalium
nicht völlig unverändert, sondern es färbt sich mit der Zeit schwach
gelblich und zwar färbt sich absolut neutrales Jodkalium früher als
alkalisches Jodkalium. Biltz (Notizen zur Pharm. Germ. S. 178)
führt die Färbung auf eine Oxydation zurück.

Prüfung auf Verunreinigungen.

Kohlensaures Kalium: Zerriebenes Jodkalium, auf befeuchtetes
rothes Lackmuspapier gebracht, darf dieses nicht sofort violettblau
färben.

Anmerkung. Nach Biltz (l. c.) färbt ein Jodkalium, welches
mehr als $^1/_{10}$ % kohlensaures Kalium enthält, das feuchte Lackmuspapier sogleich violettblau.

Metalle, Schwefelsäure, Cyankalium: Die wässerige Lösung (1 : 20)
darf weder durch Schwefelwasserstoffwasser, noch durch Bariumchloridlösung verändert werden, noch sich, mit 1 Körnchen Ferrosulfat und 1 Tropfen Eisenchloridlösung nach Zusatz von Natronlauge gelinde erwärmt, beim Uebersättigen mit Salzsäure blau färben.

Jodsaures Salz: Die mit ausgekochtem und wieder erkaltetem
Wasser frisch bereitete Lösung (1 : 20) darf bei alsbaldigem Zusatze
von Stärkelösung und verdünnter Schwefelsäure sich nicht sofort
färben.

Anmerkung. Zum Nachweis der Jodsäure muss nach J. Mühe
(Pharm. Ctrlh. *27*, S. 55 ff.) eine vollkommen reine Schwefelsäure,

sorgfältig ausgekochtes Wasser und neutrale Stärkelösung verwendet werden.

Luft- und kohlensäurehaltiges destillirtes Wasser zersetzt nach Mühe's Versuchen das Jodkalium unter Freimachen von Jod. H. Beckurts (Pharm. Ctrlh. *27*, S. 230 ff.) bemerkt zu obiger Reaction auf Jodsäure, dass man niemals aus dem Eintreten der violetten Farbe auf die Anwesenheit von Jodat schliessen könne. Dieselbe könne durch das Vorhandensein von Chlorat und Bromat bedingt sein, welche letzteren sich aus Chlorjod und Bromjod mit überschüssigem Alkali bilden. Chlorjod und Bromjod sind in dem zur Fabrikation von Jodkalium dienenden Jod oft vorhanden.

Das zur Herstellung der Normal-Jodlösung anzuwendende Jodkalium muss frei von Jodsäure sein; es kann bei der Wichtigkeit des Gegenstandes die Prüfung zur Controle noch wie folgt ausgeführt werden:

Man trage eine Probe des Salzes in verdünnte Schwefelsäure ein. Reines Jodkalium löst sich darin ruhig und ohne Färbung auf; enthält es aber jodsaures Kalium, so färbt sich die Flüssigkeit durch freies Jod. In dieser Weise lässt Fresenius in seiner Anleitung zur quantitativen Analyse das Jodkalium prüfen. Biltz (Notizen zur Pharm. Germ., S. 182) verlangt, dass eine im Verhältniss 1 : 20 bereitete Jodkaliumlösung mit verdünnter Schwefelsäure auch nicht die leiseste gelbliche Färbung geben soll.

Salpetersäure: Erwärmt man 1 g des Salzes mit 5 ccm Natronlauge, sowie mit je 0,5 g Zinkfeile und Eisenpulver, so darf sich ein Ammoniakgeruch nicht entwickeln.

Anmerkung. Vorstehende Prüfungsweise ist von der Pharm. Germ. III. vorgeschrieben, da die Prüfungen der Pharm. Germ. II. vielfach Täuschungen veranlasst haben. Vergl. in letzterer Hinsicht die Abhandlungen von L. Scholvien (Rep. d. Chem.-Ztg. 1887, S. 256) und von C. Schwarz (Rep. d. Chem.-Ztg. 1888, S. 282). Schwarz schlägt auch noch eine weitere Prüfung auf Nitrate vor. Scholvien bemerkt, dass die Verunreinigung der Handelspräparate mit Salpetersäure sehr selten ist.

Chlorid und Bromid: Man versetzt die Lösung des Jodkaliums mit salpetersaurem Silber, so lange ein Niederschlag entsteht, fügt Ammonflüssigkeit im Ueberschusse zu, schüttelt, filtrirt und übersättigt das Filtrat mit Salpetersäure; weisser, käsiger Niederschlag zeigt die genannten Verunreinigungen an.

Anmerkung. Ueber die Untersuchung von Jodiden auf Chloride und Bromide vergleiche auch die Abschnitte über Jodwasserstoffsäure und über Jod in dieser Schrift. Trennung des Jodids von Chlorid und Bromid siehe auch nachstehend.

Quantitative Bestimmung.

Zur Bestimmung des Jods und zur Trennung von Chlor und Brom verwendet man zweckmässig die Destillation mit Eisenchlorid; Jodide werden durch Eisensesquichlorid oder irgend eine Eisenoxydverbindung und Salzsäure derart zerlegt, dass Jod frei wird. Die Chloride und Bromide bleiben unverändert. Das Jod wird in Jodkaliumlösung aufgefangen und mit $^1/_{10}$-Natriumthiosulfatlösung titrirt. Siehe hierüber auch den Abschnitt über Jod in dieser Schrift. Eine genaue Beschreibung der genannten Methode findet sich in den Lehrbüchern der Titrirmethode. Einen neuen zweckmässigen Apparat für die Destillation beschreibt Topf (Zeitschr. f. analyt. Chem. 1887, S. 293).

Gewichtsanalytisch kann das Jod im Jodkalium sehr gut mit Palladiumchlorür bestimmt werden. (Siehe den Abschnitt über „Jod" in dieser Schrift.)

Anwendung und Aufbewahrung.

Das Jodkalium dient als Lösungsmittel für Jod bei Herstellung der Normaljodlösung, ferner als Mittel, freies Chlor zu absorbiren. Es soll für diese Zwecke hauptsächlich frei von jodsaurem Kalium und auch möglichst frei von Kaliumcarbonat sein.

Man bewahrt es an einem trockenen Orte in mit Glasstopfen verschlossenen Gefässen, vor Sonnenlicht geschützt, auf.

Handelssorten.

Dieselben enthalten bisweilen jodsaures Kalium, Spuren Carbonat und wenig Chlorkalium. Nach Erfahrungen von Biltz enthalten die besten Handelssorten des Jodkaliums jedoch selten mehr als $^1/_4$ Proc. Chlorkalium. Daudt (Pharm. Ztg. 1888, S. 117) hat im Jodkalium des Handels schwefligsaures Salz gefunden. Dieses Jodkalium entwickelte mit Zink und Salzsäure Wasserstoffgas, welches Bleipapier intensiv schwärzte. Von verschiedenen Seiten kommt das Jodkalium jetzt in sehr reiner und in schöner Form in den Handel.

Analysen von 8 verschiedenen Handelssorten von Jodkalium von M. P. Carles siehe Journ. de Pharm. et de Chimie, No. 10, d. 15. Nov. 1891, oder C. Krauch, Essais de Pureté des Réactifs Chimiques, Edition Française par J. Delaite, Liège 1892.

Kaliummanganat.

Kalium manganic., mangansaures Kalium (K_2MnO_4.
Molecular-Gew. $= 196{,}70$).

Das Präparat, welches stark alkalisch ist, wird durch Zusammen-
schmelzen von reinem übermangansauren Kalium mit reinem Kaliumhydrat gewonnen; es findet in der Analyse seltener Verwendung
(Jolles, Zeitschr. f. analyt. Chemie 1889, S. 238).

Kaliumnitrat.

Kalium nitricum puriss., salpetersaures Kalium (KNO_3.
Molecular-Gew. $= 100{,}92$).

Farblose Krystalle oder Krystallpulver, leicht löslich in Wasser,
trocken und luftbeständig.

Prüfung auf Verunreinigungen.

Löslichkeit, Kalk, schwere Metalle etc.: 3 g geben mit 50 ccm
Wasser eine klare, neutrale Lösung, welche auf Zusatz von Ammon,
oxalsaurem Ammon und Schwefelammon nicht verändert wird. Die
wässerige, mit wenig Salzsäure angesäuerte Lösung zeigt auf Zusatz
von Schwefelwasserstoff keine Veränderung.

Chlorid und Chlorat: Die wässerige Lösung (1 : 20) darf durch
Silbernitratlösung nicht verändert werden. Glüht man 1 g des Salpeters schwach, löst die geglühte Masse in Wasser (1 : 20) und fügt
einige Tropfen Salpetersäure hinzu, so darf auf Zugabe von salpetersaurem Silber ebenfalls keine Veränderung eintreten.

Anmerkung. *Perchlorat*: Haeussermann (Chem.-Ztg. 1894,
S. 1206) macht auf einen Gehalt des Salpeters an Perchlorat aufmerksam. Eine Probe des perchlorathaltigen Salpeter gab beim Erhitzen mit überschüssiger Schwefelsäure im Anfang ein normales Destillat ohne erheblichen Chlorgehalt, dagegen ging gegen Ende der
Destillation eine Säure über, in welcher nach dem Verdünnen mit
Wasser Silbernitrat einen dicken Niederschlag von Chlorsilber hervor-
rief. Panaotović (Chem.-Ztg. 1894, S. 1567) fand, dass von 180 Fässern
Salpeter, die vor 2 Jahren von einer der renommirtesten Firmen be-

zogen wurden, 122 Fässer mehr als 0,25 Proc. Perchlorat enthielten, einige waren darunter, bei denen der Gehalt 1 Proc. überstieg.

Zur Entfernung des Perchlorats empfiehlt Ruer (D.R.-P. 81, 102) den Rohsalpeter aus Wasser zu krystallisiren und die hierbei erhaltene Feinlauge einzudampfen und den Rückstand, der das Perchlorat enthält, zur Entfernung desselben zu schmelzen.

Natrium: Man prüft, wie auf S. 165 bei Kaliumcarbonat angegeben.

Sulfat: Die Lösung von 3 g in 60 ccm Wasser darf auf Zugabe von Chlorbariumlösung auch nach mehrstündigem Stehen in der Wärme keine Veränderung zeigen.

Quantitative Bestimmung.

Der Kalisalpeter kommt von solcher Reinheit in den Handel, dass eine quantitative Bestimmung gewöhnlich überflüssig ist. Soll dieselbe ausgeführt werden, so verfährt man nach Fresenius, Quant. Anal. Bd. 2, S. 226.

Auch beim technischen Kalisalpeter erstreckt sich die Prüfung fast ausschliesslich auf die Feststellung des Chlornatriumgehaltes. Gewöhnlich wird seitens der Fabrikanten ein Maximalgehalt von Chlornatrium (z. B. $1/10000$, d. h. 10000 Theile Salpeter enthalten 0,01 Na Cl) garantirt, der event. durch Titration von 10 g mit Normalsilberlösung controlirt wird.

Anwendung.

Der Kali (und auch der Natron-) salpeter dienen als Oxydationsmittel. Sie werden zur Bestimmung des Schwefels und des Chlors in organischen Substanzen gebraucht und müssen daher vor Allem frei von Cl und S sein. Im Gange der gerichtlich-chemischen Analyse wird Salpeter, gewöhnlich aber nicht Kali-, sondern der weiter hinten in diesem Buche beschriebene Natronsalpeter, zur Zerstörung etwaiger im H_2S-Niederschlage enthaltenen organischen Substanzen und auch sonstiger organischer Rückstände, sowie zur Zersetzung der in Schwefelammonium gelösten Metalle gebraucht. Der Salpeter muss daher auch absolut frei von metallischen Giften sein.

Bei der anorganischen Analyse dient der Salpeter (Natronsalpeter) zur Ueberführung des Schwefelzinns, Schwefelantimons und des Schwefelarsens in Oxyde und Säuren, ferner zum Nachweis des Mangans und des Chroms.

Handelssorten.

Neben dem reinen Salpeter kommt der technische Salpeter in den Handel, welcher geringe Mengen von Chlornatrium enthält, sonst aber fast rein ist (siehe unter Quantitative Bestimmung).

Kaliumnitrit.

Kalium nitros. puriss., salpetrigsaures Kalium (KNO_2.
Molecular-Gew. = 84,96).

Weisse oder sehr schwach gelblich gefärbte, sehr leicht zerfliessliche Stängelchen, welche ca. 90 Proc. KNO_2 enthalten.

Prüfung auf Verunreinigungen.

Schwere Metalle: In der wässerigen Lösung 1 : 20 erzeugt Schwefelammonium keinen Niederschlag.

> Anmerkung. Auf freies Alkali, Kaliumcarbonat, Chlorid, Sulfat und Nitrat, welche Stoffe in geringer Menge immer zugegen sind, kann ebenfalls geprüft werden. Eine quantitative Bestimmung des KNO_2 macht indessen meistens die ausführliche qualitative Untersuchung überflüssig.

Quantitative Bestimmung.

Diese Bestimmung wird in der Technik meist in der Weise (nach Feldhaus) ausgeführt, dass man eine Chamäleonlösung, deren Titer durch salpetrigsaures Silber oder durch Eisen festgestellt ist, in die sehr verdünnte und angesäuerte Lösung des salpetrigsauren Salzes bis zur Rothfärbung einfliessen lässt und nun nach der verbrauchten Chamäleonlösung den Gehalt berechnet. Nach Lunge (Zeitschr. f. angewandte Chemie 1891, S. 629) giebt aber die Methode von Feldhaus ungenaue Resultate und es ist viel zweckmässiger, wenn man umgekehrt eine bestimmte Menge von Chamäleon anwendet und in diese, nachdem sie angesäuert ist, die Salpetrigsäure-Lösung aus einer Bürette einfliessen lässt, bis die rothe Färbung eben verschwunden ist.

Letztere Methode von Lunge ist daher bei Untersuchung der Nitrite anzuwenden. Man verfährt also bei Untersuchung von salpetrigsaurem Natrium oder Kalium wie folgt: Man benutzt eine Halbnormal-Chamäleonlösung, welche durch Auflösen von 15,82 g reinstem, übermangansaurem Kalium in einem Liter Wasser erhalten wird und wovon 1 ccm 0,0289 g Eisen = 0,0315 g krystallisirter Oxalsäure entsprechen muss. Die Oxydation des salpetrigsauren Salzes mit Kaliumpermanganat erfolgt nach folgender Gleichung:

$$2 \, K \, Mn \, O_4 + 5 \, Na \, NO_2 + H_2 \, O = 5 \, Na \, NO_3 + 2 \, Mn \, O + 2 \, KOH.$$

1 ccm der obigen Chamäleonlösung entspricht 0,01725 g $NaNO_2$. Zur Ausführung der Analyse löst man 10 g des zu untersuchenden Nitrits in einem Liter Wasser und lässt von dieser Lösung so viel in dünnem Strahle in eine mit Schwefelsäure angesäuerte und auf 40° erwärmte Auflösung von 20 ccm Halbnormal-Chamäleonlösung in 130 ccm Wasser einfliessen, bis schliesslich ein Tropfen nach einigem Stehen Entfärbung herbeiführt*).

Anmerkung. Bemerkt sei hier noch, dass Lunge (l. c.) die sogenannte Sulfanilsäuremethode und auch die Anilinmethode, welche bisweilen in der Technik Verwendung finden, als unzuverlässig gefunden hat.

Demgegenüber bemerken nun A. G. Green und F. Evershed (Chem. News 1892, *65*, 109 aus Rep. d. Chem.-Ztg. 1892, 89), dass nach ihren Erfahrungen das Verfahren mit Anilinchlorhydrat sehr zweckmässig sei. Das Verfahren beruht auf der Diazotirung einer normalen Lösung von salzsaurem Anilin unter Benutzung von Stärke und Zinkjodid als Indicator. In einer Erwiderung auf die Abhandlung von Green und Evershed bezeichnet aber Lunge nochmals die obige Methode mit Chamäleon als die bessere (Rep. d. Chem.-Ztg. 1892, 124).

Anwendung und Aufbewahrung.

Das Salz dient zur Bestimmung des Kobalts und zum Freimachen des Jods in seinen Verbindungen. Es wird ferner bei der Bestimmung der Amidosäuren verwendet. Für letztere Verwendung kommt es bisweilen darauf an, die im käuflichen Präparate fast immer vorhandene Spuren Carbonat zu entfernen. Zu dem Zwecke empfiehlt U. Kreussler, die conc. Lösung des salpetrigsauren Kaliums mit salpetersaurem Calcium zu versetzen, so lange noch ein Niederschlag entsteht, letzterer wird durch gelindes Erwärmen krystallinisch und bald filtrirbar. Man hat dann statt des Carbonats Kalium-

---

*) Will man nach dieser Methode salpetrigsaures Silber untersuchen, so löst man dasselbe nach Lunge (l. c.) in einem bestimmten Volumen reinster concentrirter Schwefelsäure unter der Vorsichtsmaassregel, dass keine Stickoxyde entweichen können, und lässt die nun erhaltene Nitrose wie oben aus einer Bürette in Chamäleon einlaufen.

nitrat in Lösung; diese Nitrate sind aber nicht störend. Kalium-
nitritlösung ist auch zur Bestimmung des Harnstoffs vorgeschlagen
(Campani).

Das Salz ist hygroskopisch und wird daher in gut verschlossenen
Glasgefässen aufbewahrt.

Handelssorten.

Ein 100proc. Präparat kommt meines Wissens nicht in den
Handel und die Herstellung eines solchen erscheint sehr schwierig;
leichter erhält man ein Präparat von 80—90 Procent und kann
man diesen Gehalt für das Kalium nitrosum puriss. verlangen. Von
einigen Fabriken wird auch Kalium nitrosum puriss. verkauft, das
kaum 70procentig ist. Ich bemerke diese Unterschiede besonders,
weil meines Wissens in der betr. Literatur noch nicht darauf aufmerksam gemacht ist.

Kaliumoxalat, neutrales.

Kalium oxalic. neutrale puriss. ($C_2O_4K_2 + H_2O$.
Molecular-Gew. $= 183{,}80$).

Leicht lösliche, in der Wärme verwitternde Krystalle von neutraler Reaction.

Prüfung auf Verunreinigungen und Quantitative Bestimmung.

Siehe S. 33 bei Ammoniumoxalat.

Die quantitative Bestimmung durch Titration mit Permanganatlösung ist u. A. ausführlich in Mohr, Titrirmethode, 6. Aufl., S. 226
beschrieben.

Anwendung.

Das Salz findet u. A. bei der Prüfung des Chinins Anwendung
(Archiv d. Pharm. 1887, S. 65, 756, 765 und 780).

Handelssorten.

Stark chlorid-, sulfat- und bleihaltige Präparate sind im Handel
bisweilen anzutreffen.

Kaliumperchlorat.

Kalium perchloricum, überchlorsaures Kalium ($KClO_4$.
Molecular-Gew. $= 138,24$).

Farbloses, krystallinisches Pulver, welches in ca. 50 Th. Wasser
löslich ist.

Prüfung auf Verunreinigungen.

Diese Prüfung wird wie bei Kalium chloric. S. 167 ausgeführt.

Quantitative Bestimmung.

Ueberchlorsaures Kalium wird nicht von Salzsäure zersetzt.
Die quantitative Bestimmung der Ueberchlorsäure in den Salzen
geschieht in der Regel aus dem Verluste und man bestimmt die
Base. Auch aus der Menge des beim Glühen zurückbleibenden
Chlorids und dessen Chlorgehalt lässt sich die Menge der Säure
berechnen (Graham-Otto's Lehrbuch, I. Bd., S. 387), wenn das
überchlorsaure Kalium nicht mit Chlorid verunreinigt war.

Diese Methoden sind indessen nicht genau. Eine neue und zuverlässige Methode zur Bestimmung der Perchlorate hat Kreider angegeben. Dieselbe beruht darauf, dass der beim Erhitzen des Perchlorats abgegebene Sauerstoff aufgefangen, mit Stickoxyd in Gegenwart concentrirter Jodwasserstoffsäure vermischt und das freigewordene Jod mit $1/_{10}$-Normallösung von arseniger Säure bestimmt wird.
Ueber die Ausführung siehe Kreider, Zeitschr. f. anorgan. Chemie
1895, S. 277 ff. oder Chem. Centralblatt 1895, Bd. 2, S. 905.

Anwendung.

Das Salz entsteht durch vorsichtiges Erhitzen des chlorsauren
Salzes, bis die anfangs dünnflüssige Masse teigig und zähflüssig ge-
worden ist; es wird durch Behandeln mit Wasser gereinigt. Man
benutzt es bisweilen bei der Elementaranalyse an Stelle des Kalium
chloric.

Handelssorten.

Dieselben enthalten häufig Chlorkalium.

Kaliumpermanganat.

Kalium permanganicum pur., übermangansaures Kalium
($KMnO_4$. Molecular-Gew. $= 157{,}67$).

Dunkelviolette, fast schwarze, metallglänzende und trockene
Krystalle, welche sich leicht und vollständig in Wasser lösen. Die
verdünnte wässerige Lösung ist neutral.

Prüfung auf Verunreinigungen.

Sulfate und Chloride: 0,5 g des Salzes müssen, mit 2 ccm Weingeist und 25 ccm Wasser zum Sieden erhitzt, ein farbloses Filtrat
geben, welches nach dem Ansäuern mit Salpetersäure weder durch
Bariumnitrat, noch durch Silbernitratlösung mehr als opalisirend
getrübt wird (Pharm. Germ. III).

Nitrate: Wird einer Lösung von 0,5 g des Salzes in 5 ccm
heissem Wasser allmählich Oxalsäure bis zur Entfärbung zugesetzt,
so darf eine Mischung von 2 ccm des klaren Filtrates mit 2 ccm
Schwefelsäure beim Ueberschichten mit 1 ccm Ferrosulfatlösung eine
gefärbte Zone nicht zeigen (Pharm. Germ. III).

Das Salz muss 99 bis 100 Procent $KMnO_4$ enthalten.

Quantitative Bestimmung.

Zur quantitativen Ermittelung des $KMnO_4$ löst man 2 g des
Präparates in vollständig reinem destillirten Wasser zu 1000 ccm.
Ferner löst man 39,2 g reines Eisenoxydulammoniumsulfat (Eisendoppelsalz) zu 1000 ccm. Von letzterer Lösung werden 10 ccm ab-
gemessen und mit etwas verdünnter Schwefelsäure versetzt, alsdann
wird aus einer Bürette so lange von der Lösung des übermangansauren Kaliums zugetröpfelt, bis bleibende Rothfärbung eintritt.

Berechnung: Die 10 ccm Eisendoppelsalzlösung enthalten
0,056 Fe, welche 0,0316 $KMnO_4$ entsprechen (Fe $\times$ 0,5643 ist
gleich $KMnO_4$); es enthält daher die Menge der Lösung des übermangansauren Kaliums, welche bis zur beginnenden Rothfärbung
verbraucht wurde, immer 0,0316 reines $KMnO_4$.

Dividirt man somit die Zahl 0,0316 mit der Menge des verbrauchten übermangansauren Kaliums, so ergiebt sich der Gehalt
des untersuchten Präparates an $KMnO_4$.

An Stelle des Eisens kann auch Oxalsäure zur Gehaltsbestimmung des Permanganats genommen werden. 1 g Kaliumpermanganat ist $= 1{,}993$ Oxalsäure, denn:

$$5\,[C_2H_2O_4 + 2\,H_2O] + 3\,H_2SO_4 + 2\,KMnO_4 =$$
$$10\,CO_2 + 2\,MnSO_4 + K_2SO_4 + 18\,H_2O.$$

1 ccm $\frac{1}{2}$-Normaloxalsäure (mit 62,85 kryst. Oxalsäure pro Liter) ist gleich 0,015767 $KMnO_4$. Die Ausführung der Bestimmung siehe unter Oxalsäure in diesem Buche und ausführlich in Fresenius, Quant. Analyse, S. 274.

Anmerkung. Genau ist auch die Bestimmung des Permanganats mit dem Nitrometer. Auch eignet sich diese Methode zur Titerstellung der Chamäleonlösung. Man zersetzt dabei mit Wasserstoffsuperoxyd nach der Formel:

$$5\,H_2O_2 + 2\,KMnO_4 + 3\,H_2SO_4 = 10\,O + 8\,H_2O + 2\,MnSO_4 + K_2SO_4.$$

Der O wird im Nitrometer aufgefangen, gemessen und nach seinem Volumen der Gehalt des Permanganats berechnet. Ueber Beleganalysen, welche die Brauchbarkeit der Methode zeigen, siehe die betr. Abhandlung von Lunge in Zeitschr. f. angewandte Chemie 1890, S. 11 ff.

Wem es an Uebung in solchen Arbeiten fehlt oder wer nur selten solche gasvolumetrische Analysen auszuführen hat, wird bequemer die oben beschriebene Bestimmung des Permanganats oder der Permanganatlösung mit Eisen- oder Oxalsäure ausführen. Bemerkt sei noch, dass eine ausführliche Beschreibung des Nitrometers u. A. zu finden ist in: Lunge, Handbuch der Sodaindustrie, 2. Aufl. (Braunschweig bei Vieweg 1893) oder in Winkler, Lehrbuch der technischen Gasanalyse (Freiberg bei Engelhard 1892) und in fast allen anderen Werken über technisch-chemische Analyse.

Anwendung und Aufbewahrung (Chamäleonlösung).

Das Kaliumpermanganat ist ein wichtiges Oxydationsmittel, welches im Laboratorium sehr häufig verwendet wird. Es wird u. A. zu quantitativen Bestimmungen des Schwefels benutzt. Für diesen Zweck ist das schwefelsäurefreie Präparat nothwendig, welches in nachfolgendem Abschnitt beschrieben ist. Auch zur Herstellung von Normallösungen dürfte sich dieses ca. 100 proc. Präparat sehr gut eignen.

Am häufigsten findet das Kaliumpermanganat zur Herstellung der Permanganatlösung, **Chamäleonlösung,** Verwendung. Man wiegt für diesen Zweck eine beliebige Menge Kaliumpermanganat ab (nach Fresenius, Quantitat. Analyse, werden z. B. 5 g Kaliumpermanganat pro Liter genommen), löst diese in 1 Liter destillirtem Wasser und bestimmt den Titer dieser Lösung. Oder man löst zur Herstellung der gewöhnlich gebräuchlichen $^1/_{10}$-Normallösung 3,16 g $KMnO_4$ zu 1 Liter und stellt diese Lösung so ein, dass 1 ccm derselben 0,0056 Fe entspricht. Man stellt den Wirkungswerth der Chamäleonlösung entweder gegenüber Eisendraht oder Eisendoppelsalz oder auch gegenüber Oxalsäure bzw. Oxalsäuresalzen fest. Die Art und Weise, in welcher diese Titerstellungen ausgeführt werden, findet sich ausführlich in den Werken über analytische Chemie oder über Titrirmethoden beschrieben, so z. B. in Fresenius, Quant. Analyse, 6. Aufl., Bd. 1, S. 274 ff.; sie ist ferner S. 199 und bei Kaliumtetraoxalat (S. 206) in diesem Buche angegeben.

Ueber eine Methode zur Bestimmung des Wirkungswerthes der Permanganatlösung mittelst Lunge's Nitrometer siehe oben die Anmerkung (S. 199).

Was die Haltbarkeit der Permanganatlösung betrifft, so stellt Poleck (Chem.-Ztg. 1892, S. 908) fest, dass sich Lösungen von Permanganat 1 : 1000 und 3 : 1000, im Dunkeln und vor Staub geschützt aufbewahrt, ca. 1 Jahr lang fast unverändert halten.

Ueber die Haltbarkeit titrirter Kaliumpermanganatlösungen macht auch Grützner (Arch. Pharm. Bd. 231, S. 320) Angaben. 0,3 Proc. Permanganatlösung zeigte sich nach $1^1/_2$ jährigem Aufbewahren in einer Glasstöpselflasche vollkommen unverändert, während eine Lösung 1 : 1000 nach $1^1/_2$ Jahren eine Abnahme von 2,61 Proc. im Permanganatgehalt erlitten hatte.

Man bewahrt sowohl das Kaliumpermanganat als auch dessen Lösung in wohl verschlossenen Glasflaschen (vor Licht, Staub und Berührung mit organischen Stoffen geschützt) an einem dunklen Orte auf.

Handelssorten.

Man unterscheidet im Handel das gross krystallisirte und das klein krystallisirte Präparat, welche beide so rein sind, dass sie den Anforderungen der Pharm. Germ. III vollständig entsprechen. Ausserdem wird von reinen Präparaten noch das im nachfolgenden Kapitel beschriebene Kaliumpermanganat, schwefelsäurefrei, für besondere analytische Zwecke in den Handel gebracht.

Auch ein rohes Präparat „Kali permanganic. crud.", welches der Hauptsache nach aus mangansaurem Kali besteht, ist käuflich.

Kaliumpermanganat, schwefelsäurefrei ($KMnO_4$).

ca. 100 procentig, schwefelsäurefrei. Dunkelviolette, grosse Krystalle.

Prüfung auf Verunreinigungen.

Schwefelsäure: 3 g müssen, mit 150 ccm Wasser und 15 ccm Alkohol bis zur vollständigen Entfärbung erhitzt, ein Filtrat geben, welches mit einigen Tropfen Essigsäure und Chlorbarium versetzt, nach mehreren Stunden keine Schwefelsäurereaction zeigt.

Chlorid und Nitrat: Wie S. 198.

Quantitative Bestimmung.

Siehe S. 198.

Kaliumpyroantimoniat, saures.

Kalium stibicum pur., pyroantimonsaures Kalium ($K_2H_2Sb_2O_7 + 6\,H_2O$. Molecular-Gew. $= 538{,}74$).

Körnig krystallinisches, in kaltem Wasser schwer (1 : 250) lösliches, weisses Pulver. In heissem Wasser 1 : 90 löslich.

Prüfung auf Verunreinigungen.

Salpetersäure etc.: Die Lösung des Salzes (1 : 250) ist ohne Einwirkung auf Lackmuspapier. Nach dem Vermischen derselben mit einem gleichen Volumen Schwefelsäure und Ueberschichten mit Eisenvitriollösung darf sich keine braune Zone zeigen.

Die frisch bereitete Lösung muss mit Chlornatrium einen krystallinischen Niederschlag liefern, sie darf aber mit Chlorkalium und mit Chlorammonium keine Niederschläge geben.

Quantitative Bestimmung.

Man löst das Salz in Salzsäure, fügt Weinsäure hinzu, verdünnt mit Wasser und fällt aus der verdünnten Flüssigkeit das Antimon mit Schwefelwasserstoff. Ueber die Ausführung dieser Fällung siehe die Anleitungen zur quantitativen Analyse u. A.: Fresenius, Quantitative Analyse, 6. Aufl., *1*, S. 354. Das Filtrat von Schwefelantimon wird eingedampft, der Rückstand geglüht, mit Salzsäure neutralisirt und nun das Kalium in üblicher Weise mit Platinchlorid bestimmt.

Anwendung.

Die Lösung des Kaliumpyroantimoniats dient als Reagens auf Natronsalze, wobei jedoch grosse Vorsicht erforderlich ist. Die zu prüfenden Lösungen dürfen nicht sauer sein, sondern sollen neutrale oder schwach alkalische Reaction zeigen. Die Natronsalzlösung darf ferner nicht zu verdünnt sein und es dürfen keine anderen Basen als Natron und Kali zugegen sein.

Die Auflösung soll unmittelbar vor dem Gebrauch stattfinden und zwar durch Kochen des Salzes mit Wasser und Abfiltriren des ungelöst bleibenden Salztheiles. Das Präparat ist in 90 Th. heissem und in 250 Th. kaltem Wasser löslich.

Handelssorten.

Meistens sind die Handelssorten stark salpeterhaltig.

Kaliumrhodanat.

Kalium rhodanatum puriss. cryst., Rhodankalium
(CNSK. Molecular-Gew. $=$ 96,99).

Weisse Krystalle, klar löslich in Wasser und in warmem, absolutem Alkohol (1 : 10).

Prüfung auf Verunreinigungen.

Lösung: Siehe oben.

Schwefelsaures Salz: Die wässerige Lösung (1 : 20) zeigt auf Zusatz von Chlorbarium innerhalb 5 Minuten keine Veränderung.

Eisen: Die Lösung (1 : 20) bleibt nach Zusatz von wenig verdünnter Salzsäure [1 ccm HCl (1,19) $+$ 10 ccm Wasser] vollständig farblos.

Sonstige schwere Metalle: Die Lösung (1 : 20) zeigt auf Zusatz von Schwefelammonium weder einen Niederschlag, noch eine braune Färbung.

Quantitative Bestimmung und Anwendung etc.

siehe unter Ammoniumrhodanat (S. 34).

Man bewahrt das Salz gut verschlossen in Glasgefässen auf.

Rhodanirtes Papier, welches nach Mohr zum Nachweis der freien Salzsäure im Magen dient, wird hergestellt, indem man eine 10procentige Rhodankaliumlösung mit Eisenacetatlösung versetzt und damit Papier tränkt.

Ueber Rhodankaliumpapier siehe S. 145.

Handelssorten.

Rhodankalium ist in verschiedenen Qualitäten im Handel. Auch im reinsten Präparate des Handels fand ich häufig Spuren von Eisen und Blei. Für die Analyse muss ein Rhodankalium verlangt werden, welches schön weiss und absolut frei von genannten Verunreinigungen ist.

Kaliumsulfat.

Kalium sulfuricum puriss., schwefelsaures Kalium
(K_2SO_4. Molecular-Gew. $= 173,88$).

Weisse, harte Krystalle, welche mit Wasser eine klare Lösung geben.

Prüfung auf Verunreinigungen.

Chlorid, Metalle etc.: Die wässerige Lösung (1 : 20) soll neutral und klar sein und darf weder durch Schwefelwasserstoffwasser, noch durch Ammoniumoxalat- und durch Kaliumcarbonat-, noch durch Silbernitratlösung verändert werden.

Natrium: Am Platindrahte erhitzt, darf Kaliumsulfat die Flamme nicht gelb färben.

Quantitative Bestimmung

wie bei Kaliumbisulfat (S. 158).

Anwendung.

Das Salz dient bisweilen zur Fällung des Bariums.

Handelssorten.

Neben dem reinen Salze finden sich im Handel die Präparate für technische Zwecke. Dieselben enthalten oft schwefelsaures Natrium, freie Säure, Chlorkalium und Arsen. Ueber die Untersuchung der technischen Sorten siehe u. A. Böckmann, Chem.-techn. Untersuchungen, 3. Aufl., S. 502.

Kaliumsulfhydrat.

Kalium sulfhydrat. cryst. puriss. $((KSH)_2 + H_2O$.
Molecular-Gew. $= 161,98$).

Farblose oder nur sehr wenig gefärbte, in Wasser leicht lösliche, zerfliessliche Krystallmasse. Auch in Alkohol löslich.

Die Lösung des Präparates löst Schwefel auf unter Entweichen von Schwefelwasserstoffgas.

Prüfung auf Verunreinigungen.

Aussehen: wie vorstehend beschrieben.

Polysulfide: Die Lösung in Wasser sei farblos. Säuren entwickeln aus der wässerigen Lösung reichlich Schwefelwasserstoffgas ohne Abscheidung von Schwefel. Das Präparat sei farblos oder nur sehr wenig gefärbt. (Eine nur geringe Färbung des Präparates oder geringe opalisirende Trübung nach Zusatz von Säure zur Lösung darf nicht beanstandet werden.)

Aufbewahrung.

Das Präparat färbt sich unter Aufnahme von Sauerstoff aus der Luft und Bildung von Polysulfid rasch gelb. (Siehe auch S. 38 bei Ammoniumsulfid.) Es scheidet dann auch mit Säure Schwefel ab. Man bewahrt es daher in gut verschlossenem Glase auf, wobei aber eine geringe Zersetzung auf Lager schwer zu vermeiden ist.

Kaliumsulfhydratlösung.

Kalium sulfhydrat. puriss. solut.

Eine *farblose* Flüssigkeit, welche, wie im vorhergehenden Abschnitte beschrieben ist, geprüft und aufbewahrt wird.

Kaliumsulfid.

Kalium sulfuratum pur. e Kali carb. pur.

Reine Schwefelleber, hergestellt durch vorsichtiges Erhitzen von 1 Theil reinem Schwefel und 2 Theilen reiner Pottasche, wodurch sie im Wesentlichen aus einem Gemisch von Kaliumtrisulfid und Kaliumthiosulfat besteht. Man verwendet bei der Herstellung reine N-freie Pottasche, damit das erhaltene Präparat N-frei ist. Es bildet lederbraune Stückchen oder Körner, welche *klar oder fast klar in Wasser löslich* sind. Die wässerige Lösung *entwickelt* beim Uebersättigen mit Essigsäure *reichlich Schwefelwasserstoff.*

Kaliumsulfidlösung (mono).

Kalium monosulfurat. puriss. solut., Lösung von Kaliummono-sulfid (K_2S. Molecular-Gew. $= 110,26$).

Sie wird erhalten, indem man eine gewisse Menge reine N-freie Kalilauge in zwei gleiche Theile theilt, durch den einen Theil Schwefelwasserstoffgas leitet bis zur Sättigung, und nun diesen Theil mit dem anderen Theile der Lauge vermischt. Es ist dieselbe Darstellung, wie sie S. 38 bei Schwefelammonium beschrieben wurde. Die Flüssigkeit muss *farblos* sein und soll mit Säure reichlich *Schwefelwasserstoff entwickeln, ohne Schwefel abzuscheiden. Sie löst Schwefel auf ohne Entwickelung von Schwefelwasserstoffgas* (Unterschied von Sulfhydrat). Auf dem Lager kann sich die Flüssigkeit durch Luftzutritt ähnlich wie das Schwefelammonium rasch gelb färben, worauf sie mit Säuren Schwefel abscheidet. Man muss sie daher in wohl verschlossenen Glasgefässen aufbewahren.

Kaliumtetraoxalat.

Kalium tetraoxalicum puriss. ($HKC_2O_4 + H_2C_2O_4 + 2H_2O$. Molecular-Gew. $= 253,51$).

Kleine, weisse Krystalle, welche in Wasser klar löslich sind.

Prüfung auf Verunreinigungen.

Man prüft, wie S. 33 bei Ammoniumoxalat angegeben ist, auf Schwefelsäure und Metalle.

Die Zusammensetzung des Salzes wird ferner maassanalytisch durch Titration mit Normalkalilauge und zur Controle durch Titration mit Kaliumpermanganatlösung festgestellt. Das Präparat muss 100procentig sein. Die Krystalle müssen vorsichtig und so getrocknet sein, dass sie, in einem trockenen Glase geschüttelt, keine Partikelchen an der Glaswandung hängen lassen.

Quantitative Bestimmung.

Man titrirt mit Normalkalilauge. 1 ccm Normalkalilauge ist $= 0,06285$ krystallisirter Oxalsäure oder $= 0,0845$ Kaliumtetraoxalat.

Als Indicator dient Lackmus.

Zur Controle wird mit Chamäleon titrirt.

Nach der Gleichung

$$10\,(H\,K\,C_2\,O_4 + H_2\,C_2\,O_4 + 2\,H_2\,O) + 8\,K\,Mn\,O_4 + 17\,H_2\,SO_4 =$$
$$40\,CO_2 + 8\,Mn\,SO_4 + 9\,K_2\,SO_4 + 32\,H_2\,O$$

sind 2535,1 Gewthl. Kaliumtetraoxalat $= 1261,36$ Kaliumpermanganat oder 1 Kaliumpermanganat $= 2,009$ Theile Kaliumtetraoxalat.

Der Titer der Chamäleonlösung wird mit vorsichtig getrockneter Oxalsäure (siehe diese) oder mit oxalsaurem Ammonium festgestellt.

Tetraoxalat $\times$ 0,9917 ist $=$ Oxalsäure.

Für 1 g Tetraoxalat müssen 0,9917 Oxalsäure gefunden werden, wenn das Präparat 100procentig ist. Die Ausführung der Titration ist bei Oxalsäure in diesem Buche oder in Fresenius, Quant. Analyse 6. Aufl., Bd. 1, S. 277 beschrieben.

Anwendung und Aufbewahrung.

Das Kaliumtetraoxalat ist von Ulbricht (Pharm. Centralhalle *26*, 198—99) als vorzügliches und unveränderliches Urmaass für die Maassanalyse sowohl zur Bestimmung der Permanganatlösung als auch zur Grundlage alkalimetrischer und acidimetrischer Bestimmungen empfohlen. Auch schon früher hat Kraut das Salz für genannte Zwecke empfohlen (Zeitschr. f. analytische Chemie *26*, S. 350 u. S. 629). In neuerer Zeit (Zeitschr. f. analytische Chemie 1895, Heft 4, S. 431) wird von einigen Seiten betont, dass die

Reindarstellung des Tetraoxalats nicht ganz leicht sei; es soll auch im wasserhaltigen Zustand etwas zum Verwittern neigen. Man muss das Salz also vorsichtig herstellen und vorsichtig bei nicht zu hoher Temperatur trocknen. Man bewahrt es in wohlverschlossenen Flaschen im Dunkeln auf.

Handelssorten.

Parsons (Chem. Centralblatt 1892, 2, S. 896) hebt hervor, dass er sehr unreines Kaliumtetraoxalat im Handel angetroffen habe. Am reinsten waren nach demselben (l. c.) die Präparate von E. Merck.

Kieselfluorwasserstoffsäure.

Acid. hydro-silicico-fluoric. puriss. $(SiFl_6H_2.$
Molecular-Gew. $= 143,97).$

Wasserhelle Flüssigkeit von 1,06 spec. Gew.

Prüfung auf Verunreinigungen.

Rückstand: 5 g verflüchtigen sich beim Erhitzen in der Platinschale vollständig.

Metalle etc.: a) 5 g werden mit 10 ccm Wasser verdünnt, etwas Salzsäure und darauf Schwefelwasserstoffwasser zugesetzt; es entsteht kein Niederschlag.

b) 5 g mit 10 ccm Wasser verdünnt, geben nach Zusatz einer Lösung von (barytfreiem) salpetersaurem Strontium nach längerem Stehen keine Trübung.

Quantitative Bestimmung.

Der Gehalt kann durch Titriren mit Normalnatronlauge bestimmt werden. Bei Anwendung von Phenolphtaleïn oder Lackmustinctur als Indicator entsprechen 3 Aeq. Natron 1 Aeq. Kieselfluorwasserstoff. Fresenius (Zeitschr. f. analyt. Chemie 1890, S. 144) gebrauchte zu 10 g einer Säure, welche er als Reagens verwendete, unter Anwendung von Phenolphtaleïn 30,86 ccm $^1/_2$-Normal-Natronlauge, somit enthielten 100 g 3,70 g Kieselfluorwasserstoff.

Zur Ermittelung des Gehaltes nach dem spec. Gew. dient folgende Tabelle:

Volumgewicht der **Kieselfluorwasserstoffsäure** und Gehalt an
$H_2 Si Fl_6$ bei 17,5 (Stolba).

Volum-Gew.	Proc. $H_2 Si Fl_6$	Volum-Gew.	Proc. $H_2 Si Fl_6$	Volum-Gew.	Proc. $H_2 Si Fl_6$	Volum-Gew.	Proc. $H_2 Si Fl_6$
1,3162	34,0	1,2285	25,5	1,1466	17,0	1,0704	8,5
1,3109	33,5	1,2235	25,0	1,1419	16,5	1,0661	8,0
1,3056	33,0	1,2186	24,5	1,1373	16,0	1,0618	7,5
1,3003	32,5	1,2136	24,0	1,1327	15,5	1,0576	7,0
1,2951	32,0	1,2087	23,5	1,1281	15,0	1,0533	6,5
1,2898	31,5	1,2038	23,0	1,1236	14,5	1,0491	6,0
1,2846	31,0	1,1989	22,5	1,1190	14,0	1,0449	5,5
1,2794	30,5	1,1941	22,0	1,1145	13,5	1,0407	5,0
1,2742	30,0	1,1892	21,5	1,1100	13,0	1,0366	4,5
1,2691	29,5	1,1844	21,0	1,1055	12,5	1,0324	4,0
1,2639	29,0	1,1766	20,5	1,1011	12,0	1,0283	3,5
1,2588	28,5	1,1748	20,0	1,0966	11,5	1,0242	3,0
1,2537	28,0	1,1701	19,5	1,0922	11,0	1,0201	2,5
1,2486	27,5	1,1653	19,0	1,0878	10,5	1,0161	2,0
1,2436	27,0	1,1606	18,5	1,0834	10,0	1,0120	1,5
1,2385	26,5	1,1559	18,0	1,0791	9,5	1,0080	1,0
1,2335	26,0	1,1512	17,5	1,0747	9,0	1,0040	0,5

Anwendung.

Die Kieselfluorwasserstoffsäure dient zur Trennung von Kalk
und Baryt (Zeitschr. f. analyt. Chemie 1891, S. 21).

Handelssorten.

Dieselben sind im spec. Gewicht, also im Gehalte verschieden.

Kobaltnitrat.

Cobaltum nitricum puriss., salpetersaures Kobaltoxydul
($Co (NO_3)_2 + 6 H_2 O$. Molecular-Gew. $= 290,28$).

Rothe, an der Luft zerfliessliche Krystalle.

Prüfung auf Verunreinigungen.

Schwefelsäure: Die Lösung (1 : 20) giebt auf Zusatz von Chlorbarium keine Trübung.

Blei, Kupfer etc.: 2 g, in 50 ccm Wasser gelöst, zeigen nach
Zusatz von 2 ccm Salpetersäure und Schwefelwasserstoffwasser keine
Veränderung.

Alkalische Salze etc.: 2 g werden in 100 ccm Wasser gelöst, aus dieser Lösung wird mit Ammoniak und Schwefelammonium das Kobalt gefällt, das Filtrat hiervon dampft man ein und glüht, wobei kein wägbarer Rückstand verbleiben darf.

Quantitative Bestimmung.

Man fällt das Kobalt als salpetrigsaures Kobaltoxyd-Kali, löst den Niederschlag nach dem Trocknen und Auswaschen in der genügenden Menge Salzsäure und fällt aus dieser Lösung das Kobalt wieder mit Kalilauge, um es dann als metallisches Kobalt zu bestimmen. Auf diese Weise wird Kobalt zugleich von Nickel getrennt. Ueber die Vorsichtsmaassregeln, welche bei Ausführung dieser Analyse zu beobachten sind, siehe die Handbücher der analytischen Chemie, u. A. F r e s e n i u s, Anleitung zur quantitativen Analyse, 6. Aufl., 1. Bd., S. 269 und S. 582. Ebendaselbst siehe die Trennung des Kobalts von anderen Metallen.

A n m e r k u n g. Eine kritische Arbeit über die verschiedenen und zahlreichen Methoden, welche zur Trennung von Kobalt und Nickel vorgeschlagen wurden, liegt von C. Krauss vor (Zeitschr. f. analytische Chemie 1891, S. 227).

Anwendung und Aufbewahrung.

Das Kobaltnitrat ist ein Löthrohrreagens auf Zink, Thonerde und Magnesia. Es dient ferner zur Herstellung des **Natrium-Kobaltnitrit,** eines wichtigen Reagens auf schwere Alkalimetalle. Dasselbe fällt Rubidiumsalze aus sehr verdünnten Lösungen. Auch Kaliumsalze lassen sich damit in sehr kleinen Mengen nachweisen. Nach Hugo Erdmann (Archiv der Pharm. 1894, S. 22) bereitet man das Reagens wie folgt: 30 g krystallisirtes Kobaltnitrat werden in 60 ccm Wasser gelöst, mit 100 ccm einer concentrirten Natriumnitritlösung (entsprechend 50 g $NaNO_2$) gemischt und 10 ccm Eisessig zugegeben. Nach einigen Secunden beginnt eine lebhafte Entwicklung von farblosem Stickoxydgas und das Kobalt geht in die dreiwerthige Form über, was sich an der Farbenveränderung der Lösung beobachten lässt. Da das käufliche Natriumnitrit meist eine Spur Kali enthält, setzt das Reagens beim Stehen gewöhnlich über Nacht wenig eines gelben Niederschlages ab, von dem es abfiltrirt wird.

Man kann dieses Reagens auch aus essigsaurem Kobalt nach

der bei Natriumnitrat in diesem Buche angegebenen Methode herstellen.

Auch das **essigsaure Kobalt** findet wie das Kobaltnitrat bei der
Analyse Verwendung; es wird ebenso geprüft.

Man bewahrt die Kobaltsalze in gut verschlossenen Glasgefässen auf.

Handelssorten.

In denselben hat Verfasser häufig grössere Mengen Kobaltsulfat
und Nickelverbindungen gefunden.

Kohlensäure-Anhydrid.

$(CO_2.$ Molecular-Gew. $= 43,89.)$

Dasselbe gelangt im flüssigen Zustande in Stahlcylindern in
den Handel.

Ueber die Untersuchung flüssiger Kohlensäure hat Grünhut
(Chem.-Ztg. 1895, S. 505) eine ausführliche Arbeit veröffentlicht.
Darnach enthält die flüssige Kohlensäure zwar keine gasförmigen
Verunreinigungen, denn die eudiometrische Analyse ergab stets ca.
100 Procent, aber andere Verunreinigungen wurden wiederholt beobachtet, so ein sehr unangenehmer Nebengeruch, welcher von einer
Flüssigkeit herrührt, die am Boden der Flaschen in Mengen bis ca.
70 g (pro Flasche von 10 Kilo) beobachtet wurde. Diese Flüssigkeit
ist braun, trübe, tintenartig und meist daneben von süsslichem Geschmack. Das Gas der Flaschen, welche damit verunreinigt sind,
bräunt conc. Schwefelsäure und entfärbt äusserst verdünnte Permanganatlösung (der Versuch wird mit saurer und alkalischer Lösung
gemacht) nach mehrstündigem Durchleiten. Die verunreinigende
unangenehm riechende Flüssigkeit enthielt viel Eisenoxydhydrat und
Glycerin.

Aufbewahrung.

Man bewahrt die Stahlflaschen, welche CO_2 enthalten, an einem
kühlen Orte auf.

Kupfer.

Cuprum metallic. puriss. (Cu. Molecular-Gew. = 63,18).

Röthliches Pulver, dünnes Blech oder Draht.

Prüfung auf Verunreinigungen.

Eisen, Silber, Blei etc.: 2 g lösen sich klar in Salpetersäure. Die Lösung wird weder durch Ammon noch durch Salzsäure getrübt und hinterlässt nach dem Ausfällen mit Schwefelwasserstoff, Filtriren, Eindampfen und Glühen keinen wägbaren Rückstand.

Arsen und Oxydul: Prüfung auf Arsen im Marsh'schen Apparate. Eine einfache Methode zur Bestimmung von Arsen im metallischen Kupfer hat J. Clark (Journ. Soc. Chem. Ind. 1887, *6*, 352 oder Rep. d. Chem.-Ztg. 1887, S. 154) angegeben. Bestimmung von Kupferoxydul im metallischen Kupfer nach Hampe siehe Zeitschr. f. analyt. Chemie 1891, S. 344.

Aussehen: Siehe bei Anwendung.

Quantitative Bestimmung.

Man löst das Metall in der genügenden Menge Salpetersäure, fällt das Kupfer aus der verdünnten Lösung mit Schwefelwasserstoff und verfährt mit dem gefällten Kupfersulfid wie unter „Cupr. oxydat. pur." S. 217 angegeben ist. Bezüglich der ausführlichen chemischen Analyse der Kupfersorten des Handels siehe Fresenius, Quant. chem. Analyse, 6. Aufl., 2. Bd., S. 509 ff.

Ueber eine einfache Methode zur Bestimmung der fremden Metalle im Handelskupfer siehe Chem.-Ztg. 1893, S. 1691; Mittheilung von Hampe.

Anwendung.

Das reine metallische Kupfer, welches durch Fällen einer Kupfervitriollösung mit reinem Zink, Auskochen mit Salzsäure und event. Schmelzen unter einer Decke von Borax und Auswalzen erhalten wird, dient unter Anderem zum Fällen des Eisens nach Fuchs. Auch zum Nachweis des Arsens nach Reinisch, zur Elaïdinprobe bei Untersuchung der Fette und zur Elementaranalyse stickstoffhaltiger Körper wird das metallische Kupfer gebraucht. Zu letzteren Zwecken genügt gutes, **reines Kupfer des Handels.**

Das Kupfer wird im chemischen Laboratorium in Form von dünnem Blech und Draht, in geraspeltem und granulirtem Zustande und in Form von Spänen (gedreht) gebraucht.

Die Späne werden u. A. bei Eisenanalysen gebraucht, um das Chlor, welches während der Verbrennung von kohlenstoffhaltigen Substanzen im Eisen und Stahl entwickelt werden könnte, zu absorbiren. Sie müssen *daher vollständig rein und glänzend und frei von Oel sein.*

Handelssorten.

Das hüttenmännisch dargestellte Kupfer enthält auch in seinen reinsten Sorten noch Spuren fremder Stoffe, besonders Eisen und Kupferoxydul. Das Cuprum metallic. praec. des Handels, welches wie oben angegeben, dargestellt ist, kann, wenn es nicht rasch und vorsichtig getrocknet ist, Grünspan enthalten, da Kupfer in feuchter, gewöhnlicher Luft Grünspan bildet. Weiteres hierüber siehe oben · unter Anwendung.

Kupferdraht und Kupferblech werden jetzt in grossen Mengen auf elektrolytischem Wege gewonnen. Dieses Kupfer kommt in sehr reiner Form in den Handel.

Anmerkung. Ueber Kupfergewinnung auf elektrolytischem Wege siehe Elbs, Chem.-Ztg. 1894, S. 1585.

Kupferammoniumchlorid.

Cuprum ammonium chlorat. puriss. $(2(NH_4Cl)CuCl_2 + 2H_2O.$
Molecular-Gew. $= 276,60)$.

Blaue Krystalle, welche in Wasser klar löslich sind.

Prüfung auf Verunreinigungen.

Dieselbe wird wie bei Kupfersulfat S. 218 ausgeführt. Das Salz soll *frei von Schwefelsäure* sein. Eine schwach saure Reaction gegenüber Lackmuspapier ist aber auch nach mehrfachem Umkrystallisiren noch vorhanden. Man muss das Salz mehrfach umkrystallisiren; es soll ferner aus reinsten Materialien hergestellt werden.

Anwendung.

Es dient zur Bestimmung des Kohlenstoffs im Eisen und muss rein sein, da sonst die Bestimmungen verschieden ausfallen.

A. A. Blair glaubt, dass Kupferammoniumchlorid häufig eine organische Substanz enthalte, durch welche Fehler bei der Kohlenstoffbestimmung verursacht würden (Zeitschr. f. angewandte Chemie 1891, S. 457).

Es wurde daher zum Auflösen von Eisen bei Kohlenstoffbestimmungen an Stelle des Kupferammoniumchlorids das **Kupferkaliumchlorid,** $2(KCl)CuCl_2 \cdot 2H_2O$, empfohlen. Zur Herstellung dieser Salze löst man 107 Theile Ammoniumchlorid oder 149,1 Th. Kaliumchlorid und 170,3 Th. krystallisirtes Kupferchlorid in Wasser, krystallisirt das Doppelsalz aus und reinigt durch wiederholtes Umkrystallisiren.

Creath (Chem. Centralblatt 1877, S. 686) nimmt zu den Kohlenstoffbestimmungen eine Lösung von Kupferchlorid und Chlorammonium (340 g Kupferchlorid und 214 g Chlorammonium in 1850 ccm Wasser).

Kupferchlorid.

Cuprum bichlorat. cryst. pur. $(CuCl_2 + 2H_2O.$
Molecular-Gew. $= 169{,}84)$.

Grüne Krystalle, welche an feuchter Luft zerfliessen.

Prüfung auf Verunreinigungen.

Man prüft, wie S. 218 bei Kupfersulfat angegeben. Mit Chlorbarium ist ferner auf Schwefelsäure zu prüfen. Das Präparat muss in Wasser und auch in Alkohol vollständig löslich sein.

Arsen: 1 g darf im Marsh'schen Apparat (siehe unter Zink) keinen Arsenspiegel geben.

Quantitative Bestimmung.

Dieselbe wird, wie bei Cuprum sulfuric. puriss. angegeben, ausgeführt. Das bei der Bestimmung erhaltene Kupfersulfür muss auf einen Gehalt an Blei geprüft werden.

Anwendung und Aufbewahrung.

Eine neutrale Lösung von Kupferchlorid diente nach Berzelius zu den Bestimmungen des Kohlenstoffs im Eisen. An Stelle des reinen Kupferchlorids nimmt man jetzt nach Creath (Chem. Centralbl. 1877, S. 686 und Eng. and Min. Journ. *23*, 16) eine Lösung von Kupferchlorid und Chlorammonium (siehe S. 213).

Man bewahrt das Kupferchlorid in gut verschlossenen Glasflaschen auf.

Handelssorten.

Neben dem reinen Präparat kommt das gewöhnlich stark sulfathaltige Kupferchlorid für technische Zwecke in den Handel. Letzteres dient als Oxydationsmittel namentlich für die Darstellung des Methylvioletts. Bei seiner Untersuchung ist die Bestimmung des Kupfergehaltes maassgebend. Ausserdem soll das Präparat ziemlich klar in Wasser löslich sein.

Kupferchlorid, wasserfrei.

Das entwässerte, reine Kupferchlorid stellt ein *braunes Pulver* dar, welches sich unter Anwendung von 1 g im Marsh'schen Apparat als *arsenfrei* erweisen muss. Es darf *keine grünen Theilchen* von wasserhaltigem Salz enthalten und soll in *Wasser fast klar löslich* sein, also höchstens Spuren von Oxyd enthalten.

Es muss in sehr gut verschlossenen Flaschen, vor Feuchtigkeit geschützt, aufbewahrt werden.

Kupferchlorür.

Cuprum chlorat. alb. (monochlorat.) (Cu_2Cl_2. Molecular-Gew. = 197,10).

Weisses Pulver, welches sich leicht in Salzsäure und auch in Ammoniak löst. Das Kupferchlorür färbt sich im Licht oder wenn es der Luft ausgesetzt wird, sehr rasch grünlich.

Prüfung auf Verunreinigungen.

Die gute Beschaffenheit des Kupferchlorürs ergiebt sich zunächst durch das Aeussere. Ein Präparat, welches mangelhaft hergestellt oder aufbewahrt wurde, ist *nicht weiss, sondern grün oder braun.* Zur Prüfung und zur quantitativen Bestimmung des Kupfers oxydirt man das Chlorür und verfährt im Weiteren, wie S. 218 bei

Kupfersulfat angegeben ist. Die Gegenwart von geringen Mengen Eisen ist für die gewöhnliche Verwendungsweise ohne Nachtheil. Die Lösung des Kupferchlorürs in Salzsäure muss rasch und reichlich Kohlenoxyd absorbiren.

Anwendung und Aufbewahrung.

Die Lösungen des Kupferchlorürs in Salzsäure und in Ammoniak absorbiren manche gasförmigen Kohlenwasserstoffe und Kohlenoxyd, sie dienen daher zur quantitativen Bestimmung dieser Körper. Auch zur quantitativen Bestimmung von Antimon- und Arsenwasserstoff ist eine salzsaure Lösung von Kupferchlorür sehr geeignet. (Riban, Chem. Centralbl. 1879, S. 348.) Thomas giebt zur Herstellung einer Kupferchlorürlösung von guter Wirksamkeit in Chem. N. *37*, 6 eine Vorschrift.

Man wendet bei der Gasanalyse das Kupferchlorür in salzsaurer oder in ammoniakalischer Lösung an. Diese **Kupferchlorürlösung** für Gasanalyse stellt man durch Lösung von Kupferchlorid in Salzsäure (1.124) und Reduciren der dunklen Lösung auf dem Wasserbade mittelst Kupferspirale her. Die Lösung soll unter einer Petroleumschicht aufbewahrt werden (Chem.-Ztg. 1891, S. 767).

Oder man verfährt zur Herstellung einer ammoniakalischen Kupferchlorürlösung als Absorptionsmittel für Kohlenoxyd nach Winkler, Technische Gasanalyse, 2. Aufl., S. 77: Man löst 250 g Ammoniumchlorid in 750 ccm Wasser und fügt zu dieser Lösung, nachdem sie in eine gut verschliessbare Flasche gebracht ist, 200 g Kupferchlorür. Vor dem Gebrauche wird Ammoniak zugesetzt. Die Aufbewahrung dieser Lösungen muss unter Luftabschluss stattfinden, man wendet in der Regel Hempel'sche Gaspipetten dazu an.

Das feste Kupferchlorür wird in Glasflaschen unter Luft- und Lichtabschluss aufbewahrt.

Handelssorten.

Unreine Präparate von schmutzig grüner oder brauner Farbe kommen im Handel vor.

Kupferoxyd.

Cuprum oxydatum pur. pulv. (CuO. Molecular-Gew. = 79,14).

Dichtes, schweres, tief schwarzes, sandig anzufühlendes Pulver

Prüfung auf Verunreinigungen.

a) 100 g entwickeln bei Erhitzen und Ueberleiten von feuchter, kohlensäurefreier Luft keine Dämpfe, welche Lackmuspapier röthen oder Kalkwasser trüben.

b) 2 g werden mit Salzsäure gelöst und mit Wasser auf 100 ccm verdünnt; die Lösung ist fast klar. Sie wird mit Schwefelwasserstoff ausgefällt; das Filtrat vom Schwefelwasserstoffniederschlag verdampft man zur Trockene und glüht, wobei nur ein geringer Rückstand (wenig Eisen) verbleibt.

c) Die salzsaure Lösung (1:50) wird weder durch Chlorbarium, noch durch Schwefelsäure getrübt.

d) 20 g zieht man mit ganz verdünnter kalter Salpetersäure aus, fällt im sauren Auszuge das gelöste Kupfer mit Schwefelwasserstoff, dampft das Filtrat von Schwefelkupfer zur Trockene ein und glüht, wobei nur ein geringer Rückstand (Eisen) verbleiben darf. Derselbe ist auf alkalische und auf alkalische erdige Salze, besonders auf Kalk, zu prüfen. Zur Prüfung auf Kalk löst man in verdünnter Säure, übersättigt mit Ammon, filtrirt und versetzt das Filtrat mit oxalsaurem Ammon. Ein etwaiger Niederschlag wird abfiltrirt, geglüht und als CaO gewogen.

Anmerkung. Fresenius (Anleitung zur quantitativen Analyse, 6. Aufl., Bd. 1, S. 138 und Bd. 2, S. 15) macht darauf aufmerksam, dass das Kupferoxyd bisweilen kalkhaltig sein kann, besonders wenn es aus kalkhaltigem Kupferhammerschlag hergestellt ist; er lässt solches Kupferoxyd zur Entfernung des Kalkes mit verdünnter Salpetersäure ausziehen. Man kann daher zur Auffindung des Kalkes ebenfalls mit verdünnter Säure ausziehen, wie dies unter d) angegeben ist.

Nencki (siehe auch Plumb. chromic. S. 62 in diesem Buche) hat Muster von Kupferoxyd verschiedener Fabriken auf Kalk untersucht, aber nur wenige dieser Muster frei davon gefunden; ein Muster enthielt sogar 1,02 Proc. CaO. Nencki (l. c.) bemerkt, dass nach der in der ersten Auflage dieser Schrift für Untersuchung von Kupferoxyd gegebenen Vorschrift eine Verunreinigung mit Kalk zwar erkannt, aber auch sehr leicht übersehen werden könne. Er betont dabei, dass er auf die Verunreinigung des käuflichen Kupferoxyds mit Kalk erst durch seinen Freund Herrn Kostanecki aufmerksam gemacht worden sei. Es war Herrn Nencki also die genannte Verunreinigung früher so wenig bekannt wie dem Verfasser, welcher ebenfalls erst durch die Beobachtung des Herrn Kostanecki darauf aufmerksam gemacht wurde und daher eine besondere Prüfung auf Kalk seiner Vorschrift beigefügt hat.

Quantitative Bestimmung.

Zur Feststellung der Reinheit genügen gewöhnlich die oben angegebenen Prüfungen. Zur quantitativen Bestimmung des Kupfers löst man das Oxyd in überschüssiger Salzsäure, filtrirt die Lösung und fällt das Kupfer in der Wärme mit Schwefelwasserstoff als Sulfid. Letzteres wird im Wasserstoffstrome zu Sulfür reducirt und gewogen. Es muss auf einen etwaigen Gehalt an Blei untersucht werden. Ueber die Vorsichtsmaassregeln, welche bei der Fällung des Kupfers als Sulfid zu beobachten sind, und über die genaue Trennung des Kupfers von anderen Metallen siehe: Fresenius, Quantitative Analyse, 6. Aufl., Bd. 1, S. 508 ff.

Anwendung und Aufbewahrung.

Das Präparat dient zur Elementaranalyse organischer Körper.

Man bewahrt das Kupferoxyd in Glasflaschen mit Glasstöpsel, vor Staub geschützt, auf.

Es sei hier bemerkt, dass nach Frankland und Armstrong das Kupferoxyd, das aus Nitrat hergestellt ist, minimale Spuren Stickstoff und Kohlensäure enthält. Es soll sich daher für N-Bestimmungen die Drahtform des Kupferoxyds besser eignen als das Kupferoxyd in Pulver oder in granulirtem Zustande (vergl. hierüber Richards, Zeitschr. f. anorgan. Chemie 1892, S. 196 ff.).

Handelssorten.

Neben dem Cuprum oxydat. pur. pulv. kommt für die Elementaranalyse auch das **Cuprum oxydat. pur. granulat.** in den Handel. Das letztere wird ebenso geprüft wie das „pulv.". Bei der Lösung in Salzsäure hinterlässt das granulirte Kupferoxyd immer deutlichen Rückstand, welcher nach der Herstellungsweise des Präparates (starkes Glühen im hessischen Tiegel) unvermeidlich ist.

Im Handel befinden sich ferner das **Cuprum oxydat. pur. Drahtform** (ebenfalls bei der Elementaranalyse gebraucht), das **Cuprum oxydat. für technische Zwecke** und das Cupr. oxydat. hydric.

Das **Cuprum oxydat. hydric.** (Kupferoxydhydrat) dient zur quantitativen Bestimmung der Albuminate und wird für diese Zwecke besonders hergestellt durch Fällen von Kupfervitriol mit Natronlauge. Man bewahrt es feucht unter Zusatz von Glycerin auf. Näheres über die Herstellung, Gehaltsbestimmung und Aufbewahrung siehe u. A. in J. König, Untersuchung landw. und gewerbl. wichtiger Stoffe, Berlin 1891.

Kupferoxydammoniaklösung.

Diese Lösung entsteht beim Schütteln von NH_3 mit Cu und Luft. Sie verwandelt Cellulose in Oxycellulose und wird daher als Reagens zum Lösen der Cellulose gebraucht. Praktisch stellt man dieses Reagens wie folgt dar: Man fällt eine beliebige Menge von Kupfersulfat mit so viel Ammoniak, bis eine eben entstehende dunklere Färbung der Flüssigkeit einen kleinen Ueberschuss von Ammoniak anzeigt, den entstandenen Niederschlag wäscht man durch Dekantation wiederholt mit Wasser aus, übergiesst ihn in der Kälte mit so viel Wasser und Natronlauge, wäscht dann auf gleiche Weise aus und löst den Rückstand in stärkstem Ammoniak.

Kupfersulfat.

Cuprum sulfuricum puriss. cryst., schwefelsaures Kupfer
$$(CuSO_4 + 5\,H_2O. \quad \text{Molecular-Gew.} = 248,80).$$

Schöne, blaue Krystalle, welche mit 3 Th. Wasser eine klare Lösung geben.

Prüfung auf Verunreinigungen.

3 g werden in ca. 80 ccm Wasser gelöst; diese Lösung wird mit Schwefelwasserstoff gefällt, der Niederschlag abfiltrirt, das Filtrat zur Trockene verdampft und geglüht, wobei nur Spuren von Rückstand verbleiben dürfen.

Eisen: Es werden 5,0 g in 25,0 Wasser gelöst, 15,0 Ammoniak zugefügt, wodurch der anfangs entstandene Niederschlag gelöst wird. Die Flüssigkeit wird auf ein 10 ccm weites Filter gegossen und nach dem Ablaufen so lange abwechselnd mit Ammoniak und Wasser ausgewaschen, bis das Filter nicht mehr blau ist. Auf letzterem dürfen keine braune Flecke zurückbleiben, welche nach dem Trocknen besonders auffallen. (Ronde.)

Quantitative Bestimmung.

Man löst den Kupfervitriol in Wasser, fügt Salzsäure hinzu und fällt aus der erwärmten Flüssigkeit das Kupfer mit Schwefelwasserstoff als Sulfid. Letzteres wird durch Glühen im Wasserstoffstrome in Sulfür übergeführt und gewogen. Siehe auch Cupr. oxydat. pur. S. 217.

Anwendung.

Der reine Kupfervitriol dient zur Herstellung der **Fehling'schen** Lösung für Zuckerbestimmungen. Siehe S. 123.

Die für Zuckerbestimmung gebrauchten Löwe'schen und Worm-Müller'schen Kupferlösungen werden ebenfalls mit Kupfervitriol hergestellt.

Kupfervitriol mit Eisenvitriol fällen aus den wässerigen, neutralen Lösungen der Jodmetalle Kupferjodür. Auch Kupfervitriol allein mit schwefliger Säure fällt das Jod und findet für diese Zwecke in der Analyse Anwendung. Eine Lösung von Kupfervitriol in überschüssigem Ammoniak dient als Reagens auf Schwefelkohlenstoff. Zum Nachweis freier Säuren neben gebundenen Säuren in den Salzlösungen der schweren Metalle dient das **Kieffer'sche Reagens,** welches durch schwaches Uebersättigen einer Kupfersulfatlösung mit Ammoniak erhalten wird.

Handelssorten.

Der Kupfervitriol gelangt im Allgemeinen ziemlich rein in den Handel. Starker Eisengehalt ist schon an einer grünlichen Farbe des Kupfervitriols zu erkennen. Bisweilen kommen im Kupfervitriol des Handels auch Spuren Zink-, Magnesium- und Calciumsulfat vor.

Kupfersulfat, entwässert.

Der entwässerte Kupfervitriol wird in der Analyse zum Nachweis des Wassers gebraucht, u. A. bei der Untersuchung des Aethers. Man stellt den entwässerten Kupfervitriol her durch Trocknen des reinen Kupfervitriols im Luftbade bei 200° C., bis die ganze Masse eine weisse Farbe angenommen hat. Der entwässerte Kupfervitriol wird auch zu der Borsäurebestimmung nach Morse und Burton verwendet, ferner zur Bestimmung des Fettes in der Milch nach Morse und Piggot (Zeitschr. f. analyt. Chemie 1888, S. 93).

Die Prüfung wird, wie im vorhergehenden Abschnitt beschrieben ist, ausgeführt. Das Präparat *darf beim Erhitzen auf ca. 150° C.* kein Wasser mehr abgeben. Die Gegenwart von Spuren Eisen ist bei diesem Präparate zulässig.

Lackmoid und Diazoresorcin.

a) Lackmoid.

Dunkelblau violette Lamellen, löslich in Alkohol, schwer löslich in Wasser.

Prüfung auf Verunreinigungen.

Bei der Prüfung des Lackmoids ist nach Förster (Zeitschr. f. angewandte Chemie *1890*, 16) vor Allem die *Wasserlöslichkeit* zu beachten; wird, wie es nicht selten vorkommt, wenig oder gar kein blauer Farbstoff gelöst, so kann man von der Verwendung des Präparats von vorneherein absehen. Wird kochendes Wasser dagegen durch dasselbe intensiv und schön blau gefärbt, so ist dasselbe brauchbar. Auch die alkoholische Lösung des Lackmoids soll eine schöne blaue, wenig in's Violette spielende Farbe zeigen.

Das **Lackmoid. puriss.** muss diese Eigenschaften in besonders hohem Grade zeigen und *seine Lösung muss als Indicator empfindlich sein.* Giebt man zur vergleichenden Prüfung zu 1 Liter mit Lackmustinctur und zu 1 Liter mit der Lösung von Lackmoid. puriss. gleich stark gefärbten kohlensäurefreien Wassers (siehe S. 223), welche beide durch einige Tropfen $\frac{1}{5}$-Normalschwefelsäure gleich stark angesäuert werden, gleiche Mengen $\frac{1}{5}$-Normal-Natronlauge tropfenweise, so tritt nach Förster der Umschlag bei gutem Lackmoid früher und mit grösserer Schärfe ein als bei Lackmusfarbstoff.

Siehe über die Prüfung auch unter Lackmustinctur S. 223, ferner nachstehend bei Anwendung.

Anwendung.

Die Lösung des Lackmoids zeigt eine eigenthümliche Rothfärbung, welche durch eine Spur Alkali sofort in Blau übergeht. Ueber den Werth des Lackmoids als Indicator sind die Ansichten noch verschieden. Nach Förster (l. c.) bildet Lackmoidlösung aus gutem Lackmoid einen sehr guten Indicator, der wegen der Schärfe des Umschlags sowie wegen seiner Farbenreinheit den Vorzug vor allen anderen jetzt gebräuchlichen Indicatoren, selbst vor Lackmustinctur, verdienen soll. Besonders soll er bei den Titrationen für Stickstoffbestimmungen sehr geeignet und besser als Lackmus sein.

Zu den Arbeiten Förster's (l. c.) sei hier bemerkt, dass Dr. Niederhäuser-Wiesbaden nach mündlichen Mittheilungen, welche derselbe dem Verfasser dieses Buches machte, mit Lackmoid zu keinen guten Resultaten beim Titriren gelangte. Auch Lackmoidtinctur, welche unter Zusatz von Malachitgrün nach Förster hergestellt war, erwies sich als ungenügend. Niederhäuser hat viele Präparate verschiedener Herkunft — direct und nach Förster gereinigt — untersucht und zwar mit und ohne Zusatz von verschiedenen Malachitgrünpräparaten. In reinem Wasser erhielt derselbe namentlich bei den gereinigten Präparaten scharfe Umschläge; bei Gegenwart von Natron- und Kali-, besonders aber von Ammonsalzen war der Umschlag sehr schlecht. Es entstand eine fluorescirende blauviolette, in's Rothe schillernde Flüssigkeit, welche den Umschlag nicht erkennen liess.

Die Lackmoidtinctur wird in schwarzen Gläsern aufbewahrt, da dieselbe trotz der verhältnissmässig grossen Haltbarkeit im Laufe der Zeit doch etwas durch das Licht leidet.

Handelssorten von Lackmoid.

Förster (l. c.) fand bei seinen Untersuchungen sehr geringwerthige Präparate im Handel. In einigen Fällen waren es Präparate, welche fast gar keine in Wasser mit blauer Farbe löslichen Bestandtheile enthielten, welche zum grössten Theile unlöslich waren und sich in Alkohol mit bräunlich violetter Farbe lösten und durch Alkalien schwarzblau gefärbt wurden.

b) Diazoresorcin.

(Weselsky's Diazoresorcin. $C_{18} H_{10} N_2 O_6$).

Dunkelrothe, kleine Krystalle mit grünem Metallglanz. Schwer löslich in Alkohol. Unlöslich in Wasser. In Alkalien mit blauvioletter Farbe löslich.

Der Lackmoidfarbstoff in völlig reiner Form ist dieses sogenannte Diazoresorcin, welches ebenfalls als Indicator vorgeschlagen wurde. Der Körper hat nach unseren Beobachtungen als Indicator den Nachtheil, dass seine Lösung in Alkalien fluorescirt und zwar um so stärker, je reiner das Präparat ist.

Man prüft, wie bei Lackmoidtinctur S. 220 oder Lackmustinctur S. 223 angegeben ist.

Lackmoidpapier.

Blaues oder rothes Lackmoidpapier, hergestellt durch vorsichtiges Tränken von Papier mit gereinigter Lackmoidlösung. Die Neigung des rothen Papiers, wieder blaue Farbe anzunehmen, ist gross, man muss es in gut verschliessbaren Gläsern aufbewahren. Förster (Zeitschr. f. angewandte Chemie 1890, S. 165) fand bei vergleichenden Untersuchungen, dass blaues gewöhnliches Lackmuspapier dem blauen Lackmoidpapier an Empfindlichkeit wenig nachsteht, dass rothes Lackmuspapier dagegen vom rothen Lackmoidpapier an Empfindlichkeit bei weitem übertroffen wird. Ueber die Prüfung der Reagenspapiere siehe bei Indicatoren S. 144, wo die zum Vergleich in Betracht kommenden Empfindlichkeitsgrenzen für Lackmuspapier in der Tabelle von Dieterich angegeben sind. Die Empfindlichkeit muss ungefähr dieselbe sein wie bei Lackmuspapier (siehe S. 225). Genaue Angaben über die Empfindlichkeit, welche man bei diesem Papier verlangen kann, siehe auch Förster, Zeitschr. f. angewandte Chemie 1894, S. 166.

Lackmus.

Blaue Würfel.

Prüfung.

Die Qualität der Lackmuswürfel wird nach dem Farbenton und der Intensität der Färbung des kalt bereiteten wässerigen Auszuges vergleichend beurtheilt. Man wiegt bestimmte, gleiche Mengen der zu vergleichenden Lackmusproben ab, übergiesst sie mit gleichen Quantitäten kalten Wassers, lässt unter zeitweiligem Umschütteln 12 Stunden bei Zimmertemperatur stehen, stellt über Nacht zum Absetzen bei Seite und filtrirt den andern Tag ein bestimmtes Quantum des wässerigen Auszuges ab. Dieses wird dann colorimetrisch, wie S. 82 in der Anmerkung bei Carmin angegeben ist, geprüft. Noch besser ist es, wenn man aus dem Lackmus die Lackmustinctur herstellt; man erhitzt zu dem Zweck den, wie vorstehend angegeben, erhaltenen wässerigen Auszug zum wallenden Sieden und fügt tropfenweise Salzsäure zu, bis auch nach längerem, etwa 7 bis 8 Minuten dauerndem Sieden eine deutliche weinrothe Farbe erreicht ist, alsdann lässt man abkühlen und fügt die gleiche Raummenge starken Alkohols hinzu. Die Tinctur prüft man colorimetrisch und ausserdem auf ihre Empfindlichkeit gegenüber Säuren und Alkalien, wie dieses bei Lackmustinctur S. 223 angegeben ist.

Anwendung.

Der Lackmus dient zur Herstellung der Lackmustinctur. Die Hauptmasse des Lackmusfarbstoffes besteht nach Kane aus Erythrolithmin und Azolithmin gebunden an NH_3, Kali und Kalk (Azolithmin siehe S. 43).

Handelssorten.

Dieselben sind sehr verschieden in Qualität. Manche Sorten sind zu schlecht, dass sie für analytische Zwecke kaum zu gebrauchen sind. Der Lackmus kommt auch in gereinigter Form als Lackmus puriss. in den Handel.

Lackmustinctur.

Eine weinrothe, nach Alkohol riechende Flüssigkeit.

Prüfung.

Man erhalte 1 Liter destillirtes Wasser in einem Kolben aus Jenaer Gerätheglas (Resistenzglas) 8 bis 10 Minuten lang in wallendem Sieden*) und kühle dann sofort so stark als möglich ab. Mit diesem kohlensäurefreien Wasser spüle man einige Kolben aus und messe in jeden 250 ccm dieses Wassers ein und füge einige Tropfen Lackmustinctur hinzu bis zu deutlicher, keineswegs blasser Violettfärbung. Das Violett ist bei richtig bereiteter Lackmuslösung ein ganz neutrales, es neigt weder in Blau noch Roth.

Man fügt nun zu einer der Proben einen Tropfen $^1/_{10}$-Normal-

---

*) Ueber den Einfluss, welchen das Kochen in gewöhnlichen Glasgefässen durch deren Alkaligehalt beim Titriren haben kann, siehe Reinitzer, Zeitschr. f. angew. Chemie 1894, S. 577.

Salzsäure. Die Farbe schlägt sofort in Weinroth um. Zu einer zweiten Probe setzt man 1 Tropfen $^1/_{10}$-N.-Alkali. Die Farbe geht beim Umschwenken in rein Blau.

Lässt man die beiden Proben 1 Minute stehen, so nimmt sowohl das Weinroth als das Blau einen Stich in's Violette an. Die rothe Lösung braucht nun genau 2 Tropfen $^1/_{10}$-N.-Alkali, um blau zu werden, die blaue 2 Tropfen, um weinroth zu werden.

Anmerkung. Vorstehende Prüfung ist von Reinitzer (Zeitschr. f. angewandte Chemie 1894, S. 550) bei seinen vergleichenden Untersuchungen verschiedener Indicatoren angewandt worden. Es wird besonders darauf aufmerksam gemacht, dass diese grosse Empfindlichkeit nur in kalter Flüssigkeit besteht und, dass die rothe bzw. blaue Färbung, welche auf Zusatz eines Tropfens der $^1/_{10}$-Normalflüssigkeit entsteht, nach einer Minute wieder einen Stich in's Violette annimmt. Ueber die Prüfung der Lackmustinctur auf Empfindlichkeit siehe auch eine Abhandlung von Lunge in Zeitschr. f. angewandte Chemie 1894, S. 733 ff.

Anwendung und Aufbewahrung.

Die Lackmustinctur ist der gebräuchlichste und jedenfalls auch einer der empfindlichsten Indicatoren. Die Tinctur kann nur bei Abwesenheit von Kohlensäure angewandt werden. Selbst die im Normalkali stets in geringer Menge vorhandene Kohlensäure kann störend wirken, wesshalb man unmittelbar vor dem Titriren 7 bis 10 Minuten im Sieden erhalten und dann abkühlen soll.

Näheres über die Vorsichtsmaassregeln, welche bei der Titration mit Lackmus zu beobachten sind, siehe Reinitzer l. c.

Man bewahrt die Tinctur in einem weithalsigen Pulverglase auf, aus dem man die zur Titration erforderliche Menge mittelst einer an einem Ende verjüngten Glasröhre heraushebt, die fest in der Bohrung eines nur lose in die Mündung der Flasche passenden Korkes steckt. In die obere Oeffnung der Glasröhre wird etwas Baumwolle gesteckt. In fest verschlossenen Flaschen ist die Tinctur nicht haltbar, sondern sie entfärbt sich, was auf die reducirende Einwirkung eines Mikroorganismus zurückgeführt wird. Die entstehende leicht oxydirbare Leukoverbindung wird bei Zutritt der Luft wieder blau.

(Eine Zusammenstellung der verschiedenen zur Herstellung einer möglichst guten Lackmustinctur gegebenen Vorschriften findet sich in Böckmann, Chem.-techn. Untersuchungsmethoden, 3. Auflage, Bd. 1, S. 112 ff.)

Lackmuspapier.

Rothes Lackmuspapier.   Blaues Lackmuspapier.

Dasselbe soll gleichmässig und nicht zu stark gefärbt sein. Als Empfindlichkeitsgrenze nimmt man nach der Tabelle von Dieterich bei blauem Papier $HCl = 50\,000$, bei rothem Papier $KOH = 20\,000$ an. Siehe Tabelle S. 144. Man stellt sich zur Prüfung Lösungen her, welche $1 : 50\,000\ HCl$ oder $20\,000\ KOH$ enthalten und beobachtet, ob durch dieselbe eine Einwirkung auf das Reagenspapier stattfindet. Diese stark verdünnten Lösungen müssen oft frisch bereitet werden, da sie sich leicht verändern.

Ueber die Prüfung und die Herstellung empfindlicher Reagenspapiere siehe auch die Anmerkung S. 107 bei Curcumapapier, ferner S. 144.

Neben dem rothen und blauen Lackmuspapier wird nach Böckmann (Böckmann, Chem.-techn. Untersuchungsmethoden, 3. Auflage, Bd. 1, S. 146) ein sogenanntes **neutrales Lackmuspapier** hergestellt. Böckmann empfiehlt dafür ganz besonders die Verwendung von Briefpapier an Stelle des Filtrirpapiers. Man erhält so ein äusserst empfindliches Reagenspapier, das ebenso gut zur Prüfung auf Säuren als auf Basen geeignet ist.

Man bewahrt das Lackmuspapier in vor Ammoniak- und Säuredünsten geschützten Gläsern auf, da es sonst sehr schnell seine Empfindlichkeit verliert.

Magnesium.

Magnesium metallicum (Atom-Gew. $= 24,30$).

Fast silberweisses, stark glänzendes Metall, löslich in verdünnten Säuren.

Prüfung auf Verunreinigungen.

Das Magnesium wurde von verschiedenen Seiten an Stelle des Zinks für den Nachweis des Arsens vorgeschlagen. Bemerkt muss aber werden, dass Flückiger kein Magnesium im Handel erhalten hat, das nicht höchst minimale Spuren Arsen oder Schwefel enthielt (Archiv Pharm. 1889, S. 11); auch diejenigen Präparate, welche ich untersuchte, waren sämmtlich As-haltig.

Auch zur Reduction der Eisenoxydlösungen zu Eisenoxydullösungen behufs titrimetrischer Bestimmung des Eisens ist Magnesium vorgeschlagen; für diese Zwecke müsste das Metall eisenfrei sein, d. h. die Lösung von ca. 2 g Schwefelsäure dürfte hinzugefügte Permanganatlösung nicht entfärben (siehe unter Zink). Der Verfasser dieses Buches hat verschiedene Proben von Magnesiummetall untersucht, dieselben hielten aber weder die Prüfung im Marsh'schen Apparat noch diejenige auf Eisen aus.

Das Magnesium ist in der Hitze ein starkes Reagens gegen Chloride und gegen Oxyde. Eine ausführliche Arbeit über diesen Gegenstand haben Seubert und Schmidt in Annalen der Chemie 1891, Bd. *267*, S. 218 ff., veröffentlicht. Auch in neutraler wässriger Lösung geben die meisten Metallchloride ihr Chlor an Magnesium ab (l. c.).

Ueber Herstellung und Anwendung von **Magnesiumamalgam** siehe Chem. Repertor. d. Chem.-Ztg. 1895, S. 387, Abhandlung von Fleck und Bassett aus Journ. Amer. Chem. Soc. 1895, *17*, 789.

Handelssorten.

Es kommt als Draht, Pulver und in Band- und Barrenform in den Handel.

Magnesiumcarbonat.

Magnesium carbonic., kohlensaures Magnesium
($MgCO_3$.   Molecular-Gew. $= 83,79$)*).

Weisses, leichtes Pulver oder weisse, leichte, lose zusammenhängende Masse.

Prüfung auf Verunreinigungen.

Eisen, Alkalisalze etc.: In verdünnter Salzsäure löst sich kohlensaure Magnesia farblos; mit Wasser gekocht, giebt sie ein Filtrat, welches beim Verdunsten nur einen geringen Rückstand hinterlässt.

---

*) Die Art der Magnesiumsalze, aus welchen die Fällung geschieht, sowie die Art der Fällungsmittel, Temperatur bei der Fällung und beim Trocknen der Niederschläge wirken mehr oder weniger verändernd auf die Zusammensetzung, so dass die officinelle Magnesia carb. nicht Anspruch auf eine vollständig constante chemische Verbindung machen kann. (Hager, Commentar zur Pharm. Germ. II.)

Anmerkung. Eisen- und manganhaltige Präparate geben mit Salzsäure eine gefärbte Lösung. Ungelöst bleiben Schmutz, Silicate, Kieselsäure.

Werden (nach Hager) 5 g kohlensaures Magnesium mit 40,0 destillirtem Wasser gemischt, bis zum Aufwallen aufgekocht und kochendheiss auf ein Filter gebracht, so ergiebt sich ein Filtrat, von welchem 20 g nach Verdunsten nicht über 0,015 Rückstand hinterlassen dürfen. Ein stärkerer Rückstand weist auf eine Verunreinigung mit Alkalisalzen hin.

Metalle, Thonerde, Kalk, Schwefelsäure, Chlor: Die mit verdünnter Essigsäure hergestellte Lösung (1 : 50) muss klar sein und darf durch Schwefelwasserstoff nicht verändert werden. Die essigsaure Lösung (1 : 50) darf sich ferner, nachdem sie aufgekocht ist, auf Zusatz von Ammon und oxalsaurem Ammonium innerhalb mehrerer Minuten höchstens sehr schwach trüben, auch darf sie durch Bariumnitratlösung und nach Zusatz von einigen Tropfen Salpetersäure durch Silbernitratlösung nur sehr wenig getrübt werden.

Anwendung.

Das kohlensaure Magnesium dient zur Herstellung der Magnesiumsalze.

Handelssorten.

Das officinelle Magnesium carbonic. ist die sogenannte leichte Sorte. In England wird auch ein schweres Magnesiumcarbonat in den Handel gebracht, welches durch Fällung kalter Magnesiumsulfatlösung hergestellt wird und etwa 3 mal so schwer ist wie Magnesium carbonic. levios.

Der Gehalt der Magnesia carb. des Handels an Magnesiumoxyd beträgt nach Hager durchschnittlich 40 Proc., der Kohlensäuregehalt 35 Proc., der Wassergehalt 25 Proc. Kalkerde wurde in der Handelswaare 1,25 bis 2,15 Proc. gefunden, Eisenoxyd ca. 0,25 Proc.

Magnesiumchlorid.

Magnesium chloratum puriss., Chlormagnesium
($MgCl_2 + 6\,H_2O$.   Molecular-Gew. $= 202,44$).

Weisse, zerfliessliche Krystalle.

Prüfung auf Verunreinigungen.

Löslichkeit: 2 g lösen sich klar in 10 ccm Alcohol absolut.

Schwefelsäure: Die Lösung 1 : 20 zeigt nach Zusatz von Chlorbarium keine Trübung.

Phosphorsäure (auch Arsensäure): 3 g werden in 20 ccm Wasser gelöst, Chlorammonium und Ammon im Ueberschuss zugegeben, alsdann die Flüssigkeit längere Zeit bei Seite gestellt; es zeigt sich hierbei kein Niederschlag und keine Trübung.

Metalle, Kalk etc.: Die wässerige Lösung (1 : 20) darf durch Schwefelwasserstoffwasser nicht verändert werden.

Die mit der genügenden Menge Chlorammonium versetzte wässerige Lösung (1 : 20) darf nach Zusatz von Ammon, oxalsaurem Ammon und Schwefelammonium keine Trübung zeigen.

Ammoniak: Beim Erwärmen mit Natronlauge darf das Magnesiumchlorid kein Ammoniak entwickeln.

Quantitative Bestimmung.

Man bestimmt die Magnesia als pyrophosphorsaure Magnesia und versetzt zu diesem Zwecke die Lösung des Salzes mit Salmiak und Ammon im Ueberschusse, giebt zu der klaren Flüssigkeit eine Lösung von phosphorsaurem Natron im Ueberschusse und lässt längere Zeit stehen. Der entstandene Niederschlag wird abfiltrirt, mit ammonhaltigem Wasser ausgewaschen, geglüht und als pyrophosphorsaure Magnesia gewogen. Etwa vorhandener Kalk wäre vor der Bestimmung des Magnesiums mit oxalsaurem Ammon unter Zusatz von Chlorammon abzuscheiden. Das Chlor bestimmt man als Chlorsilber durch Fällen der mit Salpetersäure angesäuerten Lösung mit salpetersaurem Silber.

Anwendung und Aufbewahrung.

Das Salz dient wie die schwefelsaure Magnesia zur Herstellung der Magnesiamischung. Es wird auch zur Prüfung des Schwefelammoniums gebraucht. Das Magnesiumchlorid wird in gut verschlossenen Gefässen aufbewahrt.

Handelssorten.

Neben dem reinsten Magnesiumchlorid findet sich im Handel Magnesium chlorat. pur. und das technische Chlormagnesium, welches bei der Stassfurter Industrie in grossen Mengen als Nebenproduct gewonnen wird. Dieses **Chlormagnesium** ist meist stark schwefelsäure- und natronhaltig, wesshalb sich dieses Salz in Alkohol nicht vollständig löst. Auch das Magnesium chlorat. pur. enthält fast immer noch geringe Mengen Natronsalz. Auch Bromsalze können im Chlormagnesium zugegen sein.

Magnesiamixtur für die Phosphorsäurebestimmung.

Die Magnesiamischung für die Phosphorsäurebestimmung stellt man (Chem.-Ztg. 1895, S. 1420) wie folgt her:

100 g krystallisirtes reines Magnesiumchlorid und 140 g Ammoniumchlorid werden mit 700 ccm Ammoniakflüssigkeit (von 8 Proc. NH_3) und 1300 ccm Wasser übergossen. Nach mehrtägigem Stehen wird die Lösung filtrirt.

Manche Chemiker verwenden auch folgende, ähnlich hergestellte Lösung: 550 g Chlormagnesium, 1050 g Chlorammonium werden in Wasser gelöst, mit $3\frac{1}{2}$ Liter concentrirter Ammoniakflüssigkeit von 0,91 spec. Gew. versetzt und auf 10 Liter aufgefüllt.

Ueber die Einwirkung, welche die Magnesiamixtur auf die zur Aufbewahrung dienenden Glasgefässe ausübt, vergleiche eine Arbeit von L. de Koninck in Chem.-Ztg. 1895, S. 450. Koninck ermittelte, dass die perlmutterglänzenden Häutchen, welche sich nach längerem Stehen der Magnesiamixtur in den Glasflaschen bilden, einer zersetzenden Einwirkung der Magnesiamixtur auf das Glas zuzuschreiben sind. Interessant ist bei den Versuchen de Koninck's auch, dass eine Glasflasche, welche während einiger Zeit mit Wasserdampf behandelt war*), von der Magnesiamixtur fast gar nicht angegriffen wurde, während eine nur mit Wasser gewaschene Flasche von derselben Flüssigkeit in derselben Zeit (15 Monate) so angegriffen wurde, dass die Fläche des Kolbens vollständig mit einem, aus kieselsaurer Magnesia bestehenden Häutchen begleitet war (Chem.-Ztg. 1896, S. 129).

---

*) In Prof. Ostwaldt's Laboratorium werden alle Kolben und Flaschen etc., welche zu feineren Arbeiten dienen sollen, während einiger Zeit mit Wasserdampf behandelt, wodurch sie gegen die Einwirkung chemischer Agentien widerstandsfähiger gemacht werden.

Magnesiumoxyd.

Magnesium oxydatum pur., gebrannte Magnesia (MgO. Molecular-Gew. = 39,90).

Leichtes, weisses, feines Pulver.

Prüfung auf Verunreinigungen.

Kohlensäure: Eine Messerspitze voll Magnesiumoxyd wird mit einigen ccm Wasser erwärmt. Diese Mischung giesst man in einige ccm verdünnte Essigsäure; die Auflösung muss ohne Aufbrausen stattfinden, es dürfen sich nur vereinzelte Gasbläschen zeigen.

Metalle etc.: Prüfung wie bei Magnesiumcarbonat S. 226.

Quantitative Bestimmung.

Man löst in Salzsäure und verfährt, wie bei Magnesiumchlorid S. 228 angegeben.

Anwendung und Aufbewahrung.

Das Präparat wird bei der Eisenanalyse gebraucht (siehe auch den nachfolgenden Abschnitt über Magnesiumoxyd, schwefelsäurefrei). Es findet auch bei Ammoniakbestimmungen Verwendung. Man bewahrt es in gut verschlossenen Glasflaschen auf.

Handelssorten.

Bisweilen enthalten dieselben noch reichlich Kohlensäure, auch starken Schwefelsäuregehalt und Kalkgehalt findet man häufig in den Handelssorten. Für besondere analytische Zwecke wird noch das in nachstehendem Abschnitt beschriebene Magnesiumoxyd in den Handel gebracht.

Magnesiumoxyd, schwefelsäurefrei [MgO].

Weisses Pulver, das mit verdünnter Säure nur Spuren von Kohlensäure entwickelt.

Prüfung auf Schwefelsäure: 3 g werden mit wenig verdünnter Salzsäure gelöst, die Lösung auf ca. 100 ccm verdünnt, zum Kochen erhitzt und Chlorbarium zugegeben; nach 12 Stunden zeigt sich keine Abscheidung von schwefelsaurem Baryt.

Anmerkung. Magnesiumcarbonat und Magnesiumoxyd des Handels enthalten immer etwas Schwefelsäure. Das schwefelsäurefreie Magnesiumoxyd war daher für besondere Zwecke (Eisenuntersuchungen), wo absolute Abwesenheit der Schwefelsäure erforderlich ist, herzustellen.

Magnesiumsulfat.

Magnesium sulfuric. puriss., schwefelsaures Magnesium
($MgSO_4 + 7H_2O$.   Molecular-Gew. $= 245,48$).

Kleine farblose Krystalle, welche mit Wasser eine neutrale Lösung geben.

Prüfung auf Verunreinigungen.

Löslichkeit: Die wässerige Lösung (1 : 10) sei klar und ohne Einwirkung auf Lackmuspapier.

Phosphorsäure, Arsensäure, Metalle etc.: Prüfung wie bei Magnesiumchlorid S. 228.

Anmerkung. Auf Arsen kann man auch im Marsh'schen Apparate prüfen oder nach der Pharm. Germ. III, welche folgende Anforderung stellt: „Wird 1 g zerriebenes Magnesiumsulfat mit 3 ccm Zinnchlorürlösung geschüttelt, so darf im Laufe einer Stunde eine Färbung nicht eintreten".

Chlor: Die wässerige Lösung (1 $= 20$) werde durch Silbernitratlösung nicht verändert.

Natriumsalz: Das Salz darf, am Platindraht erhitzt, die Flamme nicht andauernd gelb färben.

Quantitative Bestimmung.

Die Bestimmung des Magnesiums siehe unter Magnesiumchlorid S. 228. Die Schwefelsäure bestimmt man mit Chlorbarium als schwefelsaures Barium.

Anwendung.

Wie bei Magnesiumchlorid.

Handelssorten.

Dieselben sind oft stark chloridhaltig. Auch mit Arsengehalt wird Magnesiumsulfat nicht selten im Handel angetroffen.

Das **rohe schwefelsaure Magnesium** ist gewöhnlich grau statt weiss und enthält verschiedene Verunreinigungen, welche sich durch

die oben angegebene Prüfungsvorschrift erkennen lassen. Verwechselungen von schwefelsaurem Magnesium mit Glaubersalz erkennt man
leicht durch Zugabe von phosphorsaurem Natrium; die wässerige
Lösung des schwefelsauren Magnesiums giebt mit Natriumphosphatlösung bei Gegenwart von Ammoniumchlorid und Ammoniak einen
weissen, krystallinischen Niederschlag. Eine etwaige Verwechselung
mit Zinksulfat zeigt sich bei der Prüfung auf Metalle mit Schwefelammonium (siehe oben).

Manganchlorür.

Manganum chlorat. cryst. pur. ($MnCl_2 + 4H_2O$.
Molecular-Gew. = 197,38).

Röthliche, leicht in Wasser lösliche Krystalle. Die wässerige
Lösung ist klar.

Prüfung auf Verunreinigungen.

Schwefelsäure: Die klare wässerige Lösung (1:10) zeigt auf Zusatz von Chlorbariumlösung keine Veränderung.

Eisen, andere Metalle etc.: Prüfung wie bei Mangansulfat S. 233.

Quantitative Bestimmung und Anwendung.

Siehe bei Mangansulfat S. 233.

Handelssorten.

Wie beim Mangan. sulfuric. kommt auch hier ein **rohes Präparat** in den Handel, welches in grösseren Mengen aus den Rück-
ständen von der Chlorbereitung gewonnen wird. Dasselbe zeigt gewöhnlich starken Gehalt an Schwefelsäure, Kalk, Eisen und auch
Arsen. Auch ein Mangan. chlorat. fusum pur. findet sich im Handel.

Manganmetaphosphat.

Siehe bei Metaphosphorsäure S. 237.

Mangansulfat.

Manganum sulfuricum puriss. cryst.,
schwefelsaures Manganoxydul (Mn $SO_4 + 4\,H_2O$
Molecular-Gew. $= 222,46$).

Rosenfarbene, leicht in Wasser lösliche Krystalle. Die wässerige
Lösung (1 : 20) ist neutral oder nur schwach sauer und klar.

Prüfung auf Verunreinigungen.

Löslichkeit: siehe vorstehend.

Eisen, andere Metalle etc.: Die wässerige Lösung (1 : 20), mit
einigen Tropfen Salzsäure und Chlorwasser erhitzt, darf nach dem
Erkalten weder auf Zusatz von Kaliumsulfocyanid sich roth färben,
noch durch überschüssiges Schwefelwasserstoffwasser verändert werden.

Fällt man aus der Lösung von 3 g schwefelsaurem Mangan das
Mangan mit Ammoniumcarbonat, so darf das Filtrat abgedampft und
erhitzt keinen wägbaren Rückstand hinterlassen.

Die aus gleichen Theilen des Salzes und Natriumacetat in der
10fachen Menge Wasser und einigen Tropfen Essigsäure bewirkte
Lösung darf durch Schwefelwasserstoffwasser nicht getrübt werden
(Vorschriften der Pharm. Germ. II).

Chlor: Die wässerige Lösung (1 = 30) wird durch Silbernitratlösung nicht verändert.

Quantitative Bestimmung.

Man fällt das Mangan aus der verdünnten wässerigen, mit
etwas Salmiak versetzten, mit Ammon neutralisirten und kochend
heissen Lösung mit Schwefelammonium im Ueberschusse und lässt
einige Zeit stehen. Der Niederschlag von Schwefelmangan wird alsdann mit Wasser, dem etwas Schwefelammonium zugesetzt ist, rasch
ausgewaschen. Unter Zusatz von Schwefel glüht man das getrocknete
Schwefelmangan im Wasserstoffstrome und wägt es als Mangansulfür.
Auf vorstehende Weise wird das Mangan zugleich von etwa vorhandenen alkalischen Erden getrennt. Das anzuwendende Schwefelammon muss aber frei von kohlensaurem Ammon sein. Der Nachweis bzw. die Trennung des Mangans von anderen Metallen ergiebt
sich aus der angegebenen Prüfung auf Verunreinigungen.

Anwendung.

Reines, eisenfreies, schwefelsaures Manganoxydul wird zu Sauerstoffbestimmungen im Wasser verwendet. (Chem.-Ztg. 1889, S. 1188, S. 1337 u. S. 1340.) Es dient ferner zur quantitativen Bestimmung der Borsäure nach E. F. Smith.

Handelssorten.

Neben dem reinen Präparate, das auch im entwässerten Zustande als $MnSO_4 + H_2O$ käuflich ist, findet sich im Handel das **rohe Mangansulfat**, welches bisweilen starken Eisen- und Chlorgehalt zeigt, ferner noch sonstige Verunreinigungen enthält.

Der Krystallwassergehalt des Mangan. sulfuric. ist verschieden je nach der Temperatur, bei welcher die Krystalle gewonnen werden; zwischen 20 und 30° krystallisirt das Salz mit 4 Mol. H_2O.

Mangansuperoxyd.

Manganum peroxydatum, Braunstein (Mn O_2. Molecular-Gew. = 86,72.)

Stahlgraue, metallisch glänzende Stücke von schwarzem oder grauschwarzem Strich. Der gute Braunstein liefert ein stahlgraues Pulver und enthält ca. 90 Proc. Mn O_2.

Prüfung auf Verunreinigungen.

Man ermittelt den Werth des Braunsteins durch die quantitative Analyse.

Quantitative Bestimmung.

Der Braunstein wird in der Technik in grossen Mengen zur Chlor- und Chlorkalkbereitung gebraucht[*]). Er dient bei der Analyse zur Chlorentwickelung und zur Sauerstoffentwickelung. Der Werth des Braunsteins hängt daher in erster Linie von seinem Gehalt an Mn O_2 ab.

Zur quantitativen Ermittelung des Mn O_2-Gehaltes sind ver-

---

[*]) $Mn O_2 + 4 H Cl = Mn Cl_2 + 2 H_2 O + 2 Cl$. 87 Theile reines $Mn O_2$ und 144 Theile wasserfreie Salzsäure entwickeln theoretisch 71 Theile Chlor. Aus 100 Kilo ca. 90 procentigen guten Braunsteins und ca. 500 Kilo gewöhnlicher Salzsäure erhält man ca. 70 Kilo Chlor.

schiedene zuverlässige Methoden vorgeschlagen, so die Methoden von Bunsen, von Fresenius und Will und von Lunge.

Die letztere Methode ist besonders zweckmässig und wurde daher von dem Verein deutscher Sodafabrikanten als allgemein giltige angenommen. Man verfährt nach Lunge wie folgt: Man wägt 1,0875 g des feinst gepulverten und längere Zeit bei 100° getrockneten Braunsteins ab, bringt ihn in einen mit Bunsen'schem Kautschukventil versehenen Auflösungskolben, setzt hierzu 75 ccm (in drei Pipettenfüllungen à 25 ccm) von einer Lösung von 100 g reinem Eisenvitriol und 100 ccm conc. reiner Schwefelsäure in 1 l Wasser, deren Titer mit derselben Pipette gegenüber einer Halb-normal-Chamäleonlösung (15,820 g chemisch reines Permanganat im Liter) an demselben Tage genau ermittelt worden ist (man verdünnt hierbei die zu prüfende saure Eisenlösung mit dem 4—8fachen Volumen destillirten Wassers), verschliesst den Kolben mit seinem Ventilkork und erhitzt so lange, bis der Braunstein sich bis auf einen nicht mehr dunkel gefärbten Rückstand zersetzt hat. Während des Erkaltens muss das Ventil gut schliessen, was man am Zu-sammenklappen des Kautschukröhrchens sieht. Nach völligem Er-kalten verdünnt man mit 200 ccm Wasser und titrirt mit Chamäleon, bis beim Umschwenken die schwache Rosafarbe nicht mehr augen-blicklich verschwindet, sondern wenigstens $\frac{1}{2}$ Minute stehen bleibt (spätere Entfärbung wird nicht beachtet). Die jetzt gebrauchte Menge wird von der den 75 ccm Eisenlösung entsprechenden abge-zogen; von dem Reste entspricht jeder Cubikcentimeter 0,02175 g oder 2 Proc. MnO_2.

In der Technik wird neben der MnO_2-Bestimmung häufig auch noch die Bestimmung eines etwaigen Kohlensäuregehaltes, der Feuch-tigkeit und der zur Zersetzung des Braunsteins nothwendigen Menge Salzsäure vorgenommen.

Näheres über die Analyse des Braunsteins siehe: Böckmann, Chem.-techn. Untersuchungsmethoden, 3. Aufl., Bd. 1, S. 440 ff.

Anwendung.

Siehe unter Quantitative Bestimmung.

Handelssorten.

Dieselben sind in ihrem Gehalte an MnO_2 und an Gangart sehr verschieden. Manche Braunsteinsorten des Handels enthalten nur 30 Proc. MnO_2.

Hochprocentiger Braunstein, z. B. guter Pyrolusit, ist schon an der stahlgrauen Farbe, besonders seines Pulvers, zu erkennen. Geringe Braunsteine geben ein mehr braunes oder rothbraunes Pulver.

Metadiamidobenzol.

Siehe Phenylendiaminchlorhydrat in diesem Buche.

Metaphosphorsäure.

Acid. phosphor. glaciale (PO_3H. Molecular-Gew. $= 79{,}84$).

Glasartige, durchsichtige, zerfliessliche Masse oder Stängelchen. Leicht löslich in Wasser.

Prüfung auf Verunreinigungen.

Man prüft wie bei Phosphorsäure (siehe diese), ausserdem auf Natrium durch Behandeln mit rauchender Salzsäure. Reine Metaphosphorsäure löst sich in rauchender Salzsäure klar; ein Gehalt der Säure an Natronsalz bleibt beim Lösen in Salzsäure als Kochsalz zurück (Zeitschr. f. analyt. Chemie 1888, S. 24). Die Meta-

Ursprung des Präparates	Form	Freie HPO_3	Gebunden HPO_3	Entsprechend PO_3	Gesam HPO_3
Gewonnen durch Calcination von Ammoniumphosphat .	in Stücken	48,00	43,52	42,98	91,5
Englisches Product	-	52,80	40,00	39,50	92,8
- -	-	46,08	39,36	38,87	85,4
Deutsches Product	-	31,68	52,80	52,14	84,4
- -	in Stäbchen	36,48	47,36	46,77	83,8
Europ. Product, aus Amerika erhalten	in Stücken	42,21	37,89	37,41	80,1
Präparat, durch Calcination von Ammonium- u. Natriumphosphat bereitet	-	44,16	46,72	46,14	90,8
Präparat aus Natriumammoniumphosphat bereitet . .	-	keine	—	—	—

phosphorsäure des Handels erhält meistens einen Zusatz von Natriummetaphosphat, damit sie besser haltbar ist.

Quantitative Bestimmung.

Dieselbe wird wie bei Phosphorsäure-Anhydrid ausgeführt, d. h. man führt die Metaphosphorsäure durch Lösen in Wasser und Kochen der Lösung in Orthophosphorsäure über und bestimmt diese nach der Molybdänmethode oder durch Titriren mit Uranlösung.

Anwendung.

Die Lösung der Metaphosphorsäure coagulirt Eiweiss, sie dient daher zum Nachweis von Albumin im Harn. Blum wendet zu letzterem Zwecke statt der freien Säure eine Lösung von **metaphosphorsaurem Manganoxyd** an; Eigenschaften und Darstellung desselben siehe Rep. d. Chem.-Ztg. 1887, S. 24.

Handelssorten.

Prescott fand in verschiedenen Proben Glacial-Phosphorsäure 23 bis 38 Proc. Natriummetaphosphat.

John Hodgkin (Rep. d. Chem.-Ztg. 1891, S. 295) erhielt bei Analysen verschiedener Handelssorten von Acidum phosphoricum glaciale folgendes Resultat:

Gesammt $P O_3$ mittelst Uran	Gesammt-Basen	Ammonium	Natrium	Entsprechend $Na_2 H P O_4 + 12 H_2O$	Wasser	Kieselsäure	Argon
91,84	8,05	8,05	keines	—	Spuren	0,54	Spuren
93,14	7,82	6,48	1,34	10,44	-	—	0,08
85,40	9,79	0,07	9,72	75,63	5,60	—	Spuren
84,98	14,09	0,05	14,04	109,30	2,40	—	-
83,70	13,49	0,06	13,43	104,48	3,25	—	-
80,41	10,20	keines	10,20	79,30	10,10	—	-
90,65	10,10	4,87	5,23	40,67	Spuren	—	-
78,12	22,50	—	22,50	—	—	—	—

Methylalkohol.

Alcohol methylic. puriss. (CH$_4$O. Molecular-Gew. = 31,93).

Siedepunkt 65° C., spec. Gew. 0,796. Klare und farblose Flüssigkeit, welche Lackmuspapier nicht verändert.

Prüfung auf Verunreinigungen.

Flüchtig: 30 g hinterlassen beim Verdunsten keinen Rückstand.

Aceton: 1 ccm wird mit 10 ccm Natronlösung versetzt und alsdann mit einigen Tropfen Jodlösung vermischt, wodurch keine Trübung eintreten darf.

Quantitative Bestimmung des Acetons siehe S. 239.

Natronlauge: Der Methylalkohol muss, mit einer beliebigen Menge Natronlauge versetzt, farblos bleiben.

Prüfung mit Schwefelsäure: 2 ccm Methylalkohol werden nach und nach mit 2 ccm conc. Schwefelsäure vermischt, wobei keine oder höchstens eine sehr schwach gelbliche Färbung eintreten darf.

Anmerkung. Der gewöhnliche Methylalkohol enthält oft Aceton, Methylacetat, Methylacetal, Aldehyd, Propion und Allylalkohol. Es ist mir neuerdings ein Muster Methylalkohol mit der Bezeichnung „puriss." zu Händen gekommen, welcher mit Jodlösung und Natronlauge sehr reichlich Jodoform bildete und daher sehr starken Acetongehalt zeigte. Ein gewöhnlicher Methylalkohol färbt sich mit Schwefelsäure intensiv braun.

Auch *Aethylalkohol* kann in Methylalkohol zugegen sein. Auf Aethylalkohol wird nach Riel und Ch. Bardy (Compt. rend. 82, 768; Berl. Berichte 1876, *9*, 638) wie folgt untersucht: Man erhitzt den Holzgeist mit Schwefelsäure, versetzt mit Wasser und destillirt; zum Destillat wird Schwefelsäure und Kaliumpermanganat, dann Natriumthiosulfat und endlich eine verdünnte Fuchsinlösung gesetzt. Ist Aethylalkohol vorhanden, so färbt sich die Flüssigkeit violett. Vergl. bezüglich dieser Methoden auch Rep. d. Chem.-Ztg. 1887, S. 25. Aldehyd und sonstige Verunreinigungen werden durch die Schwefelsäureprobe erkannt. Aceton siehe oben.

Siedepunkt: Derselbe wird unter Anwendung eines Metallgefässes bestimmt, wie dieses S. 3 bei Aceton angegeben ist. Es sollen ca. 99 Theile des Methylalkohols innerhalb eines Grades des 100-theiligen Thermometers überdestilliren. Ueber die Siedepunktsbestimmung siehe auch unter Handelssorten S. 241.

Quantitative Bestimmung.

Zur Prüfung des käuflichen Methylalkohols auf seinen Gehalt an Methylalkohol bestimmt man nach G. Krämer und Grodizki die Menge Jodmethyl, welche ein bestimmtes Quantum zu liefern vermag. Die Methode ist ausführlich in den Handbüchern der chemisch-technischen Untersuchung beschrieben und verweise ich u. A. auf das bekannte Werk von Böckmann, Chem.-techn. Untersuchungsmethoden, 3. Aufl., Bd. 2, S. 63.

Anmerkung. Krämer hat zur **quantitativen Bestimmung des Acetons** ein auf vorstehender, zuerst von Lieben beschriebener Reaction beruhendes Verfahren ausgearbeitet, nach welchem der zu untersuchende Methylalkohol in einem Mischcylinder mit Natron- und Jodlösung geschüttelt und das gebildete Jodoform mit reinem, alkoholfreiem Aether ausgezogen wird. Eine aliquote Menge des angewandten Aethers wird auf einem tarirten Uhrglase verdampft und der Rückstand gewogen. Aus der gefundenen Menge Jodoform berechnet er den Acetongehalt. (Ber. d. d. chem. Ges. XIII, 1000.) Hintz (Zeitschr. f. analyt. Chem. 1888, S. 182) bemerkt zu der Methode von Krämer, dass sich die im Methylalkohol des Handels, wie solcher den Farbenfabriken geliefert wird, höchstens vorkommende Menge von 0,2 bis 0,3 Proc. Aceton gut nach genannter Methode bestimmen lasse, dass aber bei einem höheren Acetongehalt von einigen Procenten schon unrichtige Resultate erhalten werden. Man solle daher jeden mehr als $1-1^1/_2$ Proc. Aceton enthaltenden Methylalkohol vor der Bestimmung mit Wasser so verdünnen, dass dessen Gehalt von Aceton etwa 1 bis $1^1/_2$ Proc. beträgt. Bei der Untersuchung von Acetonen sind nach Hintz (l. c.) dieselben Regeln einzuhalten.

In neuerer Zeit ist von Messinger (Ber. d. d. chem. Ges. 1888, S. 3366) folgende titrimetrische Bestimmung von Aceton im Methylalkohol ausgearbeitet worden: Man bringt 20 ccm oder bei Methylalkoholen von höherem Acetongehalt 30 ccm reiner Normal-Kalilauge (aber stets genau gemessen) und $1-2$ ccm des zu untersuchenden Methylalkohols (bei Untersuchung von reiner Handelswaare können $10-15$ ccm Methylalkohol zur Analyse verwendet werden) in eine Stöpselflasche und schüttelt tüchtig um. Hernach lässt man aus einer Bürette eine bestimmte Menge $^1/_5$-Normal-Jodlösung ($20-30$ ccm) hinzutropfen und schüttelt $^1/_4$ bis $^1/_2$ Minute, bis die Lösung klar erscheint, dann säuert man mit Salzsäure (1,025) an (man giebt eine ebensolche Anzahl ccm Salzsäure, wie man Kalilauge angewendet hat, hinzu), lässt $^1/_{10}$-Normal-Natriumthiosulfat im Ueberschuss hinzu, versetzt mit Stärke und titrirt mit $^1/_5$-Normal-Jodlösung zurück.

1 Aceton braucht 6 Jod, um Jodoform zu bilden.

58   762

$$762 : 58 = m : y$$

$$m = \text{gefundene Menge Jod,}$$

$$y = \text{entsprechende Menge Aceton,}$$

$$y = m \cdot \frac{58}{762} = 0{,}07612.$$

Sind bei der Analyse n ccm Methylalkohol angewendet worden, dann enthalten 100 ccm Methylalkohol x g Aceton

$$n \cdot m \cdot 0{,}07612 = 100 : x$$

$$x = \frac{m}{n} \cdot 7{,}612.$$

Da gewöhnlich $n = 1$ ist, so findet man das Gewicht Aceton in 100 ccm Alkohol, indem man die gefundene Menge Jod mit 7,612 multiplicirt.

Ueber den *Nachweis des Acetons mit Phenylhydrazin* siehe Strache, Zeitschr. analyt. Chemie 1892, S. 573 ff.

Anwendung und Aufbewahrung.

Der Methylalkohol dient zum Nachweis der Salicylsäure nach Curtman (Zeitschr. f. analyt. Chemie 1887, S. 641), ferner zur Bestimmung der Borsäure nach der Methode von Gooch (Rep. d. Chem.-Ztg. 1887, S. 23) und zur Darstellung reinen Traubenzuckers.

Man bewahrt den Methylalkohol in gut verschlossenen Glasgefässen im Keller auf.

Handelssorten.

Neben dem reinen Methylalkohol kommt der wenig acetonhaltige Methylalkohol für Farbenfabriken und auch roher, ca. 90 procentiger Methylalkohol in den Handel.

Was die *Qualitäten dieser Handelssorten* betrifft, so sei folgendes bemerkt:

Bezüglich der besseren Handelssorten haben sich eine Anzahl von Holzgeistproducenten zur bestimmten Qualitätsgarantie geeinigt*):

1. Volumprocente nach Tralles' Aräometer nicht unter 99° (0,7995 spec. Gew.).

---

*) Vergl. Böckmann, Chem.-techn. Untersuchungsmethoden Bd. 2, S. 66.

2. Acetongehalt nach der Krämer'schen Methode höchstens 0,7 Procent.

3. Es sollen mindestens 95 Proc. des Methylalkohols innerhalb eines Grades des hunderttheiligen Thermometers überdestilliren.

4. Darf der Alkohol, mit der doppelten Menge 66 procentiger Schwefelsäure versetzt, höchstens eine lichtgelbe Färbung annehmen.

5. 5 ccm des Alkohols dürfen 1 ccm einer Lösung von 1 g übermangansaurem Kali im Liter nicht sofort entfärben.

6. 25 ccm müssen bei einem Zusatze von 1 ccm Bromlösung, wie solche durch die deutsche Zollbehörde bei der Untersuchung des zum Denaturiren des Spiritus bestimmten Holzgeistes vorgeschrieben ist (1 Theil Brom in 80 Theilen 50 procentiger Essigsäure), noch gelb bleiben.

7. Der Methylalkohol muss, mit einer beliebigen Menge conc. Natronlauge versetzt, farblos bleiben.

Der rohe Holzgeist, welcher zu Denaturirungszwecken dient, soll nach amtlicher Vorschrift*) geprüft werden auf Siedepunkt, Mischbarkeit mit Wasser, Abscheidung mit Natronlauge, Aceton und Aufnahmefähigkeit für Brom. Die Siedetemperatur soll wie folgt ermittelt werden: 100 ccm Holzgeist werden in einen Metallkolben gebracht, auf den Kolben ist ein mit Kugel versehenes Siederohr gesetzt, welches durch seitlichen Stutzen mit einem Liebig'schen Kühler verbunden ist. Durch die obere Oeffnung wird ein amtlich beglaubigtes Thermometer mit hunderttheiliger Skala eingeführt, dessen Quecksilbergefäss bis unterhalb des Stutzens hinabreicht. Der Kolben wird so mässig erhitzt, dass das übergegangene Destillat aus dem Kühler tropfenweise abläuft. Das Destillat wird in einem graduirten Glascylinder aufgefangen und es sollen, wenn das Thermometer 75 Grad zeigt, bei normalem Barometerstand mindestens 90 ccm übergegangen sein.

Weicht der Barometerstand vom normalen ab, so sollen für je 30 ccm 1 Grad in Anrechnung gebracht werden, also z. B. sollen bei 770 mm 90 ccm bei 75,8 Grad, bei 750 mm bei 74,7 Grad übergegangen sein.

---

*) Siehe u. A. Amtsblatt des Grossh. Minist. der Finanzen, Darmstadt d. 11. Juli 1888.

Methylenblau.

Tetramethylthioninchlorhydrat, $C_{16} H_{18} N_3 S Cl$.

Dunkelgrünes, bronceglänzendes Pulver, welches sich leicht mit blauer Farbe in Wasser löst, weniger leicht in Alkohol löslich ist.

Prüfung auf Verunreinigungen.

Arsen: 2 g werden mit Soda und Salpeter verascht und in üblicher Weise (siehe bei Zink) im Marsh'schen Apparat geprüft.

Asche: 2 g dürfen beim Veraschen nur Spuren Rückstand hinterlassen.

Anmerkung. Ueber eingehende Prüfung von Methylenblau siehe die Arbeiten von Lenz in Zeitschr. f. analyt. Chemie 1895, S. 39 ff.

Anwendung.

Es dient zu Tinctionszwecken; siehe Herstellung von Reagentienlösungen im Anhang.

Handelssorten.

Unter dem Namen Methylenblau kommt neben dem Tetramethylthioninhydrochlorat auch das Zinkchloriddoppelsalz in den Handel, welches durch den Zinkgehalt seiner Asche beim Verbrennen leicht zu erkennen ist.

Nach Lenz (Zeitschr. f. analytische Chemie 1895, S. 39 ff.) kommt das Methylenblau im Handel oft in sehr unreinem Zustande vor. Derselbe giebt zur Prüfung und Qualitätsbeurtheilung ausführliche Vorschriften, bezügl. deren auf das Original verwiesen sei.

Methylorange.

Dimethylamidoazobenzolsulfosaures Natrium,
$(SO_3 Na) C_6 H_4 — N_2 — C_6 H_4 N (CH_3)_2$.

Orangegelbes, in Wasser leicht lösliches Pulver.

Prüfung.

Man prüft eine 0,1 procentige Lösung auf Empfindlichkeit als Indicator gegenüber Salzsäure oder Schwefelsäure. Man darf der

zu titrirenden Flüssigkeit nur sehr wenig von der Methylorange-
lösung zusetzen, nicht mehr als hinreicht, um die Flüssigkeit merklich gelblich zu färben. 100 ccm destillirtes Wasser werden in ein
Becherglas aus Jenaer Gerätheglas gegeben und nun mit Methylorange merklich gelblich gefärbt; es muss nach Zusatz von 2 Tropfen
$\frac{1}{5}$-Normalsäure ein Uebergang von Hellgelb in ein tiefes Bräunlichgelb stattfinden.

Resultate, welche bei vergleichenden Prüfungen mit diesem Indicator erhalten wurden, sind in der Tabelle S. 142 und besonders
nachstehend unter „Anwendung" mitgetheilt.

Anwendung.

Dieser von Lunge vorgeschlagene Indicator hat den grossen
Vorzug, dass er von den schwachen Säuren, wie Kohlensäure, Essig-
säure etc. nicht verändert wird und dass man daher das lange
Kochen der Flüssigkeiten, welche Kohlensäure enthalten, beim
Titriren nicht nothwendig hat.

Methylorange ist nur in kalten Flüssigkeiten verwendbar. Hat
man Oxalsäure als Normalsäure, so kann Methylorange nicht verwendet werden.

Da man bei Verwendung dieses Indicators das Kochen der zu
titrirenden Flüssigkeit nicht nothwendig hat, ziehen viele das Methylorange dem Lackmus vor. Besonders für Sodamessungen in den
Sodafabriken benutzt man es aus diesem Grunde.

Von verschiedenen Seiten wurde schon die Frage geprüft, ob
das Methylorange dem Lackmus an Empfindlichkeit gleich steht. So
hat Reinitzer (Zeitschr. f. angewandte Chemie 1894, S. 548 ff.), in
dieser Richtung vergleichende Versuche gemacht, wobei er zu dem
Resultate kam, dass man bei Sodamessungen mit Methylorange aus
Indicator keine so genauen Resultate erhalten kann wie mit Lackmus
Das Methylorange steht nach Reinitzer dem Lackmus sowohl in
Bezug auf Säureempfindlichkeit als auch Deutlichkeit des Farben-
übergangs nach. Die Farbe überging bei seinen Versuchen nicht
plötzlich und scharf aus hellgelb in purpurroth, sondern aus hellgelb durch ein eigenthümliches Goldbraun oder Dunkelgelb in gelbroth, in jenes Gelbroth, das man bei Lackmus als zwiebelroth bezeichnet. Bemerkt muss zu diesen Resultaten Reinitzer's werden,
dass nach Lunge (Zeitschr. f. angewandte Chemie 1894, S. 733) die
Empfindlichkeit des Methylorange eine viel grössere ist, als sie von

Reinitzer gefunden wurde. Man darf aber nicht bis zum Farben-
übergang in schön purpurroth titriren, sondern man nimmt bei Anwendung von $^1/_5$-Normalsäure den Uebergang da an, wo die Farbe
zuerst wechselt, nämlich aus dem reinen Hellgelb in ein tieferes
Bräunlichgelb übergeht. Näheres über die Ausführung der Titration
und über die Vorsichtsmaassregeln, welche bei Anwendung von
Methylorange beim Titriren zu beachten sind, siehe Lunge l. c.

Die Reinheit des Indicators ist auch von grosser Wichtigkeit.
Dott (Zeitschr. f. analytische Chemie 1890, S. 321) hat auf die Un-
reinheit des käuflichen Methylorange hingewiesen und betonte dabei
besonders die Verschiedenheit der Resultate, welche man je nach
der Reinheit des Methylorange beim Titriren erhält. Man darf,
wenn man brauchbare Resultate erhalten will, nur reinstes Methylorange verwenden. Der Verein schweiz. analytischer Chemiker
(Chem.-Ztg. 1895, S. 1895) verwendet das Methylorange bei Beurtheilung des Trinkwassers auf Alkalinität, es wird aber auch hier
ganz besonders darauf hingewiesen, dass es sehr wesentlich ist, das
richtige Methylorange zu erhalten, da die von vielen Firmen als
Methylorange declarirten Producte sich zu obiger Prüfung total unbrauchbar erwiesen.

Ueber die Verwendung dieses Indicators zur Bestimmung von
Alkalien und Erden in Form von borsauren Salzen, zur Bestimmung
von Schwefelalkalien, zur directen Bestimmung der kohlensauren
Alkalien, über die Verwendungsform des Methylorange bei Gegenwart von schwefligsauren Alkalien siehe die Lehrbücher der Titrirmethode (so u. A. Mohr's Titrirmethode, 6. Aufl., S. 91 u. S. 165).
Auch in den Zeitschriften der analytischen Chemie wurden in den
letzten Jahren eine Reihe von Abhandlungen über Methylorange veröffentlicht. Vergl. u. A. die Arbeiten von R. T. Thomsón in Zeitschr.
f. analyt. Chemie 1888, S. 222 ff., ferner 1888, S. 54 ff. Siehe ferner
Lunge, Soda-Industrie, 2. Aufl., Bd. 1, S. 151.

Handelssorten.

Siehe unter Anwendung.

Methylviolett.

Dasselbe besteht im Wesentlichen aus dem salzsauren Salze des Pentamethyl-p-Rosanilins, $C_{24}H_{28}N_3Cl$, und demjenigen des Hexamethyl-p-Rosanilins, $C_{25}H_{30}N_3Cl$.

Blaues Pulver, welches sich leicht in Wasser und Weingeist löst.

Prüfung.

Wie bei Methylenblau S. 242.

Anwendung.

Es dient wie das Methylenblau zur Bacterienfärbung.

Ueber die ausserordentlich grossen bacterientödtenden Wirkungen dieses Körpers vergleiche die Jahresberichte von E. Merck, 1891 bis 1894.

Handelssorten.

Methylviolett in reinstem Zustande wird von E. Merck unter dem Namen „Pyoktanin" in den Handel gebracht.

Milchsäure.

Acidum lacticum pur. Gährungs-Milchsäure ($C_3H_6O_3$. Molecular-Gew. = 90).

Eine klare, farblose, geruchlose Flüssigkeit von 1,210 spec. Gew., welche ca. 75 Proc. wasserfreie Milchsäure ($C_3H_6O_3$) enthält und klar in Wasser, Weingeist und Aether löslich ist.

Prüfung auf Verunreinigungen.

Aussehen, Geruch und Löslichkeit: Wie vorstehend beschrieben.

Oralsäure, Citronensäure etc.: Auf Zusatz von Kalkwasser bis zur alkalischen Reaction darf weder in der Kälte (Oxalsäure, Weinsäure, Phosphorsäure), noch beim Erhitzen (Citronensäure) eine Trübung eintreten. Bleiessig, zu der schwach verdünnten Säure getröpfelt, darf keine Fällung hervorrufen (Schwefelsäure, Apfelsäure).

Kalk und Metalle, Schwefelsäure etc.: In 10 Theilen Wasser gelöst, darf die Milchsäure weder durch Schwefelwasserstoffwasser, noch durch Chlorbarium-, Silbernitrat- oder Ammoniumoxalatlösung verändert werden.

Zucker etc.: Milchsäure entwickle bei gelindem Erhitzen keinen Geruch nach Fettsäuren und färbe, wenn sie in einem Glase über 1 Raumtheil Schwefelsäure geschichtet wird, die letztere nicht.

Quantitative Bestimmung.

Man titrirt mit Normalalkalilauge. 1 ccm Normallauge $= 0,09$ Milchsäure. Ueber die quantitative Bestimmung der Milchsäure durch Oxydation derselben zu Aldehyd und Ameisensäure nach Boas siehe deutsche medicin. Wochenschrift 1893, No. 39.

Anwendung.

Eine mit Chlorwasserstoff versetzte Milchsäure dient als Lösungsmittel für die Eiweissstoffe der Milch bei der Fettbestimmung mit dem Lactokrit (Chem.-Ztg. 1891, S. 649 ff.). Milchsäure in 1 proc. oder stärkerer Lösung dient in der Mikroskopie als Entkalkungsmittel.

Handelssorten.

Die Milchsäure kommt mit verschiedenem spec. Gew. bzw. Gehalt und auch in gefärbten, technischen Sorten in den Handel.

Molybdänsäure-Anhydrid.

Acid. molybdaenic. purum (MoO_3. Molecular-Gew. $= 143,78$).

Weisses oder nur schwach gelblich weisses Pulver, welches ca. 85 Proc. Molybdänsäure-Anhydrid und ca. 15 Proc. Ammonium- oder Natriumnitrat oder Natriumsulfat und Feuchtigkeit enthält.

Prüfung auf Verunreinigungen.

Schwere Metalle und Löslichkeit: Die Lösung (1 : 5) in verdünntem Ammon ist klar und zeigt auf Zusatz von Schwefelammon keine Veränderung.

Phosphorsäure: 10 g des Präparates werden in 25 ccm Wasser und 15 ccm Ammon (0,910) gelöst, und diese Lösung mit 150 ccm Salpetersäure (1,20) vermischt; auch nach 2 stündigem Stehen in gelinder Wärme darf sich hierbei kein gelber Niederschlag (phosphormolybdänsaures Ammon) bilden.   (Vergl. auch Anmerkung bei Ammon. molybdaenic.)

Anmerkung. Acid. molybdaenic. pur. findet vielfach in den Laboratorien Verwendung. Sie enthält ca. 15 Procent Ammon- oder Natronsalze. Ueber vergleichende Untersuchungen von Molybdänsäure-Präparaten des Handels siehe im Repertor. f. analyt. Chemie 84, No. 11, S. 161, eine Arbeit von J. König.

Quantitative Bestimmung.

Die reine Molybdänsäure und das molybdänsaure Ammon bestimmt man gewichtsanalytisch, indem man die Säure in Ammon löst, die Lösung mit Essigsäure neutralisirt, dann kochend mit essigsaurem Bleioxyd (in schwachem Ueberschuss) fällt, den Niederschlag, nachdem er abfiltrirt, mit heissem Wasser auswäscht, trocknet, vom Filter entfernt, glüht und als $PbO \cdot MoO_3$ wägt. (Fresenius, Quantit. Analyse, 6. Aufl., Bd. 1, S. 378.) Ueber die volumetrische Bestimmung der Molybdänsäure vergl. Berichte d. d. chem. Gesellschaft 1888, 3, 485.

Ueber die quantitative Bestimmung des Molybdäns vergl. ferner eine Abhandlung von Friedheim und Euler in Ber. d. d. chem. Ges. Berlin *28*, 2061, Referat in Zeitschr. f. analyt. Chemie 1896, S. 77 ff.

Anwendung.

Die Molybdänsäure und das molybdänsaure Ammon werden zum Nachweis und zur quantitativen Bestimmung der Phosphorsäure gebraucht.

Die **Molybdänlösung** für genannte Zwecke kann entweder aus Molybdänsäure oder aus molybdänsaurem Ammon hergestellt werden. P. Wagner (Chem.-Ztg. 1895, S. 1420) giebt folgende Vorschriften:

Vorschrift a.   125 g Molybdänsäure werden in einen Literkolben gebracht, mit ca. 100 ccm Wasser aufgeschlemmt und unter Zufügen von ca. 300 ccm 8 proc. Ammoniak gelöst. Die Lösung wird mit 400 g Ammoniumnitrat versetzt, bis zur Marke mit Wasser aufgefüllt und in 1 Liter Salpetersäure von 1,19 spec. Gewicht gegossen. Die Mischung wird 24 Stunden bei ca. 35° C. stehen gelassen und filtrirt.

Vorschrift b.   150 g molybdänsaures Ammonium werden in eine Literflasche gebracht und in Wasser gelöst. Die Lösung wird mit 400 g Ammoniumnitrat versetzt, bis zur Marke mit Wasser auf-

gefüllt und in 1 Liter Salpetersäure von 1,19 spec. Gewicht gegossen. Die Mischung wird 24 Stunden bei ca. 35° C. stehen gelassen und filtrirt.

Die Molybdänlösung scheidet bisweilen bei längerem Stehen
einen gelben Niederschlag ab, welcher aus einer gelben Modification
der Säure besteht und keine Verunreinigung ist. (Vgl. Anmerkung
unter Ammon. molybdaenic. S. 31.)

Darstellung der Molybdänlösung zur P_2O_5-Bestimmung nach
Meineke (Chem.-Ztg. 1896, S. 108): Man löst 150 g Ammonmolybdat
in 150 ccm Ammoniak von 0,91 spec. Gew. und 850 ccm Wasser
und giesst diese Lösung unter Umschwenken in 1000 ccm Salpetersäure von 1,2 spec. Gew. Das Gemisch wird 10 Minuten lang auf
90° erwärmt. Die durch Decantiren und Filtriren von der reichlich ausgeschiedenen Molybdänsäure getrennte Molybdänflüssigkeit
hält sich bei Lichtabschluss oder beim Aufbewahren in braunen
Flaschen lange Zeit klar. Sie kann zur Phosphorsäurefällung benutzt werden, ohne dass eine weitere Ausscheidung zu befürchten ist.

Fröhde's Reagens, welches beim Nachweis der Alkaloide gebraucht wird, ist eine Lösung von reiner Molybdänsäure in conc.
Schwefelsäure.

Molybdänschwefelsäure dient nach Denigés als Reagens auf
Wasserstoffsuperoxyd (Bull. Soc. Chim. 1891, 3. Sér. 5, 293).

Handelssorten.

Dieselben sind die „Acid. molybdaenic. pur." und die in folgendem Abschnitte beschriebene „Acid. molybdaenic. puriss.". Die
Handelssorten unterscheiden sich durch den Gehalt an MoO_3 bzw.
den Gehalt an salpetersaurem Ammon oder Natronsalzen.

Molybdänsäure-Anhydrid, ammoniakfrei.

Acid. molybdaenic. puriss. ammoniakfrei (MoO_3.
Molecular-Gew. $= 143,78$).

Das Präparat ist ca. 100 procentig. Im Gegensatz zu dem rein
weissen Aussehen der Purum-Säure des Handels zeigt diese reinste
Molybdänsäure einen schwachen Stich in's Bläuliche (durch minimale
Spuren Molybdänoxyd verursacht). Unlöslich in Wasser.

Prüfung auf Verunreinigungen.

Schwere Metalle und Löslichkeit: 2 g lösen sich in 10 ccm Wasser und 5 ccm Ammon von 0,910 ccm spec. Gew. nach kurzem Stehen in gelinder Wärme vollständig, und zeigt die Lösung auf Zusatz von Schwefelammon keine Veränderung.

Phosphorsäure: Wie bei Acid. molybdaenic. pur. S. 246.

Ammon- und Natronsalze: 2 g geben beim Behandeln mit Wasser nur Spuren löslicher Stoffe ab.

Quantitative Bestimmung, Anwendung und Handelssorten

siehe unter Acid. molybdaenic. pur. S. 247.

Molybdänlösung für Phosphorsäurebestimmung.

Siehe S. 247.

Naphtol α.

Naphtolum (α) recryst. alb., Alpha-Naphtol (C_{10} H_7 O H. Molecular-Gew. = 143,66).

Farblose Krystalle, welche bei 94° C. schmelzen und leicht in Alkohol und Aether löslich sind.

Prüfung auf Verunreinigungen.

Rückstand: 1 g hinterlässt beim Erhitzen keinen Rückstand.

Sonstige Verunreinigungen: Die Krystalle des reinen Naphtols sind farblos und besitzen den oben genannten Schmelzpunkt.

Quantitative Bestimmung.

Aus der Schmelzpunktsbestimmung und den oben beschriebenen Eigenschaften ergiebt sich die Reinheit des Präparates.

Anwendung.

Das α-Naphtol findet Verwendung zu Molisch's Zuckerreaction (Zeitschr. f. analyt. Chemie 1887, S. 258, 369 u. 402).

Ueber die praktische Verwerthbarkeit der α-Naphtol-Probe auf Zucker vergl. auch Posner und Epenstein, Chem. Centralblatt 1891,

S. 641. Das α-Naphtol dient auch zum Nachweis von Chloroform und Chloralhydrat. Erwärmt man zu letzterem Zwecke einige Cubikcentimeter Naphtolkalilauge (0,1 : 50 g) in einem Reagensglase im Wasserbade und setzt die chloroform- oder chloralhydrathaltige Flüssigkeit hinzu, so tritt eine intensive und beständige blaue Färbung ein. Wird statt α-Naphtol β-Naphtol bei dieser Reaction genommen, so ist die blaue Färbung nur von kurzer Dauer. Man kann durch dieses Verhalten nach Reuter (Pharm. Ztg. 1891, S. 298) die beiden Naphtole rasch von einander unterscheiden.

Handelssorten.

Neben dem Naphtol. recryst. albiss., welches farblose Nadeln darstellt, gelangt das **technische Product** in den Handel. Dasselbe besteht aus geschmolzenen, krystallinischen Massen und enthält immer β-Naphtol.

Natrium.

Natrium metallic. (Na. Atom-Gew. $= 23$).

Silberweisses Metall, bei gewöhnlicher Temperatur von Wachsconsistenz.

Prüfung auf Verunreinigungen.

Fremde Metalle: Die Lösung von Natriumhydroxyd, welche durch Zusammenbringen des Metalles mit Wasser erhalten wird, soll auf Zugabe von Schwefelammonium unverändert bleiben.

Auch wenn die aus dem Metalle hergestellte Lauge mit Salzsäure übersättigt und diese saure Flüssigkeit mit Schwefelwasserstoffwasser versetzt wird, darf sich keine Abscheidung von fremden Metallen zeigen.

Anmerkung. Bei der Auflösung des käuflichen Natriums in Wasser bekommt man oft eine etwas trübe Lösung in Folge von Spuren von Verunreinigungen, welche das Metall enthält. Für die analytische Verwendung zu Reductionen sind diese geringen Verunreinigungen nebensächlich.

Auf etwaige störende Verunreinigungen mit Schwefel oder Arsen könnte durch Untersuchung des aus dem Na und H_2O entwickelten H mit Bleipapier und Silberpapier leicht geprüft werden (siehe unter Aluminium), doch werden diese Verunreinigungen im Natrium selten zugegen sein. N-Verbindungen im Na würden sich am Ammongeruche beim Erwärmen der Natronlauge zeigen.

Quantitative Bestimmung.

Die quantitative Bestimmung wird durch Auflösen in Wasser und Titriren des entstandenen Natronhydrats ausgeführt. Ueber einen zweckmässigen Apparat zum Auflösen des Metalls ohne Verlust siehe nachstehend bei Anwendung.

Anwendung und Aufbewahrung.

In der Analyse dient das Natrium häufig zur Reduction resp. zur Entwickelung von Wasserstoff in statu nascendi, u. A. zum Nachweis der schwefligen Säure, der Salpetersäure und des Arsens. Man verwendet für diese Zwecke hauptsächlich das **Natriumamalgam,** eine graue, trockene Substanz, welche ca. 2 Proc. Natrium metallic. enthält und in Wasser eine ruhige, gleichmässige Ausgabe von Wasserstoff veranlasst.

Auch zur **Titerstellung von Säuren wird Natriummetall verwendet** (Zeitschr. f. analyt. Chemie 1893, S. 422).

Da die Auflösung durch Einwerfen in Wasser Verluste bedingt, so lässt Rosenfeld (Journ. f. pract. Chemie 1893, 599) über das abgewogene Metall einen langsamen Wasserdampfstrom streichen und leitet den sich dabei gleichmässig entwickelnden Wasserstoff unter Anwendung eines kurzen, mit Glasrohr versehenen Kautschuckschlauches in destillirtes Wasser. Das vorgelegte Wasser, welches mitgerissenes Aetznatron enthält, wird zur Auflösung des entstandenen Hydroxyds verwendet. Bei Anwendung von 23 g Natrium erhielt er genau Normallauge. Näheres über den nothwendigen kleinen Apparat siehe l. c.

Das Natrium wird gewöhnlich unter Petroleum aufbewahrt. Es sind aber dabei schon Explosionen vorgekommen.

Ueber die Explosion einer Flasche, welche 0,9 kg Natrium enthielt, wird in Rep. d. Chem.-Ztg. 1892, S. 67 berichtet. Der Grund der Explosion konnte nicht bestimmt festgestellt werden. Nach Phipson ist vielleicht feuchtes Petroleum in die Flasche gegeben, oder letzteres ist mit Schwefelsäure gereinigt und die Säure nicht vollständig entfernt worden. Vielleicht ist auch durch länger dauernde desoxydirende Wirkung von Natrium auf unreines verharztes Petroleum Wasser oder organische Säure gebildet worden.

Angesichts der Gefährlichkeit, welche das Aufbewahren von metallischem Natrium unter Petroleum in sich schliesst, empfiehlt W. Vaubel in No. 7 der Zeitschr. f. angew. Chemie die Aufbewahrung des Natriums unter Paraffin. liquidum (Vaselinöl). Unter Paraffin. liquid. aufbewahrtes Natrium hielt sich Jahre lang sehr schön. Ein Abwischen des Natriums mit Fliesspapier genüge, um das Paraffinöl völlig zu entfernen.

Zur Aufbewahrung der Alkalimetalle soll auch das sogenannte „Sicherheitsöl", ein im Handel vorkommendes Erdölproduct, sehr geeignet sein. (Chem.-Ztg. *19*, 1682—1683.)

Handelssorten.

Das Natrium wird in Stangen, Stücken oder Würfeln in den Handel gebracht.

Natriumacetat.

Natrium aceticum puriss., essigsaures Natrium
($C_2H_3O_2Na + 3\,H_2O$.   Molecular-Gew. $= 135,74$).

Farblose, durchsichtige, in warmer Luft verwitternde Krystalle, welche mit 1 Th. Wasser eine schwach alkalische Lösung geben und sich in 23 Th. kaltem, sowie in 1 Th. siedendem Weingeist lösen.

Anmerkung. Ueber die Reaction des Natriumacetats siehe Näheres in Chem.-Ztg. 1892, S. 1921.

Prüfung auf Verunreinigungen.

Lösung: Siehe vorstehend.

Metalle, Schwefelsäure, Kalk, Chlor und Eisen: Die wässerige Lösung des Salzes (1 : 20) darf weder durch Schwefelwasserstoffwasser, noch durch Bariumnitrat-, noch durch Ammoniumoxalat-, noch, nach Zusatz einer gleichen Menge Wasser und Ansäuren mit Salpetersäure, durch Silbernitratlösung verändert werden. 20 ccm derselben wässerigen Lösung dürfen durch 0,5 ccm Kaliumferrocyanatlösung nicht verändert werden.

Quantitative Bestimmung.

Zur genauen Bestimmung der Essigsäure in den Acetaten benützt man am besten die Methode von Fresenius (Fresenius, Quant. Analyse), welche Destillation mit Phosphorsäure und Titration des Destillates vorschreibt. G. Neumann beschreibt (Zeitschr. f. angew. Chemie 1889, S. 24) für diese Destillation einen zweckmässigen Apparat. Auch Harcourt Phillips (Chemical News 1886, *53*, S. 181) hält die Methode der Destillation mit Phosphorsäure für sehr genau und für geeigneter zur Untersuchung von essigsaurem Kalk als die sogenannte „Glaubersalzprobe" (die „Englische Handelsprobe"). Nach dieser wird der essigsaure Kalk durch Zusatz von Natriumsulfat in Natriumacetat umgewandelt, welch' letzteres durch Glühen in kohlensaures Natrium verwandelt und maassanalytisch bestimmt wird.

Es sind zur Untersuchung der Essigsäure in Acetaten (die bekanntlich in der Technik vielfach Verwendung finden) noch mehrere einfache, rasch ausführbare Methoden für die Fabrikcontrole vorgeschlagen, so die Bestimmung mittelst directer Titration von A. Sonnenschein, welche darauf beruht, dass Methylanilinorange durch Essigsäure nicht verändert, durch Mineralsäuren aber roth gefärbt wird. (Chem.-Ztg. 1887, S. 591.)

Anwendung.

Das essigsaure Natrium dient in der Analyse zur Abscheidung von Eisenoxyd und Thonerde; es wird auch bei der Titration der Phosphorsäure mit Uranlösung benützt. Essigsaures Natrium ist ferner ein wichtiges qualitatives Reagens für Narcotin, Papaverin und Narceïn, auch dient es zur quantitativen Bestimmung und zur Trennung der wichtigsten Opium-Alkaloïde. (Plugge, Arch. d. Pharm. 1887, S. 343.)

Handelssorten.

Neben dem Natrium acetic. puriss. findet sich im Handel das sogenannte **Rothsalz**, welches meistens ziemlich rein ist, ferner das geschmolzene, **rohe, essigsaure Natrium**. Letzteres enthält oft Kohle und Soda; Sonnenschein (l. c.) fand bei Analysen von 2 Proben 91 und 95 Proc. CH_3COONa.

Natriumammoniumphosphat.

Natrium phosphoric. ammoniat. pur., Phosphorsalz
$(PO_4 H Na(NH_4) + 4 H_2O.$ Molecular-Gew. $= 208,65$).

Farblose Krystalle, welche am Platindraht eine klare und farblose Perle geben. Das Salz ist in Wasser zu einer schwach alkalisch reagirenden Flüssigkeit löslich. Die wässerige Lösung ist klar.

Prüfung auf Verunreinigungen.

Die Prüfung wird wie bei Natriumphosphat (siehe dieses) ausgeführt.

Quantitative Bestimmung.

Die Phosphorsäure bestimmt man in der unter Natriumphosphat angegebenen Weise. Das Ammoniak wird nach der unter Ammoniumchlorid angeführten Methode bestimmt (S. 28).

Anwendung.

Das Phosphorsalz ist ein wichtiges Löthrohrreagens und dient zur Titerstellung der Uranlösung. (Vergl. bei Natriumphosphat den Abschnitt über Anwendung.)

Handelssorten.

Dieselben können ebenso verunreinigt sein wie das Natriumphosphat (siehe dieses).

Natriumbicarbonat.

Natrium bicarbonic. puriss., doppelt kohlensaures Natrium
$(NaHCO_3.$ Molecular-Gew. $= 83,85$).

Weisse Krystallkrusten oder krystallinisches Pulver von schwach alkalischem Geschmack, in ca. 12 Theilen Wasser klar löslich. Durch Kobaltglas oder ein Indigoprisma betrachtet, darf die durch das Salz gelb gefärbte Flamme nicht oder nur vorübergehend roth gefärbt erscheinen.

Prüfung auf Verunreinigungen.

Schwere Metalle, Kieselsäure, Schwefelsäure, Phosphorsäure: Unter Anwendung von je 1 bis 2 g Natr. bicarbonic. in entsprechender Lösung prüft man auf genannte Verunreinigungen, wie bei Natriumcarbonat S. 265.

Ammoniak: Erhitzt man das Natriumbicarbonat im Reagensglase, so darf sich kein Ammoniakgeruch entwickeln; auch feuchtes Curcumapapier darf die entweichenden Dämpfe nicht braun färben.

Chlor, Thiosulfat, Arsen: Die wässerige, mit Essigsäure übersättigte Lösung (1 : 50) darf mit Silbernitrat höchstens eine sehr schwache weisse opalisirende Trübung geben.

Monocarbonat: Die bei einer 15⁰ nicht übersteigenden Wärme ohne Umschütteln erhaltene Lösung von 1 g Natriumbicarbonat in 20 ccm Wasser darf, auf Zusatz von drei Tropfen Phenolphtaleïnlösung, nicht sofort geröthet werden; jedenfalls soll eine etwa entstehende schwache Röthung auf Zusatz von 0,2 ccm Normal-Salzsäure verschwinden.

Kaliumsalz: siehe Anmerkung.

Anmerkung. Ueber die Prüfung von Natrium bicarbonic. ist in den letzten Jahren viel gearbeitet worden. Besonders liegt eine diesbezügliche ausführliche Arbeit der Pharm.-Commission des deutschen Apotheker-Vereins vor (Arch. d. Pharm. 1887, S. 293), aus welcher ich in Nachstehendem das Wichtigste mittheilen will: Die Prüfung der Natriumsalze auf Kalium geschieht mittelst der Flammenfärbung, und zwar mit der Forderung, dass die durch das Salz gefärbte gelbe Flamme durch ein blaues Glas betrachtet nicht dauernd roth gefärbt werden darf. Diese Prüfungsweise ist eine ziemlich scharfe, indem schon Bruchtheile von 1 Proc. des entsprechenden Kalisalzes genügen, um die rothe Kaliflamme dauernd zu erkennen.

Was die Prüfung auf Ammon (durch Erhitzen des trockenen Salzes im Reagensglase) betrifft, so lässt sich noch 1 Proc. Ammoniumsalz durch den Geruchssinn deutlich wahrnehmen. Mittelst befeuchteten Curcumapapiers, welches im oberen Theile des Reagensglases eingeklemmt ist, lässt sich $\frac{1}{50}$ Procent Ammoniak nachweisen.

Chlor, Thiosulfat, Arsen. Prüft man in essigsaurer Lösung 1 : 50 mit Silbernitrat, so bedeutet eine weissliche Trübung Spuren von Chlor, eine röthliche oder gelbliche Trübung zeigt Arsen an und eine braune oder schwarze Trübung deutet auf Thiosulfat. Zeigt also die mit Silbernitrat versetzte essigsaure Lösung des Natriumbicarbonats nach mehreren Minuten nur eine weissliche Opalescenz, so ist weder Natriumthiosulfat, noch Arsen in merklicher Menge zugegen. Auf Arsen kann übrigens auch leicht im Marsh'schen Apparat geprüft werden. Auf Thiosulfat kann man durch Lösen des Salzes in überschüssiger verdünnter Schwefelsäure und Zugabe von metallischem Zink prüfen, wobei sich kein Schwefelwasserstoff entwickeln darf (an der Schwärzung von Bleipapier zu erkennen). Auch kann man die in der Kälte hergestellte Bicarbonatlösung bei Abwesenheit von Monocarbonat mit Jodlösung, welche nicht sogleich entfärbt werden darf, auf Thiosulfat prüfen. (Vergl. auch Sálzer, Arch. Pharm. (3) Bd. 24, S. 761.)

Monocarbonat. Die Probe von Kremel mit Phenolphtaleïn (siehe oben) ist nach den Arbeiten der Pharm.-Commission sehr zweckmässig, wenn sie genau ausgeführt wird. Sie muss sofort beurtheilt werden, nicht erst nach längerem Stehen. Enthält das Bicarbonat weniger als 2 Proc. Monocarbonat, so erfolgt durch 3 Tropfen Phenolphtaleïn gar keine Färbung.

Wenig Monocarbonat ist fast in jedem Natr. bicarbonic. vorhanden. Die Lösung des Salzes ist vorsichtig zu bereiten, denn löst man das Natriumbicarbonat bei gewöhnlicher Temperatur in Wasser auf, so verliert es dabei schon, namentlich wenn die Mischung stärker geschüttelt wird, Kohlensäure.

Die Prüfung auf Monocarbonat mit Phenolphtaleïn ist zweckmässiger als die früher übliche Prüfung mit Quecksilberchloridlösung. Bei Anwesenheit von Ammonsalzen ist indessen auch die Prüfung mit Phenolphtaleïn unsicher.

Quantitative Bestimmung.

Dieselbe bezweckt die Untersuchung auf Monocarbonat. Hat man chlorid- und sulfatfreies, von der hygroskopischen Feuchtigkeit durch Trocknen über Schwefelsäure befreites Natriumbicarbonat, so lässt sich der Gehalt an Monocarbonat durch einfache alkalimetrische Bestimmung ausführen. Je mehr Monocarbonat vorhanden ist, desto mehr Säure ist zur Sättigung des Präparats nothwendig. Löst man z. B. 5 g des Salzes in 62 ccm Normalsäure, so sind zum Neutralisiren des Ueberschusses der letzteren bei ganz reinem Bicarbonat 25 ccm, bei einem Gehalt an 1 Proc. Monocarbonat 21,3 ccm, bei 2 Proc. 17,8 ccm, bei 3 Proc. 14,3 ccm $^1/_{10}$-Normalkali erforderlich (Beckurts, Real-Encyclopädie der gesammten Pharmacie Bd. 7, S. 252).

Zur genauen Untersuchung eines feuchten, chlorid- und sulfathaltigen Natriumbicarbonats bestimmt man den Na_2O-Gehalt ebenfalls alkalimetrisch (wie bei der Soda) und ausserdem die CO_2, letztere gewichtsanalytisch oder maassanalytisch. Die Apparate zur bequemen gewichtsanalytischen Bestimmung der CO_2 aus dem Gewichtsverluste sind u. A. in Fresenius, quant. Analyse, 6. Aufl., Bd. I, S. 444 ff. beschrieben. Aus der gefundenen Menge Na_2O und

CO_2 wird der Gehalt des Natriumbicarbonats an Monocarbonat und an Bicarbonat berechnet.

Anmerkung. Man stellt bei dieser Berechnung fest: 1. wieviel die gefundene Menge Na_2O von der gefundenen Menge CO_2 verbraucht, um in Monocarbonat überzugehen, und wieviel Monocarbonat sich dabei bildet; 2. wieviel CO_2 dabei übrig bleibt und 3. wieviel diese übrige CO_2 von dem unter 1 berechneten Monocarbonat in Bicarbonat überzuführen vermag; letztere Berechnung zeigt dann den Bicarbonatgehalt des Salzes. Zieht man nun diejenige Menge Na_2CO_3, welche dem gefundenen Bicarbonat entspricht, von der unter 1 berechneten Menge Monocarbonat ab, so ergiebt sich der Gehalt des Salzes an Monocarbonat.

Es wurden zum Beispiel bei der Analyse von 1 g Natr. bicarbonic. 0,37 g Na_2O und 0,52 g CO_2 gefunden. Nach der Formel $Na_2O + CO_2 = Na_2CO_3$ gebrauchen die 0,37 g Na_2O 0,2625 CO_2, um vollständig in Monocarbonat überzugehen, die Menge des dabei gebildeten Monocarbonats beträgt 0,6325 g. Von den ursprünglich gefundenen 0,52 g CO_2 verbleiben 0,52—0,2625, also 0,2575 g. Nach der Gleichung $Na_2CO_3 + CO_2 + H_2O = 2\,(NaHCO_3)$ vermögen diese 0,2575 g CO_2 0,6203 g Monocarbonat in Bicarbonat überzuführen, wobei 0,9831 g Bicarbonat entstehen. Da man zur Analyse 1 g des Salzes verwendet hat, so beträgt der Gehalt an Bicarbonat 98,31 Proc.

Für die Berechnung des Monocarbonats ergiebt sich nun Folgendes: Dem gefundenen Bicarbonat entsprechen 0,6203 Monocarbonat und da ursprünglich 0,6325 Monocarbonat berechnet wurden, so beträgt der Gehalt des Salzes an Monocarbonat 0,6325—0,6203 g oder 0,012 g gleich 1,2 Proc. Das Natr. bicarb. besteht also aus 98,31 Proc. Bicarbonat, 1,2 Proc. Monocarbonat. Der Verlust von 0,49 Proc. ist der Gehalt des Salzes an Feuchtigkeit etc. Bei einem andern Beispiel ergab die Analyse 37,21 Proc. Na_2O und 48,67 Proc. CO_2, und das Präparat besteht nach dieser Analyse aus 85 Proc. Bicarbonat, 10 Proc. Monocarbonat und 5 Proc. Feuchtigkeit etc.

Eine maassanalytische Bestimmungsmethode der Kohlensäure und des Alkalis behufs quantitativer Untersuchung des Natr. bicarbonic. auf Monocarbonat und Bicarbonat ist auch von R. Rieth (R. Rieth, Volumetrische Analyse 1883, S. 101) beschrieben. Ferner besitzen wir eine maassanalytische Methode zur Bestimmung der einfach kohlensauren Alkalien neben doppelt kohlensauren Alkalien von Lunge. Die Methode von Lunge ist in den Sodafabriken allgemein gebräuchlich und zur Untersuchung des Natr. bicarbonic. sehr geeignet. Die Beschreibung findet sich u. A. in Lunge's Handbuch der Sodaindustrie, 2. Aufl., und in Böckmann, Chem.-techn. Untersuchungsmethoden, 3. Aufl., Bd. 1, S. 390.

Anwendung und Aufbewahrung.

Man verwendet das reine Bicarbonat zur Neutralisation (auch in der gerichtl.-chem. Analyse an Stelle des Natriumcarbonats im Gange der Untersuchung auf Alkaloide). In der Maassanalyse dient das reine Salz nach Mohr zweckmässig zur Herstellung des wasserfreien Natriumcarbonats für die Bereitung der normalen Lösung von kohlensaurem Natrium. Man verwandelt zu letzterem Zweck das Bicarbonat durch Glühen in Carbonat.

Bemerkt muss hier werden, dass nach Kissling (Zeitschr. f. angewandte Chemie 1890, S. 263) das Natr. carbonic. beim Glühen geringe Spuren Kohlensäure verliert — es bildet sich wenig freies Alkali —; man wird also fast immer beim Glühen ein Natriumcarbonat erhalten, das sich mit Dobbin's Reagens (siehe S. 268) etwas färbt. Näheres über das aus Bicarbonat hergestellte wasserfreie Natriumcarbonat als Urmaass für Säuremessungen siehe bei Natriumcarbonat S. 269.

Man bewahrt das Natriumbicarbonat in gut verschlossenen Glasgefässen auf.

Handelssorten.

Sehr minimale Spuren von Chlor oder Schwefelsäure und Spuren Monocarbonat sind auch in den reinsten Präparaten fast immer vorhanden. Die Purum-Sorten des Handels enthalten neben einigen Procenten Monocarbonat deutliche Spuren Schwefelsäure und Chlor. Lehmann (Pharm. Ztg. 1888, S. 42) fand in einem als Natr. bic. pur. germ. bezeichneten Präparate 2,6 Proc. Ammoniumcarbonat und 0,06 Proc. Natriumthiosulfat.

In geringeren Handelssorten, welche theilweise in den Sodafabriken bei dem Ammoniaksodaverfahren gewonnen werden, und welche besonders von England aus in den Handel kommen, wurden auch von anderen Seiten oft reichliche Mengen Kochsalz, Ammoniumchlorid resp. Ammoniumcarbonat und auch Thiosulfat gefunden (Rep. d. Chem.-Ztg. 1887, S. 288; Arch. d. Pharm. 1888, S. 35; Ph. Ztg. 1889, S. 198). Mylius und Wimmel fanden schon vor mehreren Jahren Thiosulfatgehalt, ferner Arsen, und auf den Ammongehalt der billigen Handelswaare ist schon vor längerer Zeit aufmerksam gemacht worden. Mir selbst kamen Muster von billigeren und geringeren Sorten Natr. bicarbonic. zu Händen, die Ammoniak*)

---

*) Zur quantitativen Bestimmung des Ammons kocht man das Salz

und Thiosulfat enthielten und daher verworfen werden mussten. Im Allgemeinen sind aber, wie oben betont, die besseren Handelssorten von sehr befriedigender Reinheit, indem sie höchstens ganz minimale Spuren Chlor oder Schwefelsäure oder sehr wenig Monocarbonat enthalten; sie entsprechen den Anforderungen der Pharm. Germ. oder sie halten häufig Prüfungen aus, die noch erheblich schärfer sind als diejenigen der Pharm. Germ.

Natriumbichromat.

Natrium bichromicum puriss., doppelt chromsaures Natrium
$$(Na_2Cr_2O_7 + 2H_2O. \quad Molecular\text{-}Gew. = 298,54).$$

Zerfliessliche, rothe Krystalle.

Prüfung auf Verunreinigungen

wie bei Kaliumbichromat S. 155.

Quantitative Bestimmung.

Man führt die Gehaltsbestimmung wie bei Kalium bichromic. oder durch Titration mit Ferro-Ammoniumsulfat unter Anwendung des Tüpfelverfahrens mit Ferricyankalium .als Indicator aus. Die Einstellung der Ferro-Ammoniumsulfatlösung geschieht einmal mit chemisch reinem Kaliumbichromat und zur Controle mit Kaliumpermanganatlösung, deren Gehalt mit Kaliumtetraoxalat ermittelt ist. (Näheres bezüglich des Verfahrens siehe auch Chem.-Ztg. 1891, S. 373.) Ueber Prüfung von Chromaten nach der ebenfalls guten Methode von Zulkowski siehe Liebig's Annalen 1891, S. 357 ff.

Anwendung und Aufbewahrung.

Das Salz findet als Oxydationsmittel Verwendung. Man bewahrt es in gut verschlossenen Glasgefässen auf.

Handelssorten.

Neben dem reinen Salz gelangen die Präparate für technische Zwecke in den Handel und zwar in krystallisirtem und geschmol-

---

mit Natronlauge, leitet das Ammon in titrirte Salzsäure und bestimmt mit titrirter Natronlauge, wieviel Säure durch das Ammon verbraucht wurde.

zenem, wasserarmem Zustande. R. Kissling (Chem.-Ztg. 1891, S. 373)
fand in Präparaten der Technik folgenden Gehalt:

bei A. Englischer Handelswaare mit 10—13 Proc. Wasser 83,79
bis 88,42 Proc. $Na_2Cr_2O_7$;

bei B. Deutscher Handelswaare mit 11—12 Proc. Wasser 87,90
bis 88,39 Proc. $Na_2Cr_2O_7$;

bei C. Deutscher Handelswaare mit 6,6 Proc. Wasser 92,84 Proc.
$Na_2Cr_2O_7$;

bei D. Deutscher Handelswaare (geschmolzenes Natriumbichromat)
mit 7,1 Proc. Wasser 88,61 Proc. $Na_2Cr_2O_7$.

Das wasserfreie Salz kommt meistens mit einem garantirten
Chromsäuregehalt von ca. 74 Proc. in den Handel.

Natriumbisulfat.

Natrium bisulfuricum puriss., saures schwefelsaures Natrium
($NaHSO_4$. Molecular-Gew. $= 119,82$).

Farblose Krystalle oder weisse geschmolzene Masse; das Salz
giebt mit Wasser eine klare, farblose Lösung von stark saurer
Reaction.

Prüfung auf Verunreinigungen.

Prüfung wie bei Kaliumbisulfat S. 158.

Prüfung auf *Kalium* siehe S. 255 bei Natriumbicarbonat.

Quantitative Bestimmung.

Man löst eine bestimmte Menge in Wasser, fällt die Schwefelsäure mit Chlorbarium und wägt das schwefelsaure Barium. Zu
dem Filtrat von schwefelsaurem Barium giebt man Schwefelsäure
im Ueberschuss, filtrirt, dampft ein und glüht den Rückstand, zuletzt mit kohlensaurem Ammon, bis die überschüssige Schwefelsäure
entfernt ist. Das zurückbleibende schwefelsaure Natrium wird gewogen. Will man den Rückstand auf Kali untersuchen, so setzt
man das Sulfat durch Zusatz von Chlorbarium in Chlorid um, und
prüft dieses in concentrirter Lösung mit Platinchlorid.

In den meisten Fällen wird es genügen, wenn in dem Präparat
der Schwefelsäuregehalt bestimmt wird, und dieses geschieht wie
oben beschrieben oder durch Titriren mit Normalalkalilauge unter

Anwendung von Lackmus als Indicator. 1 ccm Normalalkali ist gleich 0,11982 $NaHSO_4$.

Anwendung und Aufbewahrung.

Man verwendet das Salz zum Aufschliessen schwer zersetzbarer Mineralien. Das Präparat wird in gut verschlossenen Glasgefässen aufbewahrt.

Handelssorten.

Das reine Salz wird in krystallisirter und in geschmolzener Form, als **Natr. bisulfuric. pur. cryst.**, **pur. fus.** und **pur. in bacill.** in den Handel gebracht. Häufig habe ich das Salz von unrichtiger Zusammensetzung, mit zu geringem Schwefelsäuregehalt angetroffen.

Neben dem reinen Präparate findet sich im Handel das rohe Natriumbisulfat, welches meistens arsen- und auch eisenhaltig ist.

Natriumbisulfit.

Natrium bisulfurosum purum, saures schwefligsaures Natrium
($NaHSO_3$. Molecular-Gew. $= 103,86$).

Weisses, stark nach schwefliger Säure riechendes Pulver. Die wässerige Lösung reagirt sauer. Ca. 90—95 procentig.

Prüfung auf Verunreinigungen.

Arsen: 5 g werden mit reiner conc. Schwefelsäure zur Trockene verdampft, wobei ein Rückstand verbleibt, dessen Lösung durch Schwefelwasserstoffwasser nicht verändert wird und nach Zusatz einer mit Salpetersäure versetzten Lösung von molybdänsaurem Ammon bei gelindem Erwärmen nicht gelb gefärbt wird.

Man führt ferner die *Gehaltsbestimmung* aus.

Quantitative Bestimmung.

Nach der Methode von Bunsen mittelst Jods: Man löst 5 g des Salzes in 1 Liter ausgekochtem und in verschlossenem Gefässe erkaltetem, destillirtem Wasser. Man pipettirt einen Theil der Lösung ab und verdünnt diese zu titrirende Flüssigkeit (ebenfalls mit ausgekochtem Wasser), so dass 100 ccm der Flüssigkeit höchstens

0,04 SO_2 enthalten (100 ccm sollen nicht mehr als ca. 12 ccm $^1/_{10}$-Jodlösung verbrauchen). Die Flüssigkeit wird nun mit Stärkelösung versetzt und mit $^1/_{10}$-Jodlösung blau titrirt. 1 ccm $^1/_{10}$-Jodlösung ist gleich 0,003195 g SO_2.

Auch alkalimetrisch lassen sich die schwefligsauren Salze bestimmen. Als Indicator wird hierbei nach Lunge das Methylorange verwendet. Lackmus und Phenacetolin eignen sich hier zum Titriren nicht. Die Methode ist u. A. in Mohr's Titrirmethode, 6. Aufl., S. 165 und in Dingler's polyt. Journal *250*, 530 beschrieben. Ueber das Verhalten der schwefligen Säure zu verschiedenen Indicatoren und die darauf sich gründende Möglichkeit, die schweflige Säure in Gegenwart anderer Säuren acidimetrisch zu bestimmen, hat auch Ch. Blarez eine Abhandlung veröffentlicht. (Comptes rendus *103*, 69.)

Anwendung und Aufbewahrung.

Das $NaHSO_3$ ist ein kräftiges Reductionsmittel, welches hauptsächlich zur Ueberführung der Arsensäure in arsenige Säure, der Chromsäure in Chromoxyd und des Eisenoxyds in Eisenoxydul dient und in der Analyse auch noch anderweitige Verwendung findet.

Man bewahrt das Salz in gut verschlossenen Glasgefässen auf.

Handelssorten.

Es gelangen in den Handel: das Natr. bisulfuros. sicc. techn. und das Natr. bisulfuros. sicc. pur., ferner das Präparat für analytische Zwecke, welches besonders arsenfrei sein muss. Beim Trocknen des Natr. bisulfuros. an der Luft entweicht bekanntlich immer etwas schweflige Säure, weshalb die Herstellung eines 100 proc. Handelspräparates oder eine genaue Garantie für den Procentgehalt nicht gut möglich ist. Gute Präparate besitzen den oben angegebenen Gehalt an $NaHSO_3$. Auf Lager verliert das Salz von seinem Gehalte, besonders wenn es mit Luft in Berührung kommt. Auch die wässerige Lösung verliert schweflige Säure, indem sich allmählich Sulfat bildet.

Das **Natriumsulfit** ($Na_2 SO_3 + $ aq), ist wie das Natriumbisulfit zu prüfen und wird wie dieses gebraucht und aufbewahrt.

Natriumborat.

Natrium biboracicum pur., Borax ($Na_2B_4O_7 + 10\,H_2O$.
Molecular-Gew. $= 380{,}92$).

Harte, weisse Krystalle, welche sich in 17 Theilen kaltem
Wasser und in 0,5 Theilen siedendem Wasser lösen. Die wässerige
Lösung ist klar, reagirt schwach alkalisch und färbt nach dem An-
säuern mit Salzsäure Curcumapapier braun.

Prüfung auf Verunreinigungen.

Metalle und Erden: Die wässerige Lösung ($1 = 30$) zeigt nach
dem Ansäuern mit Salzsäure auf Zusatz von Schwefelwasserstoffwasser in der Wärme keine Veränderung. Auch wenn diese mit
Schwefelwasserstoff versetzte Lösung mit kohlensaurem Natrium im
Ueberschusse versetzt wird, darf sich keine Abscheidung zeigen.

Carbonat, Sulfat und Chlorid: Die wässerige Lösung ($1 = 30$)
darf nach dem Ansäuern mit Salpetersäure, welche kein Aufbrausen
veranlassen darf, weder durch Bariumnitrat-, noch durch Silbernitratlösung verändert werden.

Wasser: Der zerriebene und durch Liegen an der Luft getrocknete Borax muss 47,1 Proc. Glühverlust ergeben. (Siehe auch Anmerkung.)

> Anmerkung. Der gewöhnliche prismatische Borax mit 10 Mol.
> Wasser zeigt obigen Glühverlust. Der octaëdrische Borax, welcher
> aus über 60° heissen oder übersättigten Lösungen auskrystallisirt, hat
> nur 5 Mol. Wasser. Da der prismatische **Borax als Urmaass** (siehe
> unten) in der Alkalimetrie verwendet wird, *so ist für diese Zwecke
> durch die Wasserbestimmung* festzustellen, ob er frei von octaëdrischem
> Borax ist. An Stelle der Wasserbestimmung kann auch die quantita-
> tive Bestimmung durch Titration ausgeführt werden. 1 g Borax soll
> 5,2 ccm Normalsäure entsprechen. Näheres über die Ausführung dieser
> Bestimmung siehe Rimbach, Ber. d. d. chem. Gesellschaft 1893, S. 171
> und Salzer, Zeitschr. analyt. Chemie 1893, S. 529.

Quantitative Bestimmung.

Den Gehalt der Handelspräparate an Borax kann man auf alkalimetrischem Wege bestimmen, sobald sie keine freien oder kohlensauren Alkalien enthalten. Wenn man nämlich zu einer Boraxlösung

gerade so viel Schwefelsäure hinzufügt, als erforderlich ist, die Borsäure frei zu machen, so ertheilt die Lösung der Lackmustinctur
eine weinrothe Farbe*), die sich aber in Zwiebelroth umändert, sobald die Schwefelsäure im geringsten Ueberschusse vorhanden ist.
1 Mol. Borax (381) erfordert 1 Mol. Schwefelsäure (98) zur Zersetzung. Die Ausführung dieser Methode ist u. A. näher beschrieben
in Muspratt's Handbuch der technischen Chemie, 4. Aufl., Bd. 1,
S. 1998.

In demselben Werke ist auch eine zweckmässige Methode zur
directen Bestimmung der Borsäure nach Rosenbladt beschrieben,
wonach die Borsäure in Borsäure-Methyläther verwandelt wird, welchen man durch Destillation abscheidet, um schliesslich durch Zerlegung des Aethers die Borsäure in wägbarer Form zu erhalten.

Am besten führt man die Boraxbestimmung durch Titration
nach Rimbach oder nach Salzer aus. Die Methode ist in den oben
unter „Anwendung“ citirten Abhandlungen genau beschrieben.

Anwendung.

Der Borax ist ein wichtiges Löthrohrreagens. Man entwässert
ihn zu diesem Gebrauch durch gelindes Erhitzen in einem Platintiegel, bis er sich nicht mehr weiter aufbläht. (Natr. biboracic.
ust.) Er dient auch als Flussmittel bei Schmelzen.

Salzer (Zeitschr. f. analyt. Chemie 1893, S. 529) empfiehlt den
reinen Borax als sehr geeignetes Urmaass für Acidimetrie und Alkalimetrie. Ueber die Herstellung der sehr haltbaren $^1/_{10}$ **Normallösung
aus Borax** zur Säuremessung siehe Salzer (l. c.). Vergl. auch Rimbach, Ber. d. d. chem. Ges. 1893, S. 171.

Handelssorten.

Der officinelle Borax (raffinirter Borax) ist der prismatische
Borax mit 10 Mol. Krystallwasser. Für technische Zwecke kommt
auch der sehr harte octaëdrische Borax mit weniger Krystallwasser
(5 Mol.) in den Handel. Entwässerter (calcinirter) Borax, **Natrium
biboracic. ustum** (siehe unter Anwendung), und Boraxglas, **Natrium
biboracic. fusum,** finden sich im Handel und werden für analytische
Zwecke gebraucht. Beide sind wasserfreies Salz, $Na_2 B_4 O_7$, sie

---

*) C. Schwarz titrirt Borate mit Salzsäure unter Anwendung von
Congoroth als Indicator (Pharm. Ztg. 1888, S. 34).

nehmen beim Liegen an der Luft etwas Feuchtigkeit auf, wodurch das Glas trübe wird.

Der raffinirte Borax des Handels ist meistens rein, wie schon sein Aeusseres zu erkennen giebt. Phosphorsaures Natron soll im englischen Borax bis zu 20 Proc. vorkommen (Böckmann). Diese Verunreinigung, welche durch molybdänsaures Ammoniak nachzuweisen wäre, hat Verf. indessen noch nicht angetroffen.

Natriumbromat.

Natrium bromicum puriss., bromsaures Natrium. ($NaBrO_3$. Molecular-Gew. = 150,63).

In Wasser leicht lösliche Krystalle. *Die wässrige Lösung sei klar.*

Prüfung und Quantitative Bestimmung.

Wie S. 161 bei Kaliumbromat.

Natriumcarbonat, reines krystallisirtes.

Natrium carbonic. cryst. chem. pur., kohlensaures Natrium ($Na_2CO_3 + 10\,H_2O$. Molecular-Gew. = 285,45).

Grosse, durchscheinende, rein weisse Krystalle.

Prüfung auf Verunreinigungen.

Lösung: 20 g geben mit 80 ccm Wasser eine klare und farblose Lösung.

Kieselsäure: 20 g werden mit überschüssiger verdünnter Salzsäure verdunstet, der Rückstand einige Zeit bei 100° C. getrocknet und dann mit etwas Salzsäure und ca. 150 ccm Wasser gelöst; diese Lösung ist klar und zeigt keine Kieselsäureflocken.

Schwefelsäure: 10 g werden in 150 ccm Wasser gelöst, die Lösung mit Salzsäure schwach angesäuert, zum Kochen erhitzt und Chlorbarium zugefügt; nach 12 stündigem Stehen zeigt sich keine Ausscheidung von schwefelsaurem Barium

Chlorid: Die schwach saure Lösung von 5 g Natr. carb. cryst. in 50 ccm Wasser und verdünnter Salpetersäure wird durch salpetersaures Silber nicht verändert.

Arsen: 10 g Zinc. met. arsenfrei granulat. werden in eine ca. 200 ccm fassende Entwickelungsflasche des Marsh'schen Apparates gebracht und die Wasserstoffentwickelung mit verdünnter Schwefelsäure (1 : 3 Th. Wasser) in Gang gesetzt; nachdem der Apparat und die Reagentien in üblicher Weise geprüft sind, löst man 30 g Soda in wenig Wasser, übersättigt diese Lösung mit verdünnter reiner Schwefelsäure, giebt sie in den Marsh'schen Apparat und hält die langsame Gasentwickelung ca. $1/_2$ Stunde im Gange; nach dieser Zeit darf sich kein Arsenanflug in der Reductionsröhre zeigen.

Anmerkung. Arsen im kohlensauren Natron ist sowohl von Fresenius als auch von Otto gefunden worden, worauf dieselben mit Bezug auf Verwendung des Natr. carb. zur gerichtlichen chemischen Analyse wiederholt aufmerksam machen. (Vergl. R. Otto, Ausmittelung der Gifte, 6. Aufl., S. 149.)

Schwere Metalle etc.: 20 g werden in 60 ccm Wasser gelöst, mit Salzsäure übersättigt und Schwefelwasserstoffwasser zugegeben, wobei sich keine Veränderung zeigt. Auch auf Zusatz von Ammoniak und Schwefelammonium tritt kein Niederschlag und keine Trübung oder grüne Färbung ein. Ueber die Prüfung mit Rhodankalium siehe bei Anwendung S. 267.

Phosphorsäure: Man prüft unter Anwendung von 20 g wie bei Kaliumhydroxyd S. 181.

Thiosulfat, Ammoniak und Kalium: Ueber die Prüfung siehe unter Natriumbicarbonat die Anmerkung S. 255.

Alkalihydrat: Man prüft mit Dobbin's Reagens; siehe Anmerkung S. 268.

Natriumbicarbonat: Man prüft quantitativ nach der von Böckmann (Chem.-techn. Untersuchungsmethoden, 3. Aufl., Bd. 1, S. 390) für Ammoniaksoda angegebenen Methode. Auch durch Erhitzen des verwitterten Natriumcarbonats auf ca. 150° C. und Einleiten der bei Gegenwart von Bicarbonat entweichenden Kohlensäure in Barytwasser lässt sich das Bicarbonat erkennen. Für die Verwendung des reinen Natriumcarbonats als Fällungsmittel oder als Aufschliessungsmittel in der Analyse ist ein geringer Bicarbonatgehalt gewöhnlich vollständig unwesentlich und nicht zu beanstanden.

Nur das als Urmaass für Säuremessungen dienende 100procentige, entwässerte Natriumcarbonat, siehe S. 269, muss völlig frei von Bicarbonat sein. Es darf beim vorsichtigen Erhitzen (nicht bis zum Glühen) keine Kohlensäure abgeben, überhaupt keinen Verlust zeigen.

Quantitative Bestimmung.

Man löst 5 g Natr. carb. in 50 ccm Wasser, versetzt die Lösung mit Lackmustinctur und titrirt die kochend heisse Lösung mit Normalsalzsäure bis zur bleibenden Röthung. 1 ccm Normalsäure entspricht 0,053 $Na_2 CO_3$ oder 0,1427 $Na_2 CO_3 + 10 H_2 O$.

In den Sodafabriken benützt man nach der Vorschrift von Lunge beim Titriren Methylorange als Indicator. Die zum Titriren in Anwendung kommende Schwefelsäure wird hier mit reiner Soda selbst gestellt und zwar so, dass 5 g chemisch reiner Soda 50 ccm der Säure zum Neutralisiren gebrauchen. Die Ausführung dieser Prüfung siehe u. A.: Böckmann, Chem.-techn. Untersuchungsmethoden, 3. Aufl. Ueber die Vorsichtsmaassregeln, welche bei der genauen maassanalytischen Bestimmung des Natriumcarbonats zu beachten sind, siehe auch die Abhandlungen von Reinitzer, Zeitschr. f. angewandte Chemie 1894, S. 447 ff. und 577, ferner über die Vorsichtsmaassregeln bei Anwendung von Methylorange als Indicator siehe Lunge, Zeitschr. f. angewandte Chemie 1894, S. 733.

Die quantitative Bestimmung wird gewöhnlich nur bei dem wasserfreien Natriumcarbonat (siehe S. 268) ausgeführt, da man das oben beschriebene, krystallisirte Salz in Bezug auf den $Na_2 CO_3$-Gehalt schon nach dem Aeusseren genügend beurtheilen kann.

Anwendung und Aufbewahrung.

Das krystallisirte kohlensaure Natron dient in der Analyse als Fällungs- und Sättigungsmittel. Es wird zur Zerlegung vieler unlöslicher Salze mit alkalisch-erdiger oder metallischer Base, besonders derer der organischen Säuren angewendet. Ueber die Anwendung des entwässerten Natriumcarbonats siehe dieses S. 268.

Man bewahrt das Präparat in Glasflaschen auf.

Was die Herstellung des reinen Natriumcarbonats betrifft, so sind die Mittheilungen von Richards über absolut reines Natriumcarbonat, welches derselbe bei seinen Atomgewichtsbestimmungen des Kupfers verwendet hat (Zeitschr. f. anorgan. Chemie 1892, S. 156) von Interesse. Dieses Präparat gab keine Färbung mit Schwefelammonium und ebenso wenig nach der Neutralisation mit Rhodankalium, es war frei von Sulfat und Chlorid. Das Präparat war ferner rein weiss und lieferte mit Wasser eine vollkommen klare, farblose und in der Wärme geruchlose Lösung. Es enthielt nur höchst minimale Spuren

von Kieselsäure und Thonerde, welche, wie schon Stas hervorhebt,
selbst bei den sorgfältigsten Vorsichtsmaassregeln nicht ganz zu entfernen sind.

Handelssorten.

Neben dem Natr. carbonic. „chem. pur.", welches für besondere analytische Zwecke nothwendig ist, finden wir im Handel
als weniger reines Präparat das in der Analyse meistens gebräuchliche **Natr. carb. „puriss."**. Letzteres enthält noch minimale Spuren
von Eisen, von Chlorid und von Sulfat.

Natriumcarbonat, reines entwässertes.

Natrium carb. sicc. chem. pur., entwässertes kohlensaures
Natrium ($Na_2 CO_3 + H_2 O$ und $Na_2 CO_3$).

Weisses, trockenes Pulver.

Zur Prüfung werden die bei Natr. carb. cryst. chem. pur. S. 265
gegebenen Vorschriften angewendet. Da das Präparat entwässert ist,
so ist bei den einzelnen Untersuchungen nur $^1/_3$ der bei Natr. carb.
cryst. vorgeschriebenen Mengen zu nehmen.

Ueber die verschiedenen Qualitäten von reinem, entwässertem
Natriumcarbonat und über die Anforderungen, welche bezüglich des
H_2O-Gehalts desselben zu stellen sind, siehe unter Handelssorten
S. 269 in diesem Abschnitte.

Anmerkung. Das Natr. carb. muss vorsichtig entwässert werden.
In höheren Temperaturen verliert das Salz etwas Kohlensäure und es
enthält daher stets minimale Spuren von kaustischem Alkali. Das
Alkalihydrat kann mit dem **Dobbin'schen Reagens** (ammoniakhaltiges
Kaliumquecksilberjodid) nachgewiesen werden. Nach Kissling (Rep.
d. Chem.-Ztg. 1890, S. 136) bereitet man dieses Reagens wie folgt:
Man mischt eine Lösung von etwa 5 g Kaliumjodid mit einer Lösung
von Quecksilberchlorid, bis eben ein bleibender Niederschlag entsteht,
von welchem abfiltrirt wird. Sodann giebt man 1 g Ammoniumchlorid
hinzu und versetzt vorsichtig mit soviel einer verdünnten Natronlauge,
bis sich abermals ein bleibender Niederschlag bildet. Die hiervon ab-
filtrirte Lösung wird zu 1 l verdünnt. Zum Nachweis von Spuren
Alkalihydrat giebt man am besten die betr. Substanz auf ein Uhrglas
und übergiesst sie mit der Lösung. Bei Anwesenheit der geringsten
Spuren Alkalihydrat tritt Gelbfärbung ein.

Quantitative Bestimmung.

Siehe nachstehend unter Anwendung.

Anwendung und Aufbewahrung.

Das entwässerte Natriumcarbonat benutzt man als Löthrohrreagens. Eine Mischung von chemisch reinem, wasserfreiem, kohlensaurem Natrium und kohlensaurem Kalium dient zum Aufschliessen der Silicate. In der forensischen Analyse findet reines Natriumcarbonat häufig Anwendung, sowohl bei den Untersuchungen auf Alkaloide, als auch beim Nachweis der metallischen Gifte.

In der Maassanalyse benützt man das vollständig entwässerte reine **Natriumcarbonat als Urmaass für Säuremessungen.**

Das Präparat wird für diese Zwecke durch mässige, nicht bis zum Glühen gesteigerte Erhitzung des chemisch reinen Bicarbonats hergestellt.

Ueber die Vorsichtsmaassregeln, welche bei Verwendung des Natriumcarbonats als Urmaass zu beobachten sind, und über die quantitative Untersuchung desselben siehe Reinitzer, Zeitschr. f. angew. Chemie 1894, S. 551 und S. 573 ff., ferner über die Untersuchung des Präparates unter Anwendung von Methylorange als Indicator siehe Lunge, Zeitschr. f. angewandte Chemie 1894, S. 733 ff. Man stellt am besten den Na_2CO_3-Gehalt mit Normalsalzsäure fest, deren Titer mittelst isländischem Doppelspath richtiggestellt wurde. (Siehe Reinitzer l. c.)

Das entwässerte Natriumcarbonat nimmt an offener Luft relativ rasch und bis zu etwa 10 Proc. Feuchtigkeit im Laufe der Zeit an, man muss es daher in sehr gut verschlossenen Gefässen aufbewahren.

Handelssorten.

Es werden folgende Sorten von reinem, entwässertem Natriumcarbonat hergestellt:

1. Natr. carb. sicc. pulv. chem. pur. Dasselbe enthält noch ca. 1 Mol. Wasser. Bezüglich dieses Präparates bemerkt R. Kissling (Chem.-Ztg. 1890, S. 136), dass das reinste Natriumcarbonat, welches ihm zu Gebote stand, das Natrium carbon. sicc. pulv. chem. pur. (pro analysi) von E. Merck, nur aus Natrium, Kohlensäure und Wasser besteht; das Salz verliert bei 150° 0,63 Proc. CO_2 und 14,76 Proc. H_2O, es enthält daher etwas Bicarbonat, es ist aber, wie betont, in sonstiger Hinsicht absolut rein.

2. Natr. carb. chem. pur. anhydric. Dieses Präparat ist ebenfalls vollständig rein; es enthält noch 2 bis 3 Proc. Wasser und bisweilen wenig Bicarbonat.

3. Nati. carb. chem. pur., Urmaass für Säuremessungen. Dasselbe muss ebenfalls ganz rein und auch wasserfrei und bicarbonatfrei, also 100 procentig sein. Ueber die Gehaltsbestimmung, welche bei diesem Präparate auszuführen ist, siehe unter „Anwendung" in diesem Abschnitt.

Natriumcarbonat, rohes.

Natr. carb. crud., rohe Soda (Na_2CO_3 und $Na_2CO_3 + 10\,H_2O$).

In den Handel gelangt die Krystallsoda und die calcinirte Soda.

Vorzüge der Krystallsoda sind bessere Löslichkeit, geringerer Gehalt an Eisenoxyd und Freisein von Aetznatron und in Wasser unlöslichen Substanzen. Die Krystallsoda enthält bis zu 65 Proc. Wasser und mehrere Procente Sulfat, Chlorid etc. Die Pharm. Germ. II verlangt einen Mindestgehalt von 32 Proc. Natriummonocarbonat in der krystallisirten rohen Soda.

Die calcinirte Soda kommt jetzt sehr hochprocentig in den Handel und wird häufig ein Gehalt von 98 bis 99 Proc. Na_2CO_3 garantirt.

Namentlich hat die Ammoniak-Soda jetzt einen hohen Grad der Reinheit erreicht, aber auch die Leblanc-Soda ist in der Reinheit gegen früher bedeutend verbessert worden. Nach Böckmann kann man von einer guten Soda gegenwärtig verlangen, dass sie nicht über $\frac{1}{2}$ Proc. Wasser und über etwa 0,1 Proc. in Salzsäure Unlösliches und nicht über ca. 0,02 Proc. Eisenoxyd habe. Die Ammoniak-Soda (calcinirte Soda) und speciell die Solvay-Soda geht beträchtlich unter diese Maxima herab. Sulfat findet sich in der Ammoniak-Soda nur unter 0,1 Proc. betragenden Mengen. Gute Leblanc-Soda zeigt einen ungefähren Gehalt von $\frac{1}{2}$—1 Proc. Sulfat. Kochsalz enthält die Ammoniak-Soda von $\frac{1}{2}$ bis ca. $2\frac{1}{2}$ Proc., je nachdem es 98 er oder 96 er Soda ist. Gute Leblanc-Soda hat etwa $\frac{1}{4}$—$\frac{1}{2}$ Proc. Salz.

Der Gehalt der rohen Soda wird in verschiedenen Ländern verschieden angegeben. In England wird die Grädigkeit der Soda nicht wie in Deutschland in Procenten kohlensauren Natriums, sondern in Procenten Aetznatrons ausgedrückt. In Frankreich und Belgien wird der Gehalt der Handelssoda immer in Graden Descroizilles angegeben. Eine Tabelle über das Verhältniss der verschiedenen Grade ist von Pattinson aufgestellt und von Lunge vervollständigt; dieselbe findet sich in den Werken über chem.-techn. Untersuchungen, u. A. in Böckmann, 3. Aufl., Bd. 1, S. 379 ff.

Ueber die Bestimmung des Na_2CO_3-Gehaltes siehe S. 267.

Neben der Na_2CO_3-Bestimmung ist bei Untersuchung der rohen Soda bisweilen noch das specifische Gewicht, die Klarheit der Lösung, das in Wasser Unlösliche, der Gehalt an löslichem und an unlöslichem Eisen, der Kochsalz- und Sulfatgehalt, der Gehalt an unterschwefligsaurem Natrium und Schwefelnatrium, an kieselsaurem Natrium, Natriumbicarbonat und Aetznatron etc. zu berücksichtigen.

In den betreffenden Werken von Lunge, Böckmann (l. c.) und Anderen ist der Gang zu solchen ausführlichen Sodaanalysen genau beschrieben.

Bemerkt sei hier noch, dass calcinirte Soda an offener Luft relativ rasch und bis zu etwa 10 Proc. Feuchtigkeit im Laufe der Zeit anzieht, und dass daher bei Untersuchung dieser Soda auch der Wassergehalt, den die Soda auf Lager aufgenommen haben kann, berücksichtigt werden soll.

Natriumchlorid.

Natrium chlorat. chem. pur., Chlornatrium (NaCl.
Molecular-Gew. — 58,37).

Weisse Krystalle oder Krystallpulver.

Klar löslich und frei von Schwefelsäure: 3 g geben mit 20 ccm Wasser eine klare und neutrale Lösung; dieselbe wird auf 80 ccm verdünnt, zum Kochen erhitzt und mit Chlorbarium versetzt; nach mehrstündigem Stehen zeigt sich keine Schwefelsäurereaction.

Prüfung auf alkalische Erden und schwere Metalle: 3 g werden in 50 ccm Wasser gelöst und, nachdem die Lösung zum Kochen erhitzt wurde, oxalsaures Ammon, kohlensaures Natrium und Schwefelammon zugegeben, wodurch keine Trübung entsteht.

Jod: 20 ccm der wässerigen Lösung des Salzes (1 : 20) mit 1 Tropfen Eisenchloridlösung und hierauf mit Stärkelösung versetzt, dürfen letztere nicht färben.

Kalium: Die concentrirte Lösung des Salzes darf nach Zusatz von Platinchlorid auch bei längerem Stehen keine Fällung zeigen.

Ammoniak: Beim Erwärmen mit Natronlauge darf das Natriumchlorid kein Ammoniak entwickeln.

Quantitative Bestimmung.

Man löst 0,2 g des Salzes in ca. 100 ccm Wasser, fügt einige Tropfen Kaliumchromatlösung hinzu und titrirt mit Normalsilberlösung bis zur beginnenden Abscheidung eines rothen Niederschlages. 1 ccm $^1/_{10}$-Normalsilberlösung ist gleich 0,00585 Natriumchlorid. Bei der technischen Untersuchung des gewöhnlichen Kochsalzes wird am besten der Gehalt an Magnesium, Schwefelsäure, Kalk und Wasser quantitativ ermittelt.

Anwendung und Aufbewahrung.

Das chemisch reine Chlornatrium dient zur Titerstellung der Normalsilberlösung und zum Fällen des Silbers. Man glüht zur Darstellung der **Normallösung** das zerriebene, chemisch reine Chlornatrium sehr mässig (nicht bis zum Schmelzen, damit kein HCl entweicht) und wiegt nun die für 1 Liter Normallösung nothwendige Menge ab. Ein Liter $^1/_{10}$-Normal-Natriumchloridlösung muss 5,837 NaCl enthalten; sie wird mit $^1/_{10}$-Normal-Silbernitratlösung controlirt.

Das Chlornatrium wird auch zum Färben der Alkohol- oder Gasflamme bei Untersuchungen mit dem Polarisationsapparat gebraucht; man verwendet für diese Zwecke das Natr. chlorat. puriss. exsicc. der Listen.

Das reine Natriumchlorid wird in verschlossenen Glasgefässen aufbewahrt.

Handelssorten.

Dieselben sind: Natr. chlorat. chem. pur., Natr. chlorat. puriss., Natr. chlorat. puriss. exsicc., Natr. chlorat. puriss. fus. und das gewöhnliche Kochsalz. Das Natr. chlorat. „chem. pur.“ ist absolut rein. Die verschiedenen Sorten **Natr. chlorat. „puriss.“** genügen häufig für analytische Zwecke. Diese Präparate enthalten nach den Beobachtungen des Verfassers gewöhnlich geringe Spuren von schwefelsauren Salzen, Kalk oder Magnesia und entsprechen daher nicht vollständig der oben angegebenen Prüfungsvorschrift. Kubel (Arch. d. Pharm. 1888, S. 440) fand Natr. chlorat. pur. des Handels magnesiumchlorid- und ammoniumchloridhaltig.

Natriumchlorid, gewöhnliches.

Natr. chlorat. crud., Kochsalz (NaCl).

Das Kochsalz, welches in Deutschland in den Handel gelangt, ist das in den Salinen dargestellte Salz und das Stassfurter Steinsalz. Letzteres enthält bis zu 99 Proc. NaCl. Hahn fand in zahlreichen Kochsalzsorten 87,39—99,45 NaCl; 0,0—0,17 KCl; 0,0 bis 0,564 $CaCl_2$; 0,07—2,06 $MgCl_2$; 0,35—1,334 $CaSO_4$; 0,0—0,485 $MgSO_4$; 0,0—0,579 K_2SO_4; 0,0—1,25 Na_2SO_4; 0,0—0,033 $MgCO_3$; ausser diesen 0,60—7,91 H_2O und Spuren Kieselsäure und organischer Substanz. Besonders die Sulfate sind also mitunter reichlich vorhanden.

J. König (Chemie der Nahrungsmittel) untersuchte verschiedene Sorten Kochsalz mit folgendem Resultate:

	Salzungen			Salzder-helden	Rodenberg	Sooden	Artern	2. Meerwassersalz, untersucht von Karsten: St. Ubes			3. Steinsalz aus Erfurt
	Gewöhnl. Salz	Tafelsalz	Feinstes Tafelsalz	Gewöhnliche Küchensalze				1	2	3	
	Proc.	Proc.	Proc.	Proc.	Proc.	Proc.	Proc.	Proc.	Proc.	Proc.	Proc.
roskop. Wasser .	1,96	0,69	0,33	2,26	2,92	3,06	1,20	—	—	—	0,41
undenes Wasser .	0,75	0,71	0,72	1,42	1,41	0,90	1,34	2,10	3,10	1,95	0,09
ornatrium . . .	97,03	98,16	98,74	95,07	95,27	93,38	95,59	95,86	92,46	96,50	97,83
rkalium . . .	—	—	—	Spur	—	—	—	—	—	—	—
rmagnesium . .	—	0,38	0,13	0,22	0,18	0,64	0,46	0,24	0,55	0,32	—
riumsulfat . . .	0,46	0,16	0,09	—	0,21	0,94	0,96	—	—	—	—
iumsulfat . . .	0,09	—	—	0,27	0,43	0,99	0,51	1,30	2,28	0,88	1,47
nesiumsulfat . .	0,03	—	—	0,36	—	—	—	0,35	0,66	0,25	0,24
ösliches	—	—	—	—	—	—	—	0,15	0,95	0,10	0,25
ssere Beschaffen- eit	Grob-körnig	Fein-körnig	Sehr fein-körnig	Grob-körnig	Grob-körnig	Mittel-fein	Mittel-fein	—	—	—	Fein-körnig

Auch Brom, Jod und Lithium können im Kochsalz in minimalen Spuren zugegen sein. Diese Stoffe, welche in den Soolen neben dem Kochsalz, dem Chlorcalcium, Chlormagnesium etc. enthalten sind, bleiben aber bei der Herstellung des Kochsalzes fast vollständig in den Mutterlaugen. C. Krauch fand in der concentrirten Mutterlauge der Saline Werl 3,3754 g KaBr, 0,0137 g KaJ und 8,9833 g LiCl pro Liter.

Natriumfluorid.

Natrium fluoratum pur., Fluornatrium (NaFl.
Molecular-Gew. = 42,06).

Weisse Würfel, welche in ungefähr 25 Theilen Wasser löslich sind.

Prüfung auf Verunreinigungen.

Siehe S. 125 bei Fluorwasserstoffsäure.

Quantitative Bestimmung.

Der ausführliche Gang für die quantitative Bestimmung der Bestandtheile des Fluornatriums ist von Hintz und Weber in der Zeitschr. f. analyt. Chemie 1891, S. 30 beschrieben.

Bezüglich der Bestimmung von Kieselsäure und Fluor etc. verweise ich auf die genannte Arbeit.

Schwefelsäure und Chlor bestimmten Hintz und Weber wie folgt:

Etwa 20 g der ursprünglichen Substanz werden mit Wasser erhitzt. Nach dem Erkalten bringt man, ohne zu filtriren, die Flüssigkeit auf 1 Liter.

a) In einem abgemessenen Theil der ziemlich verdünnten, durch Absitzenlassen geklärten Lösung fällt man in einer geräumigen Platinschale nach dem Ansäuern mit Salzsäure die vorhandene Schwefelsäure mit Chlorbarium. Den Niederschlag filtrirt man unter Anwendung eines Platintrichters ab und wäscht ihn aus. Zur weiteren Reinigung schmilzt man denselben mit kohlensaurem Natron, weicht die Schmelze mit Wasser auf, filtrirt und fällt das alkalische Filtrat nach dem Ansäuern und Verdünnen wieder mit Chlorbarium. Diese Operation ist, wenn nöthig, nochmals zu wiederholen.

Das schliesslich erhaltene schwefelsaure Barium wägt man und überzeugt sich durch die Constanz des Gewichtes desselben bei dem Abrauchen mit Schwefelsäure von seiner Reinheit.

b) In einem zweiten abgemessenen Theil der klaren Lösung fällt man gleichfalls in einer Platinschale nach dem Ansäuern mit Salpetersäure das Chlor mit salpetersaurem Silber, filtrirt das Chlorsilber unter Anwendung eines Platintrichters ab und bestimmt dasselbe in bekannter Weise.

Anwendung und Aufbewahrung.

Das Salz wird in der Analyse nur selten verwendet; es dient mehr für technische Zwecke.

Man bewahrt es in Kautschuckflaschen auf.

Handelssorten.

Ein technisches Fluornatrium fanden Hintz und Weber (Zeitschr. f. analyt. Chemie 1891, S. 33) wie folgt zusammengesetzt:

Fluornatrium	65,65	Proc.
Chlornatrium	0,74	-
Kohlensaures Natron	13—89	-
Schwefelsaures Natron	1,96	-
Schwefelsaures Kali	0,74	-
Natron an Kieselsäure gebunden	1,50	-
Kieselsäure, zum Theil an Natron gebunden	10,11	-
Kohlensaurer Kalk	0,25	-
Kohlensaure Magnesia	0,32	-
Eisenoxyd	0,48	-
Thonerde	0,17	-
Wasser	3,97	-

Summa 99,78 Proc.

Zur Zeit gelangt das technische Präparat reiner, mit einem Gehalt von bis zu 97 Proc. NaFl, in den Handel.

Natriumhydroxyd.

Natrium hydricum (NaOH. Molecular-Gew. = 39,96).

Das Natriumhydroxyd kommt in den analytischen Laboratorien in drei verschiedenen Sorten zur Verwendung und zwar:

a) das reinste Präparat, das „Natr. hydric. e Natrio",

b) die zweite Qualität, das „Natr. hydric. pur." oder auch „Natr. hydric. alcoh. depurat." genannt,

c) die dritte Qualität, das „Natr. hydric. depurat.".

a) Natrium hydric. puriss. e Natrio (NaOH + aq).

Weisse, krystallinische Stücke.

Prüfung auf Verunreinigungen.

Klar löslich in Wasser und thonerdefrei: Prüfung wie bei Kalium hydric. puriss. S. 179.

Kalk und schwere Metalle: Die bei der Prüfung auf Thonerde erhaltene schwach alkalische Lösung zeigt nach Zusatz von oxalsaurem Ammon keine Veränderung, und Schwefelammon giebt darin keinen Niederschlag.

Kieselsäure: Wie bei Kalium hydric. puriss. S. 179.

Schwefelsäure: Wie bei Kalium hydric. puriss. S. 179.

Chlor: Die mit Salpetersäure angesäuerte Lösung (1 : 20) zeigt nach Zusatz von salpetersaurem Silber keine Veränderung.

Salpetersäure: Wie bei Kalium hydric. puriss. S. 179.

Kohlensäure: 2 g werden mit 10 ccm Wasser gelöst und die Lösung in eine Mischung von 8 ccm Salzsäure (1 : 12) und 8 ccm Wasser gegossen; die Flüssigkeit zeigt hierbei nur ein schwaches Perlen und kein Aufbrausen.

Quantitative Bestimmung.

Die Bestimmung der Gesammt-Alkalinität wird wie bei Natriumcarbonat (S. 267) ausgeführt. Nimmt man zur Analyse 4 g, so entspricht jeder ccm Normalsäure 1 Proc. NaOH. Zur Bestimmung von kohlensaurem Natrium in Aetznatron verfährt man, wie unter Natr. hydric. depurat. angegeben ist, siehe S. 278.

Anwendung und Normal-Natronlauge.

Das reinste Natriumhydroxyd findet wie das Kaliumhydroxyd (siehe dieses S. 182) Verwendung.

Normal-Natronlauge. Dieselbe muss 39,96 g*) NaOH im Liter enthalten. Sie soll möglichst kohlensäurefrei sein, wesshalb man nach Müller im Natron vorhandene Kohlensäure erst mit Barytwasser entfernen soll. Die Vorschrift zur Darstellung und Aufbewahrung ist u. A. in J. König, Untersuchung landwirthschaftl. und techn. wichtiger Producte (Berlin 1891) S. 683 angegeben. Zur Controle verwendet man eine Normalschwefelsäure oder eine Normalsalzsäure, deren richtiger Titer, siehe S. 99, festgestellt ist. Auch das Kaliumtetraoxalat, siehe S. 205, wird zweckmässig zur Titerstellung der Normallauge verwendet.

---

*) Siehe auch Anmerkung bei Normalkalilauge, S. 182.

Handelssorten.

Bei sorgfältiger Bereitung aus Natrium metallic. entspricht das Präparat immer den oben gestellten Anforderungen.

b) Natrium hydric. alcoh. dep. oder purum [NaOH + aq].

Weisse, krystallinische Masse oder weisse Stängelchen, in Wasser klar und farblos löslich.

Prüfung auf Verunreinigungen.

Löslichkeit, Thonerde, Kalk und schwere Metalle: 10 g geben mit 40 ccm Wasser eine klare Lösung, dieselbe wird auf ca. 100 ccm verdünnt, mit Essigsäure übersättigt und Ammon in geringem Ueberschuss zugegeben, wobei sich nur wenig Thonerdeflocken abscheiden. Zusatz von oxalsaurem Ammon und Schwefelammon erzeugt darauf keine Niederschläge.

Salpetersäure: Wie bei Kalium hydric. puriss. (S. 179).

Chloride: Wie bei Kalium hydric. alcohol. dep. (S. 184).

Kieselsäure: Wie bei Kalium hydric. alc. dep. (S. 184).

Schwefelsäure: Die Lösung (1 : 20) zeigt nach dem Ansäuern mit Salzsäure und Zusatz von Chlorbarium nur schwache Trübung, so dass die Flüssigkeit in einem 2 cm weiten Reagensglase nicht undurchsichtig wird.

Kohlensäure: Wie bei Natrium hydric. e Natrio (S. 276).

Borsäure: Siehe unter „Handelssorten" in diesem Abschnitte (S. 278, Anmerkung).

Quantitative Bestimmung.

Dieselbe wird wie bei Natr. hydric. depurat. ausgeführt (S. 278.

Anwendung.

Wie bei Kalium hydric. (S. 182).

Handelssorten.

Gerlach (Chem. Industrie 1886, S. 244) fand in schönem, gut krystallisirtem Aetznatron des Handels 88,96 Proc. Natriumhydroxyd Das Präparat kommt im Handel häufig sehr stark schwefelsäure- und chlorhaltig vor; ich habe Muster, welche die Bezeichnung „alcoh. depurat." hatten, untersucht, deren angesäuerte Lösungen

starke Niederschläge mit Chlorbarium und salpetersaurem Silber
gaben und die nicht besser waren, als die dritte Qualität des Handels. Venable und Callison (Jour. anal. Chem. 1890, *4*, 196 aus
Chemiker-Ztg. 1890, S. 197) berichten über das Vorkommen von
Borsäure als Verunreinigung in Aetzalkalien des Handels. Von
mehreren Proben, welche aus drei Fabriken bezogen wurden, war
nicht eine borsäurefrei*). Nach Hager enthalten die Aetzalkalien
stets Spuren Ammoniak, welches sie als kohlensaures Ammon aus
der Luft aufnehmen.

c) Natrium hydric. dep. [NaOH + aq].

Weisse, krystallinische Stücke oder Stängelchen; die Lösung in
Wasser ist klar und farblos.

Prüfung auf Verunreinigungen.

Salpetersäure: Wie bei Kalium hydric. dep. (S. 185).

Thonerde, *Eisen und Kalk*: Wie bei Natrium hydric. alcoh. dep.
(S. 277). Der Thonerdegehalt darf etwas grösser sein als bei Natr.
hydr. alc. dep.

Kohlensäure: Wie bei Kalium hydric. dep. (S. 185).

Quantitative Bestimmung.

Man löst 20 g Aetznatron in 500 ccm Wasser. Die Gesammt-
alkalinität wird in 50 ccm dieser Lösung unter Anwendung von
Methylorange als Indicator bestimmt.

Zur Bestimmung des Aetznatrons werden 100 ccm obiger Lösung
mit einem genügenden Ueberschuss von 10procentiger Chlorbarium-

---

*) Selbst als „chem. rein" bezogene und mittelst Alkohol oder Baryt
gereinigte Aetzalkalien sollen borsäurehaltig gewesen sein. Da Aetzalkalien,
besonders Aetzalkali, häufig bei quantitativen Bestimmungen von Borsäure
benutzt werden, so wäre ihr Borsäuregehalt nachtheilig. Zum Nachweis
der Borsäure wurden die Alkalien (in einer Platinschale) an Salzsäure gebunden, das Salz mit sehr verdünnter Salzsäure (1 : 100) befeuchtet, einige
Tropfen Curcumatinctur zugegeben und auf dem Wasserbade zur Trockene
gebracht, wobei Spuren von Borsäure eine kirschrothe Farbe verursachen.
Weiter wurde dann noch die Flammenreaction angestellt. Venable und
Callison glauben nach dieser Untersuchung, dass der Borsäuregehalt der
betreffenden Alkalien 0,1 Proc. überschritten habe.

lösung in einem $^1/_4$ Literkolben versetzt, mit warmem Wasser zu 250 ccm aufgefüllt, verschlossen, umgeschüttelt und nach dem klaren Absitzen 100 ccm nach Zusatz von Methylorange titrirt. Man findet das kohlensaure Natrium aus der Differenz beider vorstehenden Bestimmungen. Vorstehende Bestimmungsmethode ist gewöhnlich bei Untersuchung ätzender Alkalien gebräuchlich (siehe auch unter Kalium hydric.). Eine andere Methode zur Bestimmung von kohlensaurem Natrium neben Natriumhydroxyd im käuflichen Aetznatron hat Göbel (siehe Chem.-Ztg. 1889, S. 696) angegeben. Man titrirt nach demselben kalt mit einem Tropfen Phenolphtaleïn (1 : 90 Alkohol) bis farblos, setzt dann einen Tropfen Blau Poirrier (1 : 400 Wasser) zu und titrirt kalt weiter bis dunkelblau. Die Differenz zwischen farblos und dunkelblau entspricht der Hälfte des vorhandenen kohlensauren Natriums. Auch von Phillips und von Upwardt (Chem. Ind. 1887, S. 69 und 70) sind Verfahren zur Bestimmung von kaustischen Alkalien neben kohlensauren Alkalien veröffentlicht, ebenso von Isbert und Venator (Chem. Ind. 1888, S. 185).

Anwendung.

Siehe bei Kalium hydricum. (S. 185.)

Handelssorten.

Als wesentliche Verunreinigung enthält das Natr. hydric. depurat. im Gegensatze zu dem reinen Aetznatron circa 1—2 Proc. Chlorid, ferner sind meistens auch Spuren Arsen vorhanden.

Natriumhydroxyd, gewöhnliches technisches.

Die gewöhnliche Sorte Aetznatron des Handels ist oft stark salpeterhaltig, da bei der Fabrikation zur Oxydation des Schwefelnatriums etc. häufig Natronsalpeter in grösseren Mengen zugesetzt wird. Auch Vanadin ist im rohen Aetznatron gefunden worden. Der Wassergehalt des Präparats beträgt oft nur wenige Proc., bisweilen steigt er aber bis zu 30 Proc. Im deutschen Handel wird bei dem rohen Aetznatron nur das Aetznatron (nicht das kohlensaure Natrium) gerechnet, aber ausgedrückt in Procenten von Carbonat. In England wird die Gesammt-Alkalinität in Graden Na_2O angegeben, wobei jedoch meist ein Maximalgehalt von 2 bis 3 Proc.

Carbonat bedingt ist. In Frankreich drückt man den Gehalt des Aetznatrons an freiem Gesammtalkali in Divisionen Descroizilles-Schwefelsäure und zwar meist pro 20 g Aetznatron aus. Tabellen zur Umrechnung der verschiedenen Grade sowie nähere Angaben über die techn. Untersuchung des rohen Aetznatrons siehe Böckmann, Chem.-techn. Untersuchungsmethoden, 3. Aufl.

Ueber die Schwankungen in der Zusammensetzung des Aetznatrons aus demselben Fasse hat J. Watson (Ref. in Rep. d. Chem.-Ztg. 1892, S. 199) Untersuchungen angestellt. Bei 7 Fässern, welche Verf. prüfte, betrug die Differenz im Durchschnitt 0,71 Proc. im Gehalte des Aetznatrons aus demselben Fasse. Als höchste Differenz wurde 1,34 Proc. gefunden. Die Differenzen sind daher nicht sehr gross. Die an den Wänden des Gefässes liegenden Theile zeigten den geringsten und die in der Mitte des Fasses befindlichen Theile den höchsten Gehalt an Aetznatron. Das technische Natriumhydroxyd wird mit garantirtem Gehalt (siehe oben) verkauft.

Natronlauge.

a) Liquor Natri caustic. crud. N-frei ($NaOH + aq$), gewöhnliche N-freie Natronlauge.

Wasserhelle oder schwach gelbliche, klare Flüssigkeit. Spec. Gew. 1,30. Enthält ca. 25 Proc. $NaOH$.

Die Prüfung auf Salpetersäure wird wie bei Kalium hydric. puriss., S. 179, ausgeführt.

b) Liquor Natri caust. pur. N-frei, reine, N-freie Natronlauge. ($NaOH + aq$.)

Wasserhelle, klare Flüssigkeit. Spec. Gew. 1,30. Enthält ca. 27 Proc. $NaOH$.

Die Untersuchung wird wie bei Natrium hydric. alcohol. dep. S. 277 ausgeführt.

Volumgewicht der **Natronlauge** bei 15° (Lunge ber.).

Spec. Gewicht	Baumé	Twaddell	Proc. Na₂O	Proc. NaOH	1 cbm enthält Kilogramm	
					Na₂O	NaOH
1,007	1	1,4	0,47	0,61	4	6
1,014	2	2,8	0,93	1,20	9	12
1,022	3	4,4	1,55	2,00	16	21
1,029	4	5,8	2,10	2,71	22	28
1,036	5	7,2	2,60	3,35	27	35
1,045	6	9,0	3,10	4,00	32	42
1,052	7	10,4	3,60	4,64	38	49
1,060	8	12,0	4,10	5,29	43	56
1,067	9	13,4	4,55	5,87	49	63
1,075	10	15,0	5,08	6,55	55	70
1,083	11	16,6	5,67	7,31	61	79
1,091	12	18,2	6,20	8,00	68	87
1,100	13	20,0	6,73	8,68	74	95
1,108	14	21,6	7,30	9,42	81	104
1,116	15	23,2	7,80	10,06	87	112
1,125	16	25,0	8,50	10,97	96	123
1,134	17	26,8	9,18	11,84	104	134
1,142	18	28,4	9,80	12,64	112	144
1,152	19	30,4	10,50	13,55	121	156
1,162	20	32,4	11,14	14,37	129	167
1,171	21	34,2	11,73	15,13	137	177
1,180	22	36,0	12,33	15,91	146	188
1,190	23	38,0	13,00	16,77	155	200
1,200	24	40,0	13,70	17,67	164	212
1,210	25	42,0	14,40	18,58	174	225
1,220	26	44,0	15,18	19,58	185	239
1,231	27	46,2	15,96	20,59	196	253
1,241	28	48,2	16,76	21,42	208	266
1,252	29	50,4	17,55	22,64	220	283
1,263	30	52,6	18,35	23,67	232	299
1,274	31	54,8	19,23	24,81	245	316
1,285	32	57,0	20,00	25,80	257	332
1,297	33	59,4	20,80	26,83	270	348
1,308	34	61,6	21,55	27,80	282	364
1,320	35	64,0	22,35	28,83	295	381
1,332	36	66,4	23,20	29,93	309	399
1,345	37	69,0	24,20	31,22	326	420
1,357	38	71,4	25,17	32,47	342	441
1,370	39	74,0	26,12	33,69	359	462
1,383	40	76,6	27,10	34,96	375	483
1,397	41	79,4	28,10	36,25	392	506
1,410	42	82,0	29,05	37,47	410	528
1,424	43	84,8	30,08	38,80	428	553
1,438	44	87,6	31,00	39,99	446	575
1,453	45	90,6	32,10	41,41	466	602

Spec. Gewicht	Baumé	Twaddell	Proc. Na$_2$O	Proc. NaOH	1 cbm enthält Kilogramm	
					Na$_2$O	NaOH
1,468	46	93,6	33,20	42,83	487	629
1,483	47	96,6	34,40	44,38	510	658
1,498	48	99,6	35,70	46,15	535	691
1,514	49	102,8	36,90	47,60	559	721
1,530	50	106,0	38,00	49,02	581	750

Natriumnitrat.

Natrium nitric. puriss., salpetersaures Natrium (Na NO$_3$.
Molecular-Gew. = 84,89).

Farblose, klar in Wasser lösliche Krystalle. Das Salz zieht aus der Luft Feuchtigkeit an.

Prüfung auf Verunreinigungen.

Man prüft den Natronsalpeter auf Löslichkeit, Schwefelsäure etc., wie bei Kalisalpeter S. 192 angegeben ist.

Kaliumsalz: Die durch das Salz gefärbte gelbe Flamme darf durch ein blaues Glas betrachtet nicht roth gefärbt erscheinen. Siehe auch die Anmerkung.

Anmerkung. Ein gutes Reagens, vermittelst dessen das Kali in Natriumnitrat (und in Natriumnitrit) sofort sicher nachgewiesen werden kann, bereitet man in folgender Weise*): Zu einer Lösung von 10 g krystallisirten essigsauren Kobalts in 25 ccm Wasser fügt man eine Lösung von 20 g reinen salpetrigsauren Natrons in 40 bis 50 ccm Wasser, welches zuvor mit wenig Essigsäure angesäuert wurde. Trübt sich die Mischung (ein Zeichen, dass das salpetrigsaure Salz kalihaltig oder ammoniakhaltig war, wie es bei Natr. nitros. puriss. zuweilen ist), so filtrirt man nach mehrstündigem Stehen in gelinder Wärme und das Reagens ist zum Gebrauche fertig.

Man kann mit diesem Reagens bei Abwesenheit freier Säuren noch $^1/_{10}$ Proc. Kali im Natronsalpeter sicher nachweisen. Man löst zur Untersuchung auf Kali 10 g des Natronsalpeters in 10 ccm Wasser unter Erwärmen und fügt zu 1 ccm der filtrirten Lösung 1 bis 2 Tropfen des Reagens; ist Kali zugegen, so erhält man den charakteristischen, gelben, krystallinischen Niederschlag von salpetrigsaurem Kobaltoxydkali sofort, bei sehr geringem Gehalte noch einiger Zeit.

---

*) Gilbert, Zeitschr. f. angewandte Chemie 1894, S. 122.

Quantitative Bestimmung.

Zur Bestimmung des Salpeterstickstoffs sind verschiedene Methoden gebräuchlich, bezüglich deren ausführlicher Beschreibung auf J. König, Untersuchung landwirthschaftlich und gewerblich wichtiger Stoffe (Berlin bei Parey 1891) verwiesen wird. Daselbst ist auch die vollständige chemische Analyse des Natronsalpeters beschrieben. Hält ein reiner Natronsalpeter die S. 192 beschriebenen Prüfungen aus und ist er frei von Kali, so wird eine quantitative Prüfung meistens überflüssig sein. Höchstens könnte es sich noch um eine Feuchtigkeitsbestimmung handeln, welche durch vorsichtiges Erhitzen von 5 g des reinen Natronsalpeters in einem geräumigen Platintiegel und Wägen des rückständigen trockenen Salpeters ausgeführt wird.

Anwendung und Aufbewahrung.

Anwendung siehe S. 193.

Da der Natronsalpeter an der Luft Feuchtigkeit anzieht, so muss er in gut verschlossenen Glasgefässen aufbewahrt werden.

Handelssorten.

Neben dem reinen Natriumnitrat gelangt der gewöhnliche Natronsalpeter in den Handel. Der Natronsalpeter der Düngerfabriken ist ca. 95 procentig, der gereinigte Natronsalpeter enthält bis zu 99 Proc. $NaNO_3$. Roher Salpeter (Caliche) in Blöcken enthält 36 bis 60 Proc. $NaNO_3$. In den letzten Jahren ist viel über den Kaligehalt des Natronsalpeters geschrieben worden. Häufig sind mehrere Procente Kali im Chilisalpeter vorhanden, in vereinzelten Fällen ist auch ein aussergewöhnlich hoher Kaligehalt beobachtet worden. Untersuchungen über den Kaligehalt des Chilisalpeters siehe u. A. Jones, Zeitschr. f. angewandte Chemie 1893, S. 696.

Nachstehend führe ich noch den analytischen Befund von 6 Natronsalpeterproben des Handels auf, welche nach verschiedenen Methoden von Alberti und Hempel untersucht wurden (Zeitschr. f. angewandte Chemie 1892, Heft 4).

	Indirecte Methoden		
	A. Differenzmethode		B. Quarzmethode (Maercker-Abesser)
I	15,83 Proc. Stickstoff entspr. 96,10 Proc. salpeters. Natron	Wasser = 2,33 Proc. Unlösliches = 0,06 - Chlornatrium = 1,26 - Schwefelsaures Natron = 0,25 - ____________ 3,90 Proc.	15,59 Proc. Stickst entspr. 94,65 Proc. salpete: Natron
II	15,84 Proc. Stickstoff entspr. 96,17 Proc. salpeters. Natron	Wasser = 2,15 Proc. Unlösliches = 0,11 - Chlornatrium = 1,18 - Schwefelsaures Natron = 0,39 - ____________ 3,83 Proc.	15,64 Proc. Stickst entspr. 94,96 Proc. salpete: Natron
III	15,84 Proc. Stickstoff entspr. 96,14 Proc. salpeters. Natron	Wasser = 2,23 Proc. Unlösliches = 0,12 - Chlornatrium = 1,17 - Schwefelsaures Natron = 0,34 - ____________ 3,86 Proc.	15,62 Proc. Stickst entspr. 94,84 Proc. salpete: Natron
IV	15,80 Proc. Stickstoff entspr. 95,95 Proc. salpeters. Natron	Wasser = 2,35 Proc. Unlösliches = 0,09 - Chlornatrium = 1,29 - Schwefelsaures Natron = 0,32 - ____________ 4,05 Proc.	15,65 Proc. Stickst entspr. 95,02 Proc. salpete: Natron
V	15,84 Proc. Stickstoff entspr. 96,14 Proc. salpeters. Natron	Wasser = 2,40 Proc. Unlösliches = 0,10 - Chlornatrium = 1,02 - Schwefelsaures Natron = 0,34 - ____________ 3,86 Proc.	15,56 Proc. Stickst entspr. 94,47 Proc. salpete: Natron
VI	15,65 Proc. Stickstoff entspr. 95,01 Proc. salpeters. Natron	Wasser = 3,18 Proc. Unlösliches = 0,13 - Chlornatrium = 1,32 - Schwefelsaures Natron = 0,36 - ____________ 4,99 Proc.	15,47 Proc. Stickst entspr. 93,93 Proc. salpete: Natron

Directe Methoden		
C. it Lunge's Nitrometer	**D.** Nach Schloesing-Grandeau (von Wagner verbessert)	**E.** Nach Ulsch
15,57 Proc. Stickstoff entspr. ,53 Proc. salpetersaures Natron	15,54 Proc. Stickstoff entspr. 94,35 Proc. salpetersaures Natron	15,55 Proc. Stickstoff entspr. 94,41 Proc. salpetersaures Natron
15,61 Proc. Stickstoff entspr. ,77 Proc. salpetersaures Natron	15,63 Proc. Stickstoff entspr. 94,90 Proc. salpetersaures Natron	15,62 Proc. Stickstoff entspr. 94,84 Proc. salpetersaures Natron
15,62 Proc. Stickstoff entspr. ,84 Proc. salpetersaures Natron	15,63 Proc. Stickstoff entspr. 94,90 Proc. salpetersaures Natron	15,61 Proc. Stickstoff entspr. 94,77 Proc. salpetersaures Natron
15,63 Proc. Stickstoff entspr. 4,90 Proc. salpetersaures Natron	15,56 Proc. Stickstoff entspr. 94,47 Proc. salpetersaures Natron	15,61 Proc. Stickstoff entspr. 94,75 Proc. salpetersaures Natron
15,59 Proc. Stickstoff entspr. 4,65 Proc. salpetersaures Natron	15,64 Proc. Stickstoff entspr. 94,96 Proc. salpetersaures Natron	15,64 Proc. Stickstoff entspr. 94,96 Proc. salpetersaures Natron
15,47 Proc. Stickstoff entspr. 3,93 Proc. salpetersaures Natron	15,44 Proc. Stickstoff entspr. 93,74 Proc. salpetersaures Natron	15,43 Proc. Stickstoff entspr. 93,68 Proc. salpetersaures Natron

Kalisalpeter (aus der Bestimmung des Kaliums berechnet) wurde gefunden:

	I	II	III	IV	V	VI
$K NO_3 =$	7,21	4,66	5,02	5,47	5,11	5,18 Proc.

Natriumnitrit.

Natrium nitrosum puriss., salpetrigsaures Natrium
$NaNO_2$.   Molecular-Gew. $= 68,93$).

Farblose Krystalle oder weisse Stängelchen, welche sich klar in Wasser lösen und einen Gehalt von ca. 99 Proc. $NaNO_2$ haben.

Prüfung auf Verunreinigungen und Quantitative Bestimmung.

Siehe S. 194 bei Kaliumnitrit.

Auf *Kali* prüft man, wie S. 282 bei Natriumnitrat angegeben ist.

Anwendung.

Das Salz wird hauptsächlich in der organischen Synthese gebraucht.   Salpetrige Säure dient auch zur Identificirung des Antipyrins.   Zur bequemen Entwickelung von Stickoxyd mittelst Natrium nitros. giebt Thiele eine Vorschrift (Rep. d. Chem.-Ztg. 1889, S. 253).

Handelssorten.

Neben dem Natrium nitrosum puriss. kommt das Natr. nitros. für techn. Zwecke (Darstellung der Azofarbstoffe etc.) jetzt in sehr grosser Reinheit in den Handel; es wird bei diesem Salze häufig ein Gehalt von 97 bis 98 Proc. $NaNO_2$ garantirt.

Landolt erhielt bei einer Analyse des Natriumnitrits des Handels folgendes Resultat:

	Mittel
Natriumnitrit	94,14 Proc.
Natriumnitrat	2,38 -
Natriumsulfat	1,20 -
Natriumchlorid	0,06 -
Wasser	2,08 -
Unlösliches	Spuren
	99,86 Proc.

Anmerkung. Der Wassergehalt wurde von Landolt durch Trocknen bei 130⁰, das Chlor durch Silbernitrat, die Schwefelsäure durch Chlorbarium, der Gesammtstickstoff mittelst Lunge's Gasvolumeter bestimmt und durch Abzug des 94,14 Proc. $NaNO_2$ entsprechenden Betrages auf $NaNO_3$ berechnet. (Lunge, Zeitschr. f. angew. Chemie 1891, S. 633.)

Natriumperoxyd.

Ueber seine Eigenschaften und die Anwendung in der chemischen Analyse siehe bei Wasserstoffsuperoxyd in diesem Buche.

Natriumphosphat.

Natrium phosphoricum puriss., phosphorsaures Natrium ($Na_2HPO_4 + 12 H_2O$.   Molecular-Gew. $= 357,32$).

Farblose, durchscheinende Krystalle, welche mit Wasser eine klare Lösung von schwach alkalischer Reaction geben.

Prüfung auf Verunreinigungen.

Aussehen: Das Salz muss wasserklare Krystalle darstellen, welche keine Verwitterung zeigen.

Arsen: Circa 2 g des Salzes werden nach der unter Natr. carb. chem. pur. cryst. angegebenen Weise im Marsh'schen Apparate geprüft (s. S. 266).

Schwere Metalle etc.: Prüfung unter Anwendung von ca. 2 g des Salzes wie bei Natr. carb. chem. pur. (S. 266).

Sulfat und Carbonat: Die wässerige Lösung (1 : 20) darf beim Uebersättigen mit Salzsäure nicht aufbrausen und alsdann durch Bariumchloridlösung auch nach längerem Stehen nicht verändert werden.

Anmerkung. Nach Geissler (Pharm. Centralhalle 1893, No. 51) enthalten alle von ihm untersuchten Proben Natrium phosphoric. des Handels Spuren Carbonat. Derselbe prüft mit Phenolphtaleïn. Carbonatfreies Natriumphosphat lässt Phenolphtaleïn ungefärbt, während solches, welches nur $^1/_{10}$ Proc. Carbonat enthält, Phenolphtaleïn roth färbt.

Chlorid: Die wässerige Lösung (1 : 20) wird nach dem Ansäuern mit Salpetersäure auf Zusatz von Silbernitratlösung höchstens sehr schwach opalisirend getrübt.

Nitrat: 2 g des Salzes werden mit 10 ccm Wasser gelöst, die Lösung mit verdünnter Schwefelsäure übersättigt, ein Tropfen einer mit dem doppelten Volumen Wasser verdünnten Indigolösung und ca. 10 ccm conc. Schwefelsäure zugegeben; auch nach längerem Stehen erscheint die Flüssigkeit noch blau.

Kalisalz: Ueber die Prüfung mittelst der Flammenreaction siehe unter Natr. bicarbonic. puriss. die Anmerkung. (S. 255.)

Quantitative Bestimmung.

Man löst 20 g des Salzes zu 1 Liter, pipettirt 10 oder 20 ccm dieser Lösung ab und fällt darin mit Magnesiamixtur (siehe diese S. 229) und Ammoniak die Phosphorsäure. Der Niederschlag wird nach 12 stündigem Stehen abfiltrirt, mit verdünntem Ammoniak ausgewaschen, getrocknet, geglüht und als pyrophosphorsaures Magnesium gewogen.

Maassanalytisch bestimmt man die Phosphorsäure durch Ausfällung mit titrirter Uranlösung. Beide Methoden sind in den Anleitungen zur quantitativen Analyse näher beschrieben (siehe u. A. J. König, Untersuchung landw. u. gewerbl. wichtiger Stoffe, Berlin 1891, S. 160—164).

Anwendung.

Das phosphorsaure Natrium dient zur Erkennung und Bestimmung der Magnesia, zur Prüfung auf alkalische Erden im Allgemeinen, zur Wiedergewinnung von Molybdänsäure aus deren Lösungen etc.

Man verwendet das reine Salz, welches nicht verwittert sein darf, auch zur Titerstellung der Uranlösung. Mohr (Titrirmethode, 6. Aufl., S. 479) zieht jedoch für diese Zwecke das phosphorsaure Natrium-Ammonium, $NaHNH_4PO_4 + 4H_2O$ (siehe S. 254), vor, da es keine Kohlensäure anzieht und nicht verwittert, was nach Mohr bei phosphorsaurem Natrium selbst in verschlossenen Gefässen der Fall sein soll. Bemerkt muss hierzu werden, dass Meineke (Chem.-Ztg. 1896, S. 109) das reine Präparat des Handels (von E. Merck bezogen) sehr rein und völlig unverwittert gefunden hat. Die Neigung zum Verwittern ist daher nicht so gross wie vielfach angenommen wird.

Handelssorten.

Das phosphorsaure Natrium kommt in verschiedenen Qualitäten in den Handel. Die billigen Sorten sind oft sehr stark mit Arsen und mit schwefelsaurem Natrium verunreinigt.

Natriumpyrophosphat.

Natrium pyrophosphoric. puriss., pyrophosphorsaures Natrium
$(Na_4P_2O_7 + 10\,H_2O.$ Molecular-Gew. $= 445{,}24)$.

Farblose, durchscheinende Krystalle, welche mit Wasser eine klare Lösung von sehr schwach alkalischer Reaction geben.

Prüfung auf Verunreinigungen.

Natriumphosphat: Silbernitratlösung veranlasst in der Lösung des Natriumpyrophosphats eine rein weisse Fällung.

Anmerkung. Durch salpetersaures Silber entsteht in der wässerigen Lösung des phosphorsauren Natriums ein gelber Niederschlag.

Sonstige Prüfung: Wie bei Natriumphosphat. (S. 287.)

Quantitative Bestimmung.

Man kocht die Lösung des Salzes nach Zusatz von Salpetersäure, um die Pyrophosphorsäure in gewöhnliche Phosphorsäure überzuführen. Nach dem Uebersättigen mit Ammoniak bestimmt man alsdann die Phosphorsäure wie bei Natriumphosphat. (S. 288.)

Anwendung.

Das pyrophosphorsaure Natrium wird zur Bestimmung und Trennung von Metallen durch Elektrolyse verwendet. (Zeitschr. f. analyt. Chemie 1889, S. 581 ff.)

Handelssorten.

Dieselben sind: Natr. pyrophosphoric. cryst., Natr. pyrophosphoric. pur. cryst., Natr. pyrophosphoric. pur. sicc. und Natr. pyrophosphoric. fusum. Sie werden aus dem phosphorsauren Natrium hergestellt und können diejenigen Verunreinigungen enthalten, welche im Natriumphosphat (siehe dieses S. 287) vorkommen.

Natriumsulfat.

Natrium sulfuric. puriss., schwefelsaures Natrium
($Na_2SO_4 + 10\,H_2O$.   Molecular-Gew. $= 321{,}42$).

Farblose, verwitternde Krystalle, welche in 3 Theilen kaltem
Wasser löslich sind.

Prüfung auf Verunreinigungen.

Löslichkeit, Chlorid, Metalle etc.: 5 g lösen sich klar in 50 ccm
Wasser; diese Lösung sei neutral, sie soll weder durch Silbernitrat,
noch durch Schwefelwasserstoffwasser, noch, nach Zusatz von Ammoniak, durch Natriumphosphatlösung verändert werden.

Arsen: Man prüft im Marsh'schen Apparat unter Anwendung
von 2 g, wie S. 266 bei Natriumcarbonat beschrieben ist.

Quantitative Bestimmung.

Siehe bei Natriumbisulfat S. 260.

Handelssorten.

Man hat bei Untersuchung der gewöhnlichen Handelssorten auf
Verunreinigung mit Arsen, Zinksulfat, Magnesiumsulfat und Natriumchlorid zu achten.

Natriumsulfhydratlösung.

Natrium hydrosulfurat. puriss. solut. ($NaHS + aq$).

Eine klare, farblose Flüssigkeit, welche wie die Kaliumsulf-
hydratlösung S. 204 geprüft und aufbewahrt wird.   Wenn das
Präparat *farblos* ist, so ist es genügend frei von Polysulfiden. Beim
Vermischen mit Säuren soll sich reichlich H_2S entwickeln, wobei
sich kein Niederschlag abscheide.

Quantitative Bestimmung.

Siehe bei Natriumsulfid S. 291.

Anwendung.

Siehe bei Natriumsulfid S. 291.

Natriumsulfid.

Natrium sulfurat. puriss. cryst., Schwefelnatrium
$(Na_2 S + 9 H_2 O.$ Molecular-Gew. $= 239{,}62)$.

Gelbliche oder schwach braungelbe, schöne Krystalle.

Prüfung auf Verunreinigungen.

Die Lösung der Krystalle sei klar und farblos. Beim Vermischen der Schwefelnatriumlösung mit *Säuren soll sich kein Schwefel abscheiden*; es darf dabei höchstens ein schwaches Opalisiren eintreten.

Quantitative Bestimmung.

Man bestimmt das Schwefelnatrium nach der im Abschnitte über Schwefelammonium angegebenen Methode. Eine andere Methode, welche hier und bei allen Schwefelverbindungen, deren Schwefelgehalt in Form von Schwefelwasserstoff gebracht werden kann, anwendbar ist, besteht darin, dass man das gewogene Schwefelnatrium mit überschüssiger titrirter Lösung von Liquor Kali arsenicosi zusammenbringt und nun tropfenweise Salzsäure bis zur schwach sauren Reaction zusetzt. Dabei wird der Schwefel des Schwefelnatriums als Schwefelarsen gefällt. Durch Titration eines bestimmten Theiles der über dem Schwefelarsen befindlichen Flüssigkeit mit Jodlösung untersucht man alsdann, wie viel von dem Arsenit zur Bindung des Schwefels verbraucht wurde, und berechnet daraus den Schwefelgehalt im Schwefelnatrium. Die Methode ist in den Lehrbüchern der Titrirmethode beschrieben, siehe u. A.: Rieth, Volumetrische Analyse 1883, S. 118.

Anwendung und Aufbewahrung.

In der qualitativen und quantitativen Analyse dient die Natriumsulfhydrat- oder die Schwefelnatriumlösung zur Trennung des Schwefelkupfers von Schwefelarsen, Schwefelantimon und Schwefelzinn. In der Maassanalyse benützt man eine titrirte Lösung von Schwefelnatrium zur Bestimmung des Kupfers, des Zinks und einiger anderer Metalle.

Die **Natriumsulfidlösung** (Natr. sulfurat. puriss. solut.) für analytische Zwecke, besonders für maassanalytische Zinkbestimmungen bereitet man gewöhnlich wie folgt: 600 ccm reine Natronlauge von ca. 1,15 spec. Gew. werden mit Schwefelwasserstoff vollständig gesättigt, dann setzt man von derselben Natronlauge zu, bis der Geruch nach $H_2 S$ verschwunden ist. Schliesslich wird die Lösung verdünnt und auf eine Zinklösung von bekanntem Gehalte gestellt.

Gewöhnlich stellt man nach Schaffner die Lösung so, dass 1 ccm 0,010 bis 0,005 g Zink anzeigt. Näheres hierüber u. A. in Zeitschr. f. angewandte Chemie 1892, S. 166.

Das Schwefelnatrium zersetzt sich unter der Einwirkung der Luft ebenso wie das Schwefelammonium oder das Schwefelkalium (siehe S. 38 und S. 205). Es muss daher in gut verschlossenen Gläsern aufbewahrt werden.

Handelssorten.

Neben dem reinen Schwefelnatrium kommt das rohe Schwefelnatrium in den Handel. Dasselbe wird für technische Zwecke u. A. in der Gerberei und in der Bleicherei gebraucht.

Natriumsulfit.

Siehe S. 262 bei Natriumbisulfit.

Natriumthiosulfat.

Natrium hyposulfuros. puriss., unterschwefligsaures Natrium ($S_2 O_3 Na_2 + 5 H_2 O$. Molecular-Gew. $= 247,64$).

Farblose, durchscheinende Krystalle.

Schwefelsaures und schwefligsaures Natrium: 3 g, in ca. 50 ccm Wasser gelöst, dürfen, nachdem durch Jod oxydirt wurde, nach Zusatz von Chlorbarium keine Trübung zeigen.

Anmerkung. Bei der qualitativen Prüfung auf fremde Salze ist das Augenmerk besonders darauf zu richten, dass grössere Mengen erst dann nicht die geringste Reaction mit Chlorbarium geben dürfen, wenn sie durch Jod oxydirt worden sind. Die directe Prüfung durch Chlorbarium ist unbedingt zu verwerfen, nachdem Fresenius und Salzer auf die verhältnissmässig grosse Löslichkeit des kohlensauren und des schwefelsauren Bariums in einer Thiosulfatlösung aufmerksam gemacht haben (Meineke, Chem.-Ztg. 1894, S. 33).

Freies Alkali: Die Lösung 1 : 10 ist klar und röthet sich mit Phenolphtaleïn nicht oder nur schwach.

Kalk: Die mit Ammon und oxalsaurem Ammon versetzte Lösung (1 : 20) darf keine Trübung zeigen.

Quantitative Bestimmung.

Man löst 25 g des Salzes in Wasser zu 1 Liter. Von dieser Lösung pipettirt man 25 ccm ab, setzt etwas Stärkelösung hinzu und titrirt mit $^1/_{10}$-Jodlösung, bis die blaue Farbe eben bestehen bleibt. 1 ccm $^1/_{10}$-Jodlösung ist gleich 0,024764 $Na_2S_2O_3 + 5H_2O$.

Anwendung und Aufbewahrung (Thiosulfatlösung).

Man benützt das Salz zur Herstellung der **Normal-Natrium-thiosulfatlösung,** welche für chlorometrische resp. jodometrische Zwecke gebraucht wird. G. Topf (Zeitschr. f. analyt. Chemie 1887), welcher verschiedene Muster von Natr. hyposulfuros. untersuchte, hat das im Handel vorkommende Präparat fast immer von vorzüglicher Reinheit gefunden. Die Bestimmung mit Normaljodlösung ergiebt indessen, in Folge der den Hyposulfitkrystallen anhaftenden Feuchtigkeit, gewöhnlich nur ca. 98 Proc. $Na_2S_2O_3 + 5H_2O$.

Man muss auf diesen Feuchtigkeitsgehalt auch bei der Herstellung der Normallösung Rücksicht nehmen und stets ca. 1 g des Salzes mehr abwiegen, als zur Bereitung eines Liters der $^1/_{10}$-Normallösung nothwendig ist. Ein Liter $^1/_{10}$-Normal-Thiosulfatlösung soll 24,764 g Natriumthiosulfat enthalten.

Ueber die genaue Feststellung des Titers dieser Lösung vergl. Fresenius, Quant. Analyse, 6. Aufl., I. Bd., S. 487 ff. Der Gehalt der Lösung ändert sich mit der Zeit etwas, besonders bei Lichteinfluss.

Ueber die Haltbarkeit der Natriumthiosulfatlösung macht Salzer (Zeitschr. f. analytische Chemie Bd. 31, S. 376) folgende Angaben:

1. Eine aus chemisch reinem Salz richtig bereitete und sorgfältig aufbewahrte $^1/_{10}$-Normal-Thiosulfatlösung kann so lange als Urmaass dienen, als eine herausgenommene Probe nach Versetzen mit Jodlösung im schwachen Ueberschuss durch Bariumnitrat nicht getrübt wird.

2. Diese Lösung wird durch Zusatz von 0,2 Proc. Ammoniumcarbonat lange Zeit (5 Jahre) vor Zersetzung fast vollständig geschützt, giebt aber erst dann zuverlässige Zahlen, wenn der Titer

nach verschiedenen Verfahren übereinstimmend festgestellt ist, und
nur so lange, als diese Lösung selbst durch Bariumnitrat nicht getrübt wird.

Natriumthiosulfat, 100 procentig.

Nach Meineke erhält man ein Natriumthiosulfat von richtigem
und constantem Titer, wenn ein von fremden Beimengungen
möglichst freies Salz mit 96 procentigem Alkohol zerrieben, auf
dem Trichter abgesaugt, mit absolutem Alkohol und dann mit
Aether ausgewaschen und zwischen Filtrirpapier getrocknet wird.
Solch ein unterschwefligsaures Natron, welches durch Alkohol von
überschüssigem Wasser befreit ist, zeigte während fünf Jahren einen
Gehalt von 99,90 bis 99,94 Proc. $Na_2S_2O_3+5H_2O$. Dasselbe kann
als Urmaass verwendet werden. Ich verweise bezügl. der näheren
Mittheilung auf Chem.-Ztg. 1894, S. 33.

Handelssorten.

Siehe unter Anwendung.

Natriumwolframat.

Natrium wolframic. puriss., wolframsaures Natrium
$(Na_2WO_4+2H_2O.$ Molecular-Gew. $= 329,36).$

Farblose Krystalle, welche klar in Wasser löslich sind.

Prüfung auf Verunreinigungen.

Chlorid und Sulfat: Die Lösung $(1:20)$ wird mit Salpetersäure
gekocht, filtrirt und zu einem Theil des Filtrats einige Tropfen
einer Lösung von salpetersaurem Silber zugegeben; es tritt nur geringe Trübung ein. Der andere Theil des Filtrats wird mit Lösung
von Chlorbarium versetzt, wonach sich ebenfalls nur schwache
Trübung zeigt.

       Anmerkung. Ueber den Nachweis der Molybdänsäure siehe
unter Handelssorten S. 295.

Quantitative Bestimmung.

Man zersetzt das Salz durch Salzsäure, verjagt dieselbe bei
$120—125^0$ C. vollständig, löst das entstandene Chlormetall in Wasser,

filtrirt, wäscht die Wolframsäure mit verdünnter Salpeterlösung aus und bestimmt die Wolframsäure nach dem Auswaschen der Salpeterlösung mittelst salpetersäurehaltigen Wassers gewichtsanalytisch.

Anwendung.

Das Salz dient zur Herstellung des phosphorwolframsauren Natriums und zur Herstellung des borwolframsauren Cadmiums. Siehe dieses S. 73.

Handelssorten und Wolframsäure etc.

Natrium wolframic. kommt in sehr verschiedener Form in den Handel. Die billigen und geringprocentigen technischen Sorten zeigen gewöhnlich starken Gehalt an Chlornatrium, schwefelsaurem und kohlensaurem Natrium. Ich habe in einer Probe 30 Proc. kohlensaures Natrium (auf wasserhaltige Soda berechnet) gefunden. Das bessere Präparat, welches auch für analytische Zwecke genommen wird, soll höchstens schwach alkalische Reaction zeigen.

C. Friedheim und R. Meyer, H. Traube und E. Corleis (Zeitschr. f. anorganische Chemie Bd. I, Heft 1, S. 76) fanden, dass das käufliche wolframsaure Natrium und besonders die Acid. wolframic. puriss. stets Molybdänsäure enthalten. Traube fand in käuflicher Wolframsäure 10 Proc. Molybdänsäure.

In käuflichem **Kaliumwolframiat** wurden 0,36 Proc. Mo O_3 und in Natriumwolframiat 0,40 Proc. bzw. 0,46 Mo O_3 gefunden.

Ueber den Nachweis dieser Verunreinigung und die Herstellung völlig **molybdänsäurefreier Wolframsäure** siehe Zeitschr. f. anorgan. Chemie l. c.

Nelkenöl.

Siehe bei Eugenol S. 123.

Nessler's Reagens.

Siehe bei Quecksilberchlorid in diesem Buche.

Nitroso-β-Naphtol.

Nitroso-Beta-Naphtol $(C_{10}H_6 \,.\, (NO)OH.$
Molecular-Gew. $= 172{,}63).$

Orangebraune Krystalle, welche bei $109{,}5^0$ C. schmelzen und in Aether und heissem Alkohol leicht löslich sind.

Das Nitroso-β-Naphtol findet in der quantitativen Analyse bei der Trennung der Metalle (Trennung von Nickel und Kobalt etc.) Verwendung. (G. v. Knorre, D. chem. Ges. Ber. 1887, *20*, 283 und Chem.-Ztg. 1895, S. 1421.)

o-Nitrobenzaldehyd.

$(C_6H_4{<}^{COH}_{NO_2}.$ Molecular-Gew. $= 150{,}68.)$

Hellgelbe Nadeln, welche bei 46^0 schmelzen und leicht in Alkohol und Aether löslich sind.

E. Lüdy benutzt eine alkoholische Lösung dieses Körpers beim Nachweis des Harnstoffs. (Rep. d. Chem.-Ztg. 1889, S. 221.)

Nitrophenol.

$(C_6H_4(OH)NO_2.$ Molecular-Gew. $= 138{,}71).$

Nitrophenol (Ortho) besteht aus gelben Nadeln, welche bei 45^0 C. schmelzen.

Nitrophenol (Para) besteht aus farblosen, bei 112^0 C. schmelzenden Nadeln.

Das Nitrophenol ist von C. W. Teeter zum Nachweis des Kaliums vorgeschlagen worden. (Amer. Drugg. 1887, *16*, S. 81 aus Rep. d. Chem.-Ztg. 1887, S. 143.) Nach Langbeck (Chem. Centralbl. 1881, S. 387) ist das Nitrophenol ein scharfer Indicator für Alkalimetrie.

Nitroprussidnatrium.

Natrium nitro-prussic. cryst. $(Na_4Fe_2(CN)_{10}(NO)_2 + 4H_2O.$
Molecular-Gew. $= 595,34).$

Grosse, rubinrothe Krystalle, welche sich klar in Wasser lösen.

Prüfung auf Verunreinigungen.

Schwefelsäure: Die wässerige Lösung (1 : 50) darf nach Zusatz
von Chlorbarium und wenig Salzsäure höchstens eine schwache
Trübung zeigen.

Quantitative Bestimmung.

Die gute Beschaffenheit des Nitroprussidnatriums ergiebt sich
durch das Aeussere — das Präparat besteht aus schön rothen Krystallen —, die Löslichkeit in Wasser und durch die Prüfung auf
Schwefelsäure. Man prüft ausserdem noch auf das Verhalten gegen
Schwefelalkalien. Einige Tropfen Schwefelwasserstoffwasser müssen
mit wenig Aetznatronlösung und einigen Tropfen einer verdünnten
Nitroprussidnatriumlösung die bekannte schön rothe Färbung geben.
Etwaige Salpeterkrystalle, welche dem Nitroprussidnatrium beigemengt sein könnten, lassen sich durch das Auge erkennen. Eine
besondere quantitative Bestimmung ist daher nicht nothwendig.

Anwendung und Aufbewahrung.

Das Salz ist ein empfindliches Reagens auf Spuren Schwefelwasserstoff (siehe oben) und auf alkalische Sulfurete. Král, Ph. Cen-
tralh. 1896, S. 69 und Geissler, ibid. S. 90, empfehlen die Verwendung von Papier, welches mit ammoniakalischer Nitroprussidnatriumlösung getränkt ist, an Stelle des gewöhnlich gebräuchlichen Blei-
papiers zum Nachweis des freien Schwefelwasserstoffs. Als Reagens
auf kaustische Alkalien und alkalische Erden wird das Nitroprussidnatrium nach Brunner benutzt (Rep. d. Chem.-Ztg. 1889, S. 221).

Ueber das Nitroprussidnatrium als Reagens auf Aldehyde, Ketone
und andere organische Verbindungen siehe Béla von Bittó, Annalen
der Chemie 1892, S. 372 ff.

Man bewahrt das Salz in gut verschlossenen Gläsern auf.

Handelssorten.

Dieselben sind bisweilen mangelhaft krystallisirt und stark sulfathaltig.

Oxalsäure.

Acid. oxalic. purissim. $(C_2H_2O_4 + 2H_2O$.
Molecular-Gew. $= 125{,}70)$.

Farblose Krystalle, welche nicht verwittert sein dürfen.

Prüfung auf Verunreinigungen.

Rückstand: 3 g hinterlassen beim Glühen im Platintiegel keinen wägbaren Rückstand.

> Anmerkung. Von verschiedenen Seiten wird Acid. oxalic. puriss. in den Handel gebracht, welches kalihaltig ist und beim Glühen einen stark alkalisch reagirenden Rückstand hinterlässt. Es wurden von mir innerhalb des letzten Jahres 3 Muster Acid. oxalic. puriss. auswärtiger Fabriken untersucht, die 0,5 bis 1 Proc. Kali enthielten. Vor solchen Präparaten muss gewarnt werden, da die Oxalsäure in chem. analyt. Laboratorien mit zur quantitativen Bestimmung des Kalis verwendet wird.

Schwefelsäure: 5 g werden mit 100 ccm Wasser gelöst und zu der Lösung einige Tropfen Salzsäure und Chlorbarium gegeben; nach mehrstündigem Stehen in der Wärme zeigt sich in der Flüssigkeit keine Schwefelsäurereaction.

Schwere Metalle: Die Lösung 1 : 10 zeigt auf Zusatz von Ammon und Schwefelammon keine Veränderung. Die Lösung sei klar.

Ammoniak: a) 2 g werden mit überschüssiger Natronlauge im Reagensglase erwärmt, wobei sich kein Geruch nach Ammoniak zeigt. Feuchtes Curcuma-Papier darf durch die entweichenden Dämpfe nicht gebräunt werden.

b) 2,5 g werden in 30 ccm Wasser gelöst, mit Kali caust. alc. dep. übersättigt und circa 15 Tropfen Nessler's Reagens zugegeben; es darf keine deutlich gelbe und keine braunrothe Färbung eintreten.

> Anmerkung. Es ist schon stark ammonhaltige Oxalsäure in den Handel gekommen, und sind dadurch bei Herstellung von Normal-Oxalsäuren unangenehme Differenzen entstanden.

Das Präparat muss 99 bis 100 procentig sein.

Anmerkung. Die Säure enthält gewöhnlich noch einige $^1/_{10}$ Procente anhaftende Feuchtigkeit, sie ist aber sonst sehr rein und vollständig brauchbar für die häufigste analytische Verwendungsweise, die qualitativen und quantitativen Fällungen und Trennungen, welche mit Oxalsäure auszuführen sind. Für die besonderen Zwecke als Urmaass zur Alkalimetrie (siehe unten) ist eine genau 100 procentige Oxalsäure nothwendig, welche durch vorsichtiges Trocknen des oben beschriebenen Präparates hergestellt wird. Es ist bekanntlich schwierig, die Oxalsäure in grösserer Menge richtig und völlig zu trocknen.

Quantitative Bestimmung.

Die Oxalsäure wird durch Titration mit Normalalkalilauge bestimmt. 1 ccm Normalalkalilauge ist gleich 0,06285 $C_2H_2O_4 + 2H_2O$. Man kann die Säure auch zweckmässig mit Chamäleon bestimmen. 1 g Oxalsäure wird zu letzterem Zwecke in 250 ccm Wasser gelöst. Davon bringt man 50 ccm in ein Becherglás, verdünnt mit ungefähr 100 ccm Wasser, fügt 6 bis 8 ccm reine concentrirte Schwefelsäure zu und erwärmt auf etwa 60° C. Man stellt jetzt das Becherglas auf ein Blatt weisses Papier und tröpfelt unter fleissigem Umrühren die Chamäleonlösung aus der Bürette hinzu, bis die Flüssigkeit durch den letzten Tropfen Chamäleonlösung eine beim Umrühren bleibende röthliche Farbe zeigt. Der Titer der Chamäleonlösuug (diese hergestellt durch Auflösen von ca. 5 g Kali hypermanganic. puriss. in 1 Liter Wasser) wird zuvor genau mit vorsichtig getrockneter Oxalsäure (siehe unter Anwendung) ebenfalls in der oben beschriebenen Weise festgestellt.

Noch zweckmässiger stellt man den Titer der Chamäleonlösung mit Kaliumtetraoxalat (siehe S. 205) fest.

Anwendung und Aufbewahrung (Normal-Oxalsäure).

Reine Oxalsäure wird in der Analyse vielfach gebraucht. Dieselbe dient in der **Maassanalyse zur Titerstellung** der Chamäleonlösung und als **Urmaass** zur Alkalimetrie; sie wird im Gange der Analyse zur Trennung der Alkalien von der Magnesia verwendet und dient ferner zur Bestimmung und zum Nachweis des Calciums. Oxalsäure für analytische Zwecke muss daher alle oben angegebenen Prüfungen aushalten.

Schon bei 20° C. hat die Säure Neigung zu verwittern. Die Säure, welche als **Urmaass** dienen soll, ist daher sehr sorgfältig zu trocknen. Die Krystalle müssen durch gestörte Krystallisation gewonnen werden, damit sie keine Feuchtigkeit einschliessen. Die getrockneten Krystalle dürfen nicht verwittert sein, sie müssen aber doch so gut getrocknet sein, dass sie, in einem trockenen Glase geschüttelt, keine Partikelchen an der Glaswandung hängen lassen. Im getrockneten Zustande ist die $C_2H_2O_4 + 2H_2O$ unveränderlich. Auch die wässerige Lösung lässt sich in dunklen Gläsern ohne Zersetzung aufbewahren. Man bewahrt die Säure in gut verschlossenen Gläsern auf. 1 Liter Normal-Oxalsäure muss 62,9 g kryst. Oxalsäure enthalten.

Handelssorten.

Dieselben sind: Acid. oxalic. technic. und Acid. oxalic. puriss. **Acid. oxalic. technic.** ist gewöhnlich schwefelsäure- und kalihaltig. Ueber Acid. oxalic. puriss. des Handels siehe die Anmerkungen unter Prüfung auf Verunreinigungen.

Wasserfreie, reine Oxalsäure (Acid. oxalic. sublimat. puriss.), $C_2O_4H_2$, kommt seit kurzer Zeit ebenfalls in den Handel. Das Präparat wird für manche analytische Zwecke gebraucht; zur Titerstellung von Normallösungen ist es wegen seiner hygroskopischen Eigenschaften nicht geeignet.

Palladium und Palladiumsalze.

Palladium metallic.

Palladium (Pd.   Atom-Gew. $= 106{,}35$).

Das Palladium ist in dem Aussehen, in Glanz und in der Geschmeidigkeit dem Platin ähnlich. Palladiumschwamm (Mohr) ist eine graue, schwammige Masse. Das compacte Metall ist in Königswasser löslich; Palladiumschwamm löst sich auch in Salzsäure bei Luftzutritt auf.

Prüfung auf Verunreinigungen.

Unterscheidung des Palladiumblechs von Platinblech: Bringt man auf Palladiumblech einen Tropfen einer Auflösung von Jod in Alkohol und lässt an der Luft freiwillig verdunsten, so wird das Palladium an dieser Stelle schwarz; durch Glühen verschwindet die schwarze Farbe wieder. Bei gleicher Behandlung eines Platinblechs entsteht kein Fleck.

Kupfer, Eisen etc.: Man übersättigt die möglichst säurefreie Salpetersalzsäurelösung von Palladium mit Ammoniak, bis das fleischrothe Palladiumchlorür-Ammoniak wieder gelöst ist, und leitet Salzsäuregas ein, wobei das Palladium als gelbes Palladiumchlorür-Ammoniak niederfällt, während Eisen und Kupfer in Lösung bleiben. Das gelbe Palladiumsalz hinterlässt beim Glühen Palladiumschwamm. Aus der Mutterlauge scheidet Zink die noch vorhandenen Spuren Palladium zugleich mit Kupfer ab (Rössler). Noch zweckmässiger kann man wie folgt verfahren: man neutralisirt die salpetersalzsaure Lösung mit kohlensaurem Natrium und fällt nun durch Quecksilbercyanid das Palladium zugleich mit dem Kupfer. Der ausgewaschene Niederschlag wird geglüht und in Salpetersäure gelöst. Wird diese Lösung alsdann mit kohlensaurem Natrium beinahe neutralisirt und mit ameisensaurem Kalium und etwas Essigsäure gekocht, so scheidet sich das Palladium in grossen glänzenden Blättern ab, während das Kupfer gelöst bleibt. Die Gegenwart des Kupfers im Palladium zeigt sich übrigens schon an einer grünlichen Färbung des mit Quecksilbercyanid erhaltenen Niederschlages; reines Cyanpalladium bildet einen gelblichweissen Niederschlag.

Quantitative Bestimmung.

Man verfährt wie unter „Prüfung auf Verunreinigungen" angegeben ist oder man fällt das Palladium als Jodpalladium, wäscht den Niederschlag aus und verwandelt ihn durch Glühen in metallisches Palladium. Die Methoden sind in Fresenius, Anleitung zur quantitativen Analyse, 6. Aufl., 1. Bd., S. 348 und 481 und in Mohr, Titrirmethoden, 6. Aufl., S. 417 näher beschrieben.

Im technischen Alkalipalladiumchlorür bestimmte M. Frenkel (Zeitschr. f. anorgan. Chemie 1892, S. 217 ff.) das Palladium durch Reduction mittelst Alkohol in alkalischer Lösung, wobei 33,14 Proc. Palladium gefunden wurden.

Anwendung.

Das schwammige Palladium (Palladiummohr) findet in der Gasanalyse zur Scheidung des Wasserstoffs aus Gasgemischen, sowie zur Verpuffung von Wasserstoff oder Kohlenwasserstoffen mit Sauerstoff Anwendung. Ueber die Verwendung des Palladiums (Draht) zur Bestimmung von Kohlenwasserstoffen in der Luft siehe Coquillion, Chem. Centralblatt 1878, S. 104.

Palladiumasbest, d. h. mit metallischem Palladium überzogener Asbest, findet ebenfalls zur Absorption des Wasserstoffs Verwendung. Man stellt denselben nach Clemens Winkler, Techn. Gasanalyse, 2. Aufl., S. 146 her. Er besitzt einen Palladiumgehalt von *50 Procent.*

Handelssorten.

Das Handelspalladium enthält häufig etwas Eisen und erhebliche Mengen Kupfer. Neben dem reinen Palladium in verschiedener Form finden sich Legirungen dieses Metalles mit Silber, Gold und Kupfer etc. unter dem Namen „Palladium en chaux" im Handel. Dieselben werden bei der Uhrenfabrikation verwendet.

Palladiumsalze.

Von den Salzen des Palladiums finden folgende für analytische Zwecke Anwendung:

Palladium chloratum, Palladiumchlorür, $PdCl_2$. Dasselbe bleibt beim Verdunsten der Lösung des Metalls in Königswasser zurück und bildet eine dunkelbraune, zerfliessliche Masse. Eine Lösung von Palladiumchlorür, **Palladium chlorat. solut.** (5 g Metall in 100 ccm), kommt ebenfalls in den Handel. Die Lösung des Palladiumchlorürs ist ein Reagens für verschiedene Gase (Leuchtgas und Kohlenoxyd) und besonders für Jod. Sehr zweckmässig benutzt man häufig an Stelle des Palladiumchlorürs als Reagens das **Natrium-Palladium-chlorür** bzw. dessen Lösung (1 Th. $PdCl_2 + 2\,NaCl$ in 12 Th. Wasser gelöst). Das Natrium-Palladiumchlorür, $PdCl_2 + 2\,NaCl$, ist ein rothes, zerfliessendes, in Wasser und in Alkohol lösliches Salz. Was die Untersuchung der Palladiumsalze betrifft, so kann man deren Gehalt leicht durch Titriren oder Fällen der verdünnten Lösungen mit Jodkaliumlösung bestimmen (siehe oben unter Palladium). Untersuchung von technischem Alkalipalladiumchlorür siehe oben bei Quantitative Bestimmung.

Palladium nitricum, salpetersaures Palladiumoxydul, $Pd(NO_3)_2$, entsteht durch Auflösen von Palladium in Salpetersäure, welche etwas salpetrige Säure enthält. Es ist ein braunes, zerfliessliches Salz, welches sich in Folge eines stets vorhandenen Gehaltes an basischen Salzen trübe in Wasser löst. Die wässerige Lösung, besonders die verdünnte, lässt nach und nach alles Palladium als basisches Salz fallen. Es findet zur quantitativen Trennung von

Chlor und Jod Verwendung. Untersuchung wie bei Palladium chlorat. Charakteristisch für dieses Palladiumsalz wie überhaupt für das Palladium ist der schwarzbraune Niederschlag von Jodpalladium, welchen die Auflösung des Metalles mit Jodkalium giebt.

Phenacetolin.

Phenacetolin wird hergestellt durch Erhitzen gleicher Moleküle Phenol, concentrirter Schwefelsäure und Eisessig und Auslaugen der freien Säure durch Wasser. Der Rückstand dient als Indicator. In kaustischen Alkalien löst sich Phenacetolin mit blassgelber Farbe, mit kohlensauren Alkalien und alkalischen Erden bildet dasselbe intensiv rothe Verbindungen.

Ueber die Empfindlichkeitsbestimmung des Phenacetolins siehe die Tabelle bei Indicatoren S. 143 in diesem Buche.

Näheres über die Anwendungsweise siehe Böckmann, Chem.-techn. Untersuchungsmethoden, 3. Aufl., Bd. I., S. 134.

Phenol.

Phenol absolut., Carbolsäure (C_6H_5OH.
Molecular-Gew. $= 93,78$).

Farblose, nicht unangenehm riechende, dünne, lose Krystalle.

Prüfung auf Verunreinigungen.

Flüchtig: Das Phenol ist vollständig flüchtig.
Schmelzpunkt: Derselbe liegt zwischen 40—42° C.
Löslichkeit: Die Carbolsäure löst sich in 15 Theilen Wasser zu einer klaren Flüssigkeit auf.

Quantitative Bestimmung.

Dieselbe ist bei der chemisch reinen Carbolsäure, welche genügend durch den oben angegebenen hohen Schmelzpunkt, die Löslichkeit und das Aussehen charakterisirt ist, überflüssig.

Anwendung und Aufbewahrung.

Das Phenol dient zum Nachweis des Broms und Eisens etc. Es giebt mit Eisenchlorid eine violette Färbung. Bromwasser erzeugt in Phenollösung einen gelblich weissen Niederschlag. Es färbt sich mit salpetrige Säure haltiger Schwefelsäure blau.

Millon's Reagens (eine salpetrige Säure haltende Lösung von Quecksilbernitrat) giebt beim Kochen mit Phenol einen gelben Niederschlag, der sich in Salpetersäure mit tiefrother Farbe löst.

Phenolschwefelsäure wird bei der Stickstoffbestimmung nach Kjeldahl bzw. Jodlbaur verwendet. Man erhält sie durch Auflösen von 50 g Phenol absolut. in conc. reine rSchwefelsäure von 66° Bé zu 100 ccm Gesammtflüssigkeit.

Das Phenol soll seiner grossen Giftigkeit wegen vorsichtig in gelben oder blauen Glasflaschen aufbewahrt werden.

Handelssorten.

Die Carbolsäure wird unter Angabe des Schmelzpunktes gehandelt. Neben dem chemisch reinen Phenol gelangen die weniger reinen Sorten mit einem Schmelzpunkt von ca. 34 bis 35° und die rohe Carbolsäure in den Handel.

Phenolphtaleïn.

Phenolphtaleïn pur. ($C_{20}H_{14}O_4$. Molecular-Gew. $= 317{,}24$).

Gelblich weisses oder fast weisses, krystallinisches Pulver, welches bei 150° C. schmilzt.

Prüfung auf Verunreinigungen.

Flüchtig: 0,5 g verbrennen beim Erhitzen in der Platinschale ohne einen Rückstand zu hinterlassen.

Löslich in Alkohol: Das Phenolphtaleïn löst sich in 10 Th. Alkohol klar auf; die alkoholische Lösung 1 : 100 sei farblos.

Empfindlichkeit: Man prüft, wie bei Lackmustinctur S. 223 angegeben wurde: 250 ccm ausgekochten und wieder erkalteten Wassers (siehe Lackmustinctur), mit Phenolphtaleïn versetzt, dürfen nicht mehr als 0,08 bis 0,09 ccm, also 3 Tropfen $^1/_{10}$-N.-Alkali gebrauchen, um von farblos in Violett (nicht Roth!) überzugehen.

Anmerkung. Vorstehende Zahlen hat Reinitzer (Zeitschr. f. angewandte Chemie 1894, S. 550) für die Empfindlichkeit des Phenolphtaleïns gefunden. Thomson (Zeitschr. f. analyt. Chemie 1885, S. 222 ff. und 1888, S. 36—61) verwandte bei seinen Untersuchungen das Phenolphtaleïn in einer Lösung von 50 proc. Alkohol, die 0,5 g im Liter enthielt. 0,5 ccm derselben, mit 100 ccm Wasser verdünnt, brauchten 0,1 ccm $^1/_{10}$-Normalnatronlauge, um aus farblos in roth überzugehen.

Anwendung.

Das Phenolphtaleïn kann zur Bestimmung der kaustischen neben kohlensauren Alkalien, ferner zur Bestimmung von kohlensauren neben doppeltkohlensauren Alkalien verwendet werden. Mit dem geringsten Ueberschuss eines fixen Alkalis färbt sich Phenolphtaleïn deutlich roth, welche Färbung durch ein Minimum von Säure (auch Kohlensäure) wieder verschwindet. Die Salze der fixen Alkalien üben keinen Einfluss auf die Empfindlichkeit der Reaction aus, wohl aber die Ammoniumsalze. Zu Ammoniakbestimmungen ist das Phenolphtaleïn daher nicht empfehlenswerth. (Näheres siehe Mohr, l. c., S. 88).

Je reiner das Präparat ist, desto vorzüglicher und vollkommener ist seine Wirkung. Das reine Phenolphtaleïn hat die Formel $C_{20}H_{14}O_4$ und wird nach Baeyer dargestellt durch mehrstündiges Erhitzen von 5 Thln. Phtalsäureanhydrid und 10 Thln. Phenol mit 4 Thln. concentrirter Schwefelsäure auf 115—120° C.; es ist demnach das Phtaleïn des Phenols. Die Reaction verläuft nicht so quantitativ, dass nicht auch viele Nebenproducte entstehen, und diese sind es gerade, die die vorzüglichen Eigenschaften verdecken können, namentlich enthält die Masse harzige Körper, die nach Zusatz von Säuren zu der Lösung des Körpers nicht wie Phenolphtaleïn farblos werden.

Näheres über die Anwendung dieses empfindlichen und für viele Zwecke sehr brauchbaren Indicators siehe Böckmann, Chem.-techn. Untersuchungsmethoden 3. Aufl., Bd. 1, S. 123.

Man verwendet den Indicator in einer 1 procentigen Lösung in ca. 50 procentigem Weingeist. Man setzt auf 100 ccm der zu titrirenden Flüssigkeit stets die gleiche Menge, z. B. 5 Tropfen der Lösung zu.

Handelssorten.

Dieselben sind in Reinheit verschieden; sie enthalten, wie bei „Anwendung" bemerkt ist, als Verunreinigung oft noch harzige Producte.

Phenylendiaminchlorhydrat, meta.

$$C_6 H_4 (NH_2)_2 \ 2 \ HCl.$$

Weisses oder schwach röthlich weisses, in Wasser leicht lösliches Krystallpulver.

Prüfung auf Verunreinigungen.

Das Präparat bildet ein *weisses*, oder in Folge des Einflusses der Luft, ein *röthlich weisses* Pulver. *Die wässrige Lösung 1 : 20 sei farblos oder nur schwach gelblich gefärbt.*

Anwendung und Aufbewahrung.

Die wässerige Lösung des m-Phenylendiaminsalzes (1 : 200) verursacht eine gelbe bis braune Färbung in einer mit Schwefelsäure angesäuerten Nitritlösung. Selbst bei Gegenwart von Spuren Nitrit tritt die gelbe Färbung auf. Das Metaphenylendiaminchlorhydrat giebt ferner·mit Aldehyd eine sehr scharfe Reaction; es wird daher zum Nachweis von Aldehyd in Spiritus benutzt (siehe S. 12). Ueber das m-Phenylendiaminchlorhydrat als Reagens auf Wasserstoffsuperoxyd vergl. Denigés, Rep. d. Chem.-Ztg. 1891, S. 81, über die Anwendung desselben zur Erkennung des activen Sauerstoffs siehe Cazeneuve, Bull. soc. chim. [3] *5*, 855—857 oder Ref. in Ber. d. d. chem. Ges. 1891, S. 866.

Die Salze des Metaphenylendiamins haben den Nachtheil, dass sie selbst und ihre Lösungen an der Luft leicht zersetzbar sind. Man muss sie daher in kleinen Gläsern, sehr gut verschlossen aufbewahren. Ein Salz, das braun aussieht und eine braune Lösung giebt, ist als Reagens nicht mehr ohne Weiteres brauchbar, die braune Lösung muss vor dem Gebrauch durch etwas Thierkohle entfärbt werden.

Sehr gut soll sich eine ammoniakalische Lösung, welche mit Thierkohle versetzt ist, halten.

Man kann das Reagens auch in der Weise herstellen, dass man 5 g reinstes, bei **63⁰ schmelzendes Metaphenylendiamin** unter Zusatz von verdünnter Schwefelsäure bis zur deutlich sauren Reaction in destillirtem Wasser löst und mit letzterem zu 1 Liter auffüllt.

Falls die Lösung gefärbt ist, wird sie vor dem Gebrauch mit aus-
geglühter Thierkohle entfärbt.

Anmerkung. An dieser Stelle mögen ferner noch zwei weniger
gebrauchte Reagentien genannt werden, welche in den letzten Jahren
zum Nachweis von minimalen Mengen activem Sauerstoff von C. Wurster
vorgeschlagen wurden, nämlich das **Dimethyl-** und **Tetramethylpara-
phenylendiamin.** Ueber Herstellung und Eigenschaften der letzteren
Präparate vergl. Berichte d. d. chem. Gesellschaft 1886, S. 3195 ff.
und 1888, S. 921 ff., S. 1100 und S. 1525.

Phenylhydrazin.

Phenylhydrazin. puriss. ($C_6H_8N_2$. Molecular-Gew. = 107,84).

Farblose, ölige, schwach aromatische Flüssigkeit, welche beim
Abkühlen erstarrt, bei 23° wieder schmilzt und bei 233° siedet.
Das Phenylhydrazin ist ein Reagens auf Aldehyde und Ketone —
auch auf die Zuckerarten (E. Fischer, Berliner Berichte 1884, Bd. 1,
S. 572 ff. und Schwarz, Zeitschr. f. analyt. Chemie 1889, S. 380).
Der Zucker giebt mit Phenylhydrazin Osazon; verschiedene Zucker-
arten zeigen dabei ein verschiedenes Verhalten.

Das Phenylhydrazin dient auch zum Nachweis des Schwefel-
kohlenstoffes, siehe S. 54 bei Benzol. Ueber die Anwendung des
Phenylhydrazins als Reagens siehe Fischer l. c. und Zeitschr. analyt.
Chemie 1893, S. 479.

Die Bestimmung des Carbonylsauerstoffs der Aldehyde und
Ketone, insbesondere des Acetons unter Anwendung von Phenylhydrazin nach Strache siehe Zeitschr. analyt. Chemie 1892, S. 573 ff.

Phloroglucin.

Phloroglucin. puriss. ($C_6H_6O_3 + 2H_2O$.
Molecular-Gew. = 161,62).

Weisses oder schwach gelblich gefärbtes krystallinisches Pulver.
Verliert sein Krystallwasser bei 100°. Schmilzt bei raschem Erhitzen bei 217—219°, bei langsamem Erhitzen viel niedriger, nämlich bei 200 bis 209°. (Bayer, Ber. d. deutsch. chem. Gesellsch. *19*,
S. 2186.) Leicht löslich in Wasser, Alkohol und Aether.

Prüfung auf Verunreinigungen und Quantitative Bestimmung.

Man bestimmt den *Schmelzpunkt* und prüft auf *Löslichkeit* in Wasser, Alkohol und Aether und auf *Diresorcin.* Durch seinen nur geringen Gehalt an Diresorcin, welches im käuflichen Präparat nach Herzig und Zeisel (Zeitschr. f. analyt. Chemie 1891, S. 352) immer zugegen ist, zeigt das Phloroglucin das bekannte körnig-krystallinische Aussehen.

Zur Erkennung von Diresorcin im Phloroglucin verfährt man wie folgt: Einige Milligramm des zu untersuchenden Phloroglucins werden mit etwa 1 ccm concentrirter Schwefelsäure behandelt, 1 bis 2 ccm Essigsäureanhydrit hinzugefügt und 5—10 Minuten in kochendem Wasserbad erwärmt; bei Gegenwart von auch nur 0,4 Proc. Diresorcin im Phloroglucin erhält man eine schöne, blauviolette Färbung. Ein geringer Diresorcingehalt im Phloroglucin. puriss. ist nicht zu beanstanden.

Das Präparat dient bei der Bestimmung der Pentosen und Pentosane zur Fällung des Furfurols nach Councler. Krüger und Tollens (Zeitschr. f. angewandte Chemie 1896, S. 40) haben gezeigt, dass man für diese Bestimmung das wenig diresorcinhaltige Phloroglucin. puriss. pro anal. (Schm.-P. 210⁰ C.) von Merck ebenso gut verwenden kann, als das nach der Skraup'schen Methode gereinigte diresorcinfreie Präparat, welches jetzt ebenfalls von Merck hergestellt wird, aber viel kostspieliger. ist als das Phloroglucin. puriss. pro analysi. Das nach der Skraup'schen Methode gereinigte, garantirt diresorcinfreie Präparat muss die oben vorgeschriebene Prüfung auf Diresorcin aushalten.

Anwendung.

Phloroglucin ist ein Reagens auf Lignin. Ueber den Nachweis des Holzstoffes im Papier mit Phloroglucin siehe Chemiker-Zeitung 1887, S. 1181. Die Lignin enthaltende Holzzelle zeichnet sich u. a. dadurch von reiner Cellulose aus, dass sie sich mit Phloroglucin und Salzsäure intensiv roth färbt.

Ueber die Farbenreactionen des Phloroglucins sowie über die **Farbenreactionen der Kohlenstoffverbindungen** im Allgemeinen siehe Emil Nickel, Zeitschr. f. analyt. Chemie 1889, S. 244 ff. Ueber die Farbenreactionen einiger ätherischer Oele siehe Ihl, Pharm. Ztg. 1889, S. 166.

Durch Lösen von 2 g Phloroglucin und 1 g Vanillin in 30 g

Spiritus erhält man das **Phloroglucinvanillin,** welches Reagens nach Günzburg (Pharm. Ztg. 1891, S. 393) zum Nachweis der freien HCl im Magensaft benutzt wird.

Eine Lösung von Phloroglucin in Salpetersäure wird in der Mikroskopie als Entkalkungsmittel gebraucht. (Rep. d. Chemiker-Ztg. 1891, S. 156.)

Weiteres über die Anwendung siehe vorstehend bei Prüfung auf Verunreinigungen.

Handelssorten.

Das Phloroglucin des Handels ist häufig mit Diresorcin verunreinigt; es zeigt alsdann einen zu hohen Schmelzpunkt. (Diresorcin schmilzt bei 310⁰.) Siehe auch oben bei Prüfung auf Verunreinigungen.

Phosphor-Molybdänsäure.

Acid. phospho-molybdaenic. cryst.

$$(12\ Mo\ O_3,\ PO_4\ H_3 + 29\ H_2\ O.\quad Molecular\text{-}Gew. = 2246{,}8.)$$

Gelbe, glänzende, leicht und vollständig in Wasser lösliche Krystalle von saurer Reaction.

Prüfung auf Verunreinigungen.

Löslichkeit, schwere Metalle und Erden: 2 g lösen sich in 10 ccm Wasser vollständig. Diese Lösung giebt nach Zusatz einer geringen Spur Ammoniak einen starken Niederschlag; sie wird durch Hinzufügen von einer grösseren Menge Ammoniak vollständig klar; versetzt man die mit Ammoniak übersättigte Lösung mit Schwefelammon und oxalsaurem Ammon, so zeigt sich keine Veränderung.

Quantitative Bestimmung.

Man löst die Phosphormolybdänsäure in Ammoniak und bestimmt durch Fällen dieser Lösung mit Magnesiamixtur in üblicher Weise die Phosphorsäure. Zur Controlle bestimmt man maassanalytisch das Molybdän durch Titration mit Chamäleonlösung. Bezüglich des Näheren über die Ausführung letzterer Untersuchung siehe Mohr, Titrirmethode, 6. Aufl., S. 243. Vergl. auch in dieser Schrift den Abschnitt über Acid. molybdaenic. S. 247.

Anwendung.

Die Phosphormolybdänsäure giebt mit stark sauren Lösungen der Salze des Kaliums, Ammoniums, Rubidiums, Cäsiums, Thalliums und organischen Alkaloiden gelbe Niederschläge der entsprechenden phosphormolybdänsauren Salze. Sie ist eines der wichtigsten Gruppenreagentien für die Untersuchung auf Alkaloide.

Handelssorten.

Die Phosphormolybdänsäure ist oft sehr mangelhaft krystallisirt und unvollständig löslich. Es kommt für Reagenszwecke auch eine Acid. phospho-molybd. solut. in den Handel.

Phosphorsäure.

Acid. phosphoric. puriss. ($H_3 PO_4$. Molecular-Gew. $= 97{,}80$).

Klare, farblose und geruchlose Flüssigkeit. Spec. Gew. 1,20.

Prüfung auf Verunreinigungen.

Arsen: 3 g dürfen bei der Untersuchung im Marsh'schen Apparat (siehe bei Natriumcarbonat S. 266) keinen Arsenspiegel geben.

Salpetersäure: 2 ccm der Säure mit 2 ccm Schwefelsäure vermischt, dürfen nach dem Ueberschichten mit 1 ccm Ferrosulfatlösung keine gefärbte Zone zeigen.

Anmerkung. Salpetersäurehaltige Phosphorsäure, deren Gehalt an Salpetersäure nach der üblichen Ferrosulfat-Methode nicht mehr ermittelt werden kann, ist nach Alex. Gunn vielfach im Handel anzutreffen. Man erkennt minimale Spuren von Salpetersäure, indem man Brucin mit der fraglichen Phosphorsäure mischt. Bei Gegenwart von Salpetersäure wird sich die Lösung röthlich färben. E. Merck stellt neben der meistens gebräuchlichen, nach der Ferrosulfatprobe N-freien, reinen Phosphorsäure, für besondere analytische Zwecke auch eine absolut **N-freie Phosphorsäure** her, welche sowohl die Brucinprobe als auch die Prüfung mit Diphenylamin aushält. Ueber die Ausführung der Prüfung mit Diphenylamin siehe S. 108 in diesem Buche.

Die Brucinprobe führen wir in der Weise aus, dass einige Krystalle Brucin in einem Probirrohre mit 2 Tropfen Wasser übergossen und dann mit 2 ccm conc. reiner Schwefelsäure vermischt werden; über die so erhaltene Flüssigkeit schichtet man die zu prüfende Phosphorsäure, wonach sich nach einigen Minuten kein rother Ring an den Berührungsstellen zeigen darf. Auch wenn diese Flüssigkeit durch Umschütteln vermischt wird, darf sie sich nicht roth färben.

Metalle, Erden etc.: Mit Schwefelwasserstoffwasser vermischt, werde die Phosphorsäure nicht verändert. Uebersättigt man die mit dem mehrfachen Volumen Wasser verdünnte Säure mit Ammoniak und fügt oxalsaures Ammon und Schwefelammon hinzu, so darf sich keine Trübung und keine grüne Färbung zeigen. Mit 4 Raumtheilen Weingeist vermischt, bleibe die Säure klar.

Haloïdsäuren und phosphorige Säure: Die mit dem 5fachen Volumen Wasser verdünnte Phosphorsäure darf sich mit Silbernitratlösung weder in der Kälte, noch beim Erwärmen verändern.

Organische Substanzen, niedrige Oxydationsstufen des Phosphors: 5 ccm Phosphorsäure werden mit 5 ccm verdünnter Schwefelsäure und mit 5 Tropfen Kaliumpermanganatlösung (1 : 1000) versetzt, alsdann wird 5 Minuten lang zum Kochen erhitzt, wobei die rothe Färbung nicht verschwinden darf.

Anmerkung. Salzer (Pharm. Ztg. 1894, S. 262 und S. 311) hat im Handel eine abnorme Phosphorsäure angetroffen, welche Permanganat stark reducirte. Derselbe macht darauf aufmerksam, dass man bei der vorgeschriebenen Prüfung sich zunächst überzeugen muss, ob die zur Verwendung gelangende Schwefelsäure nicht unrein ist und auf Permanganat einwirkt.

Metaphosphorsäure: Wird die verdünnte Phosphorsäure in verdünnte Eiweisslösung eingetropft, so darf keine Trübung entstehen.

Schwefelsäure: Die mit dem 10fachen Volumen Wasser verdünnte Phosphorsäure darf durch Chlorbarium nicht verändert werden.

Ammoniak: Beim Erwärmen von 2 ccm Phosphorsäure mit überschüssiger Natronlauge darf sich kein Ammoniakgeruch zeigen und die Dämpfe dürfen beim Annähern eines mit verdünnter Salzsäure befeuchteten Glasstabes keine Nebel bilden.

Anmerkung. R. Huguet (Chem. Central-Blatt 1894, S. 167) fand in officineller Phosphorsäure einen Gehalt von $Na H_2 PO_4$. Zur Bestimmung des $Na H_2 PO_4$-Gehaltes fällte Verf. heiss mit $Ba (OH)_2$, filtrirte, entfernte Ba im Filtrat durch $H_2 SO_4$ und wog Na als $Na_2 SO_4$.

Auch ein Gehalt von Ammonsalz ist schon in der käuflichen Phosphorsäure gefunden worden. Erhebliche Verunreinigungen mit Salzen zeigen sich beim Vermischen der Säure mit Alkohol, wobei zur Verschärfung noch 2 Volumen Aether zugesetzt werden können.

Quantitative Bestimmung.

Man titrirt mit Uranlösung, wie dieses u. a. im Commentar zur Pharm. Germ. III (Berlin bei Springer 1891) Bd. I, S. 141 ausführlich beschrieben ist.

Ueber die maassanalytische Bestimmung der officinellen Phosphorsäure vergleiche eine Abhandlung von C. Glücksmann in Pharm. Post 1895, No. 13.

Meistens wird die obige qualitative Untersuchung und die Bestimmung des spec. Gew. genügen.

Volumgewicht der **Phosphorsäure** bei 15^0 und Gehalt derselben an H_3PO_4, sowie an P_2O_5.

Volum-Gew.	Proc. H_3PO_4	Proc. P_2O_5	Volum-Gew.	Proc. H_3PO_4	Proc. P_2O_5	Volum-Gew.	Proc. H_3PO_4	Proc. P_2O_5
1,0054	1	0,726	1,1262	21	15,246	1,2731	41	29,766
1,0109	2	1,452	1,1329	22	15,972	1,2812	42	30,492
1,0164	3	2,178	1,1397	23	16,698	1,2894	43	31,218
1,0220	4	2,904	1,1465	24	17,424	1,2976	44	31,944
1,0276	5	3,630	1,1534	25	18,150	1,3059	45	32,670
1,0333	6	4,356	1,1604	26	18,876	1,3143	46	33,496
1,0390	7	5,082	1,1674	27	19,602	1,3227	47	34,222
1,0449	8	5,808	1,1745	28	20,328	1,3313	48	34,948
1,0508	9	6,534	1,1817	29	21,054	1,3399	49	35,674
1,0567	10	7,260	1,1889	30	21,780	1,3486	50	36,400
1,0627	11	7,986	1,1962	31	22,506	1,3573	51	37,126
1,0688	12	8,712	1,2036	32	23,232	1,3661	52	37,852
1,0749	13	9,438	1,2111	33	24,058	1,3750	53	38,578
1,0811	14	10,164	1,2186	34	24,664	1,3840	54	39,304
1,0874	15	10,890	1,2262	35	25,410	1,3931	55	40,030
1,0937	16	11,616	1,2338	36	26,136	1,4022	56	40,756
1,1001	17	12,342	1,2415	37	26,862	1,4114	57	41,482
1,1065	18	13,068	1,2493	38	27,588	1,4207	58	42,208
1,1130	19	13,794	1,2572	39	28,314	1,4301	59	42,934
1,1196	20	14,520	1,2651	40	29,040	1,4395	60	43,660

Anwendung und Aufbewahrung.

Man gebraucht die Phosphorsäure zur Destillation essigsaurer Salze behufs deren quantitativer Essigsäurebestimmung.

Sie wird in Gläsern mit gut schliessendem Glasstöpsel aufbewahrt.

Handelssorten.

Die reine Säure des Handels wird mit bestimmter Garantie des spec. Gew. verkauft. Die Säuren der Listen haben ein spec.

Gew. von 1,08 bis 1,725. Die Reinheit der Handelspräparate ist sehr verschieden; siehe darüber die Anmerkungen bei Prüfung etc.

Ueber **Metaphosphorsäure,** welche ebenfalls in den Handel gelangt, siehe S. 236.

Phosphorsäure-Anhydrid.

Acid. phosphoric. anhydric. (P_2O_5. Molecular-Gew. $= 141,72$).

Schneeweisse, geruchlose Flocken, welche im Reagensgläschen vollständig sublimiren. Das Phosphorsäure-Anhydrid löst sich in kaltem Wasser unter Zischen.

Prüfung auf Verunreinigungen.

An vorstehend beschriebenen Eigenschaften lässt sich das reine Präparat ohne Weiteres erkennen. Eine gelbliche Färbung des P_2O_5 deutet auf eingemengten rothen Phosphor. Ein feuchtes P_2O_5 zerfliesst zu Metaphosphorsäure und verliert damit seine Flüchtigkeit. Auf einen etwaigen Gehalt an arseniger Säure ist durch Lösen der P_2O_5 in Wasser und Behandeln der erwärmten Lösung mit Schwefelwasserstoff zu prüfen.

Quantitative Bestimmung.

Man führt das Phosphorsäureanhydrid durch Lösen in Wasser und Kochen der Lösung in Phosphorsäure über und bestimmt dieselbe nach der Molybdänsäuremethode.

Anwendung und Aufbewahrung.

Das Phosphorsäure-Anhydrid ist ein wichtiges Entwässerungsmittel bei organischen Synthesen und es findet auch zum Trocknen der Gase etc. mit Vortheil Verwendung. (Zeitschr. f. analyt. Chemie 1887, S. 628 und 1888, S. 1 ff.)

Nach Shenstone und Beck (Zeitschr. f. analytische Chemie 1894, S. 66) enthält das käufliche Phosphorsäureanhydrid bisweilen niedrige Phosphoroxyde, welche bei manchen Anwendungen als Trockenmittel schädlich sind. Die Genannten erhitzen und verflüchtigen daher das käufliche Präparat für gewisse Zwecke nochmals im Sauerstoffstrome. Näheres siehe l. c.

Man bewahrt das Präparat in sehr gut mit Glasstöpsel verschlossenen Glasflaschen auf.

Handelssorten.

Dieselben sind oft nicht schön weiss oder feucht; sie enthalten bisweilen noch unverbrannten Phosphor. Siehe auch bei Anwendung.

Phosphor-Wolframsäure.

Acid. phospho-wolframic. cryst. $(H_{11}PW_{10}O_{38} + 8\,H_2O)$.

Gelblich grüne, kleine Krystalle oder eine Lösung.

Sie kommt als gewöhnliche „Acid. phospho-wolframic. cryst.“, als „Acid. phospho-wolframic. solut.“ und als „Acid. phospho-wolframic. cryst. absolut. frei von NH_3 und N_2O_5“ in den Handel.

Man trifft die Säure oft sehr stark mit *salpetersaurem Ammon* verunreinigt im Handel. Die Phosphorwolframsäure hat in hohem Grade das Vermögen, organische Basen zu fällen, und findet zu diesem Zwecke in der Analyse Anwendung. Phosphorwolframsäure dient auch zur Fällung der Albuminosen und Peptone (Zeitschr. f. analyt. Chemie 1889, S. 195).

Pikrinsäure.

Acid. picronitric. puriss. cryst. $(C_6H_3N_3O_7$.
Molecular-Gew. $= 228{,}57)$.

Blassgelbe, stark glänzende Blättchen. In Alkohol, Aether und Benzol leicht, schwer in kaltem, leichter in heissem Wasser löslich.

Prüfung auf Verunreinigungen.

Bei einer Prüfung der Pikrinsäure ist namentlich auf folgende Substanzen Rücksicht zu nehmen*): 1. Harzartige Körper. Man löst 1 Th. Pikrinsäure in 60 Th. kochendem Wasser, setzt $^1/_{2000}$ ihres Gewichtes Schwefelsäure zu und filtrirt. Etwa vorhandenes Harz bleibt auf dem Filter zurück. 2. Oxalsäure, welche bei Anwesenheit geringer Mengen von der Fabrikation herstammen kann, lässt sich durch das Mikroskop erkennen, wobei die farblosen prismatischen Krystalle derselben leicht von den gelben rhombischen

---

*) Schultz, Chemie des Steinkohlentheers, 2. Aufl., 2. Bd., S. 44.

Blättchen der Pikrinsäure zu unterscheiden sind; sie lässt sich ferner leicht mit Kalkwasser resp. mit Ammoniak und Chlorcalcium ausfällen und bestimmen. 3. Salpeter, Glaubersalz oder Kochsalz bleiben beim Ausziehen der zu untersuchenden Pikrinsäure mit warmem Alkohol, bis derselbe farblos abläuft, zurück und können nach bekannten Methoden nachgewiesen werden. 4. Zucker kann in der Art bestimmt werden, dass man die Pikrinsäure genau mit kohlensaurem Kali neutralisirt, das Filtrat von dem pikrinsauren Kali vorsichtig im Wasserbade zur Trockne dampft und den Rückstand wiederholt mit starkem Alkohol auszieht. Das alkoholische Filtrat wird verdampft und der Rückstand auf Zucker, z. B. nach der Trommer'schen Zuckerprobe, untersucht. Auf Mono- und Dinitrophenol prüft Allen (Zeitschr. f. analyt. Chemie und Journal of the Soc. of Dyers and Colorists *4*, 84) wie folgt: „Man misst in zwei Stöpselflaschen je ein gleiches Volumen etwa 1 procentiges Bromwasser ab, fügt zu dem Inhalt der einen Flasche eine 1 procentige Lösung der Säure, versetzt dann jede der beiden Flaschen mit Jodkalium im Ueberschuss und titrirt die Menge des abgeschiedenen Jods mit $\frac{1}{10}$ Thiosulfat. Die Menge des substituirten Broms entspricht dem Gehalt an den genannten Verunreinigungen.“

Anwendung und Aufbewahrung.

Die Pikrinsäure dient zum Nachweis der Alkaloide, mit welchen sie Niederschläge giebt. Sie ist giftig. Rasch und stark erhitzt, verpufft die Pikrinsäure unter Explosion. Sie werde vorsichtig aufbewahrt.

Handelssorten.

Pikrinsäure, welche mit anorganischen Substanzen verunreinigt ist, findet sich häufig im Handel. Weiteres siehe unter Prüfung auf Verunreinigungen.

Picrocarmin.

Das Picrocarmin ist ein Tinctionsmittel, welches bei mikroskopischen Untersuchungen Verwendung findet. Nach Ranvier benutzt man eine Lösung des Ammonium-Picrocarminats. Nach L. Gedölst besitzt das Natrium-Picrocarminat vor dem Ammoniumsalze sehr wesentliche Vortheile. Gedölst giebt zur Herstellung einer sehr brauchbaren **Natrium-Picrocarminatlösung** eine Vorschrift. (Rep. d. Chem.-Ztg. 1887, S. 97.)

Weiteres über die Herstellung dieser Tinctionsmittel siehe S. 83 in diesem Buche.

Platin.

Platina (Pt.   Atom-Gew. = 194,3).

Das **compacte Metall** ist von silberweisser Farbe mit einem Stich in's Graue. Der **Platinmohr,** höchst fein zertheiltes Platin, ist von schwarzer Farbe. Der **Platinschwamm,** welcher durch Glühen von Platinsalmiak erhalten wird, ist mattgrau. Das Platin löst sich in Königswasser.

Prüfung auf Verunreinigungen und Quantitative Bestimmung.

Man löst das Platin in Königswasser und verdunstet die Lösung auf dem Wasserbade. Das zurückbleibende Chlorid wird in einem Porzellantiegel durch starkes Glühen in Platinschwamm verwandelt, und diesen behandelt man mit verdünnter Salpetersäure, wobei nur *Spuren in Lösung* gehen dürfen. (Siehe auch Platina chlorat.)

Man kann das Chlorid auch mit Salmiak fällen und den erhaltenen Platinsalmiak durch Glühen in Metall überführen, welches gewogen wird. Ist der Platinschwamm iridiumhaltig, so bleibt das Iridium beim wiederholten Behandeln mit durch 4—5 Vol. Wasser verdünntem Königswasser zurück.

Zur Prüfung von Platin auf geringe Verunreinigungen ist nach Mylius und Foerster (D. chem. Ges., Berl. 1892, *25,* 665) folgende Methode zweckmässig: Man verwendet drei gesonderte Portionen; ein Theil wird nach dem Bleiverfahren von Deville und Stas auf Palladium, Iridium und Ruthenium untersucht; ein zweiter Theil wird in Königswasser gelöst, das Platin durch Ameisensäure reducirt und im Filtrat das Eisen bestimmt. Ein dritter Theil wird durch Kohlenoxyd und Chlor verflüchtigt, worauf man im Rückstande Rhodium, Silber, Kupfer und Blei aufsucht. Bei Verwendung von 10 g Platinmetall zu diesen Prüfungen kann man noch folgende Mengen Verunreinigungen auffinden: Iridium 0,003 Proc., Ruthenium 0,005 Proc., Rhodium 0,004 Proc., Palladium 0,01 Proc., Eisen

0,001 Proc., Kupfer 0,002 Proc., Silber 0,002 Proc., Blei 0,002 Proc. Bezüglich der näheren Beschreibung der Methode sei auf die Originalabhandlung verwiesen.

Platingeräthe prüft man auf ihre Brauchbarkeit, indem man in denselben nach einander und nach jedesmaligem Reinigen die stärksten und reinsten Säuren (Salzsäure, Schwefelsäure, Salpetersäure) kocht und alsdann untersucht, ob diese Säuren nichts aus dem Platin aufgenommen haben, d. h. beim Verdunsten keinen wesentlichen Rückstand hinterlassen.

Anwendung.

Das Platin dient zur Herstellung der Platingeräthe und wird in Form von Platinmohr als Oxydationsmittel in der organischen Chemie und in der Elementaranalyse bisweilen an Stelle des Kupferoxydes gebraucht. Es dient ferner zur Herstellung des Platinchlorids (S. 318), welches zur Bestimmung des Kaliums Verwendung findet. E. Merck (siehe Merck's Jahresbericht 1892, S. 75) verwendet zu Platinchlorid für analytische Zwecke nur das reinste Platin, das höchstens 0,01 Proc. Gesammtverunreinigungen enthält.

Handelssorten.

Das meiste Platin des Handels enthält Iridium, wodurch seine Brauchbarkeit zur Herstellung von Geräthen nicht beeinträchtigt wird. Fast immer sind im Platin auch deutliche Spuren Kupfer, Eisen, Rhodium, Palladium und Ruthenium zugegen.

Technisch gereinigtes Platin, welches F. Mylius und F. Foerster untersuchten (D. chem. Ges., Berl. 1892, *25*, 665), enthielt 99,28 Proc. Pt, 0,32 Proc. Ir, 0,13 Proc. Rh, 0,00 Proc. Pd, 0,04 Proc. Ru, 0,06 Proc. Fe und 0,07 Proc. Cu.

Vor mehreren Jahren haben W. C. Heraeus (Rep. d. Chem.-Ztg. 1891, S. 170) und Mylius und Foerster (l. c.) eine Methode gefunden, nach der sich leicht ein sehr reines Platin in grösserer Menge gewinnen lässt, welches nur noch 0,01 Proc. Verunreinigungen (vorzugsweise Iridium) enthält. Näheres über die Methode siehe Berl. Ber. 1892, l. c. Dieses reine Platin gelangt jetzt auch in den Handel. Zur Herstellung von Platingefässen und Draht verwendet man häufig Legirungen von Iridium und Platin. Eine Legirung von Platin und Iridium ist u. a. geeigneter zur Herstellung von Schwefelsäure-Concentrationsapparaten als reines Platin. Noch weniger als die Platin-Iridium-Legirung wird von der concentrirten Schwefelsäure das Gold angegriffen, wesshalb sich für Schwefelsäurefabrikation vergoldete Platinkessel am besten eignen.

Platinchlorid.

Platina chlorata sicc. pur., Wasserstoffplatinchlorid, gewöhnlich Platinchlorid genannt $(PtCl_4 + 2HCl + 6H_2O.$
Molecular-Gew. $= 516{,}28)$*).

Rothgelbe, trockene, krystallinische Masse, welche mit Wasser eine tief, aber rein gelbe Lösung giebt.

Prüfung auf Verunreinigungen.

Löslichkeit: 1 g Platinchlorid löst sich klar in 10 ccm Alcohol. absolut. Auch in *Wasser* ist das Platinchlorid *klar löslich*; diese *Lösung* sei *rein gelb* und nicht roth oder dunkelbraun, was auf Anwesenheit von Chlorür oder Iridium hindeuten würde.

Anmerkung. Platinchlorid, welches beim Lösen in Alkohol einen erheblichen grüngelben Bodensatz zeigt und daher wahrscheinlich chlorürhaltig ist, habe ich im Handel verschiedentlich angetroffen. Ein solches Präparat, das sich gewöhnlich auch mit sehr dunkelbrauner Farbe in Wasser (1 : 10) löst, während die Lösung des guten Präparates heller ist, muss beanstandet werden. Die rothe Farbe der Lösung des Platinchlorids kann auch durch die Gegenwart von Iridium bedingt sein.

Glührückstand: 2 g Platinchlorid werden stark geglüht, der rückständige Platinschwamm wird mit verdünnter Salpetersäure (5 ccm Salpetersäure, 1,20 spec. Gew. + 20 ccm Wasser) auf dem Wasserbade ¼ Stunde digerirt; alsdann filtrirt man, dampft das Filtrat ein

---

*) Wirkliches Platinchlorid, $PtCl_4$, wird erhalten, indem man eine Lösung von Platinchloridchlorwasserstoff mit salpetersaurem Silber ausfällt, filtrirt und das Filtrat, welches das Platinchlorid gelöst enthält, eindampft. Für analytische Zwecke, besonders für die Kalibestimmungen, verwendet man das oben beschriebene Wasserstoffplatinchlorid. Dasselbe enthält ca. 37,6 Proc. Pt. Auch ein durch weiteres Eintrocknen des Wasserstoffplatinchlorids gewonnenes Präparat mit ca. 40 Proc. Pt gelangt in den Handel und kann, wenn es rein ist, für analytische Zwecke Verwendung finden.

und glüht, wobei nur wenige (höchstens 4—5) mg Rückstand verbleiben dürfen.

Anmerkung. Spuren von Rückstand sind auch nach Hager (Handbuch der pharm. Praxis) unvermeidlich und stammen aus den Gefässen, in welchen das Platin mit der starken Säure gelöst wird.

Schwefelsäure: Die Lösung (1 : 20) des Platinchlorids zeigt auf Zusatz von einigen Tropfen Chlorbariumlösung auch nach längerem Stehen keine Trübung.

Anmerkung. Holleman (Chem.-Ztg. 1892, S. 35) fand in einem Präparate des Handels Schwefelsäure. Ich selbst habe diese Verunreinigung niemals angetroffen.

Baryt: Die Lösung (1 : 20) des Platinchlorids darf auf Zusatz von einigen Tropfen verdünnter Schwefelsäure auch nach längerem Stehen keine Trübung zeigen.

Weiteres über die Prüfung siehe nachstehend.

Quantitative Bestimmung.

Man fällt das Platin mit reinem Chlorkalium als Kaliumplatinchlorid, bringt dieses auf ein bei 130° C. getrocknetes Filter, wäscht vorsichtig und nicht zu lange aus und trocknet ca. 20 Minuten bei 130° C. Näheres über die Ausführung dieser Analyse siehe Precht, Zeitschr. f. analyt. Chemie 1879, S. 520.

Das reine Platinchlorid für analytische Zwecke soll mit reinem Chlorkalium die berechnete Menge Kaliumplatinchlorid geben (Precht l. c.).

Verwendet man zur Darstellung des Platinchlorids iridiumhaltiges Platin, so wird das Iridium ebenfalls gelöst. Spuren des letzteren sind nach Precht (Zeitschr. f. analyt. Chemie 1879, S. 512) ohne Nachtheil bei der Verwendung des Platinchlorids zur Bestimmung des Kalis. Grössere Mengen würden sich durch vorstehende quantitative Prüfungen erkennen lassen. Eine iridiumhaltige Platinchloridlösung ist braun gefärbt, wie oben bemerkt wurde.

Anwendung und Aufbewahrung.

Das Platinchlorid dient zum Nachweis und zur Bestimmung des Kaliums und des Ammoniums. Platinchloridlösung (neutrale) dient auch als Gruppenreagens auf Alkaloide Zur Herstellung des Platinchlorids für analytische Zwecke verwende man das reinste Platin (siehe S. 317).

Das Platinchlorid wird in gut verschlossenen Glasflaschen aufbewahrt.

Handelssorten.

Siehe oben.

Pyrogallussäure.

Acid. pyrogallic. bisublimat., Pyrogallol ($C_6H_6O_3$.
Molecular-Gew. $= 125,70$).

Leichte, weisse, glänzende Krystallblättchen oder Nadeln.

Prüfung auf Verunreinigungen.

Löslichkeit: Die Lösung in 2 Thln. Wasser muss klar, neutral und farblos sein. Auch mit Aether und mit Alkohol giebt das Präparat eine klare Lösung.

Rückstand: 1 g sublimirt bei vorsichtigem Erhitzen ohne Rückstand.

Quantitative Bestimmung.

Die richtige Zusammensetzung erkennt man am Schmelzpunkt, welcher bei 131^0 liegen muss, ferner an den sonstigen, oben angegebenen Eigenschaften. Die wässerige Lösung der Pyrogallussäure wird auf Zusatz von Natronlauge schnell gebräunt.

Anwendung und Aufbewahrung.

Pyrogallussäure absorbirt in alkalischer Lösung begierig Sauerstoff; sie findet in der Gasanalyse Verwendung. Nach Winkler löst man in 1 Liter Kalilauge von ca. 1,20 spec. Gew. 50 g Pyrogallussäure. 1 ccm dieser Lösung vermag 13 ccm Sauerstoff aufzunehmen. Zu starke Kalilauge von 1,5 spec. Gew. ist zur Herstellung dieser Lösung nicht geeignet. Ueber die Farbenreaction des Rübenzuckers mit Pyrogallussäure (und anderen Phenolen wie *Resorcin, Orcin, a-Naphtol* u. A.) vergl. Chem.-Ztg. 1887, I. Bd., S. 2. Die Farbenreactionen verholzter Zellmembrane mit Pyrogallussäure (Phloroglucin, Resorcin, Indol etc.) siehe Repert. d. Chem.-Ztg. 1888, S. 268. Pyrogallol als scharfes Reagens auf Propepton vergl. Berichte d. d. chem. Gesellschaft 1888, Bd. 3, S. 301.

Ueber die Bestimmung der Salpetersäure und der salpetrigen Säure mit Pyrogallussäure vergl. Pharm. Ztg. 1891, S. 347.

Man bewahrt die Pyrogallussäure in gut verschlossenen Glasgefässen auf.

Bemerkt muss werden, dass die wässerige Lösung sich an der
Luft mit der Zeit bräunt und saure Reaction annimmt. Manche
der Luft und dem Lichte ausgesetzt gewesene Pyrogallussäure giebt
schon sofort keine farblose und neutrale Lösung mehr. (Archiv d.
Pharm. 1887, S. 97; ebendaselbst finden sich auch nähere Angaben
über die Löslichkeitsverhältnisse der Säure.)

Handelssorten.

Die Pyrogallussäure kommt jetzt in sehr schöner Form in den
Handel.

Pyrrol.

(C_4H_5N.   Molecular-Gew. = 66,89.)

Eine farblose, bei 133º siedende Base.

Nach Ihl (Chem.-Ztg. XIV, 1571) ist von allen bekannten
Ligninreactionen eine alkoholische Pyrrollösung am empfindlichsten
und selbst dem Phloroglucin vorzuziehen. Bei Gegenwart von Salzsäure bewirkt Pyrrollösung beim gelinden Erwärmen mit allen Alde-
hyden eine Rothfärbung.

Quecksilber.

Hydrargyrum metallicum depurat. (Hg. Atom-Gew. = 199,80).

Flüssiges, beim Erhitzen ohne Rückstand flüchtiges Metall, welches stets eine glänzende Oberfläche zeigt.

Prüfung auf Verunreinigungen und Quantitative Bestimmung.

Quecksilber, welches beim Schütteln mit Luft eine *glänzende
Oberfläche* behält und welches vollständige Flüchtigkeit zeigt, wird
in den meisten Fällen für analytische Zwecke genügen. Bezüglich
der ausführlichen chemischen Analyse des Quecksilbers siehe Fresenius, Quant. chem. Analyse, 6. Aufl., 2. Bd., S. 488.

Die Abwesenheit von mehr als schwachen Spuren
fremder Metalle ergiebt sich durch nachfolgende Prüfung der

Amerikan. Pharm.: Kocht man 5 g Hg mit 5 ccm Wasser und 4,5 g Natriumthiosulfat in einem Probirrohre ungefähr 1 Minute lang, so soll das Hg nicht seinen Glanz verlieren und nicht mehr als einen schwach gelblichen Stich annehmen.

Anmerkung. Nach Graham-Otto ist das Quecksilber des Handels bisweilen ziemlich rein, niemals aber vollkommen rein, sondern es enthält stets grössere oder geringere Mengen von anderen Metallen aufgelöst, so namentlich Blei, Zinn, Wismuth, Kupfer, ausserdem gewöhnlich Staub und Unreinigkeiten beigemengt. Je mehr das Quecksilber mit einer grauen Haut bedeckt ist und je weniger rund die Tropfen sind, je träger dieselben fliessen, desto unreiner ist es. Reines Quecksilber erhält sich, wenn es einige Mal mit Luft umgeschüttelt wird, vollkommen blank; unreines überzieht sich dabei mit einer Haut, die sich an die Glaswand anhängt. Noch $^1/_{4000}$ Blei ist, nach Ulex, auf diese Weise zu erkennen.

Anwendung.

Das Quecksilber dient in der Gasanalyse zum Füllen des Eudiometers, sowie der sonstigen Röhren, welche zum Auffangen der Gase bestimmt sind. Es wird ferner bei den Stickstoffbestimmungen nach Kjeldahl angewendet. Für manche Zwecke braucht man auch das **Hydrarg. puriss. bidest.**, welches durch Behandlung von Quecksilber mit Salpetersäure und Destillation hergestellt wird.

Handelssorten.

Siehe oben Anmerkung.

Quecksilberchlorid.

Hydrargyrum bichloratum ($HgCl_2$. Molecular-Gew. $= 270,54$).

Weisse Krystalle, welche in Wasser, Weingeist und reinem Aether löslich sind. Die wässerige Lösung wird durch Schwefelwasserstoff schwarz gefällt.

Prüfung auf Verunreinigungen.

Verunreinigungen im Allgemeinen: Nachdem das Quecksilber aus der wässerigen Lösung durch Schwefelwasserstoffwasser gefällt worden ist, darf das farblose Filtrat nach dem Verdunsten einen wägbaren Rückstand nicht hinterlassen.

Arsen: Wird das bei vorstehender Prüfung erhaltene Schwefelquecksilber mit verdünnter Ammoniakflüssigkeit geschüttelt, so zeige das Filtrat nach dem Ansäuern mit Salzsäure weder eine gelbe Farbe, noch einen gelben Niederschlag.

Quecksilberchlorür etc.: 2 g, pulverisirt, sind vollständig in ca. 15 g reinem Aether löslich.

Quantitative Bestimmung.

Die Bestimmung des Quecksilberchlorids wird nach Móhr (Titrirmethode, 6. Aufl., S. 250) maassanalytisch ausgeführt. Die Methode beruht darauf, dass das Quecksilberchlorid in alkalischer Lösung von Eisenoxydulsalzen zu Chlorür reducirt wird, und dass ein Theil des Eisenoxyduls in Oxyd übergeführt wird. Der Rest des Eisenoxyduls wird mit Chamäleon zurücktitrirt, der Titer des Chamäleons wird mit reinem Eisendoppelsalz gestellt. Berechnung: $Fe \times 4{,}8414 = HgCl_2$. Man kann das Quecksilber auch mit Schwefelwasserstoff ausfällen und als Sulfid wägen. Hält das Präparat die oben angeführten Prüfungen auf Reinheit aus, so wird eine quantitative Untersuchung in den meisten Fällen überflüssig sein.

Schuyten (Chem.-Ztg. 1896, S. 239) hat eine Methode zur Bestimmung von Quecksilbersalzen mittelst Natriumsuperoxyds ausgearbeitet, welche den Vortheil einer raschen Ausführbarkeit und genauer Erfolge vereinigt; siehe darüber l. c.

Anwendung und Aufbewahrung.

Das Quecksilberchlorid dient zur Erkennung der Jodwasserstoffsäure, des Zinns und der Ameisensäure. Es dient ferner zum Nachweis der Alkaloide und zur Herstellung von Bohlig's Reagens und auch von Nessler's Reagens. Das Präparat ist sehr giftig, weshalb es vorsichtig in gut verschlossenen Glasflaschen aufbewahrt wird.

Nessler's Reagens.

Dasselbe wird bereitet, indem man 35 g Jodkalium und 13 g Quecksilberchlorid mit 800 ccm Wasser unter Umrühren zum Sieden erhitzt. Wenn eine klare Lösung entstanden ist, fügt man tropfenweise von einer kaltgesättigten Quecksilberchloridlösung zu, bis eben ein bleibender Niederschlag zu entstehen beginnt. Man fügt jetzt noch 160 g Kalihydrat oder 120 g Natronhydrat zu, bringt durch Wasserzusatz auf 1 Liter, fügt noch ein wenig Quecksilberchloridlösung zu und lässt die Flüssigkeit sich absetzen. Die klargewordene

Lösung hat eine ganz schwach gelbliche Färbung. Sie muss, wenn 2 ccm zu 50 ccm Wasser gesetzt werden, welches 0,05 Milligramm Ammoniak enthält, sofort eine gelbbraune Färbung liefern.

Man bewahrt das Reagens in kleinen, 'gut verschlossenen Gläsern auf.

Handelssorten.

In der Zeitschrift für analytische Chemie 1883, S. 391 macht Lenz darauf aufmerksam, dass das Sublimat des Handels beim Lösen oft beträchtlichen Rückstand zeigt.

Quecksilberoxydulnitrat.

Hydrargyrum nitric. oxydulat. pur. $((NO_3)_2 Hg_2 + 2 H_2 O$.
Molecular-Gew. $= 560,30)$.

Weisse Krystalle.

Prüfung auf Verunreinigungen.

Flüchtig: 2 g hinterlassen beim Glühen im Porzellantiegel keinen wägbaren Rückstand.

Oxydsalz: 1 g wird in wenig sehr verdünnter Salpetersäure gelöst, die Lösung auf 20 ccm verdünnt, mit verdünnter, kalter Salzsäure im Ueberschuss versetzt und filtrirt; das Filtrat giebt mit frischem Schwefelwasserstoffwasser nur Spuren eines Niederschlags.

Quantitative Bestimmung.

Zur Bestimmung der Quecksilberoxydulverbindungen finden sich in den Handbüchern der quantitativen Analyse eine Anzahl von Methoden. Man kann beim salpetersauren Quecksilberoxydul die Bestimmung auf die Unlöslichkeit des Quecksilberchlorürs gründen.

Anwendung und Aufbewahrung.

Das Präparat dient zur Erkennung leicht oxydirbarer Körper, so der Ameisensäure.

Sehr giftig, daher in gut verschlossenen Glasflaschen aufzubewahren.

Handelssorten.

Dieselben enthalten häufig erheblichere Mengen Oxydsalz. Die Prüfung auf diese Verunreinigung muss sehr vorsichtig ausgeführt werden, da sich sonst während derselben leicht Oxydsalz bilden kann.

Quecksilberoxyd.

Hydrargyrum oxydatum (Hg O. Molecular-Gew. = 215,76).

Gelbes (Hydrarg. oxyd. via hum. par.) oder rothes (Hydrarg. oxyd. praep.) Pulver.

Prüfung auf Verunreinigungen.

Rückstand: 2 g hinterlassen beim Glühen keinen wägbaren Rückstand.

Chlor und Schwefelsäure: Die mit Hülfe von Salpetersäure dargestellte wässrige Lösung (1 : 100) sei klar, werde durch Silbernitrat nicht getrübt und durch Chlorbarium auch nach längerem Stehen nicht verändert.

Salpetersäure: 1 g Quecksilberoxyd mit 2 ccm Wasser geschüttelt, dann mit 2 ccm Schwefelsäure versetzt und hierauf mit 1 ccm Ferrosulfatlösung überschichtet, zeige auch nach längerem Stehen keine gefärbte Zone.

Anwendung und Aufbewahrung.

Das reine Quecksilberoxyd (Hydrarg. oxyd. v. hum. p.) dient zur Zerlegung des Chlormagnesiums, ferner zur Fällung des Mangans nach C. Meineke. Zu letzterem Zweck muss das Präparat eisenfrei sein, welcher Forderung das Hydrarg. oxyd. via hum. p. am sichersten entspricht.

Reines Quecksilberoxyd (frei von N und S) wird auch bei der Elementaranalyse stickstoffhaltiger und schwefelhaltiger Körper gebraucht.

In gut verschlossenen Glasgefässen aufzubewahren.

Handelssorten.

Rothes und gelbes Quecksilberoxyd des Handels hinterlassen häufig einen erheblichen Rückstand beim Glühen. Unwägbare Spuren eines Glührückstandes sind bei Quecksilberoxyd fast stets vorhanden

Quecksilberoxydnitratlösung.

Durch Auflösen von Quecksilberoxyd in Salpetersäure stellt man die zur quantitativen *Harnstoffbestimmung* erforderliche salpetersaure Quecksilberoxydlösung her. Es werden zu diesem Zwecke 77,2 g reines, im Wasserbade getrocknetes, rothes Quecksilberoxyd bei gelinder Wärme in Salpetersäure gelöst, zur Syrupdicke eingedampft und dann zu 1 Liter verdünnt. Etwa hierbei ausgeschiedenes basisches Salz wird mit einigen Tropfen verdünnter Salpetersäure in Lösung gebracht. 10 ccm dieser Quecksilbernitratlösung entsprechen 0,1 g Harnstoff.

Quecksilbernitrosonitratlösung (Millon's Reagens), und verschiedene andere Quecksilbersalzlösungen.

Das **Millon'sche Reagens** (Mercurnitrosonitrat) auf Albuminstoffe etc. kann wie folgt bereitet werden: 10 g Quecksilber werden in einem Glaskölbchen mit 25 g Salpetersäure von 1,185 spec. Gew. und 25 g Wasser übergossen, an einen nur lauwarmen Ort gestellt und öfters geschüttelt, bis Lösung erfolgt ist. Diese Lösung vermischt man mit einer in der Digestionswärme bewirkten Lösung von 10 g Quecksilber in 22 g Salpetersäure von 1,250 bis 1,300 spec. Gew.

Oder man verfährt einfacher nach Nickel (Zeitschr. f. analyt. Chemie 1889, S. 245): Man löst 1 ccm Quecksilber in 9 ccm rauchender Salpetersäure von 1,52 spec. Gew. und verdünnt diese Flüssigkeit mit dem gleichen Volumen Wasser. Bei längerer Aufbewahrung wird die Lösung unwirksam, doch kann sie durch Zusatz von salpetrigsaurem Kalium wieder brauchbar gemacht werden. Näheres auch über die Anwendung von Millon's Reagens siehe Nickel l. c.

In Zeitschr. f. analyt. Chemie 1889, S. 245 ff. siehe auch „Hoffmann's Reagens" und „Pfugge's Reagens".

Ueber die Herstellung von **Sachse's Jodquecksilberlösung** und von **Knap's Cyanquecksilberlösung,** welche zum Fällen der Zuckerarten gebraucht werden, siehe u. A. König, Untersuchung landw. und gewerbl. wichtiger Stoffe, S. 690 (Berlin bei Parey 1891).

Nessler's Reagens

siehe S. 323.

Hydrarg. Kalium jodat. solut.

Thoulet'sche Lösung ist eine Lösung von Quecksilberbijodid und Jodkalium in Wasser, welche zur Trennung der Mineralien verwendet wird. Das spec. Gew. dieser Lösung ist 3,17.

Mayer'sche Lösung auf Alkaloide (Hydrarg. Kalium jodat. solut.). 13,53 g Hydrarg. bichlorat. und 49,67 g Kalium jodat. werden bei 15^0 mit Wasser zu einem Liter gelöst.

Reagenspapiere.

Azolithminpapier siehe S. 45, Bleipapier siehe S. 58, Carminpapier S. 84 und S. 140, Congopapier S. 106, Curcumapapier S. 107, Ferro- und Ferricyankaliumpapier S. 145 und S. 176, Hämatoxylinpapier S. 134, Lackmoidpapier S. 222, Lackmuspapier S. 225, Ozonpapier S. 132 bei Goldchlorid und weiter hinten bei Thalliumnitrat, sonstige Reagenspapiere siehe auch S. 142 bis 145 bei Indicatoren und Reagenspapiere. Daselbst sind auch die Resultate von vergleichenden Untersuchungen verschiedener Reagenspapiere mitgetheilt.

Resorcin.

Resorcinum puriss. $(C_6 H_4 (OH)_2$. Molecular-Gew. $= 109,74)$.

Farblose Krystalle von kaum merklichem eigenartigen Geruch. In Wasser, Alkohol und Aether leicht löslich. Schmilzt bei 110 bis 118^0 C.

Anmerkung. Ein zu niedriger Schmelzpunkt zeigt mangelhafte Reinigung des Präparates an.

Prüfung auf Verunreinigungen.

Rückstand: Einige Gramm Resorcin verflüchtigen sich beim Erhitzen vollständig.

Empyreumatische Stoffe, Säuren und Phenol: Die wässerige Lösung des Resorcins soll ungefärbt sein, sie soll Lackmuspapier nicht verändern und darf beim Erwärmen keinen Phenolgeruch verbreiten.

Das Resorcin soll möglichst geruchlos sein.

Anmerkung. Nach Schoop (Chem. Ind. 1887, S. 487) sind die gewöhnlichen Verunreinigungen des käuflichen Resorcins Wasser, ferner Isomere und Homologe des ersteren, wie z. B. Brenzcatechin, Hydrochinon, Phloroglucin etc., dann eine harzige Masse und Phenol. Das Resorcin soll sich klar in Wasser lösen. Eine Fällung mit Blei-acetat zeigt die Gegenwart von Brenzcatechin an, Auftreten von Chinongeruch beim Erwärmen mit Eisenchlorid lässt auf die Anwesen-heit von Hydrochinon schliessen. Ist Phloroglucin zugegen, so ent-steht mit Fichtenholz Rothfärbung. Um Phenol nachzuweisen, schüttelt Schoop die ätherische Resorcinlösung mit einigen Tropfen conc. Natronlauge; es geht hierbei vorzüglich etwa vorhandenes Phenol in Lösung, das man nach Ansäuern der alkalischen Lösung durch den Geruch erkennen kann.

Schmelzpunkt: Siehe oben. Völlig wasserfreies reines Resorcin schmilzt bei 118° C. Das sehr reine Präparat der Pharm. Germ. III zeigt einen Schmelzpunkt von 110—111° C.

Quantitative Bestimmung.

Prüfung des Aussehens sowie die sonstigen oben angegebenen Prüfungen zeigen meistens hinlänglich die Reinheit des Resorcins. Behufs seiner quantitativen Bestimmung versetzt man eine Lösung von bekanntem Gehalt mit titrirtem Bromwasser und bestimmt das überschüssige Brom durch KJ und $Na_2S_2O_3$. (Degener, Journ. f. prakt. Chemie 220, 322.) Die quantitative Bestimmung kann auch mit Normal-Jodkaliumlösung ausgeführt werden. Siehe darüber P. Schoop, Chem. Industrie 1887, S. 487.

Anwendung und Aufbewahrung.

Das Resorcin wird vielfach für analytische Zwecke angewendet, so als Reagens auf Chloral und Chloroform (Léon Crismer, Pharm. Ztg. 1888, S. 651), zur Unterscheidung von Bromäthyl und Chloro-form, sowie zum Nachweis von Chloroform im Bromäthyl (Schol-vien, Pharm. Ztg. 1891, S. 299), zum Nachweis der freien Salz-säure im Magensafte (Pharm. Ztg. 1891, S. 393), als Reagens auf verholzte Zellmembrane (Ihl, Warnecke, Rep. d. Chem.-Ztg. 1888,

S. 268), als Reagens auf gewisse ätherische Oele (Ihl, Chem.-Ztg. 1889, S. 264), als Reagens auf Rübenzucker und andere Kohlenhydrate (Ihl, Einwirkung der Phenole auf Zucker, Stärke und Gummiarten, Chem.-Ztg. 1887, S. 2 und S. 19), als Reagens auf Nitrate und auf Nitrite (Liebermann, 1874, Ber. d. chem. Ges.; ferner Gutzkow, Farbenreactionen einiger Phenole und ihre Verwendung für die qualitative Analyse, Pharm. Ztg. 1889, S. 560, ferner Lindo, Resorcin zur Prüfung auf Nitrate, Rep. d. Chem.-Ztg. 1888, S. 288).

Eine Lösung von 1 g Resorcin in 100 g Wasser und 10 Tropfen Schwefelsäure ist ein scharfes Reagens auf salpetrige Säure und hat dem Griess'schen Phenylendiaminsalz gegenüber den Vortheil, dass die Lösung nicht so leicht an der Luft zersetzbar ist (Journ. Pharm. Chim. 1895, 6. Sér., 2, 289).

Man bewahrt das Resorcin vor Licht geschützt auf.

Handelssorten.

Das reine Resorcin, Resorcin. puriss. recryst. albiss. oder Resorcin. resublimat. albiss., wird jetzt in sehr schöner Form hergestellt.

Auch das gewöhnliche Resorcin befindet sich ziemlich rein, in wenig gefärbten, trockenen Krystallmassen in dem Handel. Ueber die Verunreinigungen der Handelspräparate siehe oben die Anmerkung.

Rosolsäure.

Ein rother Farbstoff, welcher hauptsächlich die Verbindung $C_{20}H_{16}O_3$ enthält und isomer mit Methylaurin und homolog mit Aurin ist. Ueber ihre Anwendung als Indicator siehe Böckmann, Chem.-techn. Untersuchungsmethoden, 3. Aufl., Bd. 1, S. 132 oder Mohr, Titrirmethode, 6. Aufl., S. 85.

Ueber die Empfindlichkeit siehe die Tabelle S. 143 in diesem Buche.

Salicylsäure.

Acid. salicylic. puriss. recryst. ($C_7H_6O_3$.
Molecular-Gew. = 137,67).

Leichte, weisse, geruchlose Krystalle, löslich in etwa 500 Theilen
kaltem Wasser. Leicht löslich in Alkohol und Aether.

Prüfung auf Verunreinigungen.

Die Salicylsäure muss die oben beschriebenen Eigenschaften
haben. Sie darf nicht nach Phenol riechen. 1 g muss mit 10 ccm
Aether eine klare, farblose Lösung geben.

0,5 g müssen beim *Erhitzen* auf Platinblech ohne Rückstand verbrennen.

Der *Schmelzpunkt* soll bei 156,5—157° C. liegen.

1 g Salicylsäure gebe mit 6 g concentrirter Schwefelsäure eine
fast ungefärbte Lösung.

1 g Salicylsäure wird in Weingeist gelöst und einige Tropfen
Salpetersäure und Silberlösung zugegeben, wobei sich *keine Chlor-
reaction* zeigen darf.

Der beim *freiwilligen Verdunsten* einer weingeistigen Salicylsäure-
lösung bleibende Rückstand sei vollkommen weiss.

Anwendung.

Man verwendet die Salicylsäure auf Grund ihrer gährungs- und
fäulnisshemmenden Eigenschaften im chemischen Laboratorium. Sie
ist auch als Indicator vorgeschlagen worden (Mohr, Titrirmethode,
6. Aufl., S. 87).

Anmerkung. **Salicyl-Schwefelsäure.** Dieses ist eine weisse,
krystallinische Substanz, in Wasser leicht löslich.

Sie wird durch Erhitzen von Salicylsäure mit Schwefelsäure gewonnen und dient als Reagens auf Proteïnstoffe. (Pharm. Ztg. 1892,
S. 325).

Handelssorten.

Die Salicylsäure wird jetzt fast ausschliesslich synthetisch hergestellt; sie ist sehr rein im Handel zu erhalten.

Salpetersäure.

Acid. nitricum purum (HNO_3. Molecular-Gew. = 62,89).

Klare, farblose Flüssigkeit, welche ein spec. Gew. von 1,2 zeigt und ca. 33 Proc. HNO_3 enthält.

Prüfung auf Verunreinigungen.

Rückstand: 10 g hinterlassen beim Verdunsten im Platinschälchen keinen wägbaren Rückstand.

Anmerkung. Ueber den Rückstand, welchen reine Salpetersäure beim Verdunsten hinterlässt, haben Hempel und Thiele (Zeitschr. anorgan. Chemie 1896, S. 78) einige Mittheilungen gemacht: 60 ccm der reinen Salpetersäure geben nach denselben einen Rückstand von 0,0013 g, entsprechend 0,0015 Proc. Um diesen zu verringern, wurde die Säure (aus einem Glaskolben mit aufgeschliffenem Glashelm) durch ein Platinrohr destillirt. 140 g der so erhaltenen Salpetersäure liessen nun eingedampft 0,00041 g Rückstand, entsprechend 0,0003 Proc. Diese Säure stellten Hempel und Thiele für besonderen Gebrauch (bei Atomgewichtsbestimmungen) her[*]).

Schwefelsäure: 10 g Salpetersäure werden in einem Porzellanschälchen auf ca. $1/_2$ ccm eingedampft, dieser Rückstand wird mit 30 ccm Wasser verdünnt, die Flüssigkeit in ein Becherglas gebracht, erhitzt und Chlorbarium zugegeben; hierbei zeigt sich auch nach längerem Stehen keine Schwefelsäurereaction.

Anmerkung. Wie schon unter dem Abschnitte „Acid. hydrochloric. pur.“, S. 93, bemerkt wurde, verhindern die Säuren, besonders die Salpetersäure, die Schwefelsäurereaction bis zu einem gewissen Grade. Je weiter daher zum Zwecke der Untersuchung auf Schwefelsäure eine Salpetersäure auf dem Wasserbade eingedampft wird, desto sicherer wird sich die Reaction in dem Verdampfungsrückstande zeigen.

---

[*]) Es sei hier noch bemerkt, dass Hempel und Thiele auch andere Reagentien, so Chlorammonium und Schwefelammonium darstellten, welche in möglichster Reinheit für besondere Zwecke (bei Atomgewichtsbestimmungen) gebraucht wurden; aber auch diese Präparate konnten nicht ohne dass sie einen Rückstand beim Erhitzen gaben, erhalten werden. Das Chlorammonium liess beim Erhitzen auf Platinblech noch einen sehr geringen Rückstand. Das Schwefelammonium liess beim Eindampfen 0,0065 Proc. Rückstand.

Chlorid: 50 ccm destillirtes Wasser, welches mit einigen Tropfen Silbernitratlösung versetzt wurde, zeigt nach Zusatz von 5—10 ccm Salpetersäure keine Veränderung.

Anmerkung. Die kleine Abänderung, welche die Prüfungsvorschrift auf Chlorid gegenüber der Vorschrift in der 1. Auflage dieser Schrift gefunden hat, wird Täuschungen, welche bei der Untersuchung mit nicht absolut chloridfreiem, destillirtem Wasser vorkommen könnten, besser ausschliessen, indem man den Chloridgehalt des Wassers schon vor Zugabe der Säure bemerkt.

Schwere Metalle und Erden: 20 g werden mit Wasser verdünnt und überschüssiges Ammon, Schwefelammon und oxalsaures Ammon zugegeben, wodurch keine dunkle Färbung und keine Trübung entsteht.

Jod: Bezüglich des Nachweises von Jod in der Salpetersäure sei bemerkt, dass bei $^1/_{200}$ Proc. Jodgehalt die Salpetersäure gelblich gefärbt wäre (die gelbe Farbe kann auch durch Chlorverbindungen bedingt sein und ist gewöhnlich auf einen Gehalt an Untersalpetersäure zurückzuführen), und der Jodgehalt durch Schütteln mit Chloroform erkannt werden kann (Biltz). Gewöhnlich wird aber das Jod nicht als solches in der Salpetersäure sein. Es werden die Jodsauerstoffverbindungen und zugleich das Jod dadurch erkannt, dass man zu der verdünnten Säure vorsichtig eine sehr verdünnte Lösung von schwefliger Säure oder wenige Tropfen Schwefelwasserstoffwasser giebt und das hierdurch in Freiheit gesetzte Jod durch Schwefelkohlenstoff oder Stärkekleister nachweist. Jeder Ueberschuss von schwefliger Säure oder Schwefelwasserstoff macht die Reaction verschwinden. Folgende praktische Prüfung auf Jod und Jodsäure schreibt die Pharm.-Commission des deutschen Apotheker-Vereins vor: Wird die mit dem doppelten Volumen Wasser verdünnte Säure mit wenig Chloroform geschüttelt, so darf letzteres nicht violett gefärbt werden, auch nicht nach Zusatz eines in die Säureschicht hineinragenden Stückchen Zinks (Archiv f. Pharm. 1887, S. 93).

Untersalpetersäure etc.: Man prüft durch Zusatz von Chamäleonlösung (siehe S. 341). Eine vollständig untersalpetersäure-, überhaupt von niedrigen N-Verbindung freie HNO_3 wird nach der Verdünnung durch Zusatz des ersten Tropfens Normalchamäleon geröthet. In der Salpetersäure, besonders in der starken Säure, ist jedoch immer Untersalpetersäure zugegen; siehe auch unter Anwendung.

Quantitative Bestimmung.

Der Gehalt der Salpetersäure des Handels wird nach dem spec. Gew., welches mit der Mohr'schen Wage ermittelt wird, oder durch Titration mit Normalalkali unter Anwendung von Lackmus als Indicator ermittelt.

> Anmerkung. Bei hochprocentiger und untersalpetersäurehaltiger Salpetersäure ist eine quantitative Bestimmung durch Titration in Folge der sich stets aus der Säure entwickelnden Dämpfe sehr schwierig. Sollte eine solche Bestimmung nothwendig sein, so verfährt man dabei nach der Methode, welche G. Lunge und L. Marchlewski in der Zeitschr. f. angewandte Chemie 1892, S. 10 beschrieben haben. Diese Chemiker lassen 10 ccm der Säure aus einer genau calibrirten engen Bürette langsam in eiskaltes Wasser eintropfen, füllen auf 100 ccm auf und titriren einen aliquoten Theil dieser verdünnten Säure mit genau eingestellter Natronlauge.

Volumgewicht der Salpetersäure bei 15^0, bez. auf Wasser von 4^0 (Lunge und Rey) siehe Tabelle S. 336—340.

Anwendung und Aufbewahrung und Normal-Salpetersäure.

Die Salpetersäure ist ein Oxydationsmittel und sie wird auch bei Nitrirungen organischer Präparate gebraucht. Sie löst viele Metalle unter Entwickelung von NO. Je nach dem Zwecke wird Säure von sehr verschiedener Concentration angewendet. Die rothe rauchende Salpetersäure, welche in der Analyse auch Anwendung findet, ist eine Lösung von Untersalpetersäure in concentrirter Salpetersäure. Zur Ueberführung des Schwefels und der Schwefelmetalle in Schwefelsäure, auch bei Untersuchung organischer Verbindungen, wird Salpetersäure häufig angewendet und muss für diese Zwecke schwefelsäurefrei sein.

Auch bei quantitativen Bestimmungen von Chlor, Brom und Jod in organischer Verbindung findet Salpetersäure Anwendung.

Bemerkt sei hier noch, dass die mässig concentrirte Salpetersäure von etwaigem Gehalte an Untersalpetersäure leicht durch Erwärmen im Wasserbade unter Durchleiten von Luft befreit werden kann. Die sehr concentrirte Säure zeigt dagegen immer eine grosse Neigung zum Zerfallen in N_2O_4, O und H_2O, so dass man dieselbe auf gewöhnlichem Wege nicht ,frei von Untersalpetersäure machen kann. Lunge und Rey (Zeitschr. f. angewandte Chemie 1891, S. 167) reinigten eine solche Säure unter Zuhilfenahme von Schwefelsäuremonohydrat.

Aufbewahrt wird die Salpetersäure an einem kühlen Orte in mit Glasstöpsel verschlossenen Glasflaschen.

Normal-Salpetersäure. Dieselbe muss 62,89 HNO_3*) im Liter enthalten. Man stellt sie durch Vermischen von reiner Salpetersäure mit Wasser her. Die zu 1 Liter Normallösung ungefähr nothwendige Menge Acid. nitric. pur. wird zunächst aus dem spec. Gew. derselben berechnet, dann abgewogen und nun zu 1 Liter aufgefüllt, worauf man mit klaren Stücken von reinstem isländischen Doppelspath**) oder durch Eindampfen mit Ammoniak (vergl. für letztere, auch sehr genaue Bestimmung Zeitschr. f. analyt. Chemie 1893, S. 450) controlirt und richtig stellt. Siehe auch S. 349.

Handelssorten.

Acid. nitric. puriss. kommt von verschiedenem spec. Gew. bzw. Gehalt in den Handel, ebenso die in folgendem Abschnitte verzeichnete reine rauchende Salpetersäure.

Rauchende Salpetersäure.

Acid. nitric. fum. pur.　(Eine Lösung von Untersalpetersäure (NO_2) in Salpetersäure.)

Rothgelbe bis rothbraune, klare Flüssigkeit. Spec. Gew. 1,48.

Prüfung auf Verunreinigungen

wie bei Salpetersäure S. 331.

Quantitative Bestimmung.

Die Stärke der rauchenden Salpetersäure wird im Handel durch das spec. Gew. angegeben.

Nach Kraut enthielt rauchende Salpetersäure von 1,518 spec. Gew. 4,16 Proc. Untersalpetersäure. Reichlichen Gehalt an Untersalpetersäure erkennt man an der Menge und dunklen Färbung der beim Oeffnen des Gefässes ausgestossenen Dämpfe.

---

*) Siehe auch Anmerkung S. 182 bei Normalkalilauge.

**) Ueber die Vorsichtsmaassregeln, welche bei Ausführung der acidimetrischen Titerstellung unter Anwendung von Lackmus als Indicator zu beobachten sind, siehe Reinitzer, Zeitschr. angewandte Chemie 1894, S. 551.

Nach Mohr's Lehrbuch der Titrirmethode (6. Aufl., S. 242) wurde der Gehalt der rothen rauchenden Salpetersäure an salpetriger Säure gleich ca. 4,2 Proc. gefunden. Es wurde bei dieser Bestimmung unter besonderen Vorsichtsmaassregeln (l. c.) die rauchende Salpetersäure mit Wasser gemischt, so dass sich die Untersalpetersäure in salpetrige Säure und Salpetersäure umwandelte. Die salpetrige Säure wurde mit Chamäleon bestimmt.

Die rothe rauchende Salpetersäure ist ein wechselndes Gemenge von Salpetersäure, Untersalpetersäure und salpetriger Säure. In der dunkel gefärbten Säure ist die Gegenwart der salpetrigen Säure jedenfalls sehr gering, wenn nicht ganz zweifelhaft. Prüfen lässt sich dieser Umstand nicht, weil die Untersalpetersäure ebenso wie die salpetrige Säure auf Chamäleon wirkt.

Ueber die Ausführung der Titration mit Chamäleon siehe S. 341.

Anwendung und Aufbewahrung

siehe bei Acid. nitric. puriss. S. 333.

Handelssorten

Acid. nitric. fum. puriss. (1,525 spec. Gew.),

   -    -   -   - pur. Ph. Germ. II (1,48 spec. Gew.).

Dieselben sind wie die reine Salpetersäure häufig schwefelsäurehaltig; es ist daher, besonders bei Verwendung der Salpetersäure in der Elementaranalyse schwefelsäurehaltiger Stoffe, die Prüfung auf SO_3 wichtig.

Salpetersäure, rohe.

Eine in Folge eines Gehaltes an Untersalpetersäure oft stark gelb gefärbte Flüssigkeit. Sie zeigt oft starke Chlor- und Schwefelsäurereaction, enthält Eisen und oft auch Arsen und Jodsäure.

Ueber die Gehaltsbestimmungen der rohen Salpetersäure durch das spec. Gew. siehe die nachfolgenden Tabellen und die Anmerkung auf S. 341 dieses Buches.

Volumgewichte der **Salpetersäure** bei 15⁰, bez. auf Wasser von 4⁰ (Lunge und Rey).

Volum-Gew. bei $\frac{15^0}{4^0}$ (luftleer)	Grade Beaumé	Grade Twaddell	100 Gewichtstheile enthalten					1 Liter enthält Kilogramm				
			N_2O_5	NHO_3	Säure von 36⁰ B.	Säure von 40⁰ B.	Säure von 48$^1/_2$⁰ B.	N_2O_5	NHO_3	Säure von 36⁰ B.	Säure von 40⁰ B.	Säure von 48$^1/_2$⁰ B.
1,000	0	0	0,08	0,10	0,19	0,16	0,10	0,001	0,001	0,002	0,002	0,001
1,005	0,7	1	0,85	1,00	1,89	1,61	1,03	0,008	0,010	0,019	0,016	0,010
1,010	1,4	2	1,62	1,90	3,60	3,07	1,95	0,016	0,019	0,036	0,031	0,019
1,015	2,1	3	2,39	2,80	5,30	4,52	2,87	0,024	0,028	0,053	0,045	0,029
1,020	2,7	4	3,17	3,70	7,01	5,98	3,79	0,033	0,038	0,072	0,061	0,039
1,025	3,4	5	3,94	4,60	8,71	7,43	4,72	0,040	0,047	0,089	0,076	0,048
1,030	4,1	6	4,71	5,50	10,42	8,88	5,64	0,049	0,057	0,108	0,092	0,058
1,035	4,7	7	5,47	6,38	12,08	10,30	6,54	0,057	0,066	0,125	0,107	0,068
1,040	5,4	8	6,22	7,26	13,75	11,72	7,45	0,064	0,075	0,142	0,121	0,077
1,045	6,0	9	6,97	8,13	15,40	13,13	8,34	0,073	0,085	0,161	0,137	0,087
1,050	6,7	10	7,71	8,99	17,03	14,52	9,22	0,081	0,094	0,178	0,152	0,096
1,055	7,4	11	8,43	9,84	18,64	15,89	10,09	0,089	0,104	0,197	0,168	0,107
1,060	8,0	12	9,15	10,68	20,23	17,25	10,95	0,097	0,113	0,214	0,182	0,116
1,065	8,7	13	9,87	11,51	21,80	18,59	11,81	0,105	0,123	0,233	0,198	0,126
1,070	9,4	14	10,57	12,33	23,35	19,91	12,65	0,113	0,132	0,250	0,213	0,135
1,075	10,0	15	11,27	13,15	24,91	21,24	13,49	0,121	0,141	0,267	0,228	0,145
1,080	10,6	16	11,96	13,95	26,42	22,53	14,31	0,129	0,151	0,286	0,244	0,155
1,085	11,2	17	12,64	14,74	27,92	23,80	15,12	0,137	0,160	0,303	0,258	0,164
1,090	11,9	18	13,31	15,53	29,41	25,08	15,93	0,145	0,169	0,320	0,273	0,173
1,095	12,4	19	13,99	16,32	30,91	26,35	16,74	0,153	0,179	0,339	0,289	0,184
1,100	13,0	20	14,67	17,11	32,41	27,63	17,55	0,161	0,188	0,356	0,304	0,193
1,105	13,6	21	15,34	17,89	33,89	28,89	18,35	0,170	0,198	0,375	0,320	0,203
1,110	14,2	22	16,00	18,67	35,36	30,15	19,15	0,177	0,207	0,392	0,335	0,212

Volum-Gew. $\frac{15^0}{4^0}$ (luftleer)	Grade Beaumé	Grade Twaddell	*100 Gewichtstheile enthalten* N_2O_5	NHO_3	Säure von 36° B.	Säure von 40° B.	Säure von 48½° B.	*1 Liter enthält Kilogramm* N_2O_5	NHO_3	Säure von 36° B.	Säure von 40° B.	Säure von 48½° B.
1,115	14,9	23	16,67	19,45	36,84	31,41	19,95	0,186	0,217	0,411	0,350	0,223
1,120	15,4	24	17,34	20,23	38,31	32,67	20,75	0,195	0,227	0,430	0,366	0,233
1,125	16,0	25	18,00	21,00	39,77	33,91	21,54	0,202	0,236	0,447	0,381	0,242
1,130	16,5	26	18,66	21,77	41,23	35,16	22,33	0,211	0,246	0,466	0,397	0,252
1,135	17,1	27	19,32	22,54	42,69	36,40	23,12	0,219	0,256	0,485	0,413	0,263
1,140	17,7	27	19,98	23,31	44,15	37,65	23,91	0,228	0,266	0,504	0,430	0,273
1,145	18,3	28	20,64	24,08	45,61	38,89	24,70	0,237	0,276	0,523	0,446	0,283
1,150	18,8	29	21,29	24,84	47,05	40,12	25,48	0,245	0,286	0,542	0,462	0,293
1,155	19,3	30	21,94	25,60	48,49	41,35	26,20	0,254	0,296	0,561	0,478	0,304
1,160	19,8	31	22,60	26,36	49,92	42,57	27,04	0,262	0,306	0,580	0,494	0,314
1,165	20,3	32	23,25	27,12	51,36	43,80	27,82	0,271	0,316	0,598	0,510	0,324
1,170	20,9	33	23,90	27,83	52,80	45,03	28,59	0,279	0,326	0,617	0,526	0,334
1,175	21,4	34	24,54	28,63	54,22	46,24	29,36	0,288	0,336	0,636	0,543	0,345
1,180	22,0	35	25,18	29,35	55,64	47,45	30,13	0,297	0,347	0,657	0,560	0,356
1,185	22,5	36	25,83	30,13	57,07	48,66	30,90	0,306	0,357	0,676	0,577	0,366
1,190	23,0	37	26,47	30,83	58,49	49,87	31,67	0,315	0,367	0,695	0,593	0,376
1,195	23,5	38	27,10	31,62	59,89	51,07	32,43	0,324	0,378	0,715	0,610	0,388
1,200	24,0	39	27,74	32,35	61,29	52,26	33,19	0,333	0,388	0,735	0,627	0,398
1,205	24,5	40	28,36	33,09	62,67	53,23	33,94	0,342	0,399	0,755	0,644	0,409
1,210	25,0	41	28,99	33,82	64,05	54,21	34,69	0,351	0,409	0,775	0,661	0,419
1,215	25,5	42	29,61	34,55	65,44	55,18	35,44	0,360	0,420	0,795	0,678	0,431
1,220	26,0	43	30,24	35,23	66,82	56,16	36,18	0,369	0,430	0,815	0,695	0,441
1,225	26,4	44	30,88	36,03	68,24	57,64	36,95	0,378	0,441	0,835	0,712	0,452
1,230	26,9	45	31,53	36,73	69,66	59,13	37,72	0,387	0,452	0,856	0,730	0,466
1,235	27,4	47	32,17	37,53	71,08	60,61	38,49	0,397	0,463	0,877	0,748	0,475

Volum-Gew. bei $\frac{15^0}{4^0}$ (luftleer)	Grade Beaumé	Grade Twaddell	100 Gewichtstheile enthalten					1 Liter enthält Kilogramm				
			N_2O_5	NHO_3	Säure von 36° B.	Säure von 40° B.	Säure von 48½° B.	N_2O_5	NHO_3	Säure von 36° B.	Säure von 40° B.	Säure von 48½° B.
1,240	27,9	48	32,82	38,29	72,52	61,84	39,27	0,407	0,475	0,900	0,767	0,487
1,245	28,4	49	33,47	39,05	73,96	63,07	40,05	0,417	0,486	0,921	0,785	0,498
1,250	28,8	50	34,13	39,82	75,42	64,31	40,84	0,427	0,498	0,943	0,804	0,511
1,255	29,3	51	34,78	40,58	76,86	65,54	41,62	0,437	0,509	0,965	0,822	0,522
1,260	29,7	52	35,44	41,34	78,30	66,76	42,40	0,447	0,521	0,987	0,841	0,534
1,265	30,2	53	36,09	42,10	79,74	67,99	43,18	0,457	0,533	1,009	0,860	0,547
1,270	30,6	54	36,75	42,87	81,20	69,23	43,97	0,467	0,544	1,031	0,879	0,558
1,275	31,1	55	37,41	43,64	82,65	70,48	44,76	0,477	0,556	1,054	0,898	0,570
1,280	31,5	56	38,07	44,41	84,11	71,72	45,55	0,487	0,568	1,077	0,918	0,583
1,285	32,0	57	38,73	45,18	85,57	72,96	46,34	0,498	0,581	1,100	0,938	0,596
1,290	32,4	58	39,39	45,95	87,03	74,21	47,13	0,508	0,593	1,123	0,957	0,608
1,295	32,8	59	40,05	46,72	88,48	75,45	47,92	0,519	0,605	1,146	0,977	0,621
1,300	33,3	60	40,71	47,49	89,94	76,70	48,71	0,529	0,617	1,169	0,997	0,633
1,305	33,7	61	41,37	48,26	91,40	77,94	49,50	0,540	0,630	1,193	1,017	0,646
1,310	34,2	62	42,06	49,07	92,94	79,25	50,33	0,551	0,643	1,218	1,038	0,659
1,315	34,6	63	42,76	49,89	94,49	80,57	51,17	0,562	0,656	1,243	1,059	0,673
1,320	35,0	64	43,47	50,71	96,05	81,90	52,01	0,573	0,669	1,268	1,080	0,686
1,325	35,4	65	44,17	51,53	97,60	83,22	52,85	0,585	0,683	1,294	1,103	0,701
1,330	35,8	66	44,89	52,37	99,19	84,58	53,71	0,597	0,697	1,320	1,126	0,715
1,3325	36,0	66,5	45,26	52,80	100,00	85,27	54,15	0,603	0,704	1,333	1,137	0,722
1,335	36,2	67	45,62	53,22	100,80	85,95	54,58	0,609	0,710	1,346	1,148	0,728
1,340	36,6	68	46,35	54,07	102,41	87,32	55,46	0,621	0,725	1,373	1,171	0,744
1,345	37,0	69	47,08	54,93	104,04	88,71	56,34	0,633	0,739	1,400	1,193	0,758
1,350	37,4	70	47,82	55,79	105,67	90,10	57,22	0,645	0,753	1,427	1,216	0,772
1,355	37,8	71	48,57	56,66	107,31	91,51	58,11	0,658	0,768	1,455	1,240	0,788

Volum-Gew. bei $\frac{15^0}{4^0}$ (luftleer)	Grade Beaumé	Grade Twaddell	100 Gewichtstheile enthalten					1 Liter enthält Kilogramm				
			N_2O_5	NHO_3	Säure von 36° B.	Säure von 40° B.	Säure von 48¹/₂° B.	N_2O_5	NHO_3	Säure von 36° B.	Säure von 40° B.	Säure von 48¹/₂° B.
1,360	38,2	72	49,35	57,57	109,03	92,97	59,05	0,671	0,783	1,483	1,265	0,803
1,365	38,6	73	50,13	58,48	110,75	94,44	59,98	0,684	0,798	1,513	1,289	0,818
1,370	39,0	74	50,91	59,39	112,48	95,91	60,91	0,698	0,814	1,543	1,314	0,835
1,375	39,4	75	51,69	60,30	114,20	97,38	61,85	0,711	0,829	1,573	1,339	0,850
1,380	39,8	76	52,52	61,27	116,04	98,95	62,84	0,725	0,846	1,603	1,366	0,868
1,3833	40,0	—	53,08	61,92	117,27	100,00	63,51	0,735	0,857	1,623	1,383	0,879
1,385	40,1	77	53,35	62,24	117,88	100,51	63,84	0,739	0,862	1,633	1,392	0,884
1,390	40,5	78	54,20	63,23	119,75	102,12	64,85	0,753	0,879	1,665	1,420	0,902
1,395	40,8	79	55,07	64,25	121,68	103,76	65,90	0,768	0,896	1,697	1,447	0,919
1,400	41,2	80	55,97	65,30	123,67	105,46	66,97	0,783	0,914	1,731	1,476	0,937
1,405	41,6	81	56,92	66,40	125,75	107,24	68,10	0,800	0,933	1,767	1,507	0,957
1,410	42,0	82	57,86	67,50	127,84	109,01	69,23	0,816	0,952	1,803	1,537	0,976
1,415	42,3	83	58,83	68,63	129,98	110,84	70,39	0,832	0,971	1,839	1,568	0,996
1,420	42,7	84	59,83	69,80	132,19	112,73	71,59	0,849	0,991	1,877	1,600	1,016
1,425	43,1	85	60,84	70,93	134,43	114,63	72,80	0,867	1,011	1,915	1,633	1,037
1,430	43,4	86	61,86	72,17	136,68	116,55	74,02	0,885	1,032	1,955	1,667	1,058
1,435	43,8	87	62,91	73,39	138,99	118,52	75,27	0,903	1,053	1,995	1,701	1,080
1,440	44,1	88	64,01	74,63	141,44	120,61	76,59	0,921	1,075	2,037	1,736	1,103
1,445	44,4	89	65,13	75,93	143,90	122,71	77,93	0,941	1,098	2,080	1,773	1,126
1,450	44,8	90	66,24	77,23	146,36	124,81	79,26	0,961	1,121	2,123	1,810	1,150
1,455	45,1	91	67,38	78,60	148,86	126,94	80,62	0,981	1,144	2,167	1,848	1,173
1,460	45,4	92	68,56	79,93	151,47	129,17	82,03	1,001	1,168	2,212	1,886	1,198
1,465	45,8	93	69,79	81,42	154,20	131,49	83,51	1,023	1,193	2,259	1,927	1,224
1,470	46,1	94	71,06	82,90	157,00	133,88	85,03	1,045	1,219	2,309	1,969	1,250
1,475	46,4	95	72,39	84,45	159,94	136,39	86,62	1,068	1,246	2,360	2,012	1,278

Volum-Gew. bei $\frac{15^0}{4^0}$ (luftleer)	Grade Beaumé	Grade Twaddell	100 Gewichtstheile enthalten					1 Liter enthält Kilogramm				
			N_2O_5	NHO_3	Säure von 36^0 B.	Säure von 40^0 B.	Säure von $48^1/_2{}^0$ B.	N_2O_5	NHO_3	Säure von 36^0 B.	Säure von 40^0 B.	Säure von $48^1/_2{}^0$ B.
1,480	46,8	96	73,76	86,05	162,97	138,97	88,26	1,092	1,274	2,413	2,058	1,307
1,485	47,1	97	75,18	87,70	166,09	141,63	89,95	1,116	1,302	2,466	2,103	1,335
1,490	47,4	98	76,80	89,60	169,69	144,70	91,90	1,144	1,335	2,528	2,156	1,369
1,495	47,8	99	78,52	91,60	173,48	147,93	93,95	1,174	1,369	2,593	2,211	1,404
1,500	48,1	100	80,65	94,09	178,19	151,99	96,50	1,210	1,411	2,672	2,278	1,447
1,501	—	—	81,09	94,60	179,16	152,78	97,03	1,217	1,420	2,689	2,293	1,456
1,502	—	—	81,50	95,08	180,07	153,55	97,52	1,224	1,428	2,704	2,306	1,465
1,503	—	—	81,91	95,55	180,96	154,31	98,00	1,231	1,436	2,720	2,319	1,473
1,504	—	—	82,29	96,00	181,81	155,04	98,46	1,238	1,444	2,735	2,332	1,481
1,505	48,4	101	82,63	96,39	182,55	155,67	98,86	1,244	1,451	2,748	2,343	1,488
1,506	—	—	82,94	96,76	183,25	156,27	99,27	1,249	1,457	2,759	2,353	1,494
1,507	—	—	83,26	97,13	183,95	156,86	99,62	1,255	1,464	2,773	2,364	1,502
1,508	48,5	—	83,58	97,50	184,65	157,47	100,00	1,260	1,470	2,784	2,374	1,508
1,509	—	—	83,87	97,84	185,30	158,01	100,35	1,265	1,476	2,795	2,384	1,514
1,510	48,7	102	84,09	98,10	185,79	158,43	100,62	1,270	1,481	2,805	2,392	1,519
1,511	—	—	84,28	98,32	186,21	158,79	100,84	1,274	1,486	2,814	2,400	1,524
1,512	—	—	84,46	98,53	186,61	159,13	101,06	1,277	1,490	2,822	2,406	1,528
1,513	—	—	84,63	98,73	186,98	159,45	101,26	1,280	1,494	2,829	2,413	1,532
1,514	—	—	84,78	98,90	187,30	159,72	101,44	1,283	1,497	2,835	2,418	1,535
1,515	49,0	103	84,92	99,07	187,63	160,00	101,61	1,287	1,501	2,843	2,424	1,539
1,516	—	—	85,04	99,21	187,89	160,22	101,75	1,289	1,504	2,848	2,429	1,543
1,517	—	—	85,15	99,34	188,14	160,43	101,89	1,292	1,507	2,854	2,434	1,546
1,518	—	—	85,26	99,46	188,37	160,63	102,01	1,294	1,510	2,860	2,439	1,549
1,519	—	—	85,35	99,57	188,58	160,81	102,12	1,296	1,512	2,864	2,442	1,551
1,520	49,4	104	85,44	99,67	188,77	160,97	102,23	1,299	1,515	2,869	2,447	1,554

Correcturen für die Volumgewichte von **Salpetersäure,** welche **Untersalpetersäure** enthält. (Lunge und Marchlewski.)

Bei Säuren von 1,49 Volumgewicht $\left(\text{bei } \frac{15^0}{4^0}\right)$ muss man die folgenden Abzüge machen, um das der wirklich vorhandenen HNO_3 entsprechende Volumgewicht zu finden, wenn die beistehenden Gehalte an N_2O_4 vorhanden sind.

Proc. N_2O_4	Aenderung des Volumgewichts	Proc. N_2O_4	Aenderung des Volumgewichts	Proc. N_2O_4	Aenderung des Volumgewichts
0,25	0,0005	4,50	0,0288	8,75	0,0583
0,50	0,0008	4,75	0,0305	9,00	0,0600
0,75	0,0015	5,00	0,0323	9,25	0,0616
1,00	0,0030	5,25	0,0337	9,50	0,0633
1,25	0,0048	5,50	0,0360	9,75	0,0650
1,50	0,0068	5,75	0,0378	10,00	0,0660
1,75	0,0078	6,00	0,0395	10,25	0,0682
2,00	0,0105	6,25	0,0418	10,50	0,0698
2,25	0,0125	6,50	0,0430	10,75	0,0714
2,50	0,0143	6,75	0,0448	11,00	0,0730
2,75	0,0163	7,00	0,0465	11,25	0,0745
3,00	0,0180	7,25	0,0472	11,50	0,0760
3,25	0,0199	7,50	0,0500	11,75	0,0775
3,50	0,0217	7,75	0,0517	12,00	0,0785
3,75	0,0235	8,00	0,0533	12,25	0,0805
4,00	0,0253	8,25	0,0550	12,50	0,0820
4,25	0,0269	8,50	0,0566	12,75	0,0835

Anmerkung. Bemerkungen zu vorstehender Tabelle über Correcturen etc.

Bei Ermittelung des specifischen Gewichtes der Salpetersäure muss man in Betracht ziehen, dass der besonders in der rohen Säure des Handels vorkommende Gehalt an niedrigen Stickstoffoxyden (Untersalpetersäure) meistens so gross ist, dass er erhebliche Fehler in der Gehaltsbestimmung nach dem specifischen Gewicht verursachen kann. Nach G. Lunge und L. Marchlewski (Zeitschr. f. angewandte Chemie 1892, S. 10) muss daher bei der Gehaltsermittelung neben der Bestimmung des specifischen Gewichtes (und der alkalimetrischen Titration, siehe oben) auch gleichzeitig die Untersalpetersäure quantitativ mit Chamäleon titrirt werden. Man verfährt zu letzterem Zwecke wie folgt: Die Säure wird aus einer genau calibrirten, engen, in $^1/_{20}$ ccm getheilten Bürette, welche man mit Sicherheit auf 0,01 ccm ablesen kann, nach und nach in ein bestimmtes Volumen auf 40^0 erwärmter, etwa halbnormaler Chamäleonlösung einlaufen gelassen, bis zum Verschwinden der Färbung. Vor der Titration lässt man die Säure einige

Zeit in der Bürette stehen, bis sie die Zimmertemperatur angenommen hat. Die Zahl der ccm Säure, welche zur Entfärbung des Chamäleons erforderlich ist, mit dem der Zimmertemperatur (welche man durch ein genaues Thermometer bestimmt hat) entsprechenden Volumgewicht multiplicirt, ergiebt das Gewicht der verbrauchten Säure, woraus der Gehalt an N_2O_4 berechnet wird. Der Titer des Chamäleons wird mit Eisen oder mit Wasserstoffsuperoxyd im Nitrometer gestellt. Lunge und Marchlewski haben die starke Säure des Handels (vom spec. Gew. 1,4960 bei $15^o/4^o$) in obiger Weise untersucht, ferner haben sie diese Säure mit verschiedenen Mengen reiner Untersalpetersäure vermischt und das Product ebenfalls untersucht. Aus den Resultaten[*]) dieser Untersuchungen stellten die genannten Chemiker die Tabelle S. 341 zusammen, nach welcher man nach einfacher Bestimmung der Unter-salpetersäure für jeden Gehalt an N_2O_4 bis zu 12 Proc. in Zwischen-räumen von je 0,25 Proc. den Abzug ermitteln kann, welchen man von dem spec. Gew. machen muss, um dann mittels der von Lunge und Rey aufgestellten grossen Tabelle den wahren Gehalt an Salpeter-säure zu finden. Dieser Abzug gilt für den Fall, dass man sämmt-liche Untersalpetersäure als unwirksam annimmt; will man aber die Hälfte derselben als wirksam annehmen (nach der Formel $N_2O_4 + H_2O$ $= HNO_3 + HNO_2$), was für manche Fälle richtig ist, so kann nach-stehende Tabelle selbstverständlich keine Anwendung finden. Bei der Verwendung der stärksten Säure für Nitrirungszwecke z. B. sieht man die gesammte N_2O_4 als unwirksam an und in solchen Fällen bietet die Tabelle S. 341 ein wichtiges Hilfsmittel. Mit der Ausarbeitung von Tabellen für stärkere und schwächere Salpetersäure hat sich Lunge auch beschäftigt, jedoch ohne zu einem brauchbaren Resultat zu ge-langen. Lunge kommt daher zu der Ansicht, dass man stets auf alkalimetrischem Wege die Gesammtsäure und mit Chamäleon die N_2O_4 bestimmen muss, um den Einfluss der Untersalpetersäure auf das Volum-gewicht der Säure zu erkennen. (Zeitschr. f. angewandte Chemie 1892, S. 330.)

Schwefelkohlenstoff.

Alcohol sulfuris pur. (CS_2. Molecular-Gew. $= 75{,}93$).

Spec. Gew. 1,27. Siedepunkt 46—47° C. Leicht entzündliche, farblose und klare Flüssigkeit von neutraler Reaction.

Prüfung auf Verunreinigungen.

Flüchtig: 50 g verflüchtigen sich bei gewöhnlicher Temperatur vollständig.

---

[*]) Die einzelnen Resultate der Untersuchung sind in der oben citirten Abhandlung veröffentlicht.

Kohlensaures Bleioxyd wird beim Schütteln mit Alcohol sulf. nicht braun gefärbt.

Anmerkung. Unter dem Einfluss des Lichtes wird der Schwefelkohlenstoff gelblich und zeigt dann beim Verflüchtigen wenig Rückstand (Schwefel). Im Alcohol sulfuris puriss. des Handels habe ich Spuren Schwefel fast immer gefunden. Der rohe Schwefelkohlenstoff enthält stets reichlich Schwefel, sowie Schwefelwasserstoff und andere Schwefelverbindungen. (Chem.-Ztg. 1889, S. 627, ferner Zeitschr. f. analyt. Chemie 1879, S. 595.)

Quantitative Bestimmung.

Bestimmung von Siedepunkt, spec. Gew., sowie Untersuchung auf Flüchtigkeit und Schwefelverbindungen lassen gewöhnlich eine weitere Untersuchung als überflüssig erscheinen. Zum Nachweis des CS_2 leitet man das CS_2-Gas in eine Lösung von Aetzkali in absolutem Alkohol und erhält bei Gegenwart von CS_2 einen Niederschlag von Kaliumxanthogenat. Die Bildung dieses Salzes kann zur quantitativen Bestimmung benutzt werden. (Vergl. Beilstein, Handbuch der organ. Chemie, 1. Bd., S. 722.)

Anwendung und Aufbewahrung.

Der Schwefelkohlenstoff dient als Lösungsmittel für Fette, Harze, Jod etc. Bei der Anwendung ist Vorsicht nothwendig, da sich der Dampf des Schwefelkohlenstoffs mit Luft gemengt schon bei 150° C. von selbst, also ohne Annäherung einer Flamme entzündet. Ueber eine solche Explosion in einer Palmölfabrik vergl. Zeitschr. f. angewandte Chemie 1891, S. 322.

Ueber Selbstentzündung von Schwefelkohlenstoff vergl. auch Max Pöpel, Chem.-Ztg. 1891, S. 822.

Th. Peckolt (Chem.-Ztg. 1891, S. 1717) theilt ferner über diesen Gegenstand folgende Beobachtung mit, die er bei der Analyse der Früchte von Schinus terebinthifolius gemacht hat: „10 g der Früchte wurden mit Schwefelkohlenstoff extrahirt und der Auszug auf dem Dampfbade in einer Porzellanschale, nicht direct auf dem Wasserbade, sondern auf eisernem Rande zur Verdunstung hingestellt. Nach kurzer Zeit kam der Schwefelkohlenstoff zum Sieden und entzündete sich. Ich vermuthete, dass einer meiner Angestellten Phosphor in der Nähe angezündet hatte. Ich habe nun 3 Versuche mit dem Schwefelkohlenstoff-Auszuge von je 10 g Früchte gemacht, wobei jedesmal Selbstentzündung eintrat."

Das Arbeiten mit Schwefelkohlenstoff kann daher unter Umständen recht gefährlich sein.

Handelssorten.

Der gewöhnliche Schwefelkohlenstoff des Handels ist häufig gelblich gefärbt. Verunreinigung siehe oben.

Schwefelsäure.

Acid. sulfuric. puriss. (H_2SO_4. Molecular-Gew. $= 97{,}82$).

Klare und farblose Flüssigkeit von 1,84 spec. Gew.

Anmerkung. Bisweilen findet man die reine Schwefelsäure trübe im Handel. Ein solches Präparat ist zu beanstanden.

Prüfung auf Verunreinigungen.

Rückstand: 10 g hinterlassen beim Eindampfen und Glühen in der Platinschale keinen wägbaren Rückstand.

Aussehen: Die Säure muss klar und farblos sein.

Salpetersäure: Die Schwefelsäure darf mit Diphenylamin keine blaue Färbung geben. Ausführung der Diphenylaminreaction siehe S. 108 bei Diphenylamin.

Anmerkung. Bezüglich der Diphenylaminreaction muss bemerkt werden, dass diese nicht nur Salpetersäure, sondern auch andere Körper anzeigt, so Kaliumchlorat, Eisenoxydsulfat in saurer Lösung, Molybdänsäure, Kaliumpermanganat u. A. Vergl. Repertor. der Chem.-Ztg. 1887, S. 256. Schwefelsäure, welche selenhaltig ist, giebt nach Lunge die Diphenylaminreaction (Chem. Industrie 1888, S. 209). Ueber die Ausführung der Diphenylaminreaction nach Egger vergl. Chem.-Ztg. 1887, S. 1500. Ueber die Empfindlichkeit der Salpetersäurereactionen vergl. Chem. Industrie 1888, S. 140 und 141.

Das vollständige Freisein der Schwefelsäure von Nitrosen ist nicht nur bei der Brucin- und Diphenylaminreaction, sondern auch bei dem Furfurolnachweis mit **Naphtolschwefelsäure** wichtig. (Man untersucht z. B. Glycerin auf Furfurol wie folgt: Man mischt 1 ccm Glycerin mit 1 ccm Wasser, fügt 2 Tropfen einer 2 procentigen spirituösen α-Naphtollösung und darauf langsam 15 Tropfen reiner Schwefelsäure hinzu. Die Schwefelsäure lässt man an der Wandung des Gläschens herunterlaufen, so dass sich die Säure unter die Glycerinmischung schichtet.) Ist bei dieser Probe die Schwefelsäure nicht ganz frei von Nitrosen, so entsteht eine Grünfärbung.

Selen: Werden 2 ccm Schwefelsäure mit 2 ccm Salzsäure, worin ein Körnchen Natriumsulfit gelöst worden ist, überschichtet, so darf weder eine röthliche Zwischenzone, noch beim Erwärmen eine rothgefärbte Ausscheidung entstehen.

Reducirende Substanzen: 15 ccm Schwefelsäure werden mit 60 ccm Wasser versetzt; diese Flüssigkeit wird durch Zugabe eines Tropfens $^1/_{10}$-Normal-Chamäleonlösung (1 ccm = 0,0056 Fe) deutlich roth gefärbt, welche Färbung einige Minuten vorhält.

Blei: Wird die Säure mit dem 5fachen Volumen starken Weingeistes vermischt, so tritt auch nach längerem Stehen keine Trübung ein.

Sonstige Metalle: 10 ccm Schwefelsäure werden mit Wasser verdünnt, mit Ammon im Ueberschusse, einigen Tropfen Schwefelammonium und oxalsaurem Ammon versetzt, wodurch keine grünliche Färbung und keine Trübung entsteht.

20 ccm der Säure werden mit 100 ccm Wasser verdünnt; diese Flüssigkeit darf nach dem Einleiten von Schwefelwasserstoff keine braune Färbung zeigen, auch dürfen sich nach dem Einleiten des Schwefelwasserstoffes bei längerem Stehen keine braunen Flocken abscheiden.

Anmerkung. Es kommt bisweilen zinnhaltige Schwefelsäure im Handel vor, welche nach dem Verdünnen mit Wasser und Zugabe von Schwefelwasserstoff erhebliche Abscheidung von braunem Schwefelzinn zeigt. Bemerkt muss werden, dass Spuren Blei mit Schwefelwasserstoff nicht erkannt werden, dieselben entgehen jedoch nicht bei der Probe mit Alkohol.

Arsen: In die ca. 200 ccm fassende Entwicklungsflasche eines Marsh'schen Apparats werden 20 g absolut arsenfreies Zink und die Schwefelsäure, nachdem sie vorher mit 3 Theilen Wasser verdünnt ist, gegeben, alsdann der Apparat in üblicher Weise in Gang gesetzt. Es zeigt sich nach $^1/_2$ stündiger Gasentwickelung kein Arsenspiegel.

Anmerkung. Acid. sulfuric. puriss., welche die Prüfung im Marsh'schen Apparat aushält, findet sich im Handel fast allgemein; dagegen ist mir verschiedentlich bleihaltige Säure und solche, welche die Prüfung mit Chamäleon nicht aushält, bzw. Norm.-Chamäleon sofort entfärbte, vorgekommen. Zu bemerken ist, dass die Prüfung der Schwefelsäure mit dem Marsh'schen Apparat bei Gegenwart von schwefliger Säure, salpetriger Säure und Salpetersäure nicht genau ist. In solchen Fällen prüft man zweckmässig nach der Stanniol-Methode oder nach der Hager'schen Kramato-Methode (Böckmann, Chem.-techn. Untersuchungsmethoden).

Ammon: 2 g Säure werden mit circa 30 ccm Wasser verdünnt, mit einer Lösung von 3—4 g Kali caustic. puriss. übersättigt und mit 10—15 Tropfen Nessler's Reagens versetzt; es darf keine deutlich gelbe und auch keine braunrothe Färbung eintreten.

Anmerkung. Nach W. Gintl wurden in einer Acid. sulfuric. puriss. des Handels 5 Proc. Ammon gefunden. Die Prüfung auf Ammon mit Nessler's Reagens ist bekanntlich sehr genau. Zu 100 g conc. Schwefelsäure habe ich 1 mg NH_3 gegeben und alsdann, wie oben vorgeschrieben, mit Nessler's Reagens untersucht, wobei sich deutliche gelbe Färbung und Trübung zeigte.

Halogene: 2 g werden auf 30 ccm verdünnt und einige Tropfen Lösung von salpetersaurem Silber zugegeben; es entsteht keine Veränderung.

Quantitative Bestimmung.

Die Bestimmung der Stärke geschieht mit Hülfe der Mohr'schen Wage. Nach dem gefundenen specifischen Gewichte ergiebt sich der Gehalt der Schwefelsäure aus folgender Tabelle:

Volumgewicht der **Schwefelsäure** bei $+ 15^0$ (Kolb).

Grade Beaumé	Vol.- Gewicht	100 Gew.-Th. enthalten				1 Liter enthält in kg			
		Proc. SO_3	Proc. H_2SO_4	Säure von 60^0 B.	Säure von 53^0 B.	SO_3	H_2SO_4	Säure von 60^0 B.	Säure von 53^0 B.
0	1,000	0,7	0,9	1,2	1,3	0,007	0,009	0,012	0,013
1	1,007	1,5	1,9	2,4	2,8	0,015	0,019	0,024	0,028
2	1,014	2,3	2,8	3,6	4,2	0,023	0,028	0,036	0,042
3	1,022	3,1	3,8	4,9	5,7	0,032	0,039	0,050	0,058
4	1,029	3,9	4,8	6,1	7,2	0,040	0,049	0,063	0,074
5	1,037	4,7	5,8	7,4	8,7	0,049	0,060	0,077	0,090
6	1,045	5,6	6,8	8,7	10,2	0,059	0,071	0,091	0,107
7	1,052	6,4	7,8	10,0	11,7	0,067	0,082	0,105	0,123
8	1,060	7,2	8,8	11,3	13,1	0,076	0,093	0,120	0,139
9	1,067	8,0	9,8	12,6	14,6	0,085	0,105	0,134	0,156
10	1,075	8,8	10,8	13,8	16,1	0,095	0,116	0,148	0,173
11	1,083	9,7	11,9	15,2	17,8	0,105	0,129	0,165	0,193
12	1,091	10,6	13,0	16,7	19,4	0,116	0,142	0,182	0,211
13	1,100	11,5	14,1	18,1	21,0	0,126	0,155	0,199	0,231
14	1,108	12,4	15,2	19,5	22,7	0,137	0,168	0,216	0,251
15	1,116	13,2	16,2	20,7	24,2	0,147	0,181	0,231	0,270
16	1,125	14,1	17,3	22,2	25,8	0,159	0,195	0,250	0,290
17	1,134	15,1	18,5	23,7	27,6	0,172	0,210	0,269	0,313
18	1,142	16,0	19,6	25,1	29,2	0,183	0,224	0,287	0,333
19	1,152	17,0	20,8	26,6	31,0	0,196	0,233	0,306	0,357
20	1,162	18,0	22,2	28,4	33,1	0,209	0,258	0,330	0,385

Grade Beaumé	Vol.-Gewicht	100 Gew.-Th. enthalten				1 Liter enthält in kg			
		Proc. SO_3	Proc. H_2SO_4	Säure von 60° B.	Säure von 53° B.	SO_3	H_2SO_4	Säure von 60° B.	Säure von 53° B.
21	1,171	19,0	23,3	29,8	34,8	0,222	0,273	0,349	0,407
22	1,180	20,0	24,5	31,4	36,6	0,236	0,289	0,370	0,432
23	1,190	21,1	25,8	33,0	38,5	0,251	0,307	0,393	0,458
24	1,200	22,1	27,1	34,7	40,5	0,265	0,325	0,416	0,446
25	1,210	23,2	28,4	36,4	42,4	0,281	0,344	0,440	0,513
26	1,220	24,2	29,6	37,9	44,2	0,295	0,361	0,463	0,539
27	1,231	25,3	31,0	39,7	46,3	0,311	0,382	0,489	0,570
28	1,241	26,3	32,2	41,2	48,1	0,326	0,400	0,511	0,597
29	1,252	27,3	33,4	42,8	49,9	0,342	0,418	0,536	0,625
30	1,263	28,3	34,7	44,4	51,8	0,357	0,438	0,561	0,654
31	1,274	29,4	36,0	46,1	53,7	0,374	0,459	0,587	0,684
32	1,285	30,5	37,4	47,9	55,8	0,392	0,481	0,616	0,717
33	1,297	31,7	38,8	49,7	57,9	0,411	0,503	0,645	0,751
34	1,308	32,8	40,2	51,1	60,0	0,429	0,526	0,674	0,850
35	1,320	33,8	41,6	53,3	62,1	0,447	0,549	0,704	0,820
36	1,332	35,1	43,0	55,1	64,2	0,468	0,573	0,734	0,856
37	1,345	36,2	44,4	56,9	66,3	0,487	0,597	0,765	0,892
38	1,357	37,2	45,5	58,3	67,9	0,505	0,617	0,791	0,921
39	1,370	38,3	46,9	60,0	70,0	0,525	0,642	0,822	0,959
40	1,383	39,5	48,3	61,9	72,1	0,546	0,668	0,856	0,997
41	1,397	40,7	49,8	63,8	74,3	0,569	0,696	0,891	1,038
42	1,410	41,8	51,2	65,6	76,4	0,589	0,722	0,925	1,077
43	1,424	42,9	52,8	67,4	78,5	0,611	0,749	0,960	1,108
44	1,438	44,1	54,0	69,1	80,6	0,634	0,777	0,994	1,159
45	1,453	45,2	55,4	70,9	82,7	0,657	0,805	1,030	1,202
46	1,468	46,4	56,9	72,9	84,9	0,681	0,835	1,070	1,246
47	1,483	47,6	58,3	74,7	87,0	0,706	0,864	1,108	1,290
48	1,498	48,7	59,6	76,3	89,0	0,730	0,893	1,143	1,330
49	1,514	49,8	61,0	78,1	91,0	0,754	0,923	1,182	1,378
50	1,530	51,0	62,5	80,0	93,3	0,780	0,956	1,224	1,427
51	1,540	52,2	64,0	82,0	95,5	0,807	0,990	1,268	1,477
52	1,563	53,5	65,5	83,9	97,8	0,836	1,024	1,311	1,529
53	1,580	54,9	67,0	85,8	100,0	0,867	1,059	1,355	1,580
54	1,597	56,0	68,6	87,8	102,4	0,894	1,095	1,402	1,636
55	1,615	57,1	70,0	89,6	104,5	0,922	1,131	1,447	1,688
56	1,634	58,4	71,6	91,7	106,9	0,954	1,170	1,499	1,747
57	1,652	59,7	73,2	93,7	109,2	0,986	1,210	1,548	1,804
58	1,672	61,0	74,7	95,7	111,5	1,019	1,248	1,599	1,863
59	1,691	62,4	76,4	97,8	114,0	1,055	1,292	1,654	1,928
60	1,711	63,8	78,1	100,0	116,6	1,092	1,336	1,711	1,995
61	1,732	65,2	79,0	102,3	119,2	1,129	1,384	1,772	2,065
62	1,753	66,7	81,7	104,6	121,9	1,169	1,432	1,838	2,137
63	1,774	68,7	84,1	107,7	125,5	1,219	1,492	1,911	2,226
64	1,796	70,6	86,5	110,8	129,1	1,268	1,554	1,990	2,319
65	1,819	73,2	89,7	114,8	138,8	1,332	1,632	2,088	2,434
66	1,842	81,6	100,0	128,0	149,3	1,503	1,842	2,358	2,750

Für Schwefelsäure mit mehr als 90 Proc. $H_2 SO_4$ sind die Bestimmungen von Kolb unzuverlässig, dagegen diejenigen von Lunge und Naef sicher.

Volumgewicht höchst concentrirter Schwefelsäure bei 15°
(Lunge und Naef).

Proc. $H_2 SO_4$	Vol.-Gew.	Grade Beaumé	Proc. $H_2 SO_4$	Vol.-Gew.	Grade Beaumé
90	1,8185	65,1	*95,97	1,8406	
*90,20	1,8195		96	1,8406	66,0
91	1,8241	65,4	97	1,8410	
*91,48	1,8271		*97,70	1,8413	
92	1,8294	65,6	98	1,8412	
*92,83	1,8334		*98,39	1,8406	
93	1,8339	65,8	*98,66	1,8409	
94	1,8372	65,9	99	1,8403	
*94,84	1,8387		*99,47	1,8395	
95	1,8390	66,0	*100,00	1,8384	

Die mit * bezeichneten Werthe sind direct beobachtet, die anderen sind interpolirt. Die Werthe beziehen sich auf chemisch reine Säure; bei Schwefelsäure des Handels sind die spec. Gewichte der höchsten Concentrationen höher.

Auch für Schwefelsäure von geringerer Concentration sind, wenn es sich um genaue Bestimmungen handelt, die neuesten Tabellen von Lunge und Isler denjenigen von Kolb vorzuziehen. Die Tabellen von Lunge und Isler sind veröffentlicht in Zeitschr. f. angewandte Chemie 1890, S. 129, ferner in Lunge's Handbuch der Soda-Industrie Bd. 1, S. 107 (2. Aufl., Braunschweig bei Vieweg u. Sohn 1893), worauf hier verwiesen wird.

Die quantitative volumetrische Bestimmung der Schwefelsäure erfolgt durch Titriren einer gemessenen Menge mit Normalnatronlauge. Die Resultate werden stets in Gewichtsprocenten von Schwefelsäuremonohydrat (H_2SO_4) ausgedrückt. Näheres über die Ausführung der Titration siehe Lunge's Handbuch der Soda-Industrie Bd. 1, S. 150.

Anwendung und Aufbewahrung und Normal-Schwefelsäure.

Die reine Schwefelsäure dient zum Nachweis und zur quantitativen Bestimmung von Baryt und Blei. Sie wird zum Aufschliessen der Mineralien bei der Bodenanalyse benutzt und dient zur Zersetzung mancher organischer Substanzen, ferner zum Trocknen der

Gase. Zu letzterem Zwecke soll nach Plaats (Repertor. der Chem.-Ztg. 1887, S. 105) eine Säure mit 6—8 Proc. Wasser am geeignetsten sein. In der gerichtlich-chemischen Analyse wird die Schwefelsäure (arsenfrei) zur Entwickelung von Wasserstoff und Arsenwasserstoff im Marsh'schen Apparat gebraucht, und bei Stickstoffbestimmungen nach Kjeldahl's Methode dient sie (stickstofffrei) zur Zersetzung der organischen Substanz. Für letzteren Zweck verwendet man meistens 3 Vol. conc. und 2 Vol. rauchende Schwefelsäure. Conc. Schwefelsäure findet auch Anwendung in der mikroskopisch-chemischen Analyse. (Zeitschr. f. analyt. Chemie 1886, S. 537.)

Man bewahrt die Schwefelsäure in mit Glasstöpsel verschlossenen Glasflaschen auf.

Normal-Schwefelsäure. Dieselbe muss 48,91 g H_2SO_4 im Liter enthalten*).

Zur Darstellung der Lösung verdünnt man zunächst 52 bis 53 g reiner, concentrirter englischer Schwefelsäure mit Wasser auf 1 Liter, alsdann ermittelt man durch gewichtsanalytische Bestimmung oder durch Titration mit kohlensaurem Natrium den Gehalt und fügt noch so viel Wasser hinzu, dass die Lösung bei $+15^0$ C. den normalen Gehalt von 48,91 g H_2SO im Liter zeigt. Die Controle kann, wie bemerkt, durch gewichtsanalytische Bestimmung oder durch Titration mit kohlensaurem Natron ausgeführt werden. J. König (siehe Untersuchung landwirthschaftl. und gewerblich wichtiger Stoffe, Berlin 1891, S. 680) bestimmt z. B. gewichtsanalytisch den Titer der Schwefelsäure in der Weise, dass er 20 ccm der zu untersuchenden Säure, nachdem dieselbe mit Wasser stark verdünnt ist, erst ammoniakalisch und dann schwach salzsauer macht, mit Chlorbarium fällt und aus dem schwefelsauren Barium den Gehalt berechnet. Näheres siehe l. c.

Schaffgotsch, ferner Eckenroth, Weinig (Pharm. Ztg. 1892, S. 317 oder Zeitschr. analyt. Chemie 1893, S. 450) empfehlen zur Titerstellung der Normalsäure das Abdampfen der Säure mit reinem Ammoniak, Trocknen und Wägen des Rückstandes von Ammoniumsalz. Ich verweise bezüglich des Näheren auf die Pharm. Ztg. und die sonstigen Fachschriften, in welchen die Methode ausführlich beschrieben wurde. Diese Methode ist auch nach unseren Erfahrungen sehr einfach und sie giebt recht genaue Resultate.

---

*) Siehe auch Anmerkung S. 182 bei Normalkalilauge.

Man kann, wie bemerkt, die Controle auch acidimetrisch ausführen, indem man den Titer der Normalsäure unter Anwendung von wasserfreiem, rein kohlensaurem Natrium bestimmt. Diese Art der Titerstellung ist z. B. die in den Sodafabriken allgemein gebräuchliche, sie ist in Böckmann, Chem.-technische Untersuchungsmethoden und in J. König's oben citirtem Werke S. 680 angegeben. Man nimmt dabei Lackmustinctur als Indicator und titrirt unter Beobachtung der Vorsichtsmaassregeln, welche Reinitzer in Zeitschr. f. angewandte Chemie 1894, S. 552 ff. ausführlich beschrieben hat.

Handelssorten.

Ueber die Verunreinigungen, welche bisweilen in der reinen Schwefelsäure des Handels vorkommen, siehe S. 345 die Anmerkungen.

Schwefelsäure, rohe.

Die rohe Schwefelsäure gelangt als 60 grädige und als 66 grädige Säure in den Handel. Ausserdem wird eine rohe, arsenfreie Schwefelsäure in den Handel gebracht, ferner das 100 procentige Schwefelsäuremonohydrat, welches durch Ausfrieren aus der gewöhnlichen englischen Schwefelsäure gewonnen wird. Als Verunreinigung der rohen Säure kommen in Betracht: Arsen, Flusssäure, Blei, Eisen, Titan, Stickoxyd, salpetrige Säure und Salpetersäure, Selen und schweflige Säure. In 100 kg der rohen englischen Schwefelsäure wurden von Buchner (Chem.-Ztg. 1891, S. 13) 131 g As_2O_3 gefunden. Dott (Pharm. Journ. 1890, S. 475) fand in 50 ccm Schwefelsäure des Handels 0,1565 As_2O_3. Gute rohe Schwefelsäure des Handels enthält in 100 kg nicht mehr als 0,8 bis 4,4 g Arsen (Chemiker-Ztg. 1891, S. 43).

Häufig ist die rohe Säure nicht wasserhell. Ueber die Rothfärbung der rohen, nitrosehaltigen Schwefelsäure beim Stehen in eisernen Gefässen hat R. Nörrenberg eine Arbeit veröffentlicht (Chem. Ind. 1890, 13, 363). Die rothe Farbe kommt daher, dass allmählich gelöstes Eisenoxydulsulfat die Nitrose zu Stickoxyd reducirt und letzteres durch das überschüssige Oxydulsalz aufgenommen wird. Nitrosefreie Schwefelsäure wird in eisernen Behältern niemals roth.

Ausführliches über die quantitative Bestimmung der Verunreinigungen in der rohen Schwefelsäure siehe in Lunge's Soda-Industrie, 2. Auflage, Bd. 1, S. 158 ff. Daselbst, S. 116, siehe auch über die Bestimmung der Stärke der rohen Schwefelsäure mittels des Aräometers. Die stärksten Säuren (von 96 bis 99 Proc.) sollten nach Lunge immer nach wirklicher alkalimetrischer Bestimmung gewerthet werden. Bei unreinen Säuren kann die Bestimmung mittels des Aräometers leicht zu nicht vollständig genauen Resultaten führen (siehe l. c. S. 115).

Schwefelsäure, rauchende.

Acid. sulfuric. fumans $(H_2SO_4 + SO_3$.

Molecular-Gew. $= 177{,}68)$.

Oeldicke, bisweilen etwas gefärbte oder nicht vollständig klare Flüssigkeit, welche an der Luft raucht.

Prüfung auf Verunreinigungen.

Salpetersäure: 20 g der Säure werden mit 3 bis 4 Tropfen der mit dem 10 fachen Volumen Wasser verdünnten Indigolösung versetzt und hierzu vorsichtig 20 ccm Wasser zugefügt; die Flüssigkeit muss auch nach einigen Minuten eine deutlich blaue Färbung zeigen.

Anmerkung. Das Präparat wird im Gemisch mit reiner Schwefelsäure 2 : 3 für die Kjeldahl-Bestimmungen gebraucht und für diese Zwecke vom Analytiker selbst durch eine blinde Bestimmung controlirt. Die bei Acid. sulfuric. puriss. zur Prüfung auf Salpetersäure genannten Vorschriften können hier nicht zur Anwendung kommen. Die oben angegebene Prüfung hielt ein Präparat aus, welches als garantirt „N-frei" in den Handel kommt; die gewöhnlichen Handelspräparate entfärbten aber 4 bis 5 Tropfen Indigo meistens sehr schnell. Um hier die Genauigkeit der Indigoprobe ungefähr festzustellen, wurde auf 20 g der garantirt N-freien Acid. sulfuric. fumans des Handels $\frac{1}{2}$ mg HNO_3, alsdann Indigo und Wasser, wie oben angeführt, zugegeben; es trat nach dem Wasserzusatz sofortige Entfärbung des Indigos ein.

Nach Garnier (Repertor. der Chem.-Ztg. 1887, S. 148) ist die rauchende Schwefelsäure oft *ammoniakhaltig*, und Garnier benutzt daher für seine Zwecke eine durch Lösen von 1 Th. *Schwefelsäureanhydrid* in 3 Th. englischer Schwefelsäure erhaltene Säure.

Sonstige Verunreinigung: Prüfung siehe unter Acid. sulfuric. puriss.

Quantitative Bestimmung.

Rauchende Schwefelsäure kommt hauptsächlich in der Farbentechnik zur Verwendung und wird meist nach dem Procentgehalt des neben Schwefelsäurehydrat vorhandenen Anhydrids verkauft. Man nennt z. B. eine Säure 20 procentig, wenn sie neben 80 Th. Schwefelsäurehydrat 20 Th. Schwefelsäureanhydrid enthält. Die genaue Feststellung des Gehaltes geschieht in der Technik durch acidimetrische Titration, welche mit grosser Vorsicht ausgeführt werden muss. Ich verweise bezüglich der näheren Ausführung der Methode auf die Werke über chemisch-technische Untersuchungen, besonders auf Lunge's Handbuch der Soda-Industrie, 2. Auflage, Bd. 1, S. 793.

Anwendung und Aufbewahrung.

Die rauchende Schwefelsäure wird bei der Gasanalyse, zur Absorption der schweren Kohlenwasserstoffe und zu den N-Bestimmungen nach Kjeldahl gebraucht. Rauchende Schwefelsäure oder auch das reine Schwefelsäureanhydrid finden ferner bei organischen Synthesen Anwendung. (Beilstein, Organ. Chem., 2. Aufl., I. Bd., S. 115.)

Die rauchende Schwefelsäure für gasanalytische Zwecke muss so stark sein, dass sie beim Abkühlen auf 0^0 Krystalle von Pyroschwefelsäure ausscheidet.

Man bewahrt die Säure sehr vorsichtig in mit Glasstopfen verschlossenen Glasflaschen auf.

Handelssorten.

Als Verunreinigungen sind besonders Alkalisulfate, Salpetersäure, schweflige Säure und Blei fast immer vorhanden.

Die rauchende Säure (auch Oleum genannt) wird nach ihrem Gehalte an freiem Schwefelsäureanhydrid gehandelt. Sie lässt sich leicht mit jedem beliebigen Anhydridgehalt, von wenigen Procenten bis zu 100 Procent, also bis zum reinen Anhydrid herstellen. Ein „30 procentiges Oleum" ist z. B. ein Gemisch von 30 Gewichtstheilen SO_3 und 70 Gewichtstheilen H_2SO_4.

Eine Tabelle von Winkler über das spec. Gewicht von rauchender Schwefelsäure und deren Gehalt an SO_3 siehe Lunge, Soda-Industrie, 2. Aufl., Bd. 1, S. 799.

Die Herstellung der rauchenden Schwefelsäure geschieht bequem aus Schwefelsäureanhydrid und Schwefelsäuremonohydrat.

Man bezieht das **Schwefelsäureanhydrid** jetzt in gusseisernen Transportgefässen, welche auch gleichzeitig als Destillationsgefässe dienen, und destillirt die gewünschte Menge Anhydrid in das vorgelegte Monohydrat. Auch in kleineren Glasflaschen ist das Anhydrid zu beziehen, deren Inhalt geschmolzen und mit dem Monohydrat nach Belieben zu Acid. sulfuric. fumans vermischt werden kann.

Schweflige Säure.

Acidum sulfurosum. $SO_2 + aq.$

Eine wasserhelle Flüssigkeit, welche 8 Proc. SO_2 enthält. SO_2 ist ein Reductionsmittel; sie entfärbt Jodlösung und Kaliumpermanganat und führt Chromsäure in Chromoxyd über, wobei sie selbst zu Schwefelsäure oxydirt wird.

Auch die 100procentige, wasserfreie schweflige Säure, welche jetzt im Grossen aus Röstgasen hergestellt wird, gelangt in den Handel. Sie wird in der Technik, so in den Zuckerfabriken zum theilweisen Ersatz der Knochenkohle, oder in der Textilindustrie als Bleichmittel verwendet.

Die Methoden zur quantitativen Bestimmung der SO_2 sind bei Natriumbisulfit S. 262 in diesem Buche angegeben. Da die Lösung der schwefligen Säure sich leicht oxydirt und auch die SO_2 entweicht, so muss man in gut verschlossenen Flaschen in der Kälte aufbewahren.

An dieser Stelle mag auch eine bequeme Methode angegeben sein, welche G. Neumann zur Entwickelung von SO_2 für Laboratoriumszwecke vorgeschlagen hat. Die schweflige Säure wird nach N. in einem Kipp'schen Apparat entwickelt, welcher mit conc. Schwefelsäure und einem zu Würfeln verarbeiteten Gemisch von 3 Th. **Calciumsulfit** und 1 Th. Gyps gefüllt ist. 0,5 kg dieser Würfel geben einen etwa 30 Stunden andauernden constanten Gasstrom. (Rep. d. Chem.-Ztg. 1887, S. 161.)

Schwefelwasserstoffwasser.

Man stellt dasselbe durch Einwirkung von Salzsäure auf Schwefeleisen dar, wobei der Kipp'sche Apparat verwendet wird. Das entweichende Gas wird zunächst mit Wasser gewaschen, alsdann in vorher ausgekochtes und wieder erkaltetes destillirtes Wasser bis zur Sättigung desselben eingeleitet. Man bewahrt das Schwefelwasserstoffwasser in kleinen dunklen Flaschen aus braunem Glase an einem kühlen Orte auf; die Flaschen werden verkorkt und der Korkverschluss mit Paraffin gedichtet. Es muss einen starken Geruch nach $H_2 S$ besitzen. Siehe auch unter Schwefeleisen S. 118.

Ueber die Methode von Jacobson und Brunn zur Reinigung von arsenhaltigem Schwefelwasserstoff durch Jod siehe eine Abhandlung von Skraup in Ztschr. allg. österr. Ap.-V. 1896 No. 2 oder Ref. u. A. in Apoth.-Ztg. 1896, S. 107.

Silber.

Argent. metallic. puriss. (Ag. Atom-Gew. = 107,66).

Rein weisses Metall in Blechform.

Prüfung auf Verunreinigungen.

Fremde Metalle: Prüfung durch Lösen in Salpetersäure, Ausfällen des Silbers als Chlorsilber und Verdampfen des Filtrats. Ein etwaiger Rückstand, welcher beim Verdampfen des Filtrats bleibt, wird mit Salpetersäure gelöst und mit Schwefelwasserstoff, Ammon und Schwefelammon geprüft.

Quantitative Bestimmung.

In den Münzwerkstätten geschieht die Werthbestimmung des Silbers durch Titriren mit Normal-Kochsalzlösung. Dieses von Gay-Lussac herkommende Verfahren ist genauer als die früher übliche Probe durch Abtreiben, bei welcher der Verlust an Silber oft 5 bis 6 Tausendstel und noch mehr betragen hat. Bezüglich der Ausführung der Gay-Lussac'schen Methode, bei welcher die sorgfältigste Beobachtung aller Vorsichsmaassregeln nothwendig ist, verweise ich auf Mohr's Lehrbuch der Titrirmethode (Braunschweig bei Vieweg 1886) S. 418 ff. oder auf Fresenius, Anleitung zur quantitativen Analyse (Braunschweig bei Vieweg 1875) S. 302 ff.

Anwendung.

Das reine Silber dient in der Maassanalyse zur Feststellung des Titers der Kochsalzlösung. Silber (Späne von feinstem Tressensilber) dienen nach Stein in der Elementaranalyse an Stelle des metallischen Kupfers zur Reduction der Oxydationsstufen des Stickstoffs.

Zur Herstellung von absolut reinem Silber empfiehlt Stas, das Silber aus ammoniakalischer Lösung durch Ammonsulfit zu reduciren. Diese umständliche aber genaue Methode ist u. A. in Post, Chem.-techn. Analyse, 2. Aufl., Bd. 1, S. 566 beschrieben.

Bemerkt muss werden, dass auch die Scheideanstalten ausser dem Kornsilber das oben beschriebene chemisch reine 100 procentige Silber in Blechform herstellen, welches zu Titerstellungen der Chlornatriumlösung verwendet werden kann. Ueber die Ausführung dieser Titerstellung siehe Fresenius, Quant. Analyse, 6. Aufl., Bd. 1, S. 303 ff. Ueber Herstellung der Normalsilberlösung siehe unter Silbernitrat S. 356 in diesem Buche.

Handelssorten.

Chemisch reines Silber wird durch geeignete Reduction aus reinem Chlorsilber dargestellt. Das durch Kupfer gefällte sogenannte Kornsilber der Silberscheideanstalten ist nach Fresenius (Anleitung zur quantitativen Analyse, 6. Aufl., I. Bd., S. 137) nie absolut rein, sondern enthält meist etwa $^{1}/_{1000}$ Kupfer.

Silbernitrat.

Argentum nitric. pur., salpetersaures Silber ($AgNO_3$. Molecular-Gew. = 169,55).

Rein weisse Krystalle oder Stängelchen. Die concentrirte wässerige Lösung ist klar und neutral.

Prüfung auf Verunreinigungen.

Salpeter und Chlorsilber: 0,5 g Argent. nitric. werden mit 0,5 g Wasser gelöst, 20 ccm absoluter Alkohol zugefügt und einige Minuten geschüttelt; die Lösung ist klar.

Verunreinigungen im Allgemeinen: 2 g werden mit ca. 60 ccm Wasser gelöst, diese Lösung wird auf 70° C. erwärmt, mit der nothwendigen Menge Salzsäure das Chlorsilber nach und nach ausgefällt, nach dem Absetzen des Niederschlags warm filtrirt, der Niederschlag ausgewaschen, das Filtrat zur Trockene verdunstet und schwach geglüht, wobei nur Spuren von Rückstand verbleiben.

Anmerkung. Zur genauen Untersuchung wird ein grösseres Quantum Höllenstein genommen. Gelegentlich einer Besprechung über die zweckmässigste Ausführung der Analyse von Argent. nitric. bemerkte mir Herr H. Rössler, Director der „Deutschen Gold- und Silber-Scheideanstalt zu Frankfurt a. M.", dass er zu obiger Untersuchung auf Verunreinigungen 100 g Argent. nitric. verwende. Der Höllenstein wird in destillirtem Wasser gelöst und mit Salzsäure das Silber gefällt. Das Filtrat von Chlorsilber wird, nachdem es in der Porzellanschale stark concentrirt ist, nochmals mit etwas Wasser verdünnt; diese Flüssigkeit erwärmt und filtrirt man, verdunstet sie zur Trockene, erhitzt den hierbei verbleibenden Rückstand auf der Gasflamme schwach und wägt ihn. Gleichzeitig wird stets dasselbe Quantum destillirten Wassers, wie es zum Lösen des Argent. nitric. diente, unter Zusatz von circa 100 ccm reinster Salpetersäure (1,20) und 50 ccm Salzsäure (1,19) in einer Porzellanschale verdunstet, der Rückstand gewogen, und dieses Gewicht von dem Gewichte des bei der Untersuchung des Argent. nitric. erhaltenen Rückstandes in Abzug gebracht. Diese Art und Weise der Untersuchung ist jedenfalls sehr genau und ich habe nach derselben in guten Höllensteinproben aus 100 g Argent. nitric. 0,01—0,03 Rückstand, also nur wenige Hundertel Procente des Höllensteins gefunden. Solche Spuren von Rückstand, welche gewöhnlich aus salpetersaurem Calcium mit sehr geringen Spuren von Kupfer oder Eisen bestehen, sind bei der Fabrication schwer zu vermeiden und sind auch bei der Verwendung des Präparates zur Darstellung der zur Chlorbestimmung erforderlichen Silberlösung durchaus unwesentlich (vergl. auch Fresenius, Anleitung zur quantitativen Analyse, 6. Aufl., I. Bd., S. 136).

Quantitative Bestimmung.

Siehe bei Silber S. 354.

Anwendung und Aufbewahrung (Normalsilberlösung).

Das salpetersaure Silber dient zum Nachweis der Halogene, zur Bestimmung derselben und zur Trennung. Es wird zur Erkennung der Chromsäure, der arsenigen Säure und der Ameisensäure gebraucht. Ammoniakalische Silberlösung und auch Silberoxyd finden bei der Untersuchung organischer Stoffe vielfach Anwendung, so zur Erkennung der Aldehyde, welche ammoniakalische Silberlösung unter Spiegelbildung reduciren.

Normalsilberlösung. Die allgemein gebräuchliche $\frac{1}{10}$-Normallösung wird durch Auflösen von 16,955 g reinstem, salpetersaurem

Silber mit destillirtem Wasser zu einem Liter hergestellt. Man kann
für diese Zwecke das Argent. nitric. puriss. pro analysi verwenden.
Auch das metallische Silber, welches in grosser Reinheit im Handel
vorkommt (siehe S. 354), wird vielfach verwendet; man löst 10,766 g
in Salpetersäure, dampft ein und füllt den Rückstand mit destillirtem Wasser zum Liter auf.

Die Normalsilberlösung wird in braunen Flaschen aufbewahrt.

Was die Aufbewahrung des Höllensteins betrifft, so soll man denselben nach Barille (Rép. de Pharm. 1891, 47, 403) in Stäbchen nicht
zwischen Leinsamen, sondern zwischen granulirtem Bimstein oder
Glasperlen aufbewahren, da die gewöhnliche Aufbewahrung zwischen
Samen in Folge des Oelgehaltes der Samen Verlust an Silber
bedingt.

Handelssorten.

Das salpetersaure Silber findet sich sehr rein im Handel und
zwar sowohl in Form von Stäbchen als in krystallisirter Form. Neben
dem Argent. nitric. cryst. und puriss. finden wir in den Preislisten
auch das für arzneiliche Zwecke gebrauchte Argent. nitric. c. Kali
nitric., das Argent. nitric. c. Argent. chlor. und das Argent. nitric.
c. Plumb. nitric. Etwaige Verwechselungen des Argent. nitric. mit
den genannten Präparaten sind durch die oben angeführten einfachen
Prüfungen auf Salpeter und Chlorsilber sofort zu erkennen.

Silbernitrit.

Argentum nitrosum puriss., salpetrigsaures Silber ($Ag\,NO_2$.
Molecular-Gew. $= 153,59$).

Gelbliche, in Wasser schwer lösliche Krystalle, welche durch
Fällen einer concentrirten Lösung von salpetrigsaurem Kalium mit
einer Lösung von salpetersaurem Silber gewonnen und durch Umkrystallisiren gereinigt werden. Das Salz dient zur Titerstellung der
Chamäleonlösung für Nitritbestimmungen. Es muss 99,5 bis 100-
procentig sein. Sein Gehalt wird nach der unter Kaliumnitrit S. 195
angegebenen Methode ermittelt.

Stärke.

Amylum.

Ein weisses Pulver.

Man benutzt dieselbe zur Herstellung der einfachen Stärke-lösung. Man vertheilt die Stärke mit etwas kaltem Wasser und über-giesst sie dann unter Umrühren mit dem 100 fachen Gewicht kochen-den Wassers. Die Lösung zersetzt sich leicht; sie giebt mit freiem Jod die bekannte blaue Färbung.

An Stelle des Stärkemehls kann man zur Herstellung der Lösung auch ein Stückchen weisser Oblate nehmen und dieses mit heissem Wasser schütteln.

Ueber Zinkjodidstärkelösung siehe weiter hinten in diesem Buche.

Stärke, lösliche.

Amylum solubile.

Dieselbe ist ein weisses Pulver, welches sich beim Kochen in Wasser löst, ohne Kleister zu bilden. Sie wird hergestellt durch geeignetes Behandeln der Stärke mit Säure, und sie dient besonders zur Herstellung einer Normallösung (2,0 g in 100 Wasser) zur Be-stimmung der diastatischen Kraft des Malzes und der Diastase (Pharm. Ztg. 1889, S. 494). Die lösliche Stärke muss frei von Säure sein und darf Fehling'sche Lösung nicht oder nur sehr schwach reduciren, so dass also höchstens Spuren von Zucker vorhanden sind.

Sulfanilsäure.

Acid. sulfanilicum cryst. $(NH_2 . C_6H_4SO_3H + 2H_2O.$
Molecular-Gew. $= 208,61).$

Weisse, nadelförmige, in Wasser schwer lösliche Krystalle, welche rasch verwittern. 1 Th. Säure löst sich in 166 Th. Wasser von 10^0. Die Krystalle verkohlen beim Erhitzen auf $280—300^0$.

Prüfung auf Reinheit und Quantitative Bestimmung.

Die gute Beschaffenheit der Sulfanilsäure ergiebt sich durch das Aeussere, die richtige Löslichkeit in Wasser und die vollständige Flüchtigkeit.

Anwendung.

Die Sulfanilsäure wird mit schwefelsaurem Naphtylamin als Reagens auf salpetrige Säure gebraucht. (Peter Griess, Zeitschr. f. analyt. Chemie 1879, S. 597, ferner Lunge und Lwoff, Z. f. angewandte Chemie 1894, S. 345—50.)

Handelssorten.

Die Sulfanilsäure kommt mehr oder weniger verwittert, aber meist rein in den Handel.

Tannin.

Tannin. puriss., Galläpfelgerbsäure $(C_{14}H_{10}O_9,$
Molecular-Gew. $= 321{,}22)$.

Glänzende, schwach gefärbte, lockere Masse, welche sich in Wasser und in absolutem Alkohol klar löst.

Prüfung auf Verunreinigungen.

Aschenbestandtheile: 1 g hinterlässt beim Glühen keinen wägbaren Rückstand.

Löslichkeit: 2 g lösen sich klar in ca. 10 ccm Alkohol, welche Lösung auch durch Zusatz von 10 ccm Aether nicht getrübt wird. Auch die wässerige Lösung des reinen Tannins ist klar.

Anmerkung. Nach Vulpius (Pharm. Centralhalle, N. F. 1894, *15*, 710) ist keine der im Handel befindlichen Tanninsorten völlig frei von Gallussäure. Nach V. erweist sich als einzig zuverlässiges Reagens zum Nachweis der Gallussäure im Tannin das Kaliumcyanid, welches mit Gallussäurelösung eine Rothfärbung giebt, auf Gerbsäure aber nicht reagirt.

Ueber die Bestimmung und Trennung des Tannins von der Gallussäure siehe die Methode von Fleck und von Dreaper in Zeitschr. f. analytische Chemie 1895, S. 106.

Ueber Zuckerbestimmungen und über die Zuckergehalte der Gerbmaterialien, Gerbextracte etc. siehe eine Arbeit von v. Schröder, Bartel und Schmitz-Dumont in Dingl. Pol. J. *293*, 229—37, 252—60.

Darnach fällt man in der Lösung der Gerbextracte die Gerbstoffe mit
Bleiessig, entfernt den Bleiüberschuss durch schwefelsaures Natron und
behandelt dann das Filtrat mit Fehling'scher Lösung. Näheres siehe
l. c. oder auch im Referat in Chem. Centralblatt 1894, Bd. 2, S. 718.
Auf diese Weise fanden die genannten Forscher u. A. in Eichenjung-
rinde im Mittel 2,65 Proc. Zucker bei mittlerem Gerbstoffgehalt von
10,52 Proc. In Myrobalanen wurden gefunden 5,35 Proc. Zucker neben
30 Proc. Gerbstoff.

Quantitative Bestimmung.

Von den vielen Methoden, welche in der Literatur zur Bestimmung des Gerbstoffes vorgeschlagen sind, haben nur diejenigen
allgemeinere Anwendung gefunden, welche sich auf die Bestimmung
mit Hülfe von Hautpulver gründen. Man ermittelt nach diesen
Methoden im gerbstoffhaltigen Materiale zuerst Gerbstoff und Extractivstoffe etc. zusammen, fällt dann mit Hautpulver den Gerbstoff und
bestimmt im Filtrat die Extractivstoffe etc.; aus der Differenz beider
Bestimmungen ergiebt sich der Gerbstoffgehalt. Die praktische Ausführung geschieht nach Hammer in der Art, dass man das spec.
Gewicht der Lösung eines gerbstoffhaltigen Materials vor und nach
dem Ausfällen des Gerbstoffes mit thierischer Haut bestimmt und
aus der Differenz der specifischen Gewichte den Gerbstoffgehalt
nach einer Tabelle von Hammer berechnet. Nach Löwenthal-
Schröder titrirt man mit Chamäleon unter Zusatz von Indigo
als Indicator vor und nach der Abscheidung des Gerbstoffs durch
Haut.

Zweckmässig kann man auch gewichtsanalytisch verfahren, indem man in einer gerbstoffhaltigen Lösung die organische Trocken-
substanz vor und nach dem Ausfällen mit Haut bestimmt und nun
die Differenz als gerbende Substanzen in Rechnung bringt. Bezüglich der näheren Anleitung zur Ausführung der Gerbstoffbestimmungen
verweise ich auf die Handbücher der chem.-techn. Untersuchungen,
besonders auf Böckmann, Chem.-techn. Untersuchungen, 3. Auflage,
Bd. 2, S. 517 ff., wo Councler eine genaue Beschreibung des gewichtsanalytischen Verfahrens und des maassanalytischen Verfahrens (nach
v. Schröder) gegeben hat.

Wichtig ist bei diesen Bestimmungen, dass man nur ein durch
sorgfältiges Auswaschen von löslichen organischen Substanzen (leimartigen Stoffen) befreites *Hautpulver* verwendet. Für die Methoden
nach v. Schröder (siehe Böckmann, l. c.) genügen die besten Haut-

pulver, welche aus sorgfältig gewaschener Blösse hergestellt sind, so das Hautpulver pro analysi von E. Merck (siehe S. 135), nicht ohne Weiteres, sondern das Pulver selbst muss nochmals mit Wasser gewaschen werden. Unsere Versuche (siehe S. 135) haben ergeben, dass ein Hautpulver aus gut gewaschener Blösse stets noch ca. 0,04 bis 0,15 lösliche organische Substanzen in 100 g Hautfiltrat enthält, auch wenn die Blösse vor dem Mahlen sehr vorsichtig gewaschen wurde. Wir haben eine Anzahl solcher Versuche mit Kalbsblössen und mit Rindsblössen ausgeführt. Die Blössen waren für diese Zwecke mit Kalk behandelt, gut gereinigt, gut gewaschen, vorsichtig getrocknet und wurden dann mehr oder weniger fein gemahlen. Das gewonnene Pulver wurde nach der S. 135 angegebenen Methode auf lösliche organische Substanz untersucht. Die erhaltenen Hautpulver zeigten, wie bemerkt, im günstigsten Falle 0,04, im ungünstigsten Falle 0,13 lösliche organische Substanz in 100 ccm Hautfiltrat. Ein nachträgliches Auswaschen des Pulvers ist daher für obige besondere Zwecke nothwendig.

Was die Qualitätsbeurtheilung des Tannins anbelangt, so muss hier bemerkt werden, dass dieselbe in der Färberei und Druckerei, wo das Tannin hauptsächlich verwendet wird, nicht nach der Gerbstoffbestimmung, sondern durch Proben über die praktische Verwendbarkeit als Beizmittel geschieht. Man prüft hier dadurch, dass man kleine Streifen Kattun von bestimmtem Gewicht mit gleichstarken Lösungen verschiedener Tanninsorten beizt, mit Brechweinstein fixirt, dann mit Fuchsin oder mit Victoriagrün oder Malachitgrün färbt und die gefärbten Streifen seift. Die Untersuchung wird vergleichend genau bei derselben Temperatur und in derselben Zeit ausführt. Je besser das Tannin war, desto besser wird der betreffende gefärbte Streifen das Seifen aushalten, desto schöner und intensiver gefärbt wird daher der Streifen nach dem nachherigen Waschen und Trocknen sein.

In den Zeugdruckereien führt man zur Untersuchung gewöhnlich das vergleichende Drucken mit Victoriagrün oder Malachitgrün aus.

Anwendung.

Das Tannin dient zum Nachweis des Eisens. Es bildet mit Alkaloiden, Albuminaten und anderen organischen Körpern unlösliche Verbindungen und wird als Gruppenreagens auf Alkaloide benutzt.

Mit reinstem Tannin stellt man den Wirkungswerth der Normallösungen für Gerbstoffbestimmungen fest*).

Handelssorten.

Das Tannin kommt als reines Tannin in Form von Stücken, von Körnern, von Pulver und in Form einer lockeren Masse (Tannin. leviss. pur.) von sehr guter Beschaffenheit in den Handel. Auch von dem in grossen Mengen in der Technik zur Verwendung kommenden Tannin, dem Tannin. techn., sind jetzt die besseren theueren Qualitäten sehr gut. v. Schröder fand in Tannin. puriss. leviss. des Handels auf trockenen Zustand berechnet (bei 100^0 C. getrocknet) 95,20 bis 100,00 Tannin (bestimmt nach der Methode von Hammer, also durch Blösse (Hautpulver) fällbares Tannin). Bessere Qualitäten von Tannin. technic. ergaben nach derselben Methode 83,63 bis 91,99 Proc. Tannin (auf das bei 100^0 getrocknete Tannin. technic. berechnet). Der Wassergehalt der von v. Schröder untersuchten Tanninsorten schwankte zwischen 10,56 und 16,50 Proc.

Tetrachlorkohlenstoff.
(CCl_4.   Molecular-Gew. $= 153{,}45$.)

Eine farblose, angenehm riechende, nicht entzündliche Flüssigkeit vom Siedepunkt 76^0 C. und dem spec. Gew. 1,629 bei 0^0 C. Derselbe wurde in neuerer Zeit als Lösungs-, Extractions- und Krystallisationsmittel, als Ersatz für Aether, Schwefelkohlenstoff etc. vorgeschlagen. Er ist beständig gegen Säuren und gegen Halogene.

Tetramethylparaphenylendiamin.
Siehe S. 307.

---

*) Bezüglich des Tannins, welches für diese Zwecke benutzt werden soll, giebt J. H. Vogel (Zeitschr. f. angewandte Chemie 1891, S. 69) folgendes an: „Das Tannin muss ganz frei sein von fremden, organischen Substanzen, die in geringer Menge in sehr vielen käuflichen Präparaten enthalten sind. Am besten reinigt man das Product durch ein oder mehrmaliges Umkrystallisiren aus Aether." Der Verfasser dieser Schrift bemerkt hierzu, dass die Angabe von Vogel werthlos ist, da bekanntlich das Tannin kein krystallisirbarer, sondern ein amorpher Körper ist.

Thalliumoxydulnitrat.

Thallium nitric. puriss., salpetersaures Thalliumoxydul ($TlNO_3$.
Molecular-Gew. $= 265,59$).

Mattweisse Krystalle, welche bei gewöhnlicher Temperatur in
ca. 10 Th. Wasser löslich sind.

Man benutzt eine gesättigte neutrale Lösung des Salzes bei
der Trennung des Jodwasserstoffs von Chlorwasserstoff und Brom-
wasserstoff.

Thalliumpapier wird bisweilen als Indicator bei der Zinkbe-
stimmung durch Titriren mit Schwefelnatrium gebraucht, Thallium-
oxydulhydratpapier wird ferner zum Nachweis des **Ozons** verwendet.

Ozonpapier. Filtrirpapier wird mit 10procentiger Lösung von
Thalliumoxydhydrat getränkt.

Der Gehalt des salpetersauren Thalliumoxyduls kann nach
Nietzki durch Titriren mit Jodkalium bestimmt werden. (Mohr,
Titrirmethode, 6. Aufl., S. 417.)

Eine genaue gewichtsanalytische Methode, wobei das Thallium
ebenfalls als Jodür bestimmt wird, hat H. Baubigny angegeben.
(Compt. rend. 1891, *113*, 544. Referat hierüber in Rep. d. Chem.-
Ztg. 1891, S. 295.)

Thierkohle.

Carbo animalis puriss.

Trockenes, leichtes, schwarzes Pulver.

Prüfung auf Verunreinigungen.

Sulfate, Chloride etc.: Man kocht 1 g mit 50 ccm Wasser einige
Minuten und filtrirt; das Filtrat sei farblos und neutral. Versetzt
man je ca. 10 ccm desselben mit Silbernitratlösung und mit Bariumchloridlösung, so dürfen keine Trübungen entstehen. 10 ccm des
Filtrates werden mit 1 Tropfen einer mit dem doppelten Volumen
Wasser verdünnten Indigolösung (siehe S. 141) blau gefärbt und
dann 5 ccm conc. Schwefelsäure zugegeben, wodurch die blaue Färbung nicht verschwinden darf.

Kupfer, Kalk, Eisen etc.: Man kocht 1 g mit 40 ccm Wasser und 10 ccm Chlorwasserstoffsäure einige Minuten, wobei sich kein Geruch nach Schwefelwasserstoff zeigen darf; man filtrirt nun durch reinstes Filtrirpapier und giebt 10 ccm des Filtrates in ein kleines Probirröhrchen: das Filtrat muss farblos sein, es darf auch nach dem Uebersättigen mit Ammoniak nicht blau gefärbt erscheinen und auf Zusatz von Ammon, oxalsaurem Ammon und Schwefelammon keine Trübung geben. Durch Schwefelwasserstoffwasser darf in dem Filtrate weder ein Niederschlag, noch eine Färbung entstehen.

Entfärbungsvermögen: Die Kohle zeigt ein 3 bis 4 mal stärkeres Entfärbungsvermögen als reinstes Knochenkohlenpulver. Man kocht zu dieser Prüfung 1 g der Kohle mit 10 ccm der unten beschriebenen Normal-Karamellösung und 50 ccm Wasser einige Minuten und filtrirt; ebenso kocht und filtrirt man 3 g Knochenkohlenpulver mit 10 ccm Normal-Karamellösung und 50 ccm Wasser. Die Filtrate werden verglichen, wobei dasjenige aus 1 g Thierkohle wenigstens ebenso stark entfärbt sein muss, als das Filtrat aus 3 g Knochenkohle.

Quantitative Bestimmung des Entfärbungsvermögens.

Wichtig ist die Bestimmung der entfärbenden Kraft der Kohle; es sind zu diesem Zwecke eine Anzahl von Apparaten besonders zur Untersuchung der in der Zuckerfabrikation viel in Anwendung kommenden Knochenkohle vorgeschlagen, so u. A. das Salleron'sche Colorimeter und das Colorimeter von Dubosq. Eine einfache Methode, welche für die Untersuchung der im analytischen Laboratorium in Anwendung kommenden Kohle genügt, theilt G. Laube mit und zwar für Knochenkohle. Die Methode kann aber auch zur vergleichenden Untersuchung anderer Kohlensorten Anwendung finden. Aus guter Knochenkohle entfernt man nach Laube (Arch. d. Pharm. 1887, S. 133) event. weissgebrannte, fehlerhafte Stücke, verwandelt die Kohle in ein feines Pulver, trocknet dieses bei 100° und bewahrt es als „Normalknochenkohle" auf. Andererseits löst man 50 g Karamel (sogenannte Zuckercouleur, eine dicke, schwarzbraune, syrupartige Masse, wie solche in Liqueurfabriken zu haben ist) in gleich viel Wasser, giebt 100 ccm Alkohol hinzu, verdünnt das Ganze auf 1 Liter, lässt die „Normal-Karamelflüssigkeit" einige Tage absetzen, filtrirt dann und bewahrt sie auf. Mittelst dieser „Normal-Karamelflüssigkeit" bestimmt man den Entfärbungscoefficienten der Normalkohle, indem man 5 g der letzteren mit 200 ccm Wasser in einem Kolben zum Sieden erhitzt, 10 ccm von der Farbstofflösung hinzugiebt, noch 10 Minuten gelinde weiter kochen lässt, wobei man das Verdunsten des Wassers durch einen Rückflusskühler vermeidet, dann durch ein doppeltes Faltenfilter filtrirt. Jetzt misst man 200 ccm Wasser ab und lässt aus einer Messpipette so lange von der Normalkaramelflüssigkeit hinzufliessen, bis die Flüssigkeit mit dem Filtrat von der Normalkohle genau gleiche Farbenintensität zeigt, was sich am besten in Reagircylindern von gleichem Durchmesser beobachten lässt. Gesetzt, man hätte zur Erlangung gleicher Farbenintensität den 200 ccm Wasser 2,1 ccm Normalfarbe zufügen müssen, so ergiebt sich als von der Knochenkohle entfärbt 10,0 ccm minus 2,1 ccm = 7,9 ccm.

Liegt nun eine Probe Knochenkohle zur Untersuchung vor, so bringt man dieselbe durch Pulverisiren ganz genau auf den Feinheitsgrad der Normalkohle und verfährt im Uebrigen wie vorher angegeben. Wären dann beispielsweise durch 5 g Normalkohle 7,9 ccm Normalkaramelflüssigkeit entfärbt worden, von der zu untersuchenden Kohle aber nur 5,5 ccm, so würde das Entfärbungsvermögen der letzteren (im Vergleich zur Normalkohle) = 70 Proc. sein.

Anwendung.

Die Thierkohle dient in der Analyse als Entfärbungsmittel.

Handelssorten.

Siehe unter Anmerkung.

Anmerkung. Die im analytischen Laboratorium in Anwendung kommende Kohle ist entweder die gewöhnliche **Knochenkohle** oder die oben beschriebene, mit Säure gereinigte **Thierkohle** oder auch die gewöhnliche oder gereinigte **Blutkohle,** „Carbo sanguinis", welche ein besonders starkes Entfärbungsvermögen besitzt. Ueber die verschiedenen Handelssorten siehe die Preislisten. Die Kohle soll frei von Schwefelcalcium sein, welche Verunreinigung leicht an einem Schwefelwasserstoffgeruch beim Uebergiessen mit Salzsäure erkannt wird. Ob eine gereinigte Kohle genügend mit Säure behandelt ist, ergiebt sich beim Digeriren einer Probe mit Säure. Etwaiger Zuckergehalt einer Knochenkohle wird durch mehrmaliges Auskochen von ca. 200 g Kohle mit Wasser, Eindampfen des Auszuges auf 30 ccm, Klären dieser rückständigen Flüssigkeit durch tropfenweise Zugabe von Bleiessig und Untersuchung im Polarisationsapparat nachgewiesen.

Thioessigsäure.

Acidum thioaceticum (CH_3COSH.　Molecular-Gew. = 75,88).

Eine gelbliche Flüssigkeit von stechendem Geruch nach Essigsäure und Schwefelwasserstoff. Theoretischer Siedepunkt: 93^0 C. Siedepunkt der Handelswaare: $90—100^0$ C.

Schwer in kaltem Wasser löslich. Die Thioessigsäure dient als Ersatz des Schwefelwasserstoffs in der Analyse. Man löst 10 ccm in einem geringen Ueberschuss von NH_3, verdünnt auf 30 ccm und benutzt bei der qualitativen Analyse $1^1/_2$ bis 2 ccm für 1 g Substanz. Die Metalle der zweiten Gruppe scheiden sich auf Zusatz des Reagens augenblicklich aus. Auch Arsenite werden sofort und vollständig gefällt (Berichte der deutsch. chem. Ges. *27*, 3437—39. Abhandlung von R. Schiff und N. Tarugi). Man bewahrt die Säure in gut verschlossenen Glasflaschen auf.

> Anmerkung. Auch das thioessigsaure Ammon gelangt in den Handel. E. Merck (Jahresbericht 1896) bemerkt darüber Folgendes: Ammonium thioaceticum solutum, $CH_3 . C : O (SNH_4)$, (Reagens nach Schiff) stellt eine etwa 30 procentige Lösung des Ammonsalzes der Thiacetsäure dar; die Flüssigkeit riecht schwach nach Schwefelammonium.
>
> Die Lösung des thioessigsauren Ammoniums wurde von Schiff und Tarugi (Ber. d. deutsch. chem. Ges. z. Berlin 1894, S. 3437 und 1895, S. 1204) als Ersatz des Schwefelwasserstoffstromes in der qualitativen Analyse und namentlich für gerichtlich-chemische Analysen zum qualitativen und quantitativen Nachweis des Arsens empfohlen, da wir in ihr ein absolut arsenfreies Reagens besitzen und bei dieser Methode die vielfachen Unannehmlichkeiten, welche die Anwendung des Schwefelwasserstoffs mit sich bringt, vermieden werden.

Thymol.

Thymol puriss. ($C_6 H_3 (CH_3) (C_3 H_7) OH$.
Molecular-Gew. = 149,66).

Farblose, glänzende Krystalle, welche bei 50^0 C. schmelzen und in Alkohol und Aether leicht löslich sind.

Das Thymol wird bisweilen bei Molisch's Zuckerreaction an Stelle des *a*-Naphtols verwendet. Auch als Reagens auf Coniferin verwendet **Molisch** das Thymol (Archiv der Pharm. 1887, S. 309).

Schönes Aussehen und richtiger Schmelzpunkt zeigen die Reinheit des Thymols.

Traubenzucker.

Siehe bei Zucker.

Tropäolin.

Tropäolin 00, ein gelber Azofarbstoff, verändert, mit Mineralsäure zusammengebracht, sein Orange in Lila. Eine gesättigte alkoholische Lösung dieses Farbstoffs oder das **Tropäolinpapier** dient nach Boas zum Nachweis der freien Salzsäure im Magensaft (Pharm. Ztg. 1891, S. 392).

Ueber dieses und das als Indicator ebenfalls bisweilen zur Verwendung kommende Tropäolin 000 siehe Böckmann, Chem.-techn. Untersuchungsmethoden, 3. Auflage, Bd. 1, S. 146 und Bd. 2, S. 106 bis 109.

Ueberchlorsäure.

Acidum perchloricum purum ($HClO_4$.
Molecular-Gew. $= 100{,}21$).

Wasserhelle Flüssigkeit von 1,12 spec. Gew.

Prüfung auf Verunreinigungen.

Rückstand: 10 g der Säure hinterlassen beim Erhitzen in einem Schälchen keinen oder höchstens Spuren eines Rückstandes.

Chlorwasserstoffsäure: Die Lösung 1 : 30 giebt mit salpetersaurem Silber nur eine geringe Trübung.

Baryt: Prüfung wie S. 91 bei Chlorsäure.

Schwefelsäure: Die Lösung 1 : 30 darf nach Zusatz von Salzsäure und Chlorbarium auch bei längerem Stehen keine Trübung zeigen.

Metalle: Die mit Wasser verdünnte Säure darf weder durch

Schwefelwasserstoff, noch nach Zusatz von Ammoniak durch Schwefelsäure getrübt werden.

Die *Säure muss mit reinem Chlorkalium* die berechnete Menge
$KClO_4$ geben. Ausführung der Analyse siehe Zeitschr. angew. Chemie
1891, S. 692.

Quantitative Bestimmung.

Die oben vorgeschriebenen Prüfungen genügen zur Feststellung
der Brauchbarkeit. Behufs der quantitativen Bestimmung kann man
auch die Säure in das Kaliumsalz verwandeln und dieses nach
Kreider (siehe bei Kaliumperchlorat S. 197) untersuchen.

Anwendung.

Die wässerige Lösung der Säure fällt aus nicht zu verdünnten
Lösungen der Kaliumsalze überchlorsaures Kalium. Man verwendet
sie daher zur qualitativen und zur quantitativen Bestimmung des
Kaliums. Für letzteren Zweck ist die Säure besonders auch von
Wense (Zeitschr. f. angewandte Chemie 1891, S. 691) in Vorschlag
gebracht. Man (l. c.) stellt die Säure für quantitative Kalium-
bestimmungen wie folgt her: „Man destillirt in einer nicht zu dünn-
wandigen Retorte 1 Th. Kaliumperchlorat mit 2 Th. 90proc. Schwefelsäure über freiem, möglichst gelindem Feuer im Vacuum; das Destillat wird verdünnt, kochend von Schwefelsäure durch Zusatz von
Chlorbarium befreit und dann so lange auf dem Wasserbade eingedampft, bis kein Geruch nach Salzsäure mehr zu bemerken ist.
Die so erhaltene dicke Säure wird wieder destillirt.“

Uranylacetat.

Uranium acetic. puriss., essigsaures Uranoxyd
$((C_2H_3O_2)_2(UrO_2) + 2H_2O.$ Molecular-Gew. $= 424,56)$.

Gelbes, in Wasser lösliches Salz.

Dieses Salz wird wie das salpetersaure Uranoxyd S. 369 geprüft und findet auch dieselbe Anwendung. Gewöhnlich ist etwas
basisches Salz vorhanden, es soll daher beim Lösen wenig Essigsäure zugesetzt werden. Es gelangt bisweilen unrein — stark natron-,
schwefelsäure- und oxydulhaltig — in den Handel, häufig ist es auch
von unschönem Aussehen und schlecht krystallisirt.

Uranylnitrat.

Uranium nitric. puriss. cryst., salpetersaures Uranoxyd
$((NO_3)_2(UrO_2) + 6H_2O.$ Molecular-Gew. $= 502,46).$

Schöne, grüngelbe, grosse Krystalle. Leicht löslich in Wasser.

Prüfung auf Verunreinigungen.

Schwefelsäure: Die wässerige Lösung (1 : 20) ist klar und giebt
mit Chlorbarium nach einige Minuten langem Stehen keine Trübung.

Erden: Die Lösung (1 : 20) ist nach Zusatz von Ammon und
überschüssigem kohlensauren Ammon klar.

Sonstige Metalle: 5 g werden mit 5 ccm Salzsäure versetzt, auf
100 ccm verdünnt; man erwärmt die Lösung und leitet Schwefelwasserstoff ein, wobei kein Niederschlag entsteht.

Uranoxydulsalz: 1 g in 20 ccm Wasser gelöst und mit 1 ccm
Schwefelsäure angesäuert, röthet sich auf Zusatz von 1 Tropfen
Normalchamäleon (1 ccm $= 0,0056$ Fe).

Quantitative Bestimmung.

Die Bestimmung des Urans kann durch die umgekehrte Operation
der Phosphorsäurebestimmung geschehen. Man setzt die freie Säure
des Uransalzes durch Zusatz von essigsaurem Natrium in Essigsäure
um und titrirt nun mit einer Normallösung von krystallisirtem phosphorsauren Natriumammonium (siehe dieses). Die Methode ist in
den Lehrbüchern der quantitativen Analyse, u. A. in Mohr's Titrirmethode, 6. Aufl., S. 489 beschrieben.

Anwendung und Aufbewahrung.

Das Salz dient zur Herstellung einer Normallösung für Phosphorsäurebestimmung.

Die Herstellung der **Normal-Uranlösung** geschieht nach bekannten Vorschriften. J. König hat z. B. in seinem Buche „Untersuchung landwirthschaftl. u. gewerbl. wichtiger Stoffe" (Berlin bei
Parey) S. 686 eine ausführliche Vorschrift gegeben.

Die Uransalze werden in dicht geschlossenen Glasgefässen, vor
Tageslicht geschützt, aufbewahrt, ebenso die Uranlösung.

Handelssorten.

Mit schwefelsaurem Salz und Arsen ist das salpetersaure Uranoxyd des Handels häufig verunreinigt, auch ist meistens etwas Natronsalz oder Ammoniumsalz zugegen. Ueber die Untersuchung einiger Uranpräparate des Handels siehe J. König, Repertor. f. analyt. Chemie 84, No. 11, S. 161.

Wasser, destillirtes.

Aqua destillata (H_2O. Molecular-Gew. $= 17{,}96$).

Eine klare, neutrale Flüssigkeit, ohne Farbe, Geruch und Geschmack.

Prüfung auf Verunreinigungen.

Es muss *farblos, geruchlos, neutral* und klar sein.

Anmerkung. *Neutral*: Man prüft mit Lackmuspapier. Nachweis von Spuren Alkali aus den Glasgefässen siehe S. 150 bei Jodeosin.

Ammoniak: 50 ccm Wasser dürfen, mit 1 ccm Nessler's Reagens versetzt, sich nicht färben.

Anmerkung. Ueber den Ammoniakgehalt des dest. Wassers siehe auch unter Prüfung auf organische Substanz. Um Spuren Ammoniak aus dem destillirten Wasser zu entfernen, säuert man das Wasser vor der Destillation mit Schwefelsäure an, welche alles Ammoniak zurückhält. Da indessen etwa in dem Wasser vorhandene Salpetersäure oder salpetrige Säure nach dem Ansäuern überdestilliren würden, so wird das Wasser erst für sich destillirt, das nitratfreie Destillat mit Schwefelsäure angesäuert und nochmals destillirt. (Bisbu, Rep. d. Chem.-Ztg. 1891, S. 264.)

Ueber die Herstellung ganz reinen destillirten Wassers siehe auch Bremer, Pharm. Wochenschrift 1894, S. 97.

Ueber die Art und Weise, in welcher Hempel und Thiele ein chemisch reines, destillirtes Wasser (dasselbe war zu Atomgewichtsbestimmungen erforderlich) in grösseren Mengen und bequem gewonnen haben, siehe das Nähere in Zeitschr. f. Anorgan. Chemie, Bd. XI (1896), Heft 2, S. 78. Die Darstellung im Kleinen durch Destillation aus einem Glasballon oder aus einem verzinnten kupfernen Apparate lieferte den Genannten stets ein Wasser, das entweder äusserst geringe Mengen von Salzsäure oder von Ammoniak enthielt, wogegen bei der Destillation grosser Mengen aus einem grossen Dampfkessel, in welchen ein Injector das condensirte Wasser zurücktrieb und wobei sich das Wasser selbst reinigte, indem es immer in dem Apparate circulirt, ein höchst reines, destillirtes Wasser erhalten wurde. Der Dampfkessel diente zur

Verdampfung des Wasserleitungswassers und wurde die Beobachtung, dass er ein sehr reines, destillirtes Wasser lieferte, zufällig gemacht.

Salpetersäure: Man prüft mit Diphenylamin wie auf S. 108 angegeben.

Chlorwasserstoffsäure: 100 ccm Wasser dürfen durch Zusatz von Silbernitratlösung nicht verändert werden.

Schwefelsäure: 100 ccm Wasser dürfen durch Zusatz von Bariumchloridlösung auch nach längerem Stehen nicht verändert werden.

Kohlensäure: Die Mischung des Wassers mit dem doppelten Volumen klaren Kalkwassers muss klar sein.

Metalle etc.: Das Wasser darf weder durch Schwefelwasser, noch durch Schwefelammonium, Ammoniak und oxalsaures Ammonium verändert werden.

Anmerkung. Siedler (Rep. d. Chem.-Ztg. 1895, S. 66) hat in destillirtem Wasser des Handels Kupfer gefunden und sollte daher das destillirte Wasser stets auf Kupfer geprüft werden.

Flüchtig: 100 ccm Wasser hinterlassen nach dem Verdunsten auf dem Wasserbade keinen Rückstand.

Organische Substanz: 100 ccm Wasser, mit 1 ccm verdünnter Schwefelsäure (1 : 5) bis zum Sieden erhitzt und hierauf mit 1 Tropfen Kaliumpermanganatlösung (1 : 1000) versetzt, dürfen, 3 Minuten zum Sieden erhalten, nicht farblos werden.

Anmerkung. H. Bremer (Pharm. Wochenschrift 1894, S. 97) weist auf die starken Verunreinigungen hin, welche das destillirte Wasser häufig enthält. Bei 4 Proben stellte er durch Titration mit Chamäleon den Sauerstoffverbrauch etc. nach der Pharm. Germ. fest und fand:

	Sauerstoffverbrauch	$^1/_{100}$ Säure zur Neutralisation	Ammoniak
Apotheke A =	0,554 mg	3,7 ccm	grosse Menge,
- B =	10,330 -	4,9 -	frei,
- C =	0,080 -	1,1 -	starke Spur,
- D =	0,000 -	0,000 ccm	frei.

Bei B betrug der Abdampfrückstand 36 mg pro Liter (fast vollständig organische Substanz). Wenn man bedenkt, dass ein Wasser, welches 2,0 mg Sauerstoffverbrauch pro Liter aufweist, gewöhnlich als Trinkwasser schon verworfen wird, so kann man nach Bremer die Ansprüche der Pharm., welche pro Liter dest. Wasser einen Sauerstoffverbrauch von ca. 0,7 mg (100 ccm Wasser dürfen mit 1 ccm verdünnter Schwefelsäure und 0,3 ccm Kaliumpermanganatlösung [1:1000] nach 3 Minuten langem Sieden erhitzt nicht farblos werden) als zu gering betrachten.

Eschbaum (Ber. d. Pharm. Gesellschaft, Berlin 1895, Heft 7 u. 8) hat im käuflichen destillirten Wasser eine oxydirende Substanz nachgewiesen, welche u. A. die Veranlassung ist, dass sich wässerige Jodkaliumlösungen alsbald unter Abscheidung von Jod zersetzen. Näheres siehe l. c.

Aufbewahrung.

Das destillirte Wasser muss in verschlossenen Flaschen, geschützt vor Zutritt der Luft, welche nie frei von Ammon, Kohlensäure und Staubtheilen ist, aufbewahrt werden. Die Staubtheile enthalten die Keime von Algen und anderen Organismen, welche man im destillirten Wasser nicht selbst antrifft. Bei der Aufbewahrung kann das destillirte Wasser leicht Spuren von Alkali aus den Glasgefässen aufnehmen (siehe bei Jodeosin S. 150 in diesem Buche).

Wasserstoffsuperoxyd.

Hydrogen. peroxydat. puriss. (H_2O_2. Molecular-Gew. $= 33,92$).

Eine klare, wasserhelle, sehr schwach saure Flüssigkeit, welche ca. 3 Gew.-Proc. Wasserstoffsuperoxyd enthält und beim Vermischen mit Chamäleonlösung unter Entfärbung der letzteren stark aufbraust.

Prüfung auf Verunreinigungen.

Schwefelsäure: Man verdünnt 10 ccm Wasserstoffsuperoxydlösung mit 50 ccm Wasser, giebt zu der Flüssigkeit wenig Salzsäure, erhitzt zum Kochen und fügt einige ccm Chlorbariumlösung hinzu; auch nach mehrstündigem Stehen darf sich keine Schwefelsäurereaction zeigen.

Thonerde etc.: 10 ccm Wasserstoffsuperoxydlösung zeigen, nach dem Verdünnen mit Wasser, auf Zusatz von Ammoniak und Ammoniumcarbonatlösung höchstens eine geringe Trübung.

Phosphorsäure: 5 ccm Wasserstoffsuperoxydlösung werden, nachdem sie mit Wasser verdünnt sind, mit einigen ccm Magnesiamischung (siehe S. 229) und mit Ammoniak im Ueberschusse vermischt, wobei sich nur eine geringe Trübung zeigen darf.

Magnesia: 5 ccm Wasserstoffsuperoxyd werden mit Ammoniak und mit einigen ccm einer Lösung von phosphorsaurem Natrium vermischt, wobei nur eine geringe Trübung entstehen darf.

Weiteres über *Prüfung* siehe unter Anwendung und Quantitative Bestimmung, sowie in nachstehender Anmerkung.

Freie Säure: Der Gehalt an *freier Säure* soll ein möglichst geringer sein. 10 ccm Wasserstoffsuperoxydlösung dürfen nur einige $1/_{10}$ ccm Normallauge zur Sättigung gebrauchen.

> Anmerkung. Hier sei noch bemerkt, dass Jannasch und Cloedt (Zeitschr. f. Anorganische Chemie 1895, Heft 5 und 6, S. 403), welche das Wasserstoffsuperoxyd zu quantitativen Metalltrennungen benützen, durch fraction. Destillation unter vermindertem Druck, sowie durch gleichzeitige Ausschüttelung mit Aether ein Präparat erhalten haben, das beim Verdampfen absolut keinen Rückstand hinterlässt. Das Präparat für solche quantitative Trennung muss besonders hergestellt werden; für die meisten analytischen Zwecke genügt das in diesem Abschnitte beschriebene Wasserstoffsuperoxyd, welches beim Verdunsten wenig Rückstand hinterlässt.

Quantitative Bestimmung.

Von den verschiedenen Methoden zur quantitativen Bestimmung des Wasserstoffsuperoxyds sind die wichtigsten besprochen in den Abhandlungen von Thoms und von Gutzeit (Arch. d. Pharm. 1887, S. 335 und Pharm. Ztg. 1888, S. 20), ferner von Lunge (Bestimmung mit dem Nitrometer in Chem. Ind. 1885, S. 161). Eine ausführliche Beschreibung der Nitrometermethode findet sich in Winkler, Lehrbuch der techn. Gasanalyse, S. 37 (Freiberg 1892). Folgende Methode ist ebenfalls recht bequem und brauchbar. Man titrirt mit einer Chamäleonlösung, deren Gehalt durch Oxalsäure bestimmt ist, oder man benützt an Stelle der titrirten Chamäleonlösung eine Lösung des ca. 100 procentigen Kalium hypermanganic. puriss. und verfährt zur annähernden Bestimmung wie folgt: Man verdünnt 5 ccm Wasserstoffsuperoxyd mit 50 ccm Wasser, fügt 10 ccm verdünnter Schwefelsäure (1 : 4) hinzu und titrirt mit einer Chamäleonlösung, welche 3,2 g Kalium hypermanganic. puriss. im Liter enthält, bis eine bleibende Röthung resultirt. 1 Th. Kaliumpermanganat entspricht 0,538 Th. Wasserstoffsuperoxyd.

Häufig wird das Wasserstoffsuperoxyd von den Fabriken nicht nach seinen Gewichtsprocenten an Wasserstoffsuperoxyd, sondern nach sogenannten Volumprocenten als 10 proc. garantirt. Hierunter versteht man, dass die Wasserstoffsuperoxydlösung das 10 fache Volum an disponiblem Sauerstoff enthalte. Eine 10 volumprocentige Wasserstoffsuperoxydlösung enthält 3,0382 Gewichtsprocente H_2O_2.

Anwendung und Aufbewahrung.

Die Verwendung des Wasserstoffsuperoxyds als ein zweckmässiges Oxydationsmittel in der analytischen Chemie ist von Alex. Classen und O. Bauer (Ber. d. d. chem. Ges. z. Berl. *16*, S. 1061 ff., siehe ferner Ztschr. f. analyt. Chem. 1887, S. 239) zuerst empfohlen worden und zwar besonders zur Oxydation und Bestimmung des Schwefels im Schwefelwasserstoff, in den Schwefelmetallen und in der schwefligen und unterschwefligen Säure. Zu genannter Bestimmung muss das Präparat frei von Schwefelsäure sein, sowie überhaupt obigen Anforderungen entsprechen. Classen und Bauer verwenden das Wasserstoffsuperoxyd auch zur Bestimmung der Chlorwasserstoffsäure und der Jodwasserstoffsäure neben Schwefelwasserstoff, für welche Zwecke die völlige Abwesenheit von Salzsäure in dem H_2O_2 nothwendig ist. Es wird aber dem Wasserstoffsuperoxyd des Handels seiner besseren Haltbarkeit wegen immer entweder eine sehr geringe Menge Schwefelsäure oder Salzsäure zugesetzt, was bei der Verwendung in der Analyse zu berücksichtigen ist. Für Schwefelbestimmungen ist ein Wasserstoffsuperoxyd zu verwenden, das frei von Schwefelsäure ist, aber wenig Salzsäure enthalten darf, während umgekehrt für Chlorbestimmungen das Wasserstoffsuperoxyd Spuren Schwefelsäure enthalten darf, aber frei von Salzsäure sein muss. Das letztere Präparat, **„Hydrogen. peroxyd. puriss. frei von Salzsäure“**, wird mit Schwefelsäure bereitet, während das Wasserstoffsuperoxyd für Schwefelsäurebestimmung mit Salzsäure angesäuert wird. Im Uebrigen sind beide Präparate gleich rein.

Wilfarth verwendet das Wasserstoffsuperoxyd auch zur Bestimmung der Salpetersäure (Zeitschr. f. analyt. Chemie 1888, S. 411 ff.) und macht besonders darauf aufmerksam, dass manche Handelspräparate so viel phosphorsaure Salze etc. enthalten, dass sie beim Versetzen mit Natronlauge einen schleimigen Niederschlag absetzen und daher nicht für genannte Zwecke zu gebrauchen seien. Für Salpetersäurebestimmung muss besonders ein absolut N-freies Wasserstoffsuperoxyd hergestellt werden.

Hanofsky (Chem.-Ztg. 1889, S. 99) verwendet das Wasserstoffsuperoxyd zur Bestimmung der Metalle der Eisengruppe.

Ueber Hydrogen. peroxydat. siehe Pharm. Rundschau 1893, S. 156. Baumann gründet auf die Einwirkung von Wasserstoffsuperoxyd auf Chromsäure verschiedene gasometrische Methoden (Ztschr. f. angew. Chem. 135 ff.). Das Wasserstoffsuperoxyd kann durch Abdestilliren des Wassers im luftverdünnten Raum auf 50 Procent und stärker concentrirt werden (Pharm. Ztg. 1894, S. 778), siehe ferner oben die Anmerkung.

In der Pharm. Ztg. 1888, S. 20 wird betont, das alles Wasserstoffsuperoxyd des Handels bislang Thonerde und Phosphorsäure enthalte. Scholvien hat in dem Präparat auch Salpetersäure gefunden. Nach Mann (Chem.-Ztg. 1889, S. 1377) ist das Chlormagnesium fast immer ein Bestandtheil des technischen Wasserstoffsuperoxyds. Häufig ist also das technische (und auch das für medicinische Zwecke im Handel befindliche) Wasserstoffsuperoxyd nicht für analytische Zwecke zu gebrauchen, und man wird zweckmässig das Hydrogen. peroxydat. puriss. pro analysi verwenden. Für die Darstellung von Sauerstoff aus Wasserstoffsuperoxyd und Chlorkalk oder Permanganat, welche als praktisch für Laboratoriumszwecke empfohlen wurde (Repert. d. Chemiker-Ztg. 1889, S. 253), genügt das technische Wasserstoffsuperoxyd. Das Wasserstoffsuperoxyd muss von Zeit zu Zeit auf seinen Gehalt untersucht werden, da es sich, besonders wenn es nicht sauer ist, zersetzt. Es sind durch Zersetzung von Wasserstoffsuperoxyd schon Explosionen vorgekommen. Bei der Aufbewahrung in Glas fördert schon die alkalische Reaction des Glases die Zersetzung des säurefreien Wasserstoffsuperoxyds; man mischt daher, wie oben bemerkt, bei der Fabrikation einige Tropfen Salzsäure oder Schwefelsäure bei.

Man bewahrt das Wasserstoffsuperoxyd in Glasflaschen an einem kühlen Orte auf.

Anmerkung. An dieser Stelle mag auch noch das **Natriumsuperoxyd** und das **Bariumsuperoxyd** erwähnt sein.

Ersteres ist zu vielseitigen Anwendungen im Laboratorium brauchbar und es soll als Oxydationsmittel bei Glühhitze allen anderen Reagentien vorzuziehen sein (Ztschr. f. anorgan. Chemie 1892, *3*, 193). Poleck (Chem.-Ztg. 1894, S. 103) betont die grosse Reactionsfähigkeit des Natriumhyperoxyds. Mit Wasser entwickelt es stürmisch Sauerstoff. Mit Kohlenpulver gemischt und gelinde erwärmt, reagirt es heftig unter Feuererscheinung, ebenso entzünden sich Sägespäne bei seiner Berührung. Jod wird zu Ueberjodsäure oxydirt, Kaliumpermanganat wird reducirt. Schwefelmetalle werden oxydirt und der Schwefel quantitativ zu Schwefelsäure übergeführt. Das Natriumhyperoxyd wird durch Verbrennen von Natriummetall in trockenem Sauerstoff als rein weisser Körper erhalten.

Bisweilen enthält das Natriumsuperoxyd noch Partikelchen von Natrium beigemengt. Fischer und Frost (Berichte der Deutschen chem. Gesellschaft 1893, S. 3083) hatten eine Büchse eines mit Natrium verunreinigten Natriumperoxyd's in Händen. Eine Probe davon aus Wasser geworfen, löste sich unter schwacher Feuererscheinung zischend in Wasser. Einmal wurde dabei das Gefäss durch Explosion zertrümmert.

Näheres über die Anwendung des Natriumsuperoxyds in der chem. Analyse siehe Zeitschr. f. analyt. Chemie 1895, 593 ff.

Auch Bariumsuperoxyd wird in der Analyse verwendet.

Ueber die analytische Anwendung von Barium- und Wasserstoffsuperoxyd berichtet E. Donath ausführlich in Chem.-Ztg. 1891, S. 1085. (E. Donath empfiehlt das Bariumsuperoxyd als Aufschliessungsmittel.) Barium peroxydatum kommt als technisches Product ca. 85 procentig in den Handel. Ausserdem sind im Handel das Barium peroxydat. hydric. pur. und anhydric. pur.

Handelssorten.

Siehe oben unter „Anwendung" und unter „Quantitative Bestimmung".

Die Wasserstoffsuperoxydlösung des Handels enthält Schwefelsäure, Chlorwasserstoffsäure, Salpetersäure, Arsen, Phosphorsäure, Kieselfluorwasserstoffsäure, Barium, Calcium, Aluminium, Magnesia und Fluorwasserstoffsäure.

Weinsteinsäure.

Acid. tartaric. puriss. ($C_4H_6O_6$. Molecular-Gew. = 149,64).

Farb- und geruchlose Krystalle, welche nicht hygroskopisch sind und sich leicht in Wasser und Spiritus lösen.

Prüfung auf Verunreinigungen.

Schwefelsäure, Oxalsäure und Kalk: Die wässerige Lösung 1:10 werde weder durch Gipswasser, noch durch Bariumchlorid oder nach Uebersättigen mit Ammon durch Ammoniumoxalat verändert.

Metalle: Die wässerige Lösung 1:10 darf durch Schwefelwasserstoffwasser nicht verändert werden, auch nicht, wenn man sie nach Zusatz des Schwefelwasserstoffwassers mit Ammon überschichtet.

Anmerkung. In den verschiedenen Sorten Weinsteinsäure des Handels ist sehr häufig Blei, Eisen, Schwefelsäure und Kalk als Verunreinigung zu finden. Ueber die Empfindlichkeit der Prüfungsvorschriften, welche bei diesem Abschnitte unter Benutzung der Pharm. Germ. abgefasst sind, vergl. Archiv d. Pharm. 1887, S. 653 und Pharm. Ztg. 1894, S. 140. Gebundenes und metallisches Blei ist schon häufig in der Weinsäure des Handels nachgewiesen worden. Guillot (Journ. Pharm. Chim. 1892, 5. Sér., *25*, 541) erhielt beim Lösen von 1 Kilo Weinsäure in siedendem Wasser einen Rückstand, der aus Holzfragmenten, Krystallen von Calciumsulfat und metallischem Blei bestand. 1 Kilo enthielt 0,0626 g metallisches Blei. Das Blei stammt aus den in der Fabrikation benutzten Bleigefässen.

M. Bucket (Répert. Pharm. 1892, *48*, 246) löst zur Bestimmung des metallischen Bleis in Weinsäure und Citronensäure 200 g der Säure in dem Dreifachen ihres Gemisches Wasser und giebt Ammoniak in geringem Ueberschusse zu, um die vollkommene Lösung des etwa vorhandenen krystallisirten Bleisulfats zu erzielen. Nach Verlauf von 24 Stunden decantirt man, wascht aus, löst den Niederschlag in Salpetersäure und fällt das Blei mit Schwefelsäure und Alkohol. In der zuerst erhaltenen Lösung von citronensaurem bzw. weinsaurem Ammoniak fällt man nach dem Ansäuern mit Salzsäure die Bleiverbindungen mit Schwefelwasserstoff.

Quantitative Bestimmung.

1 g der Säure wird in Wasser gelöst, mit Normalbarytlösung unter Anwendung von Phenolphtaleïn titrirt. 1 ccm Normallösung = 0,7482 krystallisirte Weinsteinsäure.

Anwendung und Aufbewahrung.

Die reine (bleifreie!) Weinsteinsäure wird bei gerichtlich-chemischen Untersuchungen angewendet, sie dient ferner zum Nachweis der Kaliumverbindungen und findet bei Bestimmung des Eisenoxyds nach der Weinsäuremethode Verwendung. (Ueber letztere Bestimmung vergl. u. A. Zeitschr. f. analyt. Chemie 1888, S. 146.)

Hampe (Chem.-Ztg. 1891, S. 143) verwendet reine (insbesondere zinnfreie) Weinsäure und Salpetersäure zum Auflösen von Mineralien und Hüttenproducten behufs quantitativer Analyse.

Kaliumnatriumtartarat oder Seignettesalz, **Tartarus natronatus**, dient zur Herstellung der Fehling'schen Lösung. (Siehe Cupr. sulfuric.) Der Tartarus natronatus kommt in schönen, reinen Krystallen in den Handel.

Man bewahrt die Weinsäure in Glasgefässen auf. Lösungen sind nicht haltbar, da sich in ihnen Schimmelpilze entwickeln.

Handelssorten.

Siehe Anmerkung unter Prüfung auf Verunreinigungen.

Wismut.

Bismut. metallic. (Molecular-Gew. = 207,30).

Das Wismutmetall wird im analytischen Laboratorium selten gebraucht, wesshalb hier keine besondere Prüfungsvorschrift angegeben wurde. Näheres über die Ausführung der Wismutanalyse findet man u. A. in Post, Chem.-techn. Untersuchungen 2. Aufl., Bd. 1, S. 619. Nachstehend sind einige Resultate von Wismutanalysen aufgeführt, welche, da sie aus neuerer Zeit stammen, interessiren. In den gleichzeitig citirten Abhandlungen sind die Untersuchungsmethoden nachzusehen.

1. Raffinatwismut von den sächsischen Blaufarbenwerken (Gesammtproduction jährlich 18000 kg, Haupthandelssorten): a) 99,791 Proc. Bi, 0,070 Proc. Ag, 0,084 Proc. Pb, 00,27 Proc. Cu, 0,017 Proc. Fe, Spur von Schwefel. — Summe des Kupfer-, Eisen- und Bleigehaltes = 0,128 Proc.; b) 99,745 Proc. Bi, 0,066 Proc. Ag, 0,018 Proc. Pb, 0,019 Proc. Cu, Spur Fe, 0,011 Proc. As, 0,042 Proc. S. — Summe des Cu-, Fe- und Pb-Gehaltes = 0,127 Proc. — Abgesehen vom peruanischen Wismut, welches 2,058 Proc. Cu + Fe und 4,57 Proc. Sn + Sb enthielt, wurden in allen anderen Handelswismutsorten (sächs. Wismut, bolivianischer Wismut, böhmischer Wismut von Joachimsthal) nie 1 Proc. Gesammtgemenge der fremden Bestandtheile gefunden. Der Gesammtgehalt an Cu, Fe und Pb war höchstens 0,308 Proc.

2. Bismut. purissimum: a) erhalten durch Ausfällen als Subnitrat und Reduction des letzteren (aus Johanngeorgenstädter Rohmaterial):

99,922 Proc. Bi, 0,016 Proc. Cu, Spur Fe, 0,025 Proc. As; b) aus basischem Chlorid: 99,849 Proc. Bi, 0,047 Proc. Ag, 0,049 Proc. Pb, 0,019 Proc. Cu, Spur Fe, 0,024 Proc. As; c) aus den Blaufarbenwerken mittelst Oxychlorid: 99,892 Proc. Bi, 0,065 Proc. Pb, 0,032 Proc. Cu, Spur Fe, Spur As.

Vorstehende Analysen sind von R. Schneider ausgeführt. Bezüglich der Untersuchungsmethode etc. sei auf die Originalarbeit im Journ. f. pract. Chemie (2) *44*, 23—48, 30./6. (April) Berlin verwiesen (Chem. Central-Blatt 1891, S. 373).

A. Classen, welcher ebenfalls verschiedene Handelssorten von Wismut untersuchte, fand stärkere Verunreinigungen als Schneider.

Bei einem 1888 aus einer bekannten Fabrik bezogenen „chemisch reinen Wismut zu wissenschaftlichen Zwecken" wurden aus 500 g Metall 10 g Chlorblei erhalten. Ein anderes „Bismut. puriss." enthielt neben Blei, welches nicht bestimmt wurde, 1,56 Proc. Kupfer und 0,45 Proc. Eisen. Der Schmelzpunkt von wirklich reinem Wismut liegt bei 264⁰. Nach von Aubel schmolz dagegen „Bismut. puriss." von Trommsdorff bei 271,8⁰, desgleichen von derselben Bezugsquelle bei 273⁰, Bismut. Trommsdorff (absolut rein) bei 265 bis 266⁰, Bismut. puriss. Schering bei 269—270⁰. Also auch der Schmelzpunkt zeigt, dass manches sogenannte Bismut. puriss. des Handels durchaus nicht rein ist (Chem.-Ztg. 1891, S. 276 oder Journ. pract. Chemie 1891, *44*, S. 411).

Wismutsubnitrat.

Bismut. subnitric. puriss., basisches Wismutnitrat

$$([\mathrm{Bi}\,(\mathrm{NO_3})] + [\mathrm{Bi}\,\mathrm{H_3}\,\mathrm{O_3}]_3. \quad \text{Molecular-Gew.} = 1168,31).$$

Weisses, krystallinisches, sauer reagirendes Pulver.

Prüfung auf Verunreinigungen.

Arsen: 1 g wird bis zur Verjagung der Salpetersäure geglüht; der Rückstand darf im Marsh'schen Apparate mit Zink und verdünnter Schwefelsäure innerhalb einer halben Stunde keinen Arsenspiegel erzeugen.

Anmerkung. Bezüglich der verschiedenen sonstigen Methoden, welche zur Prüfung des Bismut. subnitric. auf Arsen dienen können, verweise ich auf die grössere Arbeit von Flückiger im Archiv der Pharm. 1889, S. 26 ff. Angeführt sei hier nur noch die Prüfung nach der Pharm. Germ. III. „Wird 1 g basisches Wismutnitrat bis zum Aufhören der Dampfbildung erhitzt, nach dem Erkalten zerrieben und in 3 ccm Zinnchlorürlösung gelöst, so darf sich im Laufe einer Stunde eine Färbung nicht einstellen." Ueber die Vorsichtsmaassregeln, welche bei Ausführung der Arsenprüfungen zu beachten sind, siehe die Anmerkungen in dieser Schrift bei Eisenchlorid S. 112.

Tellur in Wismut fand Janzen. Bei einer Prüfung von Bismut. carbonic. mit Zinnchlorürlösung auf Arsengehalt erfolgte Braunfärbung. Bei näherer Untersuchung wurde festgestellt, dass Arsen nicht vorliegt. Die Reaction war auf Gegenwart von Tellur zurückzuführen (Apoth.-Ztg. 1894, *9*, 519).

Kohlensäure, Blei u. s. w.: 0,5 g basisches Wismutnitrat lösen sich in der Kälte in 25 ccm verdünnter Schwefelsäure (1 Th. Säure und 5 Tb. Wasser) ohne Entwickelung von Kohlensäure klar auf. Ein Theil dieser Lösung, mit überschüssiger Ammoniakflüssigkeit versetzt, gebe ein farbloses Filtrat. Ein zweiter Theil, mit mehr Wasser verdünnt und mit Schwefelwasserstoff vollständig ausgefällt, gebe ein Filtrat, das nach dem Eindampfen einen wägbaren Rückstand nicht hinterlässt.

Chlorid, Schwefelsäure und Ammoniak: 0,5 g, in 5 ccm Salpetersäure gelöst, geben eine klare Flüssigkeit, welche, mit 0,5 ccm Silbernitratlösung versetzt, höchstens opalisirend getrübt, sowie durch 0,5 ccm einer verdünnten Barytnitratlösung nicht verändert werde. Mit Natronlauge im Ueberschuss erwärmt, darf das Präparat Ammoniak nicht entwickeln.

　　　Anmerkung. Die beiden letzten Prüfungen sind der Pharm. Germ. III. entnommen.

Quantitative Bestimmung.

Nach der Pharm. Germ. III. wird der ungefähre Gehalt an Oxyd durch Glühen des Präparates bestimmt. Es sollen beim Glühen unter Entwickelung gelbrother Dämpfe von 100 Th. 79 bis 82 Th. Wismutoxyd verbleiben.

Anwendung und Aufbewahrung.

Wismutsubnitrat dient zur Herstellung des **Reagens von Nylander** und **Almen**, welches aus einer Lösung von 2 g Wismutsubnitrat + 4 g Seignettesalz in 100,0 einer 8 procentigen Natronlauge besteht. Es dient ferner in der Analyse zum Ueberführen des arsenigen und des Arsen-Sulfids in die entsprechenden Säuren. Häufig wird zu letzterem Zweck auch das **Bismut. oxydat. hydric.** verwendet, dessen Prüfung nach den vorstehend angegebenen Methoden auszuführen ist.

Man bewahrt das Wismutsubnitrat in gut verschlossenen Glasflaschen auf. Sollte das Präparat bei der Aufbewahrung grau werden, so würde dieses auf eine Verunreinigung mit Silbernitrat hinweisen.

Handelssorten.

Das Wismutsubnitrat kommt nicht selten blei- und arsenhaltig in den Handel.

Xylidin.

$(C_8\,H_9\,NH_2.$ Molecular-Gew. $= 120{,}77).$

Das technische Xylidin ist ein Gemisch von mehreren Isomeren des Xylidins, es besteht aber hauptsächlich aus Metaxylidin, Siedepunkt 212^0, und Paraxylidin, Siedepunkt 215^0.

Eine Untersuchung, betreffend die Zusammensetzung des käuflichen Xylindins ist im Chemischen Centralblatt 1889, S. 243 von Witt, Noelting und Forel veröffentlicht. Darnach enthält das käufliche Xylidin 25 Proc. p-Xylidin. Ueber die Trennung der im Handelsxylidin enthaltenen Isomeren durch schweflige Säure vergleiche E. Börnstein, Chem.-Ztg. 1891, S. 632.

Man verwendet dieses Präparat im Gemisch mit Eisessig nach Hugo Schiff (Rep. Chem.-Ztg. 1887, S. 83) als sehr empfindliches Reagens auf Furfurol.

Zink.

a) Zinc. metallic. puriss.

(Zn. Atom-Gew. $= 65{,}1.)$

Glänzendes, weisses, wenig in's Bläulichgraue spielendes Metall, welches granulirt, als Pulver und in Form von Stängelchen in den Handel kommt.

Prüfung auf Verunreinigungen.

Arsen: 20 g Zink werden in eine ca. 200 ccm fassende Entwickelungsflasche des Marsh'schen Apparates gebracht und die Wasserstoffentwickelung mit verdünnter Schwefelsäure (1 : 3 Th. Wasser) im Gange erhalten, bis das Metall zum grössten Theile gelöst ist, was einige Stunden dauert. Es zeigt sich nach Beendigung des Versuchs kein Arsenanflug in der Reductionsröhre.

Anmerkung. Zur Beschleunigung der Wasserstoffentwickelung wird häufig der Entwickelungsflüssigkeit im Marsh'schen Apparat etwas Platinchlorid zugesetzt. Thiele (Rep. d. Chem.-Ztg. 1891, S. 213) bemerkt jedoch, dass sich durch den Zusatz von Platinchlorid Spuren Arsen dem Nachweise entziehen können, indem sie sich wahrscheinlich mit dem Platin zu Arsenplatin verbinden.

Eisen, Blei, Kupfer etc.: 10 g Zink werden mit ca. 60 ccm Wasser und 15 ccm conc. reiner Schwefelsäure in einem Fläschchen, das mit Gummiventil verschlossen ist, gelöst; die Lösung zeigt keine oder höchstens unwägbare Spuren ungelöster schwarzer Flocken von Blei etc. Man fügt, wenn das Zink bis auf einige Körnchen gelöst ist, 1—2 Tropfen Normal-Chamäleon (1 ccm = 0,0056 Fe) hinzu, wodurch deutliche Röthung entsteht. Das Metall ist daher in 10 g frei von Eisen oder enthält nur höchst minimale Spuren desselben.

Zur genauen Bestimmung wird die verdünnte Schwefelsäure ohne Zink ebenfalls mit Chamäleon titrirt.

> Anmerkung. Die Eisenbestimmung wird zur Controle auch in der Weise ausgeführt, dass man 10 g Zink in verdünnter Salzsäure löst, das Eisen durch Salpetersäure-Zusatz oxydirt und nun mit Ammon im Ueberschuss fällt; das Eisenoxyd scheidet sich in Form brauner Flocken ab, welche mit ammonhaltigem Wasser ausgewaschen und nach dem Trocknen und Glühen gewogen werden. Siehe auch S. 383 die Anmerkung.

Schwefel, Phosphor etc.: Man prüft nach der Methode von Gutzeit, indem man den aus dem Zink mit Säure entwickelten Wasserstoff auf Silbernitratpapier einwirken lässt; siehe S. 95 dieser Schrift. Siehe ferner bei Zinkstaub S. 385 und über die Schwefel- und Kohlenstoffbestimmung bei Handelssorten S. 383 die Anmerkungen.

Quantitative Bestimmung.

Bei der Untersuchung des Zinks genügt in der Regel die qualitative Prüfung auf Eisen, Arsen und Blei. Ueber die Methode zur ausführlichen quantitativen Bestimmung der Verunreinigungen siehe Fresenius, Quantitative chem. Analyse, 6. Aufl., 2. Bd., S. 373 ff. S. 383 in der Anmerkung sind Resultate von Untersuchungen des Zinc. metall. puriss. mitgetheilt.

Anwendung.

Das Zinc. metallic. puriss. dient in der gerichtlich-chemischen Analyse zum Nachweis des Arsens und in der quantitativen Analyse zur Reduction des gelösten Eisenoxyds in Oxydul und zur Abscheidung des Kupfers aus seinen Lösungen und zur Reduction von Chlorsilber.

Handelssorten.

Erheblich eisenhaltiges und bleihaltiges Zink kommt nicht selten unter der Bezeichnung „Zinc. metallic. puriss." in den Handel.

Anmerkung. Mylius und Fromm berichten in Ber. d. deutsch. chem. Ges. 1895, S. 1563 ff. über Versuche zur Herstellung von reinem Zink. Nach denselben erhält man das reinste Zink durch wiederholte elektrolytische Raffination des Metalles in (basischen) Zinksulfatlösungen. Ein so gewonnenes Metall enthält wenigstens 99,99 Proc. Zink.

Das reinste Zink des Handels enthält nach den genannten Forschern stets noch Blei, Cadmium und Eisen. So wurde bei Untersuchung reiner (puriss.) Zinksorten des Handels gefunden in 100 000 Theilen Zink

Eisen im Maximum	36	Theile
- - Minimum	1,4	-
Cadmium im Maximum	111	-
- - Minimum	5	-
Blei im Maximum	72	-
- - Minimum	5	-

Ueber den Schwefel- und Kohlenstoffgehalt des Zinks siehe eine Arbeit von Funk in Ztschr. anorgan. Chemie 1895, *11*, 49—58. Der Gehalt an Kohlenstoff ist stets sehr gering.

Bei der Untersuchung auf Schwefel wurden folgende Resultate erhalten:

Material	Menge g	Schwefelgehalt mg	In Millionteln
Zink II von Kahlbaum	22	0,005	0,23
Dasselbe	22	0,0048	0,22
Dasselbe, wiederholt geschmolzen und filtrirt.	20	—	—
Zink von Trommsdorff	17	0,003	0,18
Zink von Merck, „absolut chem. rein"	23	—	—
Zink, besonders rein, von Kahlbaum	24	—	—
Dasselbe, gewalzt	22	0,008	0,36
Zink, elektrolytisch gereinigt und sublimirt	20	0,002	0,10

Die Methoden und Apparate, welche Funk zur Bestimmung der genannten Verunreinigungen anwandte, sind in der oben citirten Abhandlung ausführlich beschrieben und dort nachzusehen. Bemerkt sei hier nur, dass der Schwefel im Zink mittelst der sehr empfindlichen Reaction, welche H_2S mit p-Amidodimethylanilin und Eisenchlorid giebt, nachgewiesen wurde.

b) Zincum metallic., absolut arsenfrei.

Metallglänzend. Wird granulirt, als Pulver und in Form von Stängelchen hergestellt.

Arsen: 20 g werden in eine ca. 200 ccm fassende Entwickelungsflasche des Marsh'schen Apparates gebracht und die Wasserstoffentwickelung mit verdünnter Schwefelsäure (1 : 3 Th. Wasser) im Gange erhalten, bis das Metall zum grössten Theile gelöst ist, was einige Stunden dauert. Es zeigt sich nach Beendigung des Versuchs kein Arsenanflug in der Reductionsröhre.

Quantitative Bestimmung.

Das Präparat soll arsenfrei sein. Ueber die quantitative Untersuchung auf sonstige Verunreinigungen siehe Fresenius, Quant. Analyse, 6. Aufl., Bd. 2, S. 373 ff.

Anwendung.

Das arsenfreie Zink dient zum Nachweis des Arsens mittelst des Marsh'schen Apparates.

Handelssorten.

Dieselben geben bisweilen im Marsh'schen Apparat einen Arsenspiegel, trotzdem sie mit der Bezeichnung „arsenfrei“ in den Handel kommen.

Elektrolytisches Zink wird jetzt von den Fabriken in sehr reinem Zustande — 99,9 procentig — angeboten.

Eine Probe von elektrolytischem Zink, welche der Verf. untersuchte, war stark arsenhaltig, eine andere Probe war arsenfrei.

c) Zinc. metallic. pulv.
(Zinkstaub).

Graues, feines Pulver, welches ca. 95 Proc. metallisches Zink enthält.

Prüfung auf Verunreinigungen und Quantitative Bestimmung.

Zur Beurtheilung der Qualität eines Zinkstaubes genügt die quantitative Ermittelung seines Gehaltes an metallischem Zink. Man kann dieselbe nach Fresenius dadurch ausführen, dass man den Zinkstaub in verdünnter Schwefelsäure oder Salzsäure löst, den entwickelten Wasserstoff verbrennt, das so entstehende Wasser wägt und für je 1 Aeq. Wasser 1 Aeq. Zink in Rechnung bringt. Diese Methode ist u. A. auch in Post, Chem.-techn. Untersuchungsmethoden, 2. Aufl., Bd. 1, S. 595 beschrieben.

In der Technik wird bei der Controle des Zinkstaubs meistens die Methode von Drewsen (Fresenius, Quantitative Analyse, Bd. 2, S. 378) angewandt. Genauer als diese Methode und dabei sehr einfach ist nach Topf eine Methode, welche darauf beruht, dass Jod in neutraler Lösung und genügendem Ueberschuss mit Zinkstaub zusammengebracht, sich mit dem darin enthaltenen Zink zu leicht löslichem Zinkjodid verbindet.

Dieses Verfahren ist ausführlich in Zeitschr. f. analytische Chemie 1887 (Bd. 26), S. 286 beschrieben und sei besonders darauf verwiesen.

Von sonstigen Methoden, welche zur Bestimmung des metallischen Zinks im Zinkstaub vorgeschlagen sind, nenne ich hier noch diejenige mit Chromsäure, welche von W. Minor in der Chem.-Ztg. 1890, S. 1142 beschrieben ist.

Anwendung.

Der Zinkstaub findet bei den Salpetersäurebestimmungen nach der Reductionsmethode und zu sonstigen Reductionen Verwendung.

Handelssorten.

Der Gehalt derselben an metallischem Zink ist sehr verschieden und beträgt oft nur ca. 70 Proc. Muspratt (techn. Chemie) führt sogar eine Zinkstaubanalyse auf, welche nur 29 Proc. Zn ergab.

Der Hauptbestandtheil neben dem metallischen Zink ist Zinkoxyd. W. Minor (l. c.) fand in einem Zinkstaub des Handels 86,95 Proc. Zinc. metallic., 1,43 Proc. Cadmium und 0,07 Proc. Eisen. A. Wagner (Zeitschr. f. anal. Chem. 20, 496) fand im Zinkstaub 0,11 bis 0,12 Proc. Schwefel. Als chemisch rein gekauftes Stangenzink enthielt 0,004 Proc. S. Weitere Analysen siehe Muspratt (l. c.) Bd. 7, S. 1242.

Anmerkung. Den *Schwefelgehalt* bestimmt man, indem man die Gase, welche beim Auflösen von 10 g Zinkstaub in verdünnter Säure sich entwickeln, durch eine Cadmiumlösung leitet und das Schwefelcadmium wägt.

Zinkchlorid.

Zincum chloratum pur., Chlorzink (Zn Cl$_2$.
Molecular-Gew. = 135,85).

Weisses, an der Luft zerfliessliches Pulver. Leicht löslich in Wasser und Alkohol.

Prüfung auf Verunreinigungen.

Löslichkeit: Die Lösung von 1 Th. Chlorzink in 1 Th. Wasser sei klar oder höchstens schwach getrübt; der bei Zusatz von 3 Th. Weingeist entstehende flockige Niederschlag verschwinde durch 1 Tropfen Salzsäure.

Schwefelsäure, fremde Metalle etc.: Die wässerige Lösung (1 : 10) darf, nach Zusatz von Salzsäure, weder durch Bariumnitratlösung getrübt, noch durch Schwefelwasserstoffwasser gefärbt werden. 1 g Chlorzink muss mit 10 ccm Wasser und 10 ccm Ammoniak eine klare Lösung geben, in welcher durch überschüssiges Schwefelwasserstoffwasser ein rein weisser Niederschlag entsteht, während das Filtrat nach dem Abdampfen und Glühen einen Rückstand nicht zurücklassen darf.

Anmerkung. Vorstehende Prüfungsmethode ist der Pharm. Germ. III. entnommen.

Quantitative Bestimmung.

Beim reinen Chlorzink genügt die oben angegebene Untersuchung zur Feststellung des Werthes.

Beim rohen Chlorzink, welches viel in der Farbentechnik als wasserentziehendes Mittel verwendet wird, bestimmt man das spec. Gew. seiner Lösung und ermittelt daraus den Gehalt; siehe Böckmann, Chem.-techn. Untersuchungsmethoden, 3. Aufl., Bd. 2, S. 72.

Anwendung und Aufbewahrung.

Eine Lösung von Chlorzink (1 g Chlorzink in 30 g Salzsäure und 30 g Wasser) wird nach Jorissen als Reagens auf gewisse Alkaloide verwendet.

Die Lösung des Zinkchlorids in der doppelten Menge Salzsäure soll nach Cross und Bevan (Chem. Centralblatt 1891, S. 534) ein geeignetes Lösungsmittel für Cellulose sein.

In der organischen Synthese dient das Chlorzink als Entwässerungsmittel.

Das Präparat ist sehr hygroskopisch, wesshalb es in gut verschlossenen Glasflaschen aufbewahrt werden muss.

Handelssorten.

Neben dem reinen Präparate kommt das rohe Chlorzink in den Handel. Dasselbe besteht aus grauen Stücken, welche rasch Feuchtigkeit anziehen.

Das reine Präparat gelangt bisweilen stark schwefelsäurehaltig in den Handel.

Zinkjodid.

Zincum jodatum (ZnJ_2. Molecular-Gew. $= 318{,}18$).

Weissliches, geruchloses Pulver, leicht löslich in Wasser und Alkohol.

Man prüft dasselbe wie das Zinkchlorid. Es ist sehr hygroskopisch und wird daher in gut verschlossenen kleinen Gläschen aufbewahrt. Man gebraucht das Zinkjodid zur Darstellung der **Kaliumzinkjodidlösung** (siehe S. 397), eines der Gruppenreagentien auf Alkaloide, ferner wird es bei Herstellung der **Zinkjodidstärkelösung** verwendet. Letztere wird hergestellt, wie dieses in Böckmann, Chem.-techn. Untersuchungsmethoden, 3. Aufl., Bd. 1, S. 170, beschrieben ist, oder nach Vorschrift des deutschen Arzneibuches. Sie ist eine farblose, nur wenig opalisirende Flüssigkeit, welche an einem dunklen Ort aufbewahrt wird. Mit dem 50fachen Volumen Wasser verdünnt, darf sie sich beim Ansäuern mit verdünnter Schwefelsäure nicht blau färben.

Zinksulfat.

Zincum sulfuric. puriss. ($ZnSO_4 + 7 H_2O$.
Molecular-Gew. $= 286{,}65$).

Vollständig farblose, in Wasser leicht lösliche Krystalle.

Prüfung auf Verunreinigungen.

Löslichkeit: Die Lösung in Wasser (1 : 10) sei klar.

Eisen: Die Lösung (1 : 20) giebt mit Rhodankalium keine Färbung.

Anmerkung. Die Prüfung des D. A. B. auf Eisen mit Schwefelwasserstoff in der mit Ammoniak versetzten wässerigen Lösung des Zinksulfats ist nicht scharf genug, da der weisse Zinksulfidniederschlag einen ziemlichen Gehalt an Eisen zu verdecken vermag. Eine 10 proc. Lösung von Zinksulfat, welches, nach dem D. A. B. geprüft, sich tadellos erwies, setzte bei längerem Aufbewahren einen braunen Niederschlag von basischem Ferrisalz ab. Es ist mit Rhodankalium auf Eisen zu prüfen.

Absolut eisenfreies Zinksulfat erhält man auf folgende Weise: 100 Th. rohe arsenfreie Schwefelsäure werden mit 300 Th. dest. Wassers verdünnt und in die noch heisse Flüssigkeit 70 Th. zerkleinertes Werkzink eingetragen. Man lässt unter häufigem Umrühren 2 Tage stehen, setzt 25 Th. Chlorwasser hinzu, rührt gut um, lässt dann $^1/_2$ Stunde ruhig stehen und fügt noch 1 Th. Natronlauge hinzu. Nach abermals $^1/_2$ stündigem Stehen und häufigem Umrühren filtrirt man und bringt zur Krystallisation (Pharm. Ztg. 1894, *39*, 432).

Fremde Metalle etc.: Prüfung wie bei Zinkchlorid S. 386.

Anmerkung. Auf Mangan kann noch besonders durch Erwärmen des Zinksulfates mit Bleisuperoxyd und Salpetersäure geprüft werden.

Chlorid: Die wässerige Lösung (1 : 20) werde durch Silbernitratlösung nicht verändert.

Arsen: 2 g Zinksulfat dürfen bei der Untersuchung im Marsh'schen Apparat (siehe bei Natriumcarbonat S. 266) keinen Spiegel geben.

Nitrat: Werden einige ccm einer Zinksulfatlösung (1 : 10) mit einem Tropfen einer mit dem doppelten Volumen Wasser verdünnten Indigolösung blau gefärbt, so darf die blaue Farbe nach Zusatz einiger ccm conc. Schwefelsäure nicht verschwinden.

Handelssorten.

Neben dem reinen Zinkvitriol gelangt der bisweilen sehr unreine **technische Zinkvitriol** in den Handel. Letzterer enthält oft Magnesiumsulfat, Nitrat, Arsen, Eisen und Mangan. Technische Sorten Zinkvitriol sind oft trotz erheblichem Eisengehalte von schön weissem Aussehen. Manganhaltiger Zinkvitriol gelangt von Hüttenwerken, welche manganhaltige Bleierze verarbeiten, als Nebenproduct in den Handel, er enthält oft mehrere Procente Mangan und ist dann deutlich röthlich gefärbt.

Zinn.

Stannum metallic. pur. (Sn.   Atom-Gew. $= 118,80$).

Fast silberweisses, weiches Metall, welches bei 230^0 C. schmilzt. Von heisser Salzsäure wird das Zinn als Chlorür gelöst. Conc. Salpetersäure oxydirt es; es entsteht Zinnoxyd, das von der Säure nicht gelöst wird.

Prüfung auf Verunreinigungen.

Die Reinheit des Zinns giebt sich im Allgemeinen schon in seinem Aeusseren zu erkennen. Je mehr die Farbe desselben silberweiss und je weicher es ist, für desto reiner darf man es halten. Bei der Prüfung ist in erster Linie auf Blei, dann auf Eisen, Zink, Kupfer, Arsen und Antimon Rücksicht zu nehmen.

Man oxydirt einige Gramm des Zinns durch Eindampfen mit Salpetersäure, behandelt das Zinnoxyd mit Wasser und etwas verdünnter Salpetersäure und erhält so Blei, Zink, Eisen und Kupfer in Lösung, welche in bekannter Weise nachgewiesen werden. Arsen und Antimon entweichen bei dem Behandeln des Zinns mit Salzsäure (Zusatz einiger Tropfen Platinchloridlösung) zum Theil als Arsen- bzw. Antimonwasserstoff und können nach der Methode von Marsh erkannt werden.

Quantitative Bestimmung.

Dieselbe geschieht gewichtsanalytisch als Zinnoxyd, SnO_2, oder nach dem Umwandeln in Chlorür maassanalytisch durch Jod in alkalischer Lösung. Die Methoden sind in den Lehrbüchern der quantitativen Analyse ausführlich beschrieben, so die maassanalytische Methode u. A. in Mohr's Titrirmethode, 6. Aufl., S. 322. Die ausführliche chemische Analyse des Zinns findet sich in Fresenius, Quantit.-chem. Analyse, 6. Aufl., 2, S. 546 ff. beschrieben.

Anwendung.

Ein Gemenge von Zinn und Salzsäure wird in der Analyse und in der organischen Synthese als Reductionsmittel angewendet.

Anmerkung. Die Herstellung von feinstem, weissem, oxydfreiem Zinnpulver geschieht nach G. Buchner (Chem.-Ztg. 1894, S. 1905) wie folgt: 400 g Zinnchlorür werden in 6 l Wasser gelöst. Diese

Lösung giesst man langsam unter Umrühren in eine Mischung aus 6 l
Wasser, 4 l Natronlauge, 1,33 spec. Gew., worin man 60 g reines
Cyankalium gelöst hat. In diese Mischung stellt man Zinkbleche ein,
bringt nach 5—10 Minuten den Zinnschwamm in Wasser und fährt
so fort, bis kein Zinn mehr ausfällt. Man kann dann wieder Lauge
und Zinnsalz zusetzen etc. Der Zinnschwamm wird in Wasser vollständig gewaschen und getrocknet.

Handelssorten.

Das reinste Zinn des Handels ist das ostindische Zinn, Banca-
Zinn, es enthält nur Spuren von Verunreinigungen. Auch das englische Kornzinn soll nur $^1/_{10}$ Proc. Verunreinigungen enthalten. Englisches Blockzinn, böhmisches und sächsisches Zinn sind weniger rein.

Nach Fresenius, Quantit.-chem. Analyse, 6. Aufl., 2, S. 546,
enthält Banca-Zinn 99,90 bis 99,96 Proc. Zinn, während man in
Rohzinn oft nur etwa 94 Proc. Zinn findet.

R. Kayser fand in einer Probe Zinn 1,3 Proc. Quecksilber.
Dieses Zinn war aus Abfallzinn zusammengeschmolzen und wurde
fälschlich als englisches Zinn in den Handel gebracht. (Zeitschr. f.
angew. Chem. 1888, Heft 7, S. 196.)

Reines Zinn für analytische Zwecke gelangt als Stann. metallic.
pur. in bacill. u. granul., Stann. metallic. pur. praecip., pur. pulv. und
pur. raspat. in den Handel.

Zinnchlorür.

Stannum chloratum cryst. pur. (Sn Cl$_2$ + 2 H$_2$O.
Molecular-Gew. = 224,01).

Farblose Krystalle, welche in Wasser leicht löslich sind.

Prüfung auf Verunreinigungen.

Erden und Alkalien: 3 g werden mit 100 ccm Wasser gelöst,
mit Salzsäure versetzt, mit Schwefelwasserstoff ausgefällt, der Niederschlag abfiltrirt und das Filtrat verdunstet; es verbleiben nur Spuren
von Rückstand.

Schwefelsäure: Die Lösung 1 : 50 zeigt nach dem Ansäuern mit
Salzsäure auf Zusatz von Chlorbarium keine Veränderung.

Ammoniak: Das Präparat entwickelt beim Erhitzen mit Natronlauge kein Ammoniak.

Arsen: 2 g werden mit 10 ccm concentrirter reiner Salzsäure einige Minuten gekocht, wobei die Flüssigkeit vollständig klar und farblos bleibt. (Siehe auch S. 399 bei Zinnchlorürlösung).

Quantitative Bestimmung.

Dieselbe geschieht maassanalytisch mit Jod in alkalischer Lösung. Siehe bei Zinn S. 389.

Anwendung.

Das Zinnchlorür oder eine Zinnchlorürlösung wird u. A. zum Nachweis des Arsens und des Quecksilbers gebraucht. Es dient ferner zur Herstellung einer Normallösung für Kupfer- und Eisenbestimmungen (Mohr, Titrirmethode, 6. Aufl., S. 337 und 330) und als Indicator bei der maassanalytischen Bestimmung des Zuckers mit Quecksilberlösungen. Die Anwendung des Zinnchlorürs in der Analyse beruht meistens darauf, dass seine Lösung kräftig reducirend wirkt.

Handelssorten.

Das Zinnchlorür des Handels ist in Folge einer theilweisen Oxydation häufig nicht klar in Wasser löslich. Verfälscht wird es bisweilen mit Magnesiumsulfat. Das für technische Zwecke Verwendung findende Zinnchlorür ist fast immer stark schwefelsäurehaltig.

Zinnchlorürlösung.

Solutio Stanni chlorati.

Blassgelbe, lichtbrechende, stark ruuchende Flüssigkeit von mindestens 1,900 spec. Gew.

Besonders wichtig ist bei der Zinnchlorürlösung, welche zum Nachweise des Arsens gebraucht wird (siehe S. 97), die Abwesenheit von Sulfaten bzw. von Schwefelwasserstoff. Enthält das zur Darstellung benutzte Zinnchlorür Sulfate, so bildet sich nach Will in dem fertigen Reagens bei längerer Aufbewahrung erst schweflige Säure, dann Schwefelwasserstoff, welcher, wenn er bereits durch den Geruch wahrnehmbar ist, die Lösung als Reagens unbrauchbar macht (Commentar zum deutschen Arzneibuch von Hirsch und Schneider und Pharm. Ztg. 1896, S. 151). Man soll daher nur eine Solutio stanni chlorati verwenden, welche Bleipapier nicht dunkel färbt.

Zucker.

Für analytische Zwecke wird Glykose, Traubenzucker $(C_6 H_{12} O_6)$ und Saccharose, Rohrzucker $(C_{12} H_{22} O_{11})$ verwendet.

1. Traubenzucker, wasserfrei.

Rein weisses Pulver oder schöne weisse Krystallkrusten (Traubenzucker nach Soxhlet).

Prüfung auf Verunreinigungen.

Löslichkeit etc.: Die Lösung (1 : 10) sei klar, farblos und ohne Einwirkung auf Lackmuspapier.

Sulfate, Chloride: Die Lösung (1 : 20) darf durch Bariumnitratlösung und durch Silbernitrat nicht getrübt werden.

Verbrennlich: 1 g verbrennt in der Platinschale ohne Rückstand.

Der *Schmelzpunkt* liegt bei 146° C.

Anmerkung. Wasserhaltiger Traubenzucker schmilzt schon unter 100° C.

Quantitative Bestimmung.

Dieselbe wird mit Fehling'scher Lösung ausgeführt. Genaue Vorschriften, welche bei dieser Bestimmung eingehalten werden müssen, finden sich in den Werken über chem. Analyse u. A. in König, Untersuchung landwirthschaftl. und techn. wichtiger Producte (Berlin bei Parey 1891) beschrieben.

Auch in „Beilstein, Handbuch d. Organ. Chemie", 3. Aufl., Bd. 1, S. 1044 sind die Arbeiten von Soxhlet, Allihn und Anderen, welche für die genaue Bestimmung der Glykose mit Fehling'scher Lösung wichtig sind, kurz mitgetheilt.

2. Saccharose.

Farblose Krystalle oder rein weisses Pulver, welches nach der S. 124 bei Fehling'scher Lösung angegebenen Methode dargestellt wird.

Prüfung auf Verunreinigungen.

Dieselbe wird wie bei Traubenzucker ausgeführt.

Quantitative Bestimmung.

Man behandelt, wie bei „Fehling'sche Lösung" S. 124 angegeben ist, mit Säure und führt die Bestimmung mit Fehling'scher
Lösung aus. Auch im Polarisationsapparate kann der Zucker bequem bestimmt werden (siehe J. König, l. c., oder Böckmann,
Chem.-techn. Untersuchungsmethoden, 3. Aufl., Bd. 2, S. 226 ff.).

Ueber die Anwendung der Saccharose siehe bei „Fehling'sche
Lösung" S. 124.

Handelssorten.

Vorstehend ist der chem. reine Zucker beschrieben. Ueber
technischen Traubenzucker und Rohrzucker siehe die Werke über
chemisch-technische Untersuchungen und Böckmann, l. c.

Anhang.

1. Herstellung der häufig gebrauchten Reagentienlösungen[1]).

Ammoniak. Man verdünnt das Ammoniak 0,925 spec. Gew. mit 1 Theil Wasser, so dass das spec. Gew. 0,96 beträgt und ein Gehalt von ca. 10 Proc. NH_3 vorhanden ist.

Ammoniumchlorid. 1 Theil des Salzes ist in 9 Theilen Wasser zu lösen.

Ammoniumcitratlösung. Siehe S. 105.

Ammonium, kohlensaures. 1 Theil kohlensaures Ammonium ist in einer Mischung aus 3 Theilen Wasser und 1 Theil Ammoniakflüssigkeit von 0,960 spec. Gew. zu lösen.

Ammonium, oxalsaures. 1 Theil des Salzes ist in 19 Theilen Wasser zu lösen.

---

[1]) Eine ausführliche Zusammenstellung von Vorschriften zur Herstellung vieler Reagentien, so Dragendorff's Reagens, Ehrlich's Reagens etc. etc., welche nach dem Namen des Autors benannt sind, hat Dünnenberger in seinem Schriftchen „Chemische Reagentien und Reactionen", Zürich, Orell Füssli, 1894, gegeben und es kann hier auf diese Zusammenstellung verwiesen werden. „Tabellen zum Gebrauche bei mikroskopischen Arbeiten", welche Vorschriften zur Herstellung der zu diesen Arbeiten nothwendigen Reagentien enthalten, sind von Behrens bearbeitet und in 2. Auflage 1892 bei Bruhn in Braunschweig erschienen. Erst kürzlich ist ferner ein französisches Taschenbuch: „Jean, Ferdinand, et Mercier, G., Repertoire des Réactifs spéciaux, généralement désignés sous leurs noms d'auteurs". Selbstverlag der Verfasser. Imprimerie Edmond Rousset, Paris 1896, erschienen, das in alphabetischer Ordnung nach den Namen der Autoren über 400 Specialreagentien, welche in der chemischen Analyse und bei bacteriologischen Untersuchungen gebräuchlich sind, enthält. Bemerkt sei hier auch, dass Delaite der französischen Uebersetzung der 2. Auflage meiner „Prüfung der Reagentien": „Essais de Pureté des Réactifs Chimiques par C. Krauch, Dr. Sc., Edition française annotée par Julien Delaite, Préface par L. L. de Koninck, Dr. Sc.". Verlag von Marcel Nierstrasz, Liège, 1892, S. 246—259 Herstellungsvorschriften für viele Reagentien, welche nach dem Namen des Autors benannt sind, hinzugefügt hat.

Anilinfarbstoffe. Siehe Fuchsinlösung etc. S. 396.

Arsenigsäurelösung, Normal. Siehe S. 43.

Azolithmintinctur. Siehe S. 44.

Bariumchlorid. 1 Theil Chlorbarium wird in 20 Theilen Wasser gelöst.

Barium, essigsaures. 1 Theil des Salzes wird in 19 Theilen Wasser gelöst.

Bariumhydroxyd, Barytwasser. 1 Theil Bariumhydroxyd ist in 19 Theilen Wasser zu lösen.

Barium, salpetersaures. 1 Theil des Salzes wird in 19 Theilen Wasser gelöst.

Blei, essigsaures. 1 Theil Salz wird in 9 Theilen Wasser gelöst.

Boraxlösung, Normal. Siehe S. 264.

Bromwasser. Gesättigte wässerige Lösung. Siehe auch S. 69.

Carminlösungen, verschiedene. Siehe S. 82 und 83.

Chlorcalciumlösung. 1 Theil krystallisirtes Chlorcalcium ist in 9 Theilen Wasser zu lösen.

Chlorkalklösung. Bei jedesmaligem Bedarf ist 1 Theil Chlorkalk mit 9 Theilen Wasser anzureiben und die Lösung zu filtriren.

Chlorwasser. Gesättigte Lösung von gelbgrüner Farbe. Siehe S. 87.

Chlorwasserstoffsäure, verdünnt. 1 Theil reine Chlorwasserstoffsäure von 1,19 spec. Gew. wird mit 3 Theilen Wasser verdünnt.

Chlorwasserstoffsäure, Normal. Siehe S. 99.

Chromsaures Kalium, neutrales. 1 Theil des Salzes wird in 19 Theilen Wasser gelöst.

Chromsaures Kalium, saures. 1 Theil des Salzes wird in 19 Theilen Wasser gelöst.

Cochenilletinctur. Siehe S. 83.

Diphenylaminlösung. Siehe S. 108.

Dobbin's Reagens. Siehe S. 268.

Eisenchloridlösung. 1 Theil Eisenchlorid wird in 19 Theilen Wasser gelöst.

Eisenoxydul, weinsaures in alkalischer Lösung zur Absorption für Sauerstoff wird nach Cl. Winkler, Techn. Gasanalyse, 2. Aufl., S. 76, hergestellt. Man löst

    A. 40 g kryst. Eisenvitriol in 100 ccm Wasser
    B. 30 - Seignettesalz   - 100 -   -
    C. 60 - Kaliumhydroxyd   - 100 -   -

Man giesst 1 Vol. A in 5 Vol. B und fügt 1 Vol. von C hinzu. Diese Lösung absorbirt rasch Sauerstoff.

Essigsäure. Siehe S. 122.

Essigsaures Natrium. 1 Theil des Salzes wird in 4 Theilen Wasser gelöst.

Fehling'sche Lösung. Siehe S. 123.

Ferrocyankalium. 1 Theil des Salzes wird in 19 Theilen Wasser gelöst.

Ferricyankalium. 1 Theil des Salzes wird in 19 Theilen Wasser gelöst.

Fröhde's Reagens. Siehe S. 248.

Fuchsinlösung, Methylenblaulösung und andere Reagentien, welche bei Sputum-Untersuchungen auf Tuberkelbacillen gebraucht werden (Hueppe, Chemiker-Ztg. 1890, No. 101):

1. Destillirtes Wasser. Zum Mischen mit dem Sputum etc. muss es vorher durch Kochen oder im Dampfe sterilisirt sein.

2. Absoluter Alkohol oder 90 proc. Spiritus der Pharmakopöe dienen theils zur Herstellung conc. Farblösungen, theils zur Bereitung 60 proc. Alkohols (verdünnter Alkohol).

3. Eine 5 proc. Lösung von Carbolsäure.

4. Mineralsäuren, und zwar Salpeter-, Salz- oder Schwefelsäure im ungefähren Verhältnisse von 1 : 10 Wasser, dienen zum Entfärben.

5. Zur Färbung der Tuberkelbacillen dient eine Lösung aus 1,0 Fuchsin, 10,0 Alkohol oder Spiritus und 90,0 der 5 proc. Carbolsäure. Das Fuchsin wird erst mit Alkohol übergossen und dann die Carbolsäure zugefügt; diese Lösung hält sich viele Monate lang.

6. Zur Contrast- und Grundfärbung dienen:

a) Wässeriges Methylenblau, d. h. entweder die oft zu erneuernde und zu filtrirende conc. Lösung von Methylenblau in Wasser, oder aber man stellt sich eine conc. alkoholische Lösung von Methylenblau her, von der man vor dem Gebrauche jedesmal so viel zu einem Schälchen Wasser fügt, dass eine dunkelblaue Farbe entsteht.

b) Gelbes Fluorescëin in conc. alkoholischer Lösung, welcher Methylenblau bis zur Sättigung zugesetzt ist.

c) Pikrinsäure-Anilinöl. Man löst unter Reiben so viel Pikrinsäure in Anilinöl, wie möglich, lässt absetzen, decantirt und giebt zu einem Blockschälchen reinen Anilinöls 2—3 Tropfen der conc. Lösung.

Auch bei der Untersuchung des Wassers auf Mikroorganismen (vgl. u. A. Pharm. Ztg. 1889, S. 37) werden Fuchsinlösung und Methylenblaulösung gebraucht. Man stellt sich für diese Zwecke gesättigte alkoholische Lösungen der Farbstoffe her und verdünnt dieselben zur Färbung so, dass sie in einer 3 cm dicken Schicht eben noch durchsichtig erscheinen. Ueber sonstige Flüssigkeiten und Reagentien für genannten Zweck, sowie über Fleischinfusgelatine etc. vgl. Pharm. Ztg. l. c. Siehe auch Anmerkung S. 394.

Gerbsäure. Bei jedesmaligem Bedarf ist 1 Theil Gerbsäure in 19 Theilen Wasser zu lösen.

Hämatoxilinlösungen für Mikroskopie siehe S. 133.

Indigolösung. Siehe S. 141.

Indigocarminlösung. Siehe S. 140.

Jodlösung (Lösung von Jod in Jodkaliumlösung). Man löst einige Körnchen Jodkalium in Wasser und setzt ein wenig Jod zu, so dass eine braune Lösung entsteht (R. Otto).

Jodkalium. 1 Theil des Salzes ist in 9 Theilen Wasser zu lösen.

Jodlösung, Normal. Siehe S. 149.

Kohlensaures Kalium. 1 Theil kohlensaures Kalium wird in 4 Theilen Wasser gelöst.

Kohlensaures Natrium. 1 Theil des krystallisirten Salzes wird in 4 Theilen Wasser gelöst.

Kaliumcadmiumjodid. Man löst Jodcadmium in einer warmen und concentrirten wässerigen Lösung von Jodkalium und vermischt diese Lösung mit noch einmal so viel derselben Jodkaliumlösung, als zur Lösung des Jodcadmiums erforderlich war (R. Otto). Anwendung siehe S. 164.

Kaliumhydroxydlösung. Wässerige Lösung 1 : 6.

Kaliumhydroxydlösung, Normale. Siehe S. 182.

Kaliumpermanganatlösung. 1 Theil des Salzes wird in 1000 Theilen Wasser gelöst.

Kaliumpermanganatlösung, Normal. Siehe S. 199.

Kaliumquecksilberjodid. Man löst Quecksilberchlorid in Wasser und setzt so viel einer Lösung von Jodkalium hinzu, dass der anfangs entstehende Niederschlag sich wieder auflöst. Anwendung siehe S. 164 und 327.

Kaliumwismutjodid. Diese Lösung wird aus Wismutjodid wie das Kaliumcadmiumjodid bereitet. Anwendung siehe S. 164.

Kaliumzinkjodid. Dasselbe wird aus Zinkjodid wie das Kaliumcadmiumjodid bereitet. Anwendung siehe S. 164.

Kalkwasser. 1 Theil gebrannter Kalk wird mit Wasser gelöscht und mit ca. 50 Theilen Wasser durchgeschüttelt, alsdann einige Stunden bei Seite gestellt. Man giesst nun die überstehende Flüssigkeit fort und vermischt den Bodensatz mit weiteren 50 Theilen Wasser, schüttelt durch und filtrirt zum Gebrauch.

Kieffer's Reagens. Siehe S. 219.

Kupferchlorürlösung für die Gasanalyse. Siehe S. 215.

Kupferoxydammoniaklösung. Siehe S. 218.

Lackmoidtinctur. Siehe S. 221.

Lackmustinctur. Siehe S. 223[2]).

Mayer'sche Lösung. Siehe S. 327.

Magnesiamischung. Siehe S. 229.

Metaphosphorsaures Mangan. Siehe S. 237.

Methylenblaulösung. Siehe S. 396.

Millon's Reagens. Siehe S. 326.

Molybdänlösung. Siehe S. 247[3]).

---

[2]) Zu den Abschnitten über **Lackmus** S. 222 und **Azolithmin** S. 43 sei hier nachträglich bemerkt, dass nach kürzlich von D. R. Brown (Pharm. Journ. and Trans. 1896, *56*, 181 oder Rep. d. Chem.-Ztg. 1896, S. 88) ausgeführten Untersuchungen 7 verschiedene Handelslackmus einen durchschnittlichen Azolithmingehalt von 4,6 Proc. zeigten; zwei Proben enthielten sogar über 13 Proc. Azolithmin. Der Gehalt an unlöslichen Stoffen schwankt im Lackmus zwischen 46—89,8 Proc. Das Azolithmin ist löslich in Wasser, unlöslich in Alkohol; es ist eine schwache Säure. Brown beschreibt eine Methode zur Darstellung des Azolithmins.

[3]) Zum Abschnitte über **Molybdänsäure** S. 246 ist noch zu bemerken, dass die Molybdänsäure auch als Reagens auf Alkohol und als Farbenreagens für verschiedene Stoffe benutzt wird. Nach E. Merck (Chem.-Ztg. 1896, S. 228) verfährt man zum Nachweis von Alkohol mit Molybdänsäure wie folgt: Man löst Molybdänsäure unter Erwärmen in conc. Schwefelsäure

Natriumchloridlösung, Normal. Siehe S. 272.

Natriumhydroxydlösung. Wässerige Lösung 1 : 6.

Natriumhydroxydlösung, Normale. Siehe S. 276.

Natrium-Kobaltnitrit. Siehe S. 209 und 282.

Natrium-Palladiumchlorür. Siehe S. 302.

Natriumthiosulfatlösung, Normal. Siehe S. 293.

Nessler's Reagens. Siehe S. 323.

Nitroprussidnatrium. 1 Theil des Salzes wird in 50 Theilen Wasser gelöst.

Normallaugen im Allgemeinen. Siehe S. 182 Anmerkung.

Normalsäuren. Siehe S. 182 Anmerkung.

Nylander's Reagens. Siehe S. 380.

Oxalsäurelösung, Normale. Siehe S. 299.

Palladiumchlorürlösung. Siehe S. 302.

Platinchloridlösung. 1 Theil Platinchlorid wird in 19 Theilen Wasser gelöst. Man stellt auch eine concentrirte Lösung des Salzes her, von welcher 100 g = 5 g Platin metallic. sind.

⁺ **Phenolphtaleïn.** 1 Theil Phenolphtaleïn wird in 100 Theilen verdünnten Weingeist gelöst. Anwendung siehe S. 305.

Picrocarmin. Siehe S. 315 und S. 83.

Phloroglucin-Vanillin. Siehe S. 309.

Phosphorantimonsäure. Man fügt zu drei Vol. einer ziemlich concentrirten wässerigen Lösung von phosphorsaurem Natrium ein Vol. Antimonsuperchlorid (R. Otto).

Phosphormolybdänsäure. Man löst die reine Säure in Wasser. Anwendung siehe S. 309.

Phosphorwolframsäure. Man fügt zu einer Lösung von reinem wolframsauren Natrium etwas reine Phosphorsäure (R. Otto), oder man verwendet eine Lösung von reiner Phosphorwolframsäure in Wasser. Anwendung siehe S. 314.

. ⁺ **Phosphorsaures Natrium.** 1 Theil des Salzes wird in 9 Theilen Wasser gelöst.

Pyrogallollösung für die Gasanalyse. Siehe S. 320.

Quajactinctur. Siehe S. 132.

Quecksilberoxydnitratlösung zur Harnstoffbestimmung. Siehe S. 326.

⁺ **Quecksilberchlorid.** 1 Theil des Salzes wird in 19 Theilen Wasser gelöst.

⁺ **Rhodankalium.** 1 Theil des Salzes wird in 19 Theilen Wasser gelöst.

---

und schichtet die so erhaltene Lösung möglichst bei einer Temperatur von ca. 60° C. im Reagensglase unter die zu untersuchende Flüssigkeit. An der Berührungsfläche der beiden Schichten zeigt sich alsbald ein deutlicher blauer Ring, dessen Färbung um so intensiver ist, je höher der Alkoholgehalt der betreffenden Lösung war. Aethylalkohol lässt sich auf diese Weise bis zu 0,02 Proc. nachweisen, Methylalkohol bis zu 0,2 Proc.

+ **Salpetersäure, verdünnte.** 1 Theil Salpetersäure von 1,2 spec. Gew. wird mit 2 Theilen Wasser verdünnt.

Salpetersäure, Normal. Siehe S. 333.

+ **Salpetersaures Silber, Normallösung.** Siehe S. 356.

† **Schwefelammonium.** Siehe S. 37.

Schwefelkalium. Siehe S. 204 und 205.

Schwefelnatrium. Siehe S. 291.

+ **Schwefelsäure, Normal.** Siehe S. 349.

+ **Schwefelsäure, verdünnte.** Eine Mischung von 5 Theilen Wasser und 1 Theil reiner Schwefelsäure.

Schwefelwasserstoffwasser. Eine vollständig gesättigte wässerige Lösung des Gases. — Siehe S. 353.

Schwefelsaures Calcium. Die gesättigte wässerige Lösung.

+ **Schwefelsaures Eisenoxydul.** 1 Theil schwefelsaures Eisen wird in 1 Theil verdünnter Schwefelsäure und 8 Theilen Wasser gelöst.

+ **Schwefelsaures Magnesium.** 1 Theil des Salzes wird in 9 Theilen Wasser gelöst.

Stärkelösung. Siehe S. 358.

Thoulet'sche Lösung. Siehe S. 327.

Unterbromigsaures Natrium. Siehe S. 69.

Zinkjodidstärkelösung. Siehe S. 387.

+ **Zinnchlorürlösung** zur Prüfung auf **Arsen** nach Bettendorf.

Ueber die zweckmässige Herstellung der Zinnchlorürlösung siehe Zeitschr. f. analyt. Chemie 1893, S. 604 oder Pharm. Centralhalle (N. F.) *12*, 217. Das Reagens soll von Sulfaten frei sein, es muss ferner vollständig mit Salzsäure gesättigt sein. Vergl. auch S. 97 und 391.

2. Bereitung der Lösungen der Reagentien nach Blochmann[1]).

Da die Concentrationsverhältnisse der oben angegebenen Reagentien ganz willkürliche sind, so schlägt Blochmann[2]) vor, dieselben den stöchiometrischen Verhältnissen anzupassen und die Reagentien als Normallösungen, Zweifach-Normallösungen und Halb-Normallösungen anzuwenden und zwar:

zweifach-normal: die Lösungen der Säuren, der Alkalien, der Ammonium- und Natriumsalze mit Ausnahme des Binatriumphosphats,

halb-normal: die Lösungen der Edelmetalle (inkl. Quecksilberchlorid) und Bariumnitrat,

normal: die übrigen Reagentien.

Durch diese Wahl der Concentration bewirkt man, dass gleiche Raumtheile der verschiedenen Reagentien einander entsprechen, oder doch in einem einfachen Verhältniss zu einander stehen, was in vieler Beziehung ein gefälligeres Arbeiten gestattet und einem übermässigen Verbrauch von Reagentien vorbeugt. Auch erhält man leicht aus der Menge des verwendeten Reagens ein ungefähres Urtheil über die Mengenverhältnisse, in denen die einzelnen Bestandtheile in der zu untersuchenden Lösung vorhanden sind.

Für Reagentien, welche sich in Wasser nicht in der normalen Menge lösen, macht man bei gewöhnlicher Temperatur gesättigte Lösungen und bezeichnet diese Lösungen als = Wasser, z. B. Kalkwasser, Bromwasser u. s. w.[3]).

Für die oxydirend und reducirend wirkenden Reagentien sei die Stärke so bemessen, dass ein Liter der Lösung ($\frac{1}{2}$ =) 8 g Sauerstoff abzugeben oder aufzunehmen vermag.

Die concentrirten Säuren sind entweder wasserfrei (conc. Schwefelsäure) oder gesättigt (conc. Salzsäure). Als conc. Salpetersäure genügt ein Gemisch gleicher Gewichtstheile wasserfreier Säure und Wasser.

Es seien nachfolgend die für die wichtigsten Reagenslösungen anzuwendenden Gewichtsmengen angegeben.

---

[1]) Aus J. König, Untersuchung landwirthschaftlich und gewerblich wichtiger Stoffe, Berlin 1891.

[2]) Erste Anleitung zur qualitativen chemischen Analyse von R. Blochmann, Königsberg 1890.

[3]) Nur „Königswasser“, eine stets frisch zu bereitende Mischung von 1 Vol. conc. Salpetersäure und 3 Vol. Salzsäure, nimmt eine Ausnahmestellung ein.

1. Concentrirte Säuren.

	Spec. Gew.	Gew. %	
Conc. Salzsäure	1,160	31,8	ca. 10fach norm.
Conc. Salpetersäure	1,305	48,1	ca. 10fach norm.
Conc. Schwefelsäure	1,840	96,0	ca. 20fach norm.

2. Normallösungen.

a) $^2/_1$ normal.

(1 l enthält 2 Mol. Aequival. der Verbindung in g.)

Säuren.

	Spec. Gew.	Gew.%	1 l enthält:	
Salzsäure	1,034	7,1	$2\,HCl$	$= 73\,g$
Salpetersäure	1,070	11,8	$2\,HNO_3$	$= 126\,g$
Schwefelsäure	1,063	9,2	$2\,\dfrac{H_2\,SO_4}{2}$	$= 98\,g$
Essigsäure	1,017	11,8	$2\,C_2H_4O_2$	$= 120\,g$
Oxalsäure	1,042	12,3	$2\,\dfrac{C_2H_2O_4,\ 2\,aq}{2}$	$= 126\,g$
Weinsäure	1,066	14,1	$2\,\dfrac{C_4H_6O_6}{2}$	$= 150\,g$

Alkalien.

	Spec. Gew.	Gew.%		
Kalilauge	1,085	10,3	$2\,KHO$	$= 112\,g$
Natronlauge	1,084	7,4	$2\,NaHO$	$= 80\,g$
Ammoniak	0,985	3,5	$2\,NH_3$	$= 34\,g$

Salze.

	Spec. Gew.	Gew.%		
Schwefelammonium[4]	1,00	6,8	$2\,\dfrac{(NH_4)_2\,S}{2}$	$= 68\,g$
Chlorammonium	1,032	10,4	$2\,NH_4Cl$	$= 107\,g$
Ammoniumcarbonat[5]	1,025	9,4	$2\,\dfrac{(NH_4)_2CO_3}{2}$	$= 96\,g$

----

[4] $^1/_2$ l Ammoniak ist mit Schwefelwasserstoff durch Einleiten des Gases zu sättigen und hierauf mit $^1/_2$ l Ammoniak (spec. Gew. 0,985) zu vermischen. Die Lösung wird sehr bald unter Bildung von mehrfach Schwefelammonium gelb.

[5] 80 g käufliches (anderthalb-) Ammoniumcarbonat und $^1/_3$ l Ammoniak (spec. Gew. 0,985) sind zu lösen und mit Wasser auf 1 l zu verdünnen.

	Spec. Gew.	Gew. %	1 l enthält:	
Natriumcarbonat	1,105	9,6	$2\,\dfrac{Na_2\,CO_3}{2}$	$= 106\,g$
Natriumacetat	1,080	25,2	$2\,Na\,C_2H_3O_2,\ 3\,aq$	$= 272\,g$

b) $^1/_1$ normal.

(1 l enthält 1 Mol. Aquival. des Salzes in g.)

	Spec. Gew.	Gew. %	1 l enthält:	
Binatriumphosphat[6])	1,048	11,4	$\dfrac{Na_2\,HPO_4,\ 12\,aq}{3}$	$= 119,2\,g$
Magnesiumsulfat	1,059	11,6	$\dfrac{Mg\,SO_4,\ 7\,aq}{2}$	$= 123,0\,g$
Chlorbarium	1,088	11,2	$\dfrac{Ba\,Cl_2,\ 2\,aq}{2}$	$= 122,0\,g$
Chlorcalcium	1,043	10,5	$\dfrac{Ca\,Cl_2,\ 6\,aq}{2}$	$= 109,5\,g$
Eisenchlorid	1,038	5,2	$\dfrac{Fe_2\,Cl_6}{6}$	$= 54,2\,g$
Bleiacetat	1,118	16,9	$\dfrac{Pb\,(C_2H_3O_2)_2,\ 3\,aq}{2}$	$= 189,5\,g$
Kupfersulfat	1,075	11,6	$\dfrac{Cu\,SO_4,\ 5\,aq}{2}$	$= 124,8\,g$
Jodkalium	1,120	14,8	KJ	$= 166,0\,g$
Kaliumchromat	1,075	9,0	$\dfrac{K_2\,CrO_4}{2}$	$= 97,2\,g$
Ferrocyankalium	1,060	10,0	$\dfrac{K_4\,Fe\,Cy_6,\ 3\,aq}{4}$	$= 105,5\,g$

c) $^1/_2$ normal.

(1 l enthält $^1/_2$ Mol. Aequival. des Salzes in g.)

	Gew. %	1 l enthält:	
Platinchlorid	9,5	$^1/_2\,\dfrac{Pt\,Cl_4,\ 2\,HCl}{2}$	$= 102,3\,g$[7])
Silbernitrat	8,0	$^1/_2\,Ag\,NO_3$	$= 85,0\,g$[8])
Quecksilberchlorid	6,4	$^1/_2\,\dfrac{Hg\,Cl_2}{2}$	$= 67,8\,g$
Bariumnitrat	6,2	$^1/_2\,\dfrac{Ba\,(NO_3)_2}{2}$	$= 65,2\,g$

---

[6]) Das Mol. Aequival. ist auf Phosphorsäure reducirt.
[7]) ca. 50 g Pt entsprechend.
[8]) ca. 50 g Ag entsprechend.

3. Oxydirend und reducirend wirkende Reagentien.

$$(1\,l = {}^1/_2\,O = 8\,g\ \text{Sauerstoff.})$$

	Gew. %	1 l enthält:	
Kaliumbichromat	4,7	$\dfrac{K_2\,Cr_2\,O_7}{6}$	$= 49,2\,g$
Natriumhypochlorit	3,7[9])	$\dfrac{Na\,ClO}{2}$	$= 37,2\,g$
Kaliumnitrit	4,2	$\dfrac{K\,NO_2}{2}$	$= 42,5\,g$
Zinnchlorür	10,5	$\dfrac{Sn\,Cl_2,\ 2\,aq}{2}$	$= 112,5\,g$

4. Gesättigte Lösungen.

(= wasser.)

		Gew. %			
Schwefelwasserstoffwasser	ca.	0,48	H_2S	ca. $^1/_4$	normal
Barytwasser	-	3,2	$Ba\,(OH)_2$	- $^2/_5$	-
Kalkwasser	-	0,7	$Ca\,(OH)_2$	- $^1/_{22}$	-
Gypswasser	-	0,20	$Ca\,SO_4$	- $^1/_{33}$	-
Bromwasser	-	3,2	Br	- $^2/_5$	-
Jodlösung[10])	-	4,5	J	- $^2/_3$	-

---

[9]) Entspricht etwa der vierfachen Menge eines Chlorkalkes mit 25 % wirksamem Chlor.

[10]) Löst man 50 g Jod und 75 g Jodkalium in wenig (ca. 50 ccm) Wasser und verdünnt hierauf zu einem Liter, so erhält man eine Lösung vom spec. Gew. 1,10, welche 4,5 Gewichtsprocente Jod enthält und mit gesättigtem Bromwasser gleichwerthig ist.

---

3. Atomgewichte der Elemente.

Nach Lothar Meyer, Theoretische Chemie, Leipzig 1890.

Name des Elements	Symbol	Atom-gewicht	Name des Elements	Symbol	Atom-gewicht
Aluminium . . .	Al	27,04	Niobium	Nb	93,70
Antimon	Sb	119,60	Osmium	Os	191,00
Arsen	As	74,90	Palladium . . .	Pd	106,35
Barium	Ba	136,90	Phosphor . . .	P	30,96
Beryllium . . .	Be	9,08	Platin	Pt	194,30
Blei	Pb	206,40	Quecksilber . . .	Hg	199,80
Bor	B	10,90	Rhodium . . .	Rh	102,70
Brom	Br	79,75	Rubidium . . .	Rb	85,20
Cadmium . . .	Cd	111,70	Ruthenium . . .	Ru	101,40
Caesium	Cs	132,70	Sauerstoff . . .	O	15,96
Calcium	Ca	39,91	Scandium . . .	Sc	43,97
Cerium	Ce	139,90	Schwefel	S	31,98
Chlor	Cl	35,37	Selen	Se	78,87
Chrom	Cr	52,45	Silber	Ag	107,66
Eisen	Fe	55,88	Silicium	Si	28,30
Fluor	F	19,06	Stickstoff . . .	N	14,01
Gallium . . . ·	Ga	69,90	Strontium . . .	Sr	87,30
Germanium . . .	Ge	72,30	Tantal	Ta	182,00
Gold	Au	196,70	Tellur	Te	125,00
Indium	In	113,60	Thallium . . .	Tl	203,70
Iridium	Ir	192,30	Thorium	Th	232,00
Jod	J	126,54	Titan	Ti	48,00
Kalium	K	39,03	Uran	U	239,00
Kobalt	Co	58,60	Vanadin	V	51,10
Kohlenstoff . . .	C	11,97	Wasserstoff . . .	H	1,00
Kupfer	Cu	63,18	Wismuth . . .	Bi	207,30
Lanthan	La	138,00	Wolfram . . .	W	183,60
Lithium	Li	7,01	Ytterbium . . .	Yb	172,60
Magnesium . . .	Mg	24,30	Yttrium	Y	88,90
Mangan	Mn	54,80	Zink	Zn	65,10
Molybdän . . .	Mo	95,90	Zinn	Sn	118,80
Natrium	Na	23,00	Zirkonium . . .	Zr	90,40
Nickel	Ni	58,60			

Deutsches Sachregister.